建造师继续教育培训教材

建筑工程专业

中国建筑业协会建造师分会　主编

中国建筑工业出版社

图书在版编目(CIP)数据

建筑工程专业/中国建筑业协会建造师分会主编. —北京：中国建筑工业出版社，2019.3

建造师继续教育培训教材

ISBN 978-7-112-23201-7

Ⅰ. ①建… Ⅱ. ①中… Ⅲ. ①建筑工程-继续教育-教材 Ⅳ. ①TU7

中国版本图书馆 CIP 数据核字(2019)第 010834 号

责任编辑：杨 杰 李春敏
责任校对：张 颖

建造师继续教育培训教材
建筑工程专业
中国建筑业协会建造师分会 主编
*
中国建筑工业出版社出版、发行（北京海淀三里河路 9 号）
各地新华书店、建筑书店经销
北京红光制版公司制版
天津安泰印刷有限公司印刷
*
开本：787×1092 毫米 1/16 印张：24½ 字数：592 千字
2019 年 4 月第一版 2019 年 4 月第一次印刷
定价：**65.00** 元
ISBN 978-7-112-23201-7
(33284)

《建造师继续教育培训教材》
编　委　会

主　　　任： 刘龙华

副　主　任： 牛永宁　尤　完　肖　星　李　强

编委会委员： （以姓氏笔画为序）

马　丽　叶朝锋　扬乾芳　向书兰

刘长江　刘玉泉　刘国柱　闫新未

李　娟　杨　辉　杨晓刚　佟海鸥

张可文　林　滨　罗醒民　黄大友

康春江　梁剑明　梁祖建　蒋兆康

韩一宝　黑金山　谭立兵　缪成琪

薛燕国

《建造师继续教育培训教材　建筑工程专业》
编写小组

组　　　长： 牛永宁

副　组　长： 王　刚

编 写 人 员： （以姓氏笔画为序）

王　刚　米旭明　刘　健　李政道

邹　亮　段华波　莫力科　黄秋梅

前　言

建造师执业资格制度，是保障我国建筑业有序发展的一项重要制度。自 2003 年实施以来，我国已建立了以建造师为核心的施工项目管理体系，为提高我国建设工程质量与安全管理水平起到了重要作用。目前，我国已步入以习近平新时代中国特色社会主义思想为指导的国家建设阶段，需要建造师转变思想，加强学习，努力进取，积极工作，落实建造师的质量安全管理责任，更好地进行社会主义建设。

注册建造师，是从事建设工程项目总承包和施工管理关键岗位的执业注册人员。建造师作为融技术与管理于一体的工作岗位，需要懂管理、懂技术、懂经济、懂法规，具备较高的综合素质，既要有理论水平，也要有丰富的实践经验和较强的组织能力。当前，世界处于信息化蓬勃发展的时代，知识与信息日新月异。尤其是以建筑信息化、装配式建筑、BIM、建筑节能环保等为代表的建筑技术，发展十分迅速。为此，需要系统构建建造师从业人员兼具开放性和专业化的知识体系，通过加强学习和培训工作，开拓建造师队伍的眼界，提高专业水平和综合素质。

本书为建造师继续教育建筑工程专业培训教材，内容包括建造师执业制度的探讨、建筑业发展规划、建筑工程质量安全管理、建筑业招标投标及合同管理制度、项目管理模式和融资模式、建筑产业化、物联网、信息化、人工智能等新思想、新制度、新技术、新管理，可以为建造师提供丰富的知识给养，为建造师构建一个知识新颖、内容全面的继续教育体系。

本书由中国建筑业协会建造师分会主编，由深圳大学土木工程学院教师承担具体编写工作。全书共 14 章，具体编写分工为：第 1 章、第 14 章由黄秋梅编写；第 2 章由段华波编写，第 3 章、第 4 章由刘建编写；第 5 章、第 13 章由王刚编写；第 6 章、第 15 章由莫力科编写；第 7 章、第 8 章由米旭明编写；第 9 章、第 10 章由李政道编写；第 11 章、第 12 章由邹亮编写。

在教材编写过程中，参考了大量建筑业同行的宝贵研究成果，汲取了许多专家的宝贵意见和建议，在此向这些同行和专家一并致谢。

本书成稿匆忙，尚有许多不足之处，敬请指正。

中国建筑业协会建造师分会

2019 年 1 月 18 日

目　　录

第1章　注册建造师制度现状与改革发展趋势

1.1　建设领域执业资格制度改革与发展

1.1.1　建设领域执业资格制度沿革

1. 职业资格

(1) 职业资格

国家职业资格是对从事某一职业所必备的学识、技术和能力的基本要求。国家职业资格包括从业资格和执业资格。

从业资格是指从事某一专业（职业）学识、技术和能力的起点标准。

执业资格是指政府对某些责任较大、社会通用性强、关系公共利益的专业（职业）实行准入控制，是依法独立开业或从事某一特定专业（职业）学识、技术和能力的必备标准。

职业资格证书是表明劳动者具有从事某一职业所必备的学识和技能的证明。它是劳动者求职、任职、开业的资格凭证，是用人单位招聘、录用劳动者的主要依据，也是境外就业、对外劳务合作人员办理技能水平公证的有效证件。

(2) 职业资格证书制度

职业资格证书制度是劳动就业制度的一项重要内容，也是一种特殊形式的国家考试制度。主要内容是指按照国家制定的职业技能标准或任职资格条件，通过政府认定的考核鉴定机构，对劳动者的技能水平或职业资格进行客观公正、科学规范的评价和鉴定，对合格者授予相应的国家职业资格证书的政策规定和实施办法。

(3) 就业准入制度

就业准入制度是指根据《中华人民共和国劳动法》（以下简称《劳动法》）和《中华人民共和国职业教育法》（以下简称《职业教育法》）的有关规定，对从事技术复杂、通用性广、涉及国家财产、人民生命安全和消费者利益的职业（工种）的劳动者，必须经过培训，并取得了职业资格证书后，方可就业上岗的制度。

(4) 法律依据

《劳动法》第八章第六十九条规定："国家确定职业分类，对规定的职业制定职业技能标准，实行职业资格证书制度，由经过政府批准的考核鉴定机构负责对劳动者实施职业技能考核鉴定。"《职业教育法》第一章第八条明确指出："实施职业教育应当根据实际需要，同国家制定的职业分类和职业等级标准相适应，实行学历文凭、培训证书和职业资格证书制度。"这些法律条款确定了国家推行职业资格证书制度和开展职业技能鉴定的法律依据。

2. 执业资格制度

执业资格制度是市场经济国家对专业技术人员管理的通行做法。在市场经济比较发达的国家、地区，对涉及公众生命和财产安全的职业执行执业资格制度已有160多年的历史，形成了日臻完整的法律体系和管理体系，并形成了严格的考试、注册及执业的管理制度。

我国职业资格制度的探索始于20世纪80年代末。1986年1月，中共中央决定"改革职称评定，实行专业技术职务聘任制"。同时，国务院颁布了《关于实行专业技术职务聘任制的规定》，其中指出："专业技术职务是根据实际工作需要设置的有明确职责、任职条例和任期，并需要具备专门的业务知识和技术水平才能担负的工作岗位，不同于一次获得后而终身拥有的学位、学衔等各种学术技术职务。"其主要特点是：在定编定员基础上，有岗位数量的限制；评审委员会评定，行政领导聘任，有一定的任期，不搞终身制，不搞通用制，专业技术职务只在评聘范围内有效。这次职称改革是职称与职务合二为一，名曰"专业技术职务"，即资格评定、职务聘任、工资待遇三者紧密挂钩。专业技术人员在担任某项专业职务前，必须取得某种相应的资格，作为任职的依据，在被评定的范围内有效，单位行政领导在岗位设置的范围内择优聘任。这一时期我国专业技术人员的任职资格即专业技术职称的评定标准，是按中央职称改革领导小组和国务院各部委颁布的有关条例、规则等作为参考标准进行评定。对专业技术人员的学术水平、技术能力、工作业绩等进行评价，合格者在通过职称外语考试后即取得相应专业技术职务的任职资格。

随着我国市场经济体制的建立和发展，经营体制的多元化、现代化产业的高度发展，对专业技术资格要求更加严格，中国共产党第十四届三中全会上通过的《中共中央关于建立社会主义市场经济体制若干问题的决定》首次提出，要在我国实行学历文凭和执业资格两种证书并重的制度。根据这一要求，国务院部署把推行专业技术人员执业资格制度作为一项重点工作，并作为深化职称改革工作的一项重要内容，有计划有步骤地组织实施各类执业资格制度。1994年2月，劳动部、人事部联合颁布了《职业资格证书规定》，在我国逐步建立和推行专业技术人员职业资格证书制度。

3. 建设领域执业资格制度总体框架

根据国内、国际形势的发展，一方面，随着各国经贸活动的相互渗透，促进了职业工程师国际化进程的开展；另一方面，随着我国社会主义市场经济的不断完善，勘察设计行业改革的不断深化，设计队伍的急速增长，客观要求提高设计人员素质。这些都为建立注册制度提供了机遇。随着改革开放步伐的加快，为规范市场秩序，保证工程质量，同时也为了推动我国建设行业走向国际市场和引进外资项目，建设部决定按照国际惯例拟在工程监理、建筑设计等领域建立工程师和建筑师执业资格注册制度，并多次进行了出国考察及调研论坛。1992年6月以部令的形式颁发了《监理工程师资格考试和注册试行办法》，此时建立注册建筑师和注册房地产估价师的筹备工作也刚起步。

自国家正式提出建立执业资格制度以后，建设领域执业资格制度建立工作进入了较快的发展时期。1992年6月，建设部发布了《监理工程师资格考试和注册试行办法》，拉开了推行执业资格制度的序幕。1996年8月，建设部、人事部印发了《建设部、人事部关于全国监理工程师执业资格考试工作的通知》，从1997年起，全国正式举行注册监理工程师执业资格考试。

1994年，建设部和人事部下发了《建设部、人事部关于建立注册建筑师制度及有关工作的通知》，决定在我国实行注册建筑师制度，并成立了全国注册建筑师管理委员会。

1995 年，国务院颁布了《中华人民共和国注册建筑师条例》，1996 年，建设部下发了《中华人民共和国注册建筑师条例实施细则》，注册建筑师制度于 1995 年在全国推行，第一批注册建筑师于 1997 年开始执业。

依据《人事部、国家国有资产管理局关于印发〈注册资产评估师执业资格制度暂行规定〉及〈注册资产评估师执业资格考试实施办法〉的通知》，从 1995 年起，国家开始实施注册资产评估师执业资格制度。资格考试工作从 1996 年开始实施。2002 年 2 月，人事部、财政部下发了《关于调整注册资产评估师执业资格考试有关政策的通知》。

1996 年，人事部、建设部发布《造价工程师执业资格制度暂行规定》，国家开始实施注册造价工程师执业资格制度。1998 年 1 月，人事部、建设部下发了《人事部、建设部关于实施造价工程师执业资格考试有关问题的通知》，并于当年在全国首次实施了注册造价工程师执业资格考试。

1997 年 9 月 1 日，建设部、人事部联合颁布了《注册结构工程师执业资格制度暂行规定》，同时《全国一级注册结构工程师考试大纲》也于 1997 年 9 月 15 日正式颁布实施。从 1997 年起，决定在我国实行注册结构工程师执业资格制度，并成立了全国注册结构工程师管理委员会，明确指出我国勘察设计行业将实行注册结构工程师执业资格制度，同年 12 月举行了首届全国一级注册结构工程师资格考试。1998 年，全国注册工程师管理委员会（结构）颁布了二级注册结构工程师资格考试大纲，1999 年 3 月在山西省太原市举行了二级注册结构工程师资格试点考试，2000 年举行了全国范围内的正式考试。

1999 年，人事部、建设部印发了《注册城市规划师执业资格制度暂行规定》及《注册城市规划师执业资格认定办法》，国家开始实施注册城市规划师执业资格制度。2000 年 2 月，人事部、建设部下发了《人事部、建设部关于印发〈注册城市规划师执业资格考试实施办法〉的通知》。

2001 年 12 月，人事部、国家发展计划委员会下发了《人事部、国家发展计划委员会关于印发〈注册咨询工程师（投资）执业资格制度暂行规定〉和〈注册咨询工程师（投资）执业资格考试实施办法〉的通知》，从 2001 年 12 月 12 日起，国家开始实施注册咨询工程师（投资）执业资格制度。

2001 年 1 月，人事部、建设部正式出台《勘察设计注册工程师制度总体框架及实施规划》（其中将勘察设计注册工程师划分为 17 个专业）。2002 年 4 月，人事部、建设部下发了《人事部、建设部关于印发〈注册土木工程师（岩土）执业资格制度暂行规定〉、〈注册土木工程师（岩土）执业资格考试实施办法〉和〈注册土木工程师（岩土）执业资格考核认定办法〉的通知》，从 2002 年起，决定在我国实行注册土木工程师（岩土）执业资格制度；2003 年，人事部、建设部下发了《关于印发〈注册土木工程师（港口与航道工程）执业资格制度暂行规定〉、〈注册土木工程师（港口与航道工程）执业资格考试实施办法〉和〈注册土木工程师（港口与航道工程）执业资格考核认定办法〉的通知》，从 2003 年 5 月 1 日起，决定在我国实行注册土木工程师（港口与航道工程）执业资格制度；从 2005 年 9 月 1 日起，根据《注册土木工程师（水利水电工程）制度暂行规定》《注册土木工程师（水利水电工程）资格考试实施办法》和《注册土木工程师（水利水电工程）资格考核认定办法》文件精神，国家对从事水利水电工程勘察、设计活动的专业技术人员，实行职业准入制度，全国专业技术人员职业资格证书制度统一管理。2003 年 5 月，由人事部、建设部、交通部分别出台了注册电气工程师、注册化工工程师、注册公用设备工程师执业资格制度暂行规定。

从2002年起，根据《人事部、建设部关于印发〈房地产经纪人员职业资格制度暂行规定〉和〈房地产经纪人执业资格考试实施办法〉的通知》文件精神，国家对注册房地产经纪人员实行执业资格制度，纳入全国专业技术人员执业资格制度统一规划。

为了加强建设工程项目管理，提高工程项目总承包及施工管理专业技术人员素质，规范施工管理行为，保证工程质量和施工安全，根据《中华人民共和国建筑法》《建设工程质量管理条例》和国家有关职业资格证书制度的规定，人事部、建设部制定了《建造师执业资格制度暂行规定》，自2002年12月9日起执行。从2002年起，根据《关于印发〈建造师执业资格制度暂行规定〉的通知》《关于印发〈建造师执业资格考试实施办法〉和〈建造师执业资格考核认定办法〉的通知》文件精神，国家施行注册建造师执业资格制度，并于2004年2月印发了《建造师执业资格考试实施办法》和《建造师执业资格考核认定办法》，第一次考试于2005年举行。2006年12月28日，建设部发布了《注册建造师管理规定》。

从2002年10月3日起，根据《注册安全工程师执业资格制度暂行规定》的文件精神，国家在生产经营单位实行注册安全工程师执业资格制度，纳入全国专业技术人员执业资格制度统一规划。根据《注册设备监理师执业资格制度暂行规定》《注册设备监理师执业资格考试实施办法》的通知和《关于注册设备监理师执业资格考核认定有关问题的通知》文件精神，国家对设备监理行业实行执业资格制度，纳入全国专业技术人员职业资格证书制度的统一规划。

从2005年起，根据《关于印发〈注册环保工程师制度暂行规定〉、〈注册环保工程师资格考试实施办法〉和〈注册环保工程师资格考核认定办法〉的通知》文件精神，国家对从事环保专业工程设计活动的专业技术人员，实行执业准入制度，纳入全国专业技术人员执业资格证书制度统一规划。

2007年，《勘察设计注册土木工程师（道路工程）制度暂行规定》《勘察设计注册土木工程师（道路工程）资格考试实施办法》和《勘察设计注册土木工程师（道路工程）资格考核认定办法》发布并执行。

建设领域执业资格制度覆盖了建筑业、勘察设计咨询业、房地产业和城乡规划、市政公用事业，建设执业资格制度总体框架基本确立。

我国已建立了包括注册建筑师、注册结构工程师、注册建造师、注册监理工程师、注册土木工程师（港口与航道工程）、注册土木工程师（岩土）、注册土木工程师（水利水电工程）、注册房地产估价师、注册房地产经纪人、注册物业管理师、注册资产评估师、注册造价工程师、注册咨询工程师（投资）、注册城乡规划师、地震安全性评价工程师、注册电气工程师（发输变电、供配电）、注册公用设备工程师（暖通空调、给水排水、动力）、注册设备监理师等在内的38个执业资格制度。基本形成比较完整的执业资格体系。

1.1.2 建设领域执业资格制度发展

1. 建筑业企业资质和个人执业资格

建筑业企业资质分为三大序列，分别为施工总承包、专业承包和施工劳务三个序列。其中，施工总承包序列设有12个类别，一般分为4个等级（特级、一级、二级、三级）；

专业承包序列设有36个类别，一般分为3个等级（一级、二级、三级）；施工劳务序列不分类别和等级。

2012年12月28日，《全国人民代表大会常务委员会关于授权国务院在广东省暂时调整部分法律规定的行政审批的决定》发布，建筑行业资质管理调整试点工作正式启动，改为行业自律管理。其中涉及工程建设行业有多项。

序号17。名称：工程监理企业专业乙级和丙级资质认定法律规定。《中华人民共和国建筑法》第十三条，暂时停止实施该项行政审批，交由具备条件的行业协会实行自律管理。

序号18。名称：二级注册建筑师、二级勘察设计注册工程师、二级注册建造师资格注册核准法律规定：《中华人民共和国建筑法》第十四条，暂时停止实施该项行政审批，交由具备条件的行业协会实行自律管理。

2014年8月25日，住房城乡建设部印发《建筑工程五方责任主体项目负责人质量终身责任追究暂行办法》；9月1日，发布《工程质量治理两年行动方案》；9月4日，召开全国质量治理两年行动电视电话会议，这次会议从中央开到了县，有1400多个分会场，5万多人参加，规模和力度前所未有。一系列重拳指向关乎经济发展、社会进步、城镇化推进和人民生活水平不断提高的工程质量问题，一系列措施强调责任主体项目负责人的责任追究，在业内引起强烈反响。

《建筑工程五方责任主体项目负责人质量终身责任追究暂行办法》（建质［2014］124号）第二条明确指出，建筑工程五方责任主体项目负责人是指承担建筑工程项目建设的建设单位项目负责人、勘察单位项目负责人、设计单位项目负责人、施工单位项目经理、监理单位总监理工程师，提出要对五方责任主体项目负责人质量终身责任追究，在执业人员主体责任的法律体系建设上具有重要的意义。

工程质量问题归根结底是人的问题。产生工程质量问题的原因很多，但主要原因是质量责任落实不到位，没有把工程质量责任落实到具体人头，让该负责的人负起责任，并且负责到底。勘察、设计单位项目负责人能否保证勘察设计文件符合法律法规和工程建设强制性标准的要求，施工单位项目经理能否按照经审查合格的施工图设计文件和施工技术标准进行施工，监理单位总监理工程师能否按照法律法规、有关技术标准、设计文件和工程承包合同进行监理，都会对工程质量产生根本的影响。在美国建设工程招投标对企业的要求中，也包含对个人的要求，工程参与人员应具备一定知识水平，通过专业考核取得有关证件才能成为投标人的一员，反映了在工程质量问题上对人这一关键点的重视。

我国建设行业历史形成的管理体制是企业资质和个人资质的双轨制，涉及工程质量问题时，主要是对企业进行处罚，对个人处罚力度有限，震慑力不够。而既然工程质量问题归根结底是人的问题，工程项目的勘察、设计、施工、监理等又都离不开执业人员，相关的项目负责人更必须是具备资质的执业人员，因此，完善执业人员管理体制，强化执业人员主体责任就显得尤为重要。

2014年7月25日，住房城乡建设部印发《全国建筑市场监管与诚信信息系统基础数据库数据标准（试行）》和《全国建筑市场监管与诚信信息系统基础数据库管理办法（试行）》，提出在2015年底前完成省级工程建设企业、注册人员、工程项目、诚信信息等基础数据库建设，建立建筑市场和工程质量安全监管一体化工作平台，实现全国建筑市场

“数据一个库、监管一张网、管理一条线”的信息化监管目标。建筑市场诚信体系建设全面升级，基础数据库建设成为诚信体系建设的抓手，为实现诚信体系与市场监管的有效衔接打下坚实基础，诚信体系建设迈上新台阶。

《建筑工程五方责任主体项目负责人质量终身责任追究暂行办法》明确提出的对相关责任人的责任追究方式具体到包括“向社会公布曝光”，对调离人员、退休人员、相关责任单位已注销等情况的项目责任人也要依法追究的终身追究制，也将促使执业人员更加珍视诚信。

2005年，建设部和中国保险监督管理委员会发布《关于推进建设工程质量保险工作的意见》(建质［2005］133号)，提出要在工程建设领域引入工程质量保险制度，包括建筑工程一切险、安装工程一切险、工程质量保证保险和相关职业责任保险等。意见鼓励大型公共建筑和地铁等地下工程的建设单位、商品房的开发单位以及施工单位等积极投保建设工程质量保险，鼓励工程勘察单位、设计单位、监理单位、施工图审查机构、工程质量检测机构等积极投保相应的责任保险，对推进工程质量保险体系建设有着重要的指导意义。

发达国家与建筑工程有关的险种非常丰富，其中有一个重要的险种是职业责任险(Professional Liability)，分为法人职业责任险和自然人职业责任险两大类。前者的投保人是具有法人资格的单位，以在投保单位中工作的个人为保险对象；后者的投保人是作为个体的自然人，其保险对象是自己的职业责任风险。在国际上，建筑师、各种专业工程师、咨询工程师等专业人士均要购买职业责任险，由于设计错误、工作疏忽、监督失误等原因给业主或承包商造成的损失，保险公司将负责赔偿。保险费用计入工程建设（设计）成本，且保险费率与个人工程质量安全情况挂钩，执业人员工程质量记录自然成为业主考量的重点，从而推动执业人员强化责任意识，促进工程质量的提高。这种与个人执业资格制度密切相关的保险体系对我国有十分重要的借鉴作用。

2. 坚持执业资格制度，完善管理方式

(1) 符合国际通行做法

国际上多数国家和地区都设立了建造师、工程师等执业规定，其中多数实施以执业准入控制为特征的行政许可类资格；也有部分国家实行以会员制为特征的行业自律管理类资格。一个国家和地区的资格制度在不同时期其管理方式也会有所调整。

(2) 法律体系基本完善

建筑行业有关的基本法律：《中华人民共和国建筑法》《中华人民共和国合同法》《中华人民共和国招标投标法》《中华人民共和国劳动合同法》《中华人民共和国安全生产法》《中华人民共和国环境保护法》《中华人民共和国刑法》《中华人民共和国物权法》，行政法规：《建设工程质量管理条例》《建设工程安全生产管理条例》《中华人民共和国招标投标法实施条例》《安全生产许可证条例》《生产安全事故报告和调查处理条例》《民用建筑节能条例》《建设工程勘察设计管理条例》，部门规章：《建设工程价款结算暂行办法》《房屋建筑工程质量保修办法》《建设工程质量保证金管理办法》《建设工程工程量清单计价规范》《实施工程建设强制性标准监督规定》，规范性文件：《住房城乡建设部关于废止〈工程建设项目招标代理机构资格认定办法〉的决定》、住房城乡建设部关于修改《勘察设计注册工程师管理规定》《注册建造师管理规定》等，明确规定了从事建筑行业关键岗位的专业技术人员实行准入的执业资格制度；《注册建造师管理规定》在法律层面上对注册建造师的地位、作用予以了明确；其他执业资格也是通过部门规章或规范性文件对执业人员的责权利作出了明确规定。这些法律、法规以及与之相配套的部门规章共同构建了国家工程建设执业制度的法律框架和管理体系。

（3）行业管理迫切需要

建立个人执业资格制度，通过执业资格标准的考核和考试，保证关键岗位的人员具备必需的专业知识和技能；通过诚信和执业监管，强化执业人员在工程建设中的权利、义务和法律责任，建立行之有效的工程质量终身责任制，对提高工程质量，保障人民群众生命财产安全起到重要作用。目前，在我国工程建设中，依托执业资格制度，已建立起一套较为完善的工程管理体系，执业资格制度已渗透到工程管理的全过程。《建筑工程五方责任主体项目负责人质量终身责任追究暂行办法》中明确提出，为提高质量责任意识，保证工程建设质量，要强化工程建设终身责任落实，界定了五方责任主体项目负责人，对执业注册人员提出了更高要求。今后，执业制度在行业管理中将发挥更加重要的作用。

（4）有利于我国建设行业融入国际市场

随着我国加入 WTO，融入经济全球化，工程建设领域国际化进程进一步加快。国内企业走出国门，迫切需要一个符合国际通行规则的制度平台。建立执业资格制度并与国际开展互认工作，可以为我国技术人员走出国门提供有力保障，为企业参与国际竞争铺平道路。如何做好开放性的市场监管，保证合格的人员进入我国市场，也需要通过执业资格制度来加以规范。

我国已通过执业资格制度平台与多个国家和地区开展互认对话，取得了较大成果。如分别与美国、英国开展了建筑师、结构工程师互认工作；落实《中华人民共和国政府和新加坡共和国政府自由贸易协定》，与新加坡开展了执业资格互认工作；组织和参与了“APEC 建筑师项目”和中日韩建筑师组织交流等。展现了我国的大国风范和开放姿态。

3. 转变执业资格注册的审批方式

坚持建设行业执业资格制度，并不是要固守陈规，而是要按照深化行政审批制度改革、转变政府职能的要求，转变和完善执业资格注册审批管理方式。执业资格注册审批是执业制度实施中的一个重要环节，转变和完善审批方式，就是把注册审批权授权给有关公共组织（如全国管理委员会），把政府从具体事务性工作中解脱出来，做好宏观政策制定以及对执业制度实施情况的指导和监督。被授权的全国管理委员会应代表公众利益，保持客观公正，行使对执业资格的具体管理职责，并承担相应的法律责任。

我国的注册建筑师执业制度是参照美国模式设计并采用政府授权全国管理委员会的管理方式，已实施了近 20 年，取得了较为成熟的经验。2016 年 2 月，国务院发布《国务院关于第二批取消 152 项中央指定地方实施行政审批事项的决定》（国发〔2016〕9 号），明确表示，以部门规章、规范性文件等形式设定的面向公民、法人和社会组织的审批事项已清理完毕。今后行政许可只能依据行政许可法的规定设定，不得把已取消的中央指定事项作为行政许可的设定依据。尚未制定法律、行政法规的，地方性法规可设定行政许可；尚未制定法律、行政法规和地方性法规的，因行政管理的需要，确需立即实施行政许可的，省、自治区、直辖市人民政府规章可以设定临时性的行政许可。其中，与建设执业资格注册制度密切相关的是，取消了省级住房城乡建设主管部门对住房城乡建设部负责的一级注册结构工程师和其他专业勘察设计工程师、一级注册建造师、注册监理工程师、注册房地产估价师、注册造价工程师、注册城乡规划师等6个专业注册的初审。

2016年3月10日，《住房城乡建设部办公厅关于做好取消建设工程企业资质和个人执业资格初审事项后续衔接工作的通知》（建办市〔2016〕8号）出炉，明确指示："各省级住房城乡建设主管部门不再对企业资质和个人执业资格事项出具初审意见。为保证企业资质和个人执业资格审批工作的正常开展，方便服务行政许可申请人，在相关部门规章和规范性文件修改颁布以前，请各省级住房城乡建设主管部门继续受理企业资质和个人执业资格申报材料；对申报材料齐全的，继续按照现有申报途径报送我部。"

4. 取消的职业资格许可和认定事项

人社部发〔2014〕53号《关于减少职业资格许可和认定有关问题的通知》。

经历次国务院常务会议决定，取消的职业资格许可和认定事项，汇总见表1-1。

取消的职业资格许可和认定事项汇总表 **表1-1**

批次	会议日期	目　的	事项总数
第一批	2014年6月4日	先期取消一批准入类专业技术职业资格。逐步建立由行业协会、学会等社会组织开展水平评价的职业资格制度	11项
第二批	2014年8月19日	再取消一批部门和行业协会自己设置、专业性不强、法律法规依据不足的职业资格许可和认定事项，使就业创业创新不为繁多的"证书"所累，让各类人才放手拼搏	67项
第三批	2014年12月12日	促进职业资格规范管理，推动市场化职业水平评价	67项
第四批	2015年7月15日	再取消一批职业资格许可和认定事项，以改革释放创业创新活力	62项
第五批	2016年1月13日	再推出一批简政放权改革措施，让市场活力更大释放	61项
合计			268项

从上表明显可以看出，为进一步提高人力资源配置效率，在保持资质资格水平不降的前提下，国家是下大力气逐步减少部分职业资格许可和认定的。

2016年3月5日，国务院总理李克强在政府工作报告中提到：中国政府持续推动结构性改革。深入推进简政放权、放管结合、优化服务改革。可以明确预见的是，在今后，凡没有法律法规依据和各地区、各部门自行设置的各类职业资格，不可能再实施许可和认定。

5. 推进建设领域执业资格制度改革

（1）进一步培育和支持行业协会发展

由具备承接政府职能转移条件的行业协会对行业实行自律管理，鼓励和支持协会制定行业守则、规范，加强对会员的自律管理，并开展诚信评价。

（2）改革市场准入机制，紧密结合行业自律管理

构建企业诚信名录登记，诚信名录包括从业主体的业务级别和诚信级别。其中，业务级别是从业主体参与工程项目招投标以及开展相应业务的准入条件；诚信级别作为其市场准入的重要依据。由省住房城乡建设行政主管部门组织公开招标，通过竞争选定相应行业组织或有关机构办理诚信名录登记。诚信名录管理承办主体根据资质标准，完善企业名录

系统。已取得资质证书企业，经报送信息后，直接进入对应的名录。从业主体需对所提供信息的真实性负责，承担诚信名录管理的行业组织对从业主体提供信息实行符合性核实，不得设审批性备案，不得借用登记名义要求从业单位入会、参加培训、缴纳费用等。

(3) 加强事中、事后监督和服务，更好发挥政府作用

完善诚信体系建设，强化注册人员的动态管理。目前，各领域诚信信用体系极不完善，各地、各行业形成信息孤岛，弄虚作假、假冒伪劣、偷工减料等各种不诚信行为充斥在市场上，失信惩戒得不到落实，建筑市场也不例外。以广东省为例，改革取消或调整市场准入机制，需要承办主体的行业自律管理与广东省住房和城乡建设厅的“三库一平台”无缝连接，以更有效地获取相关企业准确全面的信用信息。完善对企业、人员以及项目的诚信管理将是改革成败的关键。

(4) 加强注册人员执业责任宣传教育

注册制度的改革是朝着强化个人执业注册管理，弱化企业资质管理的方向发展的。破除了以往由政府管企业、再由企业管个人的管理模式，解除企业对注册执业师的无形束缚，让注册执业师在工作上有更大的自主权，更好地独立开展业务工作，从而提升工作效率和提高工程质量。对注册后监管的加强，更加突显注册执业师的个人执业责任。

1.2 注册建造师制度现状与改革及发展趋势

1.2.1 注册建造师

1. 注册建造师

注册建造师（Constructor）是指从事建设工程项目总承包和施工管理关键岗位工作的执业注册人员，建造师执业资格制度起源于1834年的英国。注册建造师的含义是指懂管理、懂技术、懂经济、懂法规，综合素质较高的综合型人员，既要有理论水平，也要有丰富的实践经验和较强的组织能力。见表1-2。

注册建造师基本信息　　表1-2

中文名	建造师	制度建立	2002年12月
英文名	Constructor	证书起源	英国
资格划分	一级建造师与二级建造师	岗位定位	项目经理、相关负责人
执业类别	以工程项目施工管理为主业	管理职责	全面的组织管理

2. 注册建造师资格类别

注册建造师分为一级注册建造师和二级注册建造师。英文分别译为：Constructor和Associate Constructor。一级、二级建造师报考人员要符合有关文件规定的相应条件。建造师执业资格考试合格人员，分别获得《中华人民共和国一级建造师执业资格证书》《中华人民共和国二级建造师执业资格证书》。其具体信息如表1-3所示。

3. 法律依据

《中华人民共和国建筑法》第14条规定：从事建筑活动的专业技术人员，应当依法取得相应的执业资格证书，并在执业证书许可的范围内从事建筑活动。《注册建造师管理规

定》规定：国务院住房城乡建设主管部门对全国注册建造师的注册、执业活动实施统一监督管理。

注册建造师资格类别基本信息 表 1-3

资格名称	简　介	证书样本
一级建造师	一级建造师可在全国范围内以一级注册建造师名义执业。取得建造师执业资格证书且符合注册条件的人员，经过注册登记后，即获得一级建造师注册证书。注册后的建造师方可受聘执业。建造师执业资格注册有效期满前，要办理再次注册手续。一级建造师具有较高的标准、较高的素质和管理水平，有利于开展国际互认。实行建造师执业资格制度后，大中型项目的建筑业企业项目经理需由取得注册建造师资格的人员担任。一级建造师（Constructor）执业资格实行统一大纲、统一命题、统一组织的考试制度，原则上每年举行一次考试。住房城乡建设部负责编制一级建造师执业资格考试大纲和组织命题工作，统一规划建造师执业资格的培训等有关工作	
二级建造师	我国建设工程项目量大面广，工程项目的规模差异悬殊，各地经济、文化和社会发展水平有较大差异，不同工程项目对管理人员的要求也不尽相同，因此，设立了二级建造师，以适应施工管理的实际需求。二级建造师（Associate Constructor）执业资格实行统一大纲、统一命题、统一组织的考试制度，原则上每年举行一次考试。住房城乡建设部负责编制二级建造师执业资格考试大纲和组织命题工作。考试内容分为综合知识与能力和专业知识与能力两部分	

2003年2月27日发布的《国务院关于取消第二批行政审批项目和改变一批行政审批项目管理方式的决定》（国发〔2003〕5号）规定："取消建筑施工企业项目经理资质核准，由注册建造师代替，并设立过渡期。"

4. 执业范围与职权定位

（1）注册建造师的执业范围

注册建造师有权以建造师的名义担任建设工程项目施工的项目经理；从事其他施工活动的管理；从事法律法规或国务院行政主管部门规定的其他业务。这主要是从我国的国情和工程的特点出发。因为各地的经济发展和管理水平不同，大中小型工程项目对管理的要求差异也很大。为此，在施工管理中，一级注册建造师可以担任《建筑业企业资质等级标准》中规定的特级、一级企业资质项目施工的项目经理，二级注册建造师只能担任二级及以下企业资质项目施工的项目经理。这样规定，有利于保证一级注册建造师具有较高的专业素质和管理水平，以逐步取得国际互认；而设立二级注册建造师，则可满足我国量大面广的工程项目施工管理的实际需求。

（2）注册建造师担任项目经理

注册建造师资格是担任大中型工程项目项目经理的必要条件。建造师需按《关于印发〈建造师执业资格制度暂行规定〉的通知》（人发［2002］111号）文件的规定，经统一考试和注册后才能从事担任项目经理等相关活动，是国家的强制性要求，而项目经理的聘任则是企业行为。注册建造师与项目经理的关系：建造师与项目经理定位不同，但所从事的都是建设工程的管理。建造师执业的覆盖面较大，可涉及工程建设项目管理的许多方面，担任项目经理只是建造师执业中的一项；项目经理则限于企业内某一特定工程的项目管理。建造师选择工作的权力相对自主，可在社会市场上有序流动，有较大的活动空间；项目经理岗位则是企业设定的；项目经理是企业法人代表授权或聘用的、一次性的工程项目施工管理者。建造师是一种专业人士的名称；而项目经理是一个工作岗位的名称。

（3）鼓励和提倡注册建造师“一师多岗”

注册建造师以建设工程项目施工的项目经理为主要岗位。但是，同时鼓励和提倡注册建造师“一师多岗”，从事国家规定的其他业务。按照国际通行的做法，许多注册执业资格与岗位职务是实行“一师多岗”或“多师一岗”。而我国往往是实行“一师一岗”，这在一定程度上易造成某些不应有的壁垒，不利于一些注册人员作用的发挥。注册建造师拟先开始实行“一师多岗”，即取得注册建造师执业资格的人员，可以受聘担任建设工程总承包或施工的项目经理，可以受聘担任质量监督工程师，可以从事其他施工管理以及法律法规规定的有关业务。

（4）权责

注册建造师是以专业技术为依托、以工程项目管理为主业的执业注册人员，以施工管理为主。建造师需要懂管理、懂技术、懂经济、懂法规，有组织能力。建造师注册受聘后，可以建造师的名义担任建设工程项目施工的项目经理，从事其他施工活动的管理，从事法律、行政法规或国务院住房城乡建设行政主管部门规定的其他业务。

在行使项目经理职责时，一级注册建造师可以担任《建筑业企业资质等级标准》中规定的特级、一级建筑业企业资质的建设工程项目施工的项目经理；二级注册建造师可以担任二级建筑业企业资质的建设工程项目施工的项目经理。大中型工程项目的项目经理必须由取得建造师执业资格的人员担任；但取得建造师执业资格的人员能否担任大中型工程项目的项目经理，应由建筑业企业自主决定。

5. 注册建造师的有关管理

（1）执业资格考试工作

根据2004年2月19日建设部和人事部发布的《建造师执业资格考试实施办法》，2004年6月25日建设部发布了《关于印发〈建造师执业资格考试命题有关问题会议纪要〉的通知》，明确了一级建造师执业资格考试命题工作的有关问题，其中规定了一级建造师考试的科目、时间、题型、题量和分值分配等。并于2005年3月成功地组织了第一次全国一级建造师考试。

（2）注册审批工作

2006年12月28日，建设部发布了《注册建造师管理规定》，奠定了注册建造师管理的法律基础。明确了本规定适用的范围、对象、各级管理部门的职责分工，从注册建造师的注册、执业、监督管理和法律责任等方面对注册建造师的管理工作进行了原则性的规定。2007年4月10日，建设部又发布了《一级建造师注册实施办法》（以下简称《实施办法》）。《实施办法》细化了注册管理工作的体制机制，在管理体制方面，明确了受理、审核、审批部门的职责分工。2007年5月，建设部正式启动全国一级建造师的注册工作，在保障行业的发展和满足执业人员的各类注册需求方面提供了良好的技术支持和管理服务。

（3）执业管理工作

根据《注册建造师管理规定》，2008 年 2 月 26 日，建设部发布了《关于发布〈注册建造师执业管理办法（试行）〉的通知》，明确了全国注册建造师执业活动监督管理实施的主体和执业管理的具体内容。为配合《注册建造师执业管理办法（试行）》的有效实施，建设部分别于 2008 年 2 月 21 日和 2008 年 6 月 2 日发布了《注册建造师施工管理签章文件目录（试行）》和《注册建造师施工管理签章文件（试行）》两个文件，按不同的专业类别明确了注册建造师执业过程中实施签章权的具体事项，操作性更强，有力地推动了注册建造师执业工作的开展。

2010 年 11 月 15 日，住房城乡建设部发布《注册建造师继续教育管理暂行办法》，为注册建造师继续教育工作的启动铺平了道路，进一步完善了注册建造师执业资格制度的管理体系。

鉴于不同性质的工程项目，在技术标准和技术管理上有着很强的专业性，对其项目经理的专业知识、专业学历和专业实践等方面的要求均有很大不同。因此，对注册建造师科学设置专业，实行综合管理与专业管理的有机结合。

对于拟取得建造师执业资格的人员，应先通过建造师执业资格的统一考试。按照规定，一级建造师执业资格的考试，实行全国统一考试大纲、统一命题、统一组织的考试制度，由人力资源和社会保障部、住房城乡建设部共同组织实施，原则上每年举行一次考试；二级建造师执业资格的考试，实行全国统一考试大纲，由各省、自治区、直辖市负责命题并组织实施。考试内容分为综合知识与能力和专业知识与能力两大部分，报考人员需满足有关规定的相应条件。考试合格的人员，将获得建造师执业资格证书。一级建造师执业资格证书在全国范围内有效，二级建造师执业资格证书在其发证所在的省、自治区、直辖市范围内有效。

凡取得建造师执业资格证书并满足有关注册规定的人员，经注册管理机构注册后方可用建造师的名义执业。准予注册的申请人员，将分别获得一级建造师注册证书、二级建造师注册证书。已通过注册的建造师必须接受继续教育，不断提高业务水平。建造师注册有效期一般为 3 年，期满前 3 个月要办理再次注册手续。

（4）挂靠

为了满足建筑企业施工资质中对于建造师数量的要求，一些建筑企业寻找一些建造师注册到该公司，而不用直接到该公司上班的行为，这就叫建造师挂靠。

所谓挂证不挂章是指建造师证书“挂靠”在建筑企业，执业印章自己保管，通常是指不挂项目；所谓挂证挂章是指建造师证书和执业印章都挂靠在企业，通常是指挂靠项目。

“挂靠”，即所谓“企业挂靠经营”，就建筑业而言，是指一个施工企业允许他人在一定期间内使用自己企业名义对外承接工程的行为。允许他人使用自己名义的企业为被挂靠企业，相应的使用被挂靠企业名义从事经营活动的企业或自然人为挂靠人。最高人民法院在制定《最高人民法院关于审理建设工程施工合同纠纷案件适用法律问题的解释》时并没有直接将该行为定义为“挂靠”，而是表述为“借用”，即没有资质的实际施工人借用有资质的建筑施工企业名义从事施工，“挂靠”与“借用”实际上系同一概念。

建造师“挂靠”违反了《注册建造师管理规定》第二十六条，注册建造师不得有下列行为：

（1）不履行注册建造师义务；

（2）在执业过程中，索贿、受贿或者谋取合同约定费用外的其他利益；

（3）在执业过程中实施商业贿赂；

（4）签署有虚假记载等不合格的文件；

（5）允许他人以自己的名义从事执业活动；

（6）同时在两个或者两个以上单位受聘或者执业；

（7）涂改、倒卖、出租、出借或以其他形式非法转让资格证书、注册证书和执业印章；

（8）超出执业范围和聘用单位业务范围内从事执业活动；

（9）法律、法规、规章禁止的其他行为。

6. 建造师发展现状

从2002年开始，我国工程建设领域开始实施注册建造师制度。工程项目经理作为工作岗位而不再是执业资格，项目经理由注册建造师担任。从我国实行建造师制度以来，大量的实践表明，在建设工程领域中设立这道“门槛”，对建筑市场的人才规范、信息化管理，建筑工程的质量安全、技术水平的整体提升都起到了明显的促进作用。同时，实行建造师制度也有利于我国建筑业与国际接轨，适应对外开放的需要，使我国的执业工程技术人员更好地进入国际市场。

建筑行业对于建造师的需求一直是居高不下，一级建造师考试通过率跟不上建设规模的增长速度，也满足不了企业不断壮大的正常需求；另一方面，现在建筑市场的流行趋势是招标方不论招标项目性质如何、工程量大小、工程造价高低、工期长短，基本都要求项目经理有一级建造师执业证书，因此，现有的建造师队伍更显得人才紧缺。

1.2.2 注册建造师制度改革及发展趋势

1. 注册建造师制度

（1）注册建造师制度建立的原因

项目经理资质审批制度对提高工程项目建设的安全、质量有较好的效果，其中，“项目法施工”和“项目经理负责制”的管理方式，成为优化配置生产要素和动态管理的主要手段。但是，早在1995年，我国政府就意识到项目经理资质审批制度与国外建设施工组织管理领域实行的执业资格制度有较大区别，更像是一种施工组织管理技术的引进，有必要在已有的成果基础上进行制度上的改革，完善管理体制和机制，为开展执业人员的对外交流与合作打下基础。

（2）注册建造师制度建立的意义

建造师执业资格制度是我国施工项目管理体制上一项重要的改革举措和制度创新，对我国的建筑业企业发展具有深远的影响。具有以下几方面的意义：

1）有利于规范建筑市场秩序。对从事工程项目管理的人员实行建造师执业资格制度，有助于建筑业组织结构的调整和规范的建筑市场秩序的形成。

2）有利于提高项目经理的整体素质。具有项目经理资格的人员中，既有正规院校毕业的本、专科毕业生，又有低学历或无学历的人员，整体素质和管理水平参差不齐，其专业理论水平和文化程度总体偏低。而建造师执业资格考试对于学历及工程管理经历等都有具体的要求，通过考试能够获得建造师执业资格的人员相对来说整体素质有所提升，有助于提高企业项目经理人员的整体素质。

3）有利于项目管理人才的合理流动。实行建造师执业资格制度后，建造师作为从事某种专业技术工作的高素质、复合型人才，其综合实力得到国家、社会、行业和业主的认可。具有建造师执业资格的人员既可以选择在一家建筑施工企业执业，也可以选择在另外一家建筑施工企业执业。

4）利于开拓国际建筑市场。实行建造师执业资格制度，有利于我国培养高素质的项目管理人才，与国际接轨，开拓国际市场。

（3）注册建造师制度建立的标志

建设部经过多年的调研、分析和论证，于2002年12月5日与人事部联合颁布了《建造师执业资格制度暂行规定》，明确了“国家对建设工程项目总承包和施工管理关键岗位的专业技术人员实行执业资格制度，纳入全国专业技术人员执业资格制度统一规划”，我国注册建造师执业资格制度由此确立，并以此为基础建立了一系列相关的制度。

2. 建造师制度改革

（1）实行注册建造师执业资格制度

20世纪80年代中期，我国开始在施工企业中推行项目法施工，逐渐形成了以项目经理负责制为基础、工程项目管理为核心的施工管理体制。1992年7月，建设部发布了《施工企业项目经理资质管理试行办法》，开始对施工企业项目经理实行资格审批管理制度。经各级政府主管部门批准取得项目经理资格证书的达100多万人，其中一级项目经理约13万人。将施工企业项目经理的行政审批管理改为严格的建造师执业资格注册管理制度，不仅填补了工程建设领域施工阶段执业资格制度的空白，而且符合市场经济发展和政府职能转变的要求。

改革开放以来，建设工程领域在其建设规模和管理形式等多方面发生了很大变化，法律法规和管理办法不断完善与配套，相继出台了一系列的改革政策和措施，这对建设工程领域的发展与规范发挥了重要作用。2000年，建设部在汇报深化建设体制改革设想时提出：“调整和完善现行的专业技术人员分类，在现有注册建筑师、结构工程师、监理工程师、造价师的基础上，增设建造师。实行建造师执业资格制度后，大中型项目的建筑业企业项目经理需逐步由取得注册建造师资格的人员担任，以提高项目经理素质，保证工程质量。”这为我国建立建造师资格制度指明了方向。

1997年11月颁布的《中华人民共和国建筑法》明确规定：“从事建筑活动的专业技术人员，应当依法取得相应的执业资格证书，并在执业证书许可的范围内从事建筑活动。”2000年1月颁布的《建设工程质量管理条例》规定，注册执业人员因过错造成工程质量事故的，应受到相应的处罚。将对项目经理的行政审批改革为严格的经考试、注册的建造师制度，不仅填补了工程建设领域执业资格制度体系的空白，而且符合社会主义市场经济发展和政府职能转变的要求，有利于实现项目经理的职业化、社会化、专业化。

建设部从1994年开始研究建立建造师执业资格制度，对建立建造师执业资格制度的必要性、可行性进行了长期的充分论证。同时，了解、研究国外相关执业资格制度的建设、实施与管理情况，查阅了大量的资料，并邀请有关专家来华进行交流，并组团到欧美有关国家进行考察，参加国际建造师学会年会。经过深入调研、反复论证，各方达成共识：在我国建立建造师执业资格制度有利于提高工程施工管理人员素质和管理水平，加强建设工程施工管理，保证工程质量和施工安全。

建造师执业资格制度建立以后，承担建设工程项目施工的项目经理仍是施工企业所承包某一具体工程的主要负责人。大中型工程项目的项目经理必须由取得建造师执业资格的建造师担任，即建造师在所承担的具体工程项目中行使项目经理职权。建造师的职责是根据企业法定代表人的授权，对工程项目自开工准备至竣工验收，实施全面的组织管理。

《建造师执业资格制度暂行规定》明确了国家对建设工程项目总承包和施工管理关键岗位的专业技术人员实行执业资格制度，并纳入全国专业技术人员执业资格制度统一规划，明确规定在我国对从事建设工程项目总承包及施工管理的专业技术人员实行注册建造师执业资格制度。

2003年2月，国务院发布了《国务院关于取消第二批行政审批项目和改变一批行政审批项目管理方式的决定》，明确规定取消项目经理的行政审批，由注册建造师代替，并设立过渡期。在过渡期内项目经理资格证书与注册建造师制度共存，至2008年2月27日过渡期满后，项目经理资质证书停止使用，项目经理改为岗位职务，即大中型项目施工的项目经理必须由取得注册建造师资格的人员担任。取得注册建造师资格的人员能否担任项目经理，由企业自主决定。

(2) 实行注册建造师执业资格制度的意义

项目经理是工程项目的主要负责人，根据授权对该项目自开工准备至竣工验收实施全面的组织管理。因此，项目经理的基本素质、管理水平及其行为是否规范，对整个工程项目的质量、进度、安全生产和守法遵章起着关键作用。在建立了注册建造师制度后，工程项目发生重大质量安全事故或出现建筑市场违法违规行为，不仅可以依法追究企业的责任，还可以依法追究责任到人，视其情节责令注册建造师停止执业、吊销执业资格证书，5年以内不予注册，情节特别恶劣的终身不予注册。因此，实行注册建造师制度，有利于维护建筑市场秩序，保障工程质量和安全生产。

此外，通过建立有一定专业学历、工程实践等要求并经严格考试而取得执业资格的注册建造师制度，有助于提高项目经理的素质和项目管理水平，有利于保证工程项目的顺利实施。

(3) 建造师注册审批权下放正式实施

为贯彻落实国务院行政审批改革的要求，住房城乡建设部拟将原由本级审批的一级建造师注册审批工作下放至省级住房城乡建设主管部门实施，许可主体、许可程序、监管主体方面进行调整。在正式实施前，选取部分省份开展试点工作。

(4) 建造师考试制度面临的改革

由于市场需求和政策的影响，建造师考试做了不少改革。从执业考试内容（特别是管理实务）来看，趋向于加强现场管理内容，弱化死记硬背的概念性内容；从出题方向来看，渐渐倾向于现场管理技术人员，减少学员通过硬背来提高通过率的现象；从2016年的出题方向可以分辨出执业考试已提高现场专业管理内容。这些改变对于整个一级建造师执业队伍的改革将起到关键性作用。

3.《注册建造师管理规定》修订

2002年12月5日，人事部、建设部联合印发了《建造师执业资格制度暂行规定》（人发［2002］111号），规定必须取得建造师资格并经注册，方能担任建设工程项目总承包及施工管理的项目施工负责人。这标志着我国建造师执业资格制度的工作正式建立。随着注册建造师执业制度的发展，出现了虚假注册、执业责任难落实、继续教育工学矛盾突出等问题，原有部分规定已经不能适应新形势下注册建造师管理的需要。尤其是，党中央和国务院提出深化行政审批制度改革，进一步简政放权，提高效率的要求之后，住房城乡建设部拟将原由本级审批的一级建造师注册审批工作下放至省级住房城乡建设主管部门实施，许可主体、许可程序、监管主体方面进行调整，因此有必要对《注册建造师管理规定》进行修订。2014年，住房城乡建设部建筑市场监管司从规范个人执业资格管理入手，着手修订《注册建造师管理规定》《一级建造师注册实施办法》和《注册建造师继续教育管理暂行办法》，拟健全注册管理措施，强化注册人员执业责任监管，完善个人执业制度，并下发了"关于征求《注册建造师管理规定》（修订征求意见稿）意见的函"。

4. 从资质需求源头上开始一级建造师执业资格的改革

2015年，住房城乡建设部发布了《建筑业企业资质新标准实施细则》，从资质需求源头上开始一级建造师执业资格的改革，特别是2016年的有关建筑业资质的改革方向，企业升级资质从对一级建造师数量要求转化为对一级建造师质量要求，再结合地方住房城乡建设行政主管部门对项目负责人到岗履职的硬性监管和对项目负责人加大有关处罚力度，从制度上和管理上削弱了证书挂靠的市场空间；另外，近年来国家加码了对于一些一级建造师虚假注册、违法管理的处罚力度，给持有执业资格证书的人员也敲响了警钟。

住房城乡建设部的简报上说，企业不用人数来保资质，建造师挂靠将成为历史，要挂的话，可以挂项目。但是，挂项目也改革了，以前是企业责任制，出了事，由企业负责，今后是建造师责任制，出了事，由建造师自己扛，并且加大刑法力度。

5. 建造师制度改革规划

第一步：近期改革。主要内容是从2015年起，全面简化建造师注册政府审批流程和全面下放一级建造师的注册管理权限，即一建注册由省里管，住房城乡建设部只登公示、公告和登记注册记录。目前，已在山东、广东、云南三省试点。

第二步：中长期改革（8～10年）。淡化建筑企业资质，强化个人执业资格制度。即对建筑企业，以后只实行许可证制度（类似于民办学校办学许可和律师事务所许可），不分等级，由市场确定企业的竞争力；建立全国统一的建设工程执业人员的注册管理信息平台，加强对建造师等执业人员的动态管理，让有能力、讲诚信、负责任、履约记录良好的执业建造师拥有相对独立的地位，企业需要项目经理，可以自主到建造师管理库挑选合适人才；有能力的建造师也可以组建类似于律师事务所的项目管理公司去承接项目。同时，通过建立执业保险制度来化解或分担执业风险，类似于驾驶员人保险制度——出事少的保险费低，出了事保险赔。从国际惯例来看，建造师是不可能取消的。在市场经济高度发达的美英，行政许可少之又少，但在工程领域，他们仍然有建造师、建筑设计师、测量师、设备师等五项执业资格。

1.2.3 建造师制度未来发展形势

1. 建造师制度的发展方向

建筑行业一直是个热门行业，虽然建造师报考人数逐年增加，但是过关率低。建造师取得资格证书后需要注册成功才能执业。目前，国内一级建造师人数很少，日益激烈的市场竞争促使个人为提升知识和技能不断加大教育投资。

建造师的就业面很宽广，大部分有经验又有证书的人在找工作的时候一定比什么都没有的人竞争力大得多。建造师要懂管理、懂技术、懂经济、懂法规，外行人看来建造师前途很大，轻松且工资高，但事实上既需要有过硬的专业技能，又需要有敏捷的思考能力。中国建筑业施工企业及从业人员众多，而取得建造师执业资格证书的建造师人数，远远跟不上市场的需求。

中国建筑业技术进步又结新硕果。随着工法管理工作的不断推进，施工企业的重视和认识程度也逐年提高，申报数量和入选国家级工法的数量逐年增多。工法的推广和应用极大地提升了我国施工技术管理水平和工程质量。未来，建造师制度的发展方向是：

（1）下放一级建造师的注册管理权限至省一级。目前，已有广东、河南等省份开始试点，未来可能会向全国推广。

（2）推动建造师管理上升到法律层面，即形成《建造师法》或《建造师条例》，提升建造师在项目管理中的核心地位。

（3）搞好建造师制度顶层设计。一是扩大建造师的定位：由目前的主要施工阶段使用扩大至项目管理的全过程使用；由目前仅仅是项目经理使用建造师扩大到项目管理的关键岗位都使用建造师，如项目副经理、技术负责人、工程部经理等。这样，一个项目由原来的需要一个建造师扩大到需要3～5个建造师。二是合并建造师考试专业，初步方向是由10个专业合并成3个专业（建筑、土木，机电），注册的时候再根据所从事工作的具体业绩细分注册专业（类似于监理）。

（4）建造师考试将更加严格。

因此，建造师政策改革，执业资格制度和注册制度会有所改变，建造师的个人执业资格将被强化，未来的发展前景也会越来越好。

2. 建造师的发展前景

目前建筑业现状是，对于一线管理人员来讲，个人有无证书作为本系统人员都会在一线进行管理，没有证书企业也会想办法配备一个持有证书的人员帮助签字。而持有证书的人员有些并不是本系统人员，也很少真正会参与实际管理，并不能对项目进行很好的掌控，而往往只是执笔者。所以，对于行业来讲，就产生一笔额外的成本费用。就好比一个人买了车，他会驾驶而且驾驶的技术非常好，但没有驾驶证，要上路行驶，他就必须支出一笔费用请持有证书的人坐在副驾驶座上，等过关卡时持证者出示证件亮明身份，因此，看上去路上开的车都不违法。变成了曲线持证驾驶，导致持有驾驶证的人员成为稀有品种，特别是持有一级大货资格的人员因为通过率极低而价值极高。

要想改变这种现状，唯有改变应试方向进一步向实际现场管理倾斜。国家的改革方向已逐渐清晰明确。

综合分析，即持有一级建造师资格并实际从事项目负责的人市场前景非常明朗，从业条件非常优越，对于持有资格证书而非参与项目管理的人员会进一步压缩市场空间，除非愿承担所有签字法律责任；对于没有执业资格证书的人员也会缩小工作空间，持证履职是一项基本制度，也只有持证管理可以规范和监管整个建筑市场。

1.2.4 附：注册建造师管理规定

注册建造师管理规定

中华人民共和国建设部令 第153号

《注册建造师管理规定》已于2006年12月11日经建设部第112次常务会议讨论通过，现予发布，自2007年3月1日起施行。

部 长 汪光泰

二〇〇六年十二月二十八日

第一章 总 则

第一条

为了加强对注册建造师的管理，规范注册建造师的执业行为，提高工程项目管理水平，保证工程质量和安全，依据《建筑法》《行政许可法》《建设工程质量管理条例》等法律、行政法规，制定本规定。

第二条

中华人民共和国境内注册建造师的注册、执业、继续教育和监督管理，适用本规定。

第三条

本规定所称注册建造师，是指通过考核认定或考试合格取得中华人民共和国建造师资格证书（以下简称资格证书），并按照本规定注册，取得中华人民共和国建造师注册证书（以下简称注册证书）和执业印章，担任施工单位项目负责人及从事相关活动的专业技术人员。

未取得注册证书和执业印章的，不得担任大中型建设工程项目的施工单位项目负责人，不得以注册建造师的名义从事相关活动。

第四条

国务院建设主管部门对全国注册建造师的注册、执业活动实施统一监督管理；国务院铁路、交通、水利、信息产业、民航等有关部门按照国务院规定的职责分工，对全国有关专业工程注册建造师的执业活动实施监督管理。

县级以上地方人民政府建设主管部门对本行政区域内的注册建造师的注册、执业活动实施监督管理；县级以上地方人民政府交通、水利、通信等有关部门在各自职责范围内，对本行政区域内有关专业工程注册建造师的执业活动实施监督管理。

第二章 注 册

第五条

注册建造师实行注册执业管理制度，注册建造师分为一级注册建造师和二级注册建造师。

取得资格证书的人员，经过注册方能以注册建造师的名义执业。

第六条

申请初始注册时应当具备以下条件：

（一）经考核认定或考试合格取得资格证书；

（二）受聘于一个相关单位；

（三）达到继续教育要求；

（四）没有本规定第十五条所列情形。

第七条

取得一级建造师资格证书并受聘于一个建设工程勘察、设计、施工、监理、招标代理、造价咨询等单位的人员，应当通过聘用单位向单位工商注册所在地的省、自治区、直辖市人民政府建设主管部门提出注册申请。

省、自治区、直辖市人民政府建设主管部门受理后提出初审意见，并将初审意见和全部申报材料报国务院建设主管部门审批；涉及铁路、公路、港口与航道、水利水电、通信与广电、民航专业的，国务院建设主管部门应当将全部申报材料送同级有关部门审核。符合条件的，由国务院建设主管部门核发《中华人民共和国一级建造师注册证书》，并核定执业印章编号。

第八条

对申请初始注册的，省、自治区、直辖市人民政府建设主管部门应当自受理申请之日起，20日内审查完毕，并将申请材料和初审意见报国务院建设主管部门。国务院建设主管部门应当自收到省、自治区、直辖市人民政府建设主管部门上报材料之日起，20日内审批完毕并作出书面决定。有关部门应当在收到国务院建设主管部门移送的申请材料之日起，10日内审核完毕，并将审核意见送国务院建设主管部门。

对申请变更注册、延续注册的，省、自治区、直辖市人民政府建设主管部门应当自受理申请之日起5日内审查完毕。国务院建设主管部门应当自收到省、自治区、直辖市人民政府建设主管部门上报材料之日起，10日内审批完毕并作出书面决定。有关部门在收到国务院建设主管部门移送的申请材料后，应当在5日内审核完毕，并将审核意见送国务院建设主管部门。

第九条

取得二级建造师资格证书的人员申请注册，由省、自治区、直辖市人民政府建设主管部门负责受理和审批，具体审批程序由省、自治区、直辖市人民政府建设主管部门依法确定。对批准注册的，核发由国务院建设主管部门统一样式的《中华人民共和国二级建造师注册证书》和执业印章，并在核发证书后30日内送国务院建设主管部门备案。

第十条

注册证书和执业印章是注册建造师的执业凭证，由注册建造师本人保管、使用。

注册证书与执业印章有效期为3年。

一级注册建造师的注册证书由国务院建设主管部门统一印制，执业印章由国务院建设主管部门统一样式，省、自治区、直辖市人民政府建设主管部门组织制作。

第十一条

初始注册者，可自资格证书签发之日起3年内提出申请。逾期未申请者，须符合本专业继续教育的要求后方可申请初始注册。

申请初始注册需要提交下列材料：

（一）注册建造师初始注册申请表；

（二）资格证书、学历证书和身份证明复印件；

（三）申请人与聘用单位签订的聘用劳动合同复印件或其他有效证明文件；

（四）逾期申请初始注册的，应当提供达到继续教育要求的证明材料。

第十二条

注册有效期满需继续执业的，应当在注册有效期届满 30 日前，按照第七条、第八条的规定申请延续注册。延续注册的，有效期为 3 年。

申请延续注册的，应当提交下列材料：

（一）注册建造师延续注册申请表；

（二）原注册证书；

（三）申请人与聘用单位签订的聘用劳动合同复印件或其他有效证明文件；

（四）申请人注册有效期内达到继续教育要求的证明材料。

第十三条

在注册有效期内，注册建造师变更执业单位，应当与原聘用单位解除劳动关系，并按照第七条、第八条的规定办理变更注册手续，变更注册后仍延续原注册有效期。

申请变更注册的，应当提交下列材料：

（一）注册建造师变更注册申请表；

（二）注册证书和执业印章；

（三）申请人与新聘用单位签订的聘用合同复印件或有效证明文件；

（四）工作调动证明（与原聘用单位解除聘用合同或聘用合同到期的证明文件、退休人员的退休证明）。

第十四条

注册建造师需要增加执业专业的，应当按照第七条的规定申请专业增项注册，并提供相应的资格证明。

第十五条

申请人有下列情形之一的，不予注册：

（一）不具有完全民事行为能力的；

（二）申请在两个或者两个以上单位注册的；

（三）未达到注册建造师继续教育要求的；

（四）受到刑事处罚，刑事处罚尚未执行完毕的；

（五）因执业活动受到刑事处罚，自刑事处罚执行完毕之日起至申请注册之日止不满 5 年的；

（六）因前项规定以外的原因受到刑事处罚，自处罚决定之日起至申请注册之日止不满 3 年的；

（七）被吊销注册证书，自处罚决定之日起至申请注册之日止不满 2 年的；

（八）在申请注册之日前 3 年内担任项目经理期间，所负责项目发生过重大质量和安全事故的；

（九）申请人的聘用单位不符合注册单位要求的；

（十）年龄超过 65 周岁的；

（十一）法律、法规规定不予注册的其他情形。

第十六条

注册建造师有下列情形之一的，其注册证书和执业印章失效：

（一）聘用单位破产的；

（二）聘用单位被吊销营业执照的；

（三）聘用单位被吊销或者撤回资质证书的；

（四）已与聘用单位解除聘用合同关系的；

（五）注册有效期满且未延续注册的；

（六）年龄超过65周岁的；

（七）死亡或不具有完全民事行为能力的；

（八）其他导致注册失效的情形。

第十七条

注册建造师有下列情形之一的，由注册机关办理注销手续，收回注册证书和执业印章或者公告注册证书和执业印章作废：

（一）有本规定第十六条所列情形发生的；

（二）依法被撤销注册的；

（三）依法被吊销注册证书的；

（四）受到刑事处罚的；

（五）法律、法规规定应当注销注册的其他情形。

注册建造师有前款所列情形之一的，注册建造师本人和聘用单位应当及时向注册机关提出注销注册申请；有关单位和个人有权向注册机关举报；县级以上地方人民政府建设主管部门或者有关部门应当及时告知注册机关。

第十八条

被注销注册或者不予注册的，在重新具备注册条件后，可按第七条、第八条规定重新申请注册。

第十九条

注册建造师因遗失、污损注册证书或执业印章，需要补办的，应当持在公众媒体上刊登的遗失声明的证明，向原注册机关申请补办。原注册机关应当在5日内办理完毕。

第三章　执　　业

第二十条

取得资格证书的人员应当受聘于一个具有建设工程勘察、设计、施工、监理、招标代理、造价咨询等一项或者多项资质的单位，经注册后方可从事相应的执业活动。

担任施工单位项目负责人的，应当受聘并注册于一个具有施工资质的企业。

第二十一条

注册建造师的具体执业范围按照《注册建造师执业工程规模标准》执行。

注册建造师不得同时在两个及两个以上的建设工程项目上担任施工单位项目负责人。

注册建造师可以从事建设工程项目总承包管理或施工管理，建设工程项目管理服务，建设工程技术经济咨询，以及法律、行政法规和国务院建设主管部门规定的其他业务。

第二十二条

建设工程施工活动中形成的有关工程施工管理文件，应当由注册建造师签字并加盖执业印章。

施工单位签署质量合格的文件上，必须有注册建造师的签字盖章。

第二十三条

注册建造师在每一个注册有效期内应当达到国务院建设主管部门规定的继续教育要求。

继续教育分为必修课和选修课，在每一注册有效期内各为60学时。经继续教育达到合格标准的，颁发继续教育合格证书。

继续教育的具体要求由国务院建设主管部门会同国务院有关部门另行规定。

第二十四条

注册建造师享有下列权利：

（一）使用注册建造师名称；

（二）在规定范围内从事执业活动；

（三）在本人执业活动中形成的文件上签字并加盖执业印章；

（四）保管和使用本人注册证书、执业印章；

（五）对本人执业活动进行解释和辩护；

（六）接受继续教育；

（七）获得相应的劳动报酬；

（八）对侵犯本人权利的行为进行申述。

第二十五条

注册建造师应当履行下列义务：

（一）遵守法律、法规和有关管理规定，恪守职业道德；

（二）执行技术标准、规范和规程；

（三）保证执业成果的质量，并承担相应责任；

（四）接受继续教育，努力提高执业水准；

（五）保守在执业中知悉的国家秘密和他人的商业、技术等秘密；

（六）与当事人有利害关系的，应当主动回避；

（七）协助注册管理机关完成相关工作。

第二十六条

注册建造师不得有下列行为：

（一）不履行注册建造师义务；

（二）在执业过程中，索贿、受贿或者谋取合同约定费用外的其他利益；

（三）在执业过程中实施商业贿赂；

（四）签署有虚假记载等不合格的文件；

（五）允许他人以自己的名义从事执业活动；

（六）同时在两个或者两个以上单位受聘或者执业；

（七）涂改、倒卖、出租、出借或以其他形式非法转让资格证书、注册证书和执业印章；

（八）超出执业范围和聘用单位业务范围内从事执业活动；

（九）法律、法规、规章禁止的其他行为。

第四章 监 督 管 理

第二十七条

县级以上人民政府建设主管部门、其他有关部门应当依照有关法律、法规和本规定，对注册建造师的注册、执业和继续教育实施监督检查。

第二十八条

国务院建设主管部门应当将注册建造师注册信息告知省、自治区、直辖市人民政府建设主管部门。

省、自治区、直辖市人民政府建设主管部门应当将注册建造师注册信息告知本行政区域内市、县、市辖区人民政府建设主管部门。

第二十九条

县级以上人民政府建设主管部门和有关部门履行监督检查职责时，有权采取下列措施：

（一）要求被检查人员出示注册证书；

（二）要求被检查人员所在聘用单位提供有关人员签署的文件及相关业务文档；

（三）就有关问题询问签署文件的人员；

（四）纠正违反有关法律、法规、本规定及工程标准规范的行为。

第三十条

注册建造师违法从事相关活动的，违法行为发生地县级以上地方人民政府建设主管部门或者其他有关部门应当依法查处，并将违法事实、处理结果告知注册机关；依法应当撤销注册的，应当将违法事实、处理建议及有关材料报注册机关。

第三十一条

有下列情形之一的，注册机关依据职权或者根据利害关系人的请求，可以撤销注册建造师的注册：

（一）注册机关工作人员滥用职权、玩忽职守作出准予注册许可的；

（二）超越法定职权作出准予注册许可的；

（三）违反法定程序作出准予注册许可的；

（四）对不符合法定条件的申请人颁发注册证书和执业印章的；

（五）依法可以撤销注册的其他情形。

申请人以欺骗、贿赂等不正当手段获准注册的，应当予以撤销。

第三十二条

注册建造师及其聘用单位应当按照要求，向注册机关提供真实、准确、完整的注册建造师信用档案信息。

注册建造师信用档案应当包括注册建造师的基本情况、业绩、良好行为、不良行为等内容。违法违规行为、被投诉举报处理、行政处罚等情况应当作为注册建造师的不良行为记入其信用档案。

注册建造师信用档案信息按照有关规定向社会公示。

第五章 法 律 责 任

第三十三条

隐瞒有关情况或者提供虚假材料申请注册的，建设主管部门不予受理或者不予注册，并给予警告，申请人 1 年内不得再次申请注册。

第三十四条

以欺骗、贿赂等不正当手段取得注册证书的，由注册机关撤销其注册，3 年内不得再次申请注册，并由县级以上地方人民政府建设主管部门处以罚款。其中没有违法所得的，处以 1 万元以下的罚款；有违法所得的，处以违法所得 3 倍以下且不超过 3 万元的罚款。

第三十五条

违反本规定，未取得注册证书和执业印章，担任大中型建设工程项目施工单位项目负责人，或者以注册建造师的名义从事相关活动的，其所签署的工程文件无效，由县级以上地方人民政府建设主管部门或者其他有关部门给予警告，责令停止违法活动，并可处以 1 万元以上 3 万元以下的罚款。

第三十六条

违反本规定，未办理变更注册而继续执业的，由县级以上地方人民政府建设主管部门或者其他有关部门责令限期改正；逾期不改正的，可处以 5000 元以下的罚款。

第三十七条

违反本规定，注册建造师在执业活动中有第二十六条所列行为之一的，由县级以上地方人民政府建设主管部门或者其他有关部门给予警告，责令改正，没有违法所得的，处以 1 万元以下的罚款；有违法所得的，处以违法所得 3 倍以下且不超过 3 万元的罚款。

第三十八条

违反本规定，注册建造师或者其聘用单位未按照要求提供注册建造师信用档案信息的，由县级以上地方人民政府建设主管部门或者其他有关部门责令限期改正；逾期未改正的，可处以 1000 元以上 1 万元以下的罚款。

第三十九条

聘用单位为申请人提供虚假注册材料的，由县级以上地方人民政府建设主管部门或者其他有关部门给予警告，责令限期改正；逾期未改正的，可处以 1 万元以上 3 万元以下的罚款。

第四十条

县级以上人民政府建设主管部门及其工作人员，在注册建造师管理工作中，有下列情形之一的，由其上级行政机关或者监察机关责令改正，对直接负责的主管人员和其他直接责任人员依法给予处分；构成犯罪的，依法追究刑事责任：

（一）对不符合法定条件的申请人准予注册的；

（二）对符合法定条件的申请人不予注册或者不在法定期限内作出准予注册决定的；

（三）对符合法定条件的申请不予受理或者未在法定期限内初审完毕的；

（四）利用职务上的便利，收受他人财物或者其他好处的；

（五）不依法履行监督管理职责或者监督不力，造成严重后果的。

第六章　附　　则

第四十一条

本规定自 2007 年 3 月 1 日起施行。

第2章　建筑业发展规划

2.1　国家发展改革规划与行业发展机遇

2.1.1　《意见》与行业发展动力

2017年2月21日，国务院办公厅印发《国务院办公厅关于促进建筑业持续健康发展的意见》（国办发〔2017〕19号）（以下简称《意见》）。《意见》从深化建筑业简政放权改革、完善工程建设组织模式、加强工程质量安全管理、优化建筑市场环境、提高从业人员素质等七个方面提出了20条措施。此次《意见》的出台与既往不同。这不仅体现在《意见》投入较大，还体现在《意见》规格较高、影响力大。《意见》首次肯定建筑业是国民经济支柱产业，有利于建筑产业的长远发展，意义重大。同时，无论从发文内容还是发文规格上看，《意见》都体现了国务院对建筑行业发展的重视，可谓首次上升到国家战略层面。特别是《意见》充分体现出，国务院对相关行业观点、建筑业存在的问题以及提出的发展举措持认可态度，这比既往部委颁布的行业政策意义更为重大，在一定程度上体现了国家对建筑行业最新、最直接的顶层设计。在当前发展形势下，《意见》的出台无疑将推动行业改革向前迈进稳妥的一步，也将为企业带来更多机会和挑战，促进企业创新变革，向现代化、国际化方向转型升级。

2.1.2　“十三五”规划与行业发展前景

为指导和促进“十三五”时期建筑业持续健康发展，住房城乡建设部根据《中华人民共和国国民经济和社会发展第十三个五年规划纲要》《国务院办公厅关于促进建筑业持续健康发展的意见》（国办发〔2017〕19号）和《住房城乡建设事业“十三五”规划纲要》，组织编制了《建筑业发展“十三五”规划》（以下简称《规划》）。

《规划》是住房城乡建设事业“十三五”专项规划之一，编制工作由住房城乡建设部建筑市场监管司牵头，会同标准定额司、工程质量安全监管司、建筑节能与科技司、人事司，共同组织住房城乡建设部政策研究中心、中国建筑业协会、中国勘察设计协会、中国建设监理协会、中国建设工程造价管理协会、中国建筑金属结构协会、中国建筑节能协会等单位编制完成。《规划》由各级住房城乡建设主管部门、各相关行业组织以及工程勘察设计、建筑施工、建设监理、造价咨询等单位实施，住房城乡建设部负责进行规划实施评估、规划调整、协调促进工作。《规划》涵盖内容包括工程勘察设计、建筑施工、建设监理、工程造价等行业以及政府对建筑市场、工程质量安全、工程标准定额、建筑节能与技术进步等方面的监督管理工作。

《规划》这样评价未来建筑业的发展形势：“十三五”时期，我国经济发展进入新常态，增速放缓，结构优化升级，驱动力由投资驱动转向创新驱动。以发挥市场在资源配置中起决定性作用和更好发挥政府作用为核心的全面深化改革进入关键时期。新型城镇化、京津冀协调发展、长江经济带发展和“一带一路”建设，形成建筑业未来发展的重要推动力和宝贵机遇。尽管建筑业发展总体上仍处于重要战略机遇期，但也面临着市场风险增多、发展速度放缓的严峻挑战。必须准确把握市场供需结构的重大变化，下决心转变依赖低成本要素驱动的粗放增长方式，增强改革意识、创新意识，不断适应新技术、新需求的建设能力调整及服务模式创新任务的需要。必须积极应对产业结构不合理、创新任务艰巨、优秀人才和优质劳动力供给不足等新挑战，着力在健全市场机制、推进建筑产业现代化、提升队伍素质、开拓国际市场上取得突破，切实转变发展方式，增强发展动力，努力实现建筑业的转型升级。

2.1.3 “一带一路”与行业发展机遇

中国共产党第十九次全国代表大会关于《中国共产党章程（修正案）》的决议明确提出，将推进“一带一路”建设等内容写入党章。这充分体现了在中国共产党领导下，中国高度重视“一带一路”建设、坚定推进“一带一路”国际合作的决心和信心。“一带一路”战略的提出，将为众多中国建筑企业带来转型的新思路。对于已有海外承包经验的大型央企来说，“一带一路”战略带来了更广阔的市场，而对于实力雄厚的建筑民营企业，“一带一路”战略带来了新的发展空间。

具体来看，一方面“一带一路”建设已经取得阶段性成果。2016 年，我国企业在“一带一路”沿线 61 个国家新签对外承包工程项目合同 8158 份，新签合同额 1260.3 亿美元，占同期我国对外承包工程新签合同额的 51.6%，同比增长 36%。同年，我国企业在“一带一路”沿线国家共完成营业额 7597 亿美元，占同期完成总营业额的 47.7%，同比增长 9.7%。2017 年 1～9 月我国企业在“一带一路”沿线国家新签合同额达 967.2 亿美元，同比增长 29.7%。

另一方面，我国占全球工程承包收入的 19.3%，分区域看，除非洲市场我国市场占有率（54.9%）较高外，在亚洲、欧洲、中东地区工程承包收入中占比分别为 25.0%、3.6%、17.2%，较欧美仍有很大的提升空间。而上述区域与“一带一路”沿线地区高度重叠，多数“一带一路”沿线国家的特点是基础设施落后，有巨大的基建需求。根据最新数据显示，2016 年到 2030 年间，亚洲地区基建需求预计将超过 22.6 万亿美元，年均基建需求超过 1.5 万亿美元。因此，随着“一带一路”战略的持续推进，同时凭借丰富的建设经验与良好的项目口碑，我国在这些区域的市场占有率有望持续提高，企业海外订单有巨大的增长空间。

2.2 建设行业与建筑市场发展现状与趋势

2.2.1 建设行业经营状况与建筑市场格局

建筑业全面深化改革，加快转型升级，积极推进建筑产业现代化，整体发展稳中有进，发展质量不断提升。

1. 建设行业经营状况

2017 年，全年国内生产总值 827122 亿元，比上年增长 6.90%。全年全社会建筑业实现增加值 55689 亿元，比上年增长 4.30%，建筑业国民经济支柱产业的地位稳固。2017 年，全国建筑业企业实现利润 7661 亿元，比上年增加 674.95 亿元，增速为 9.66%，增速比上年高 1.37 个百分点。在合同额方面，2017 年全国建筑业企业签订合同总额 439524.36 亿元，比上年增长 18.10%，增速连续两年增长。其中，本年新签合同额 254665.71 亿元，比上年增长了 20.41%，增速也连续两年保持增长。对外承包工程也保持增长态势。2017 年，我国对外承包工程业务完成营业额 1685.80 亿美元，比上年增长 5.75%，增速比上年提高 2.28 个百分点。新签合同额 2652.80 亿美元，比上年增长 8.72%，增速比上年下降了 7.44 个百分点。2017 年，我国对外劳务合作派出各类劳务人员 52.2 万人，较上年同期增加 2.8 万人。其中承包工程项下派出 22.2 万人，占 42.5%；劳务合作项下派出 30 万人，占 57.5%。2017 年末在外各类劳务人员 97.9 万人，较上年同期增加 1 万人。

2. 建筑市场格局

2017 年建筑业增加值占 GDP 比重为 6.73%，所占比重较上年提高了 0.07 个百分点。无论从 GDP 的贡献、就业容纳能力来看，建筑业都是无可争议的国民经济支柱产业。

在行业集中度方面，目前，国内建筑业产业集中度仍然较低，中国承包商 80 强的 CR8 产业集中度从 2007～2010 年度增长至 20.4%峰值后，从 2011 年建筑业产业集中度逐年回落至 2013 年的 11.3%，之后 2014 年、2015 年小幅上升至 14.2%，2016 年回落到 12.3%。

从特级资质企业分布情况上看，2017 年，住房城乡建设部官网共发布了 14 批核准的建设工程企业资质资格名单，核准了 227 家单位 241 项特级资质，截至 2017 年 12 月 31 日，工程总承包特级资质企业增至 567 家，特级资质增至 692 项。从特级资质专业类别来看，建筑工程施工总承包特级资质稳占大头，占整体特级资质的 60.12%。

2.2.2 国内建设行业发展趋势

1. 全面推进装配式建筑

2017 年，住房城乡建设部印发《“十三五”装配式建筑行动方案》《装配式建筑示范城市管理办法》《装配式建筑产业基地管理办法》，明确了“十三五”期间的“工作目标、重点任务、保障措施”和示范城市、产业基地管理办法。《“十三五”装配式建筑行动方案》的发布，为未来一段时间装配式建筑的发展指明了方向。对于行业企业而言，如何摆脱传统粗放型发展模式，向以装配式建筑为代表的工业化方向转型，已是每一家企业必须面对的课题，也是行业未来持续、快速发展的关键点。

2. 大力推行 PPP 模式

国家大力推行 PPP 模式，逐渐形成了巨大的市场规模。从财政部 PPP 项目库看，截至 2017 年 3 月末，全国入库项目共计 12287 个，累计投资额 14.6 万亿元。其中，已签约落地项目 1729 个，投资额 2.9 万亿元，落地率 34.5%。国家示范项目共计 700 个，累计投资额 1.7 万亿元。其中，已签约落地项目 464 个，投资额 1.19 万亿元，落地率 66.6%。从国家发展改革委 PPP 项目库看，自 2015 年起，第一批向社会公开推介了 1043 个项目，总投资 1.97 万亿元；第二批公开推介了 1488 个项目，总投资 2.26 万亿元。

3. 广泛应用“互联网+BIM”等信息化技术

随着“互联网”时代的到来和《关于积极推进“互联网+”行动的指导意见》的发布，以互联网为代表的新兴信息技术正在深刻改变着我国经济社会的发展方式。建筑业是行为主体多、数据规模大、从业人员多的行业，同时也是各类数据整合利用效率较低的行业，由此引发的行业监管难覆盖、企业管理短延伸、项目建造低效率等诸多弊病长期无法解决，信息化程度低引起产业资源配置不合理，利用效率较低下，故而，更需要互联网等信息技术的参与，加快产业内外间数据资源的整合与共享，提高数据利用效率，解决企业、项目、人员、信用长期存在的纷乱无序状态。

BIM 技术是对工程物理和功能特性信息的数字化描述，因其可视化、协调性、模拟性和优化性的特点被普遍认为是解决复杂异形建筑技术及组织协调难题的革命性工具。2017 年 8 月，住房城乡建设部发布《住房城乡建设科技创新“十三五”专项规划》，提出在关键技术和装备研发应用取得重大进展和基本形成科技创新体系的发展目标，特别指出发展智慧建造技术，普及和深化 BIM 应用。

2.2.3 国外建设行业发展趋势

1. 大力发展绿色建筑

发达国家发展绿色建筑的主要经验总结为以下三点：一是遵循可持续发展理念，以立法推动绿色建筑的发展。许多国家已经认识到了在促进可持续发展中立法发挥的重要作用，因此通过制定促进可持续发展的专门立法来推动绿色建筑的实践。二是采用经济手段激励绿色建筑的开发及消费需求。设计合理的政策激励机制，通过税收调节、财政补贴等经济杠杆可以降低绿色建筑投资者的成本，调动绿色建筑投资者和消费者的积极性，扩大市场需求。三是发挥行业作用，推行绿色建筑评估体系。

2. 建筑产业化势头强劲

发达国家建筑产业化发展经验主要总结为以下几点：一是国家政府的大力支持。不论是发达国家中的哪个国家，国家政府都对其建筑产业化提供了大力的支持，制定鼓励措施和政策强制实施建筑产业化的发展。二是重视科研技术的研发。政府不断鼓励研发新技术、新材料、新设备，不断研发科研技术，不断提高建筑产业化的技术含量和质量。三是正确处理各个产业协调发展的关系。各产业协调发展是推进建筑产业化发展的基础，欧美国家成功完成产业结构升级都是在各产业协调发展基础上的，不仅促进了各产业互相推进，而且还促进了建筑产业化的发展。

3. 注重信息化手段的应用

在施工阶段，工程项目管理信息化和远程视频监控管理已被国外众多优秀施工企业所使用，使用的目的重在解决沟通信息、协调资源，保证合同工期和工程质量，控制成本。目前，以 BIM 技术为代表的、施工阶段管理信息化研究应用的重点是，建立工程项目信息模型，继而实现深化设计、数字化自动化生产、预制件生产管理、现场施工管理和远程监控管理等。需要重点突破的是：按照现场条件环境和机械设备，模拟施工过程，制定施工方案；按照设计（BIM 系统）所需的建筑材料和设备进行询价和采购；依据设计（BIM 系统）确定的工程量，制定管理方案和进行项目管理；按照设计（BIM 系统）进行准确的现场拼装（预制件按照设计定位贴有电子芯片）。也就是说，借助这个信息化系统，工程项目部可以动态掌控预制件生产进度、仓储、物流情况以及现场施工进度，保证工程工期、质量和成本。

此外，发达国家注重人工智能技术与建筑行业相结合，建筑设计与规划、建筑结构、施工及建筑工程管理等建筑行业中的各专业子领域取得一些成功的尝试、研究与应用。

2.3 建设行业发展模式及其变化趋势

2.3.1 建设行业发展模式

1. 建设行业组织发展模式

随着市场经济的发展，建设行业大致形成四个不同阶段的发展模式，第一阶段，个体化承包制模式；第二阶段，规模化合作制模式；第三阶段，品牌化股份制模式；第四阶段，外向型集团制模式。

2. 建设行业的商业发展模式

建筑业企业商业模式创新经历从简单到复杂、从初级到高级的演化过程。具体表现为从劳务分包商模式逐步向专业承包商、施工总承包商、工程总承包商、工程建设服务承包商、产业发展商、城市运营商模式的发展运行轨迹。目前，国内大型央企商业模式都正在着力转型为城市运营商。

2.3.2 建设行业发展模式的变化趋势

1. 基于提升服务能力的发展模式创新

建筑业具有“服务产业”的特性，服务能力的大小能够表征满足客户需求和价值实现的不同程度。所以，“服务能力”是建筑业企业商业模式特征的内涵标志。在实行建筑业企业资质管理制度的前提下，建筑业企业商业模式局限于施工总承包、专业承包、劳务分包的范畴。随着我国建设管理体制改革的不断深化，建筑业企业的经营领域逐步放宽，“服务能力”的“升级版”将建筑业企业商业模式创新引向更高的层面。

2. 基于提升价值链的发展模式创新

对于建筑业企业来说，应该加快产业升级转型和商业模式创新，尽量在产业价值链中占据有利位置。在实现建筑业企业战略转型和商业模式创新的途径上，要突破低端的施工承包价值形态，以施工业务为启动点，进行经营结构调整，分别向着建筑产业链的前向、后向高端攀升，构建全过程的建筑业企业的服务功能，形成覆盖项目前期策划、项目立项、项目设计、采购、施工、运营维护全寿命期的产业链体系，增强企业为业主提供综合服务的功能和一体化整体解决方案能力，拓展企业的生存发展空间，增强企业的竞争实力和应对风险的能力。

3. 基于建造技术突破的发展模式创新

对于建筑业企业而言，技术创新是构成发展模式创新系统的核心要素，这是由建筑业的劳动密集型现状和基本特征所决定的。而传统的建筑业一旦同数字化联系起来，自身的变革大幕将被拉开，并将带来众多新的市场机会。2017 年 8 月，住房城乡建设部发布《住房城乡建设科技创新“十三五”专项规划》，提出在关键技术和装备研发应用取得重大进展和基本形成科技创新体系的发展目标。《住房城乡建设科技创新“十三五”专项规划》特别指出发展智慧建造技术，普及和深化 BIM 应用，发展施工机器人、智能施工装备、3D 打印施工装备，促进建筑产业提质增效。

4. 基于“互联网+”环境的发展模式创新

长久以来，建筑业是对互联网较为“免疫”的一个行业，但从 2014 年开始，建筑业的上游房地产行业、下游供应链，甚至是建筑业的细分市场家装业都逐步被互联网思潮所影响，开始走线上线下融合的道路。“互联网＋”不仅能够面向建筑产品建造过程的各方参与主体重构新型产业生态，更为重要的是，“互联网＋”对于建筑业企业（包括与建筑业相关的企业）商业模式创新的意义在于构造面向生产者、消费者的平台型商业模式。平台型商业模式是指连接两个或多个特定群体，为他们提供互动机制，满足所有群体的需要，并巧妙地从中盈利的商业模式。

2.4 行业改革的进展与挑战

随着中国特色社会主义进入新时代，我国经济已由高速增长阶段转向高质量发展阶段，正处在转变发展方式、优化经济结构、转换增长动能的攻关期。对于我国建筑业来说，其规模快速扩张带来的发展，正在成为过去时，传统的建筑业面临着前所未有的机遇和挑战，新常态下建筑业改革发展任务艰巨，任重而道远。

2.4.1 行业改革进展

1. 推进“放管服”改革，政府将进一步简政放权

《关于促进建筑业持续健康发展的意见》提出，要简化企业资质类别和等级设置，减少不必要的资质认定。“淡化企业资质、强化个人执业资格”已是大势所趋。要加快完善信用体系、工程担保及个人执业资格等相关配套制度，试点放宽承揽业务范围限制，加强事中事后监管。要强化个人执业资格管理，有序发展个人执业事务所，推动建立个人执业保险制度。大力推行互联网＋政务服务，提高审批效率。

完善招标投标制度。要缩小招标范围，放宽有关规模标准。在民间投资的房屋建筑工程中，探索由建设单位自主决定发包方式。依法招标的项目纳入统一的公共资源交易平台，简化程序，实现电子化，促进公开透明。常规工程实行最低价中标，同时有效发挥履约担保作用，实行高额履约担保，防止恶意低价中标。

全面提高政府质量安全监管水平。强化政府对工程质量的监管，要加大抽查抽测力度，重点加强地基基础、主体结构、竣工验收三大环节监管力度。政府可采取购买服务的方式，委托具备条件的社会力量进行工程质量监督检查，以解决政府监管力量不足的现实和新工艺、新技术的不断产生情况。开展监理单位向政府报告质量安全监理情况的试点，严厉打击质量检测机构出具虚假报告等行为，推动工程质量保险发展。

2. 打破“碎片、分割”，工程建设组织模式将进一步完善

明确工程建设单位的首要责任和终身责任制。突出建设单位的首要责任是第一次提出的，未来，这种责任还将进一步细化。落实终身责任制，要严格执行工程参建单位终身责任制，设置永久性标牌，公示质量责任主体和主要责任人。此外，还要落实注册执业人员终身负责制，加大执业责任追究力度。

加快推行工程总承包，使“分割管理”转向“集成化管理”。总承包不会发新的资质，只要有工程施工承包资质和设计资质，都可以搞工程总承包。在这种模式下，总承包必须负总责，工程总承包单位可直接发包总承包合同中涵盖的其他专业业务，权力与责任将对等。

推行全过程工程咨询，使“碎片化”管理转向“全过程”管理。要鼓励各类企业采取联合经营、并购重组等方式发展全过程工程咨询，培育一批具有国际水平的全过程工程咨

询企业。充分发挥建筑师在民用建筑项目中的主导作用，鼓励提供全过程工程咨询服务。制定全过程工程咨询服务技术标准和合同范本。政府投资工程带头推行，非政府投资工程鼓励推行。

3. 诚信体系建设加快，市场环境将进一步优化

市场统一开放，强化信用建设。目前，各地都在打破壁垒，取消对建筑业企业设置的不合理准入条件，严禁擅自或变相设立审批、备案事项。尤其是全国建筑市场监管公共服务平台全国联网后，实现了数据共享，信用体系建设步伐大大加快。

在强化经济信用等市场手段方面，从2016年开始，清理整顿违规保证金取得实效，采用履约担保、推行银行或担保公司保函形式被重点提及。通过工程款支付担保约束建设单位履约行为，完善工程量清单计价体系和工程造价信息发布机制。

规范建设单位工程价款结算，提出了一系列约束措施，如不得将未完成审计作为延期工程结算、拖欠工程款的理由等。

4. 加快"走出去"，国际竞争力将进一步提升

加强中外标准衔接，积极开展中外标准对比研究，缩小技术差距。以"一带一路"建设为引领，中国标准优先在对外投资、技术输出和援建工程项目中推广应用。参加国际标准认证、交流，开展工程技术标准的双边合作。

提高对外承包能力。要统筹协调，发挥比较优势，有目标、有重点、有组织地开展对外承包工程，参与"一带一路"建设。要鼓励大企业带动中小企业、沿海沿边地区企业合作"出海"，避免恶性竞争。要引导对外承包工程企业向高附加值领域有序拓展，推动企业提高属地化经营水平，实现互惠共赢。

加大政策扶持力度。主管部门应当加强沟通协调，建立联合办公机制，实现信息共享，切实解决企业"走出去"碰到的问题。与大部分"一带一路"沿线国家和地区签订双边工程建设合作备忘录，推进建设领域执业资格国际互认。发挥各类金融工具的作用，支持对外经济合作中建筑领域的重大战略项目。

2.4.2 行业改革面临的挑战

1. 产能过剩与产业结构失衡

建筑业的产能过剩表现在队伍上，是一般的、低水平的总承包企业过多，造成了市场上的过度竞争；表现在产品上，是三、四线城市商品房过剩，去库存的压力很大；表现在资金上，是投资下降，企业应收款居高不下；表现在产业供给结构上，是一般的房屋建筑施工能力过剩，真正能适应未来城乡发展的基础施工、环保施工、绿色施工和精准化服务的能力较弱。因此，建筑业面临着供给侧结构性改革的巨大压力。

2. 体制性矛盾导致的生产方式落后

2016年，国家提出了装配式建筑发展的新目标，要求到2025年，装配式建筑占城市新建建筑比例达到30%。住房城乡建设部几年前就提出，要大力推行工程总承包的EPC施工方式。大家都知道，建筑业生产方式的转变是一项根本性的改革，但是实际的进展用"步履维艰"去形容都显得不够。实行工程总承包的前提似乎在审核特级企业时就已经解决，但实际上，一方面政府主导的多数工程并不想实行一体化的经营管理，另一方面市场上多数大型工程的设计业务还牢牢掌握在国有的或大型的设计院手中，在客观上形成了设计单位搞不了大型施工、施工企业做不了复杂设计的局面。这是计划经济体制下的产物，

自己套在脖子上的绳索总是难以很快解开。装配式建筑如今炙手可热，各地都建立了许多PC生产线和生产基地，但是市场需求的问题并没有得到有效解决，制约市场需求的还是引导消费的市场政策问题、施工配套的标准问题、绿色环境的政府控制问题等。所以说，体制和政策的滞后直接影响着生产方式的快速转变。

3. 建筑市场监管表面化

应该承认，在住房城乡建设部的大力推动下，经过质量治理“两年行动”的推进，建筑市场和现场管理都发生了很大的改观。但是，主要靠政府部门每日每时地监管工地上各类管理人员是否具有专业资质、查看劳务人员是否符合标准，恐怕不是长远之计，况且统计中的弄虚作假现象仍然存在。对建筑市场招投标的监管、对现场操作人员实名制的监管，还有许多值得政府部门研究的问题，尤其是对农民工的管理，不仅仅是简单的人数、资质、工资问题，更是一个关系企业长远生产力资源能否持续的问题、是关系到解决一亿农民工身份归属和融入城市的问题。

4. 行业征信体系建设滞后

对于快速发展中出现的种种问题，企业大都将其归咎于市场、归咎于社会，很少认真地想一想社会与企业都共同存在的问题——诚信问题。诚信是人的立身之本，诚信也是建筑业健康发展的基石。虽然信任缺失是双向的，但这种不信任大都又指向施工企业，这种认识又有着较为普遍的社会认同基础。诚信的缺失不仅影响到施工企业的正常运营和发展、降低了社会的效益和效率、干扰了市场上的正常秩序，还严重地损害着社会的公平和正义。诚信建设已经是当前社会和企业发展不可逾越的重要问题。

第3章 建设工程施工质量

3.1 工程项目质量管理

3.1.1 质量与工程项目质量

GB/T 19000—ISO 9000族标准中质量的定义是：一组固有特性满足要求的程度。根据该定义，可以从以下几个方面对“质量”进行理解：

（1）质量不仅是指产品质量，也可以是某项活动或过程的工作质量，还可以是质量管理体系运行的质量。质量是由一组固有特性组成，这些固有特性是指满足顾客和其他相关方的要求的特性，并由其满足要求的程度加以表征。

（2）特性是指区分的特征。特性可以是固有的或赋予的，可以是定性的或定量的。质量特性是固有的特性，并通过产品、过程或体系设计和开发及其后之实现过程形成的属性。

（3）满足要求就是应满足明示的（如合同、规范、标准、技术、文件、图纸中明确规定的）、通常隐含的（如组织的惯例、一般习惯）或必须履行的（如法律、法规、行业规则）需要和期望。

（4）顾客和其他相关方对产品、过程或体系的质量要求是动态的、发展的和相对的。

工程项目质量是指通过项目施工全过程所形成的能够满足用户或社会需要的并由工程合同、有关技术标准、设计文件、施工规范等具体详细设定其安全、适用、耐久、经济和美观等特性要求的工程质量以及工程建设各阶段、各环节的工作质量总和。

3.1.2 工程项目特点及质量特点

工程项目是以工程建设为载体的项目，是作为被管理对象的一次性工程建设任务。它以建筑物或构筑物为目标产出物，需要支付一定的费用、按照一定的程序、在一定的时间内完成，并应符合质量要求。工程项目主要具有以下特点：

（1）单项性

工程项目的单项性即每一个工程都有自己的特点，即使是使用同一设计图纸，由同一施工单位来施工，也不可能有两个工程具有完全一样的质量。

（2）高投入性

一个工程项目往往需要投入大量的人力、物力和大量的资金。从确定投融资方案，到完成项目融资，再到项目建设与投入使用或运营，并实现预期的投资效益，需经历一个漫长的过程。

（3）风险性

在建筑工程的整个过程中存在各种可能的风险。这些风险可能包括投资风险、经济风险、社会政治风险、自然风险、管理风险等各个方面。

(4) 生产管理方式的特殊性

工程项目管理与一般生产管理的区别在于，工程项目管理是指一个项目从立项、设计、施工、验收到投产的全部过程；而一般的生产管理是针对生产某一产品而进行的，主要包括现场管理、作业组织等。

(5) 实施的一次性与寿命的长期性

建设工程项目往往是一次施工建成，同时拥有较长使用寿命的工程实体，直到其寿命周期结束进入拆除阶段，具有实施的一次性和寿命的长期性。

建设工程质量是国家现行的有关法律、法规、技术标准、设计文件及工程合同中对工程的安全、使用、经济、美观等特性的综合要求。建设工程质量主要具有以下特点：

(1) 影响因素多

建设工程质量受到多种因素的影响，如决策、设计、材料、机具设备、施工方法、施工工艺、技术措施、人员素质、工期、工程造价等，这些因素直接或间接地影响工程项目质量。

(2) 质量判断难

工程项目的终检（竣工验收）无法进行工程内在质量的检验，无法发现隐蔽的质量缺陷。因此，工程项目的终检存在一定的局限性。这就要求工程质量控制应以预防为主，重视事先、事中控制，防患于未然。

(3) 质量波动大

由于建筑生产的单件性、流动性，工程质量容易产生波动且波动大。同时，由于影响工程质量的偶然性因素和系统性因素比较多，其中任一因素发生变动，都会使工程质量产生波动。为此，要严防出现系统性因素的质量变异，要把质量波动控制在偶然性因素范围内。

(4) 质量隐蔽性

建设工程在施工过程中，分项工程交接多、中间产品多、隐蔽工程多，因此质量存在隐蔽性。若在施工中不及时进行质量检查，事后只能从表面上检查，就很难发现内在的质量问题，这样就容易产生判断错误，即第一类判断错误（将合格品判为不合格品）和第二类判断错误（将不合格品误认为合格品）。

(5) 判断方法的特殊性

工程质量的检查评定及验收是按检验批、分项工程、分部工程、单位工程进行的。检验批的质量是分项工程乃至整个工程质量检验的基础，检验批质量是否合格主要取决于主控项目和一般项目经抽样检验的结果。隐蔽工程在隐蔽前要检查合格后验收，涉及结构安全的试块、试件以及有关材料应按规定进行见证取样检测，涉及结构安全和使用功能的重要分部工程要进行抽样检测。工程质量是在施工单位按合格质量标准自行检查评定的基础上，由监理工程师（或建设单位项目负责人）组织有关单位、人员进行检验确认验收。这种评价方法体现了“验评分离、强化验收、完善手段、过程控制”的指导思想。

工程项目质量的特点是由工程项目的特点决定的，二者的关系如图 3-1 所示。

3.1.3 影响工程项目质量的主要因素

建筑工程项目的质量控制和管理是一项复杂多变的过程系统管理工程，其特点是涉及的部门多、环节多等，从政府审批、规划、设计、招标、施工、监理到验收等各个部门和

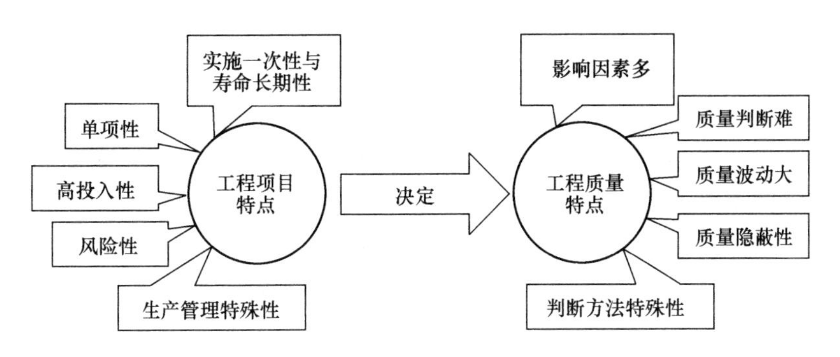

图 3-1　工程项目特点与质量特点

环节都密切相关，每个环节都要各尽其职，才能保证建筑工程项目的质量。不论是哪个环节，建筑工程项目的质量控制和有效管理都要由人、材料、机械、环境、测量和方法等因素来决定，简称为5M1E因素。

1. 人的因素（Men）

在工程项目质量管理中，人的因素起决定性的作用。项目质量控制应以控制人的因素为基本出发点。影响项目质量的人的因素，包括两个方面：一是指直接履行项目质量职能的决策者、管理者和作业者个人的质量意识及质量活动能力；二是指承担项目策划、决策或实施的建设单位、勘察设计单位、咨询服务机构、工程承包企业等实体组织的质量管理体系及其管理能力。前者是个体的人，后者是群体的人。我国实行建筑业企业经营资质管理制度、市场准入制度、执业资格注册制度、作业及管理人员持证上岗制度等，从本质上说，都是对从事建设工程活动的人的素质和能力进行必要的控制。人，作为控制对象，人的工作应避免失误；作为控制动力，应充分调动人的积极性，发挥人的主导作用。因此，必须有效控制项目参与各方的人员素质，不断提高人的质量活动能力，才能保证项目质量。

2. 材料的因素（Material）

材料包括工程材料和施工用料，又包括原材料、半成品、成品、构配件和周转材料等。各类材料是工程施工的基本物质条件，材料质量是工程质量的基础，材料质量不符合要求，工程质量就不可能达到标准。所以，加强对材料的质量控制，是保证工程质量的基础。

3. 机械的因素（Machine）

机械包括工程设备、施工机械和各类施工工器具。工程设备是指组成工程实体的工艺设备和各类机具，如各类生产设备、装置和辅助配套的电梯、泵机，以及通风空调、消防、环保设备等。它们是工程项目的重要组成部分，其质量的优劣，直接影响到工程使用功能的发挥。施工机械和各类工器具是指施工过程中使用的各类机具设备，包括运输设备、吊装设备、操作工具、测量仪器、计量器具以及施工安全设施等。施工机械设备是所有施工方案和工法得以实施的重要物质基础，合理选择和正确使用施工机械设备是保证项目施工质量和安全的重要条件。

4. 方法的因素（Method）

方法的因素也可以称为技术因素，包括勘察、设计、施工所采用的技术和方法，以及工程检测、试验的技术和方法等。从某种程度上说，技术方案和工艺水平的高低，决定了项目质量的优劣。依据科学的理论，采用先进合理的技术方案和措施，按照规范进行勘察、设计、施工，必将对保证项目的结构安全和满足使用功能，对组成质量因素的产品精度、强度、平整度、清洁度、耐久性等物理、化学特性等方面起到良好的推进作用。比如，住房城乡建设主管部门近年在建筑业中推广应用的10项新的应用技术，包括地基基础和地下空间工程技术、高性能混凝土技术、高效钢筋和预应力技术、新型模板及脚手架应用技术、钢结构技术、建筑防水技术等，对消除质量通病、保证建设工程质量起到了积极作用，收到了明显效果。

5. 测量（Measurement）

测量的因素是一个质量检查与反馈的过程。主要的控制措施包括：①确定测量任务及所要求的准确度，选择使用的、具有所需准确度和精密度能力的测试设备；②定期对所有测量和试验设备进行确认、校准和调整；③规定必要的校准规程，其内容包括设备类型、编号、地点、校验周期、校验方法、验收方法、验收标准，以及发生问题时应采取的措施；④保存校准记录；⑤发现测量和试验设备未处于校准状态时，立即评定以前的测量和试验结果的有效性，并记入有关文件。

6. 环境的因素（Environment）

影响项目质量的环境因素，又包括项目的自然环境因素、社会环境因素、管理环境因素和作业环境因素。

（1）自然环境因素

主要指工程地质、水文、气象条件和地下障碍物以及其他不可抗力等影响项目质量的因素。例如，复杂的地质条件必然对地基处理和房屋基础设计提出更高的要求，处理不当就会对结构安全造成不利影响；在地下水位高的地区，若在雨期进行基坑开挖，遇到连续降雨或排水困难，就会引起基坑塌方或地基受水浸泡影响承载力等；在寒冷地区冬期施工措施不当，工程会因受到冻融而影响质量；在基层未干燥或大风天进行卷材屋面防水层的施工，就会导致粘贴不牢及空鼓等质量问题等。

（2）社会环境因素

主要是指会对项目质量造成影响的各种社会环境因素，包括国家建设法律法规的健全程度及其执法力度；建设工程项目法人决策的理性化程度以及建筑业经营者的经营管理理念；建筑市场包括建设工程交易市场和建筑生产要素市场的发育程度及交易行为的规范程度；政府的工程质量监督及行业管理成熟程度；建设咨询服务业的发展程度及其服务水准的高低；廉政管理及行风建设的状况等。

（3）管理环境因素

主要是指项目参建单位的质量管理体系、质量管理制度和各参建单位之间的协调等因素。比如，参建单位的质量管理体系是否健全，运行是否有效，决定了该单位的质量管理能力；在项目施工中根据承发包的合同结构，理顺管理关系，建立统一的现场施工组织系统和质量管理的综合运行机制，确保工程项目质量保证体系处于良好的状态，创造良好的质量管理环境和氛围，则是施工顺利进行、提高施工质量的保证。

（4）作业环境因素

主要指项目实施现场平面和空间环境条件，各种能源介质供应，施工照明、通风、安全防护设施，施工场地给水排水，以及交通运输和道路条件等因素。这些条件是否良好，都直接影响到施工能否顺利进行，以及施工质量能否得到保证。

3.1.4 工程项目质量管理

1. 工程项目质量管理的定义

工程项目质量管理，是通过制定质量方针、建立质量目标和标准，并在工程项目生命周期内持续使用质量计划、质量控制、质量保证和质量改进等措施来落实质量方针的执行，确保质量目标的实现，最大限度地使顾客满意。工程质量管理具有以下原则：

(1) 坚持质量第一的原则；

(2) 坚持以人为核心的原则；

(3) 坚持以预防为主的原则；

(4) 坚持质量标准的原则；

(5) 坚持科学、公正、守法的职业道德规范。

2. 建设工程项目质量控制的基本原理

(1) PDCA 循环

1) 定义

PDCA 循环是美国质量管理专家休哈特博士首先提出的，由戴明采纳、宣传，获得普及，所以又称戴明环。全面质量管理的思想基础和方法依据就是 PDCA 循环。PDCA 循环的含义是将质量管理分为四个阶段：一是质量策划（Plan）阶段，理解为明确目标并制定实现目标的行动方案；二是实施（Do）阶段，包含两个环节，即策划行动方案的交底和按策划规定的方法与要求展开工程作业技术活动；三是检查（Check）阶段，指对策划实施过程进行各种检查，包括作业者的自检、互检和专职管理者专检；四是改进（Action）阶段，对于检查所发现的质量问题或不合格因素及时进行原因分析，采取必要措施予以纠正，保证质量形成的受控状态。四个阶段的工作完整统一，缺一不可。大环套小环，小环促大环，阶梯式上升，循环前进。PDCA 循环如图 3-2 所示。

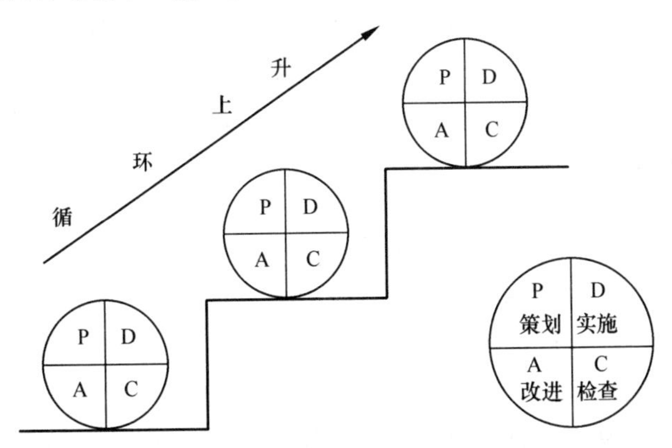

图 3-2　PDCA 循环示意图

2) PDCA 循环的步骤与方法

实施 PDCA 循环管理主要分为四个阶段和八个步骤，具体的实施步骤与方法如表 3-1 所示。

PDCA 循环的步骤与方法　**表 3-1**

阶段	步　骤	方　法
P	1. 分析现状，找出问题	排列图、直方图、控制图
	2. 分析各种影响因素或原因	因果图
	3. 找出主要影响因素	排列图、相关图
	4. 针对主要因素，制定措施计划	回答“5W1 H”问题： 为什么制定该措施（Why）？ 达到什么目标（What）？ 在何处执行（Where）？ 由谁负责完成（Who）？ 什么时候完成（When）？ 如何完成（How）？
D	5. 执行、实施计划	—
C	6. 检查计划执行结果	排列图、直方图、控制图
A	7. 总结成功经验，制定相应标准	制动或修改控制规程、检查规程及其他相关规章制度
	8. 把未解决或新出现的问题转入下一个 PDCA 循环	—

（2）三全控制原理

三全控制指建筑企业的质量管理应该是全面、全过程和全员的参与。这一原理对建设工程项目的质量控制同样有理论和实践的指导意义。

1）全面质量管理

包括建设工程各参与主体对工程质量的全面控制：如业主、监理、勘察、设计、施工总承包、施工分包、材料设备供应商等，任何一方任何环节的怠慢疏忽或质量责任不到位就会造成对建设工程质量的影响。

2）全过程质量控制

主要是指根据工程质量的形成规律，从源头抓起，全过程推进。主要过程有：项目策划与决策过程、勘察设计过程、施工采购过程、施工组织与准备过程、检测设备控制与计划过程、施工生产的检验试验过程、工程质量的评定过程、工程竣工验收与交付过程、工程回访维修服务过程等。

3）全员参与控制

从全面质量管理的观点看，无论组织内部的管理者还是作业者，每个岗位都承担着相应的质量职能，一旦确定了质量方针目标，就应组织和动员全体员工参与到实施质量方针的系统活动中去发挥自己的角色作用。

（3）三阶段控制原理

此原理就是通常所说的事前控制、事中控制和事后控制，这三阶段控制构成了质量控制的系统过程。具体讲，事前控制的内涵包括两层意思，一是强调质量目标的计划预控，二是质量策划进行质量活动前的准备工作状态的控制。事中控制包含自控和监控两个环节，但其关键还是增强质量意识、发挥操作者的自我约束、自我控制，即坚持质量标准是根本的，监控或他人控制是必要的补充，没有前者或用后者取代前者都是不正常的。事后控制，包括对质量活动结果的评价认定和对质量偏差的纠正，当出现质量实际值与目标值之间超出允许偏差时，必须分析原因，采取措施纠正偏值，保持质量受控状态。

以上三阶段不是孤立和截然分开的，它们之间构成有机的系统过程，实质上就是PDCA循环的具体化，在每一次滚动循环中不断提高，达到质量管理或质量控制的持续改进。

3. 项目管理知识体系指南（PMBOK）的项目质量管理方法

PMBOK是Project Management Body of Knowledge的缩写，即项目管理知识体系，是美国项目管理协会（PMI）对项目管理所需的知识、技能和工具进行的概括性描述。目前已更新到第六版。该知识体系将项目管理划分为启动过程、规划过程、执行过程、监控过程、收尾过程等五大过程和整合管理、范围管理、进度管理、成本管理、质量管理、资源管理、沟通管理、风险管理、采购管理、项目相关方管理十大知识领域。其中，针对于项目质量管理有较为详尽的阐述。

该指南中将项目质量管理划分为三个过程：规划质量管理、管理质量和控制质量，虽然各项目质量管理过程通常以界限分明、相互独立的形式出现，但在实践中它们往往是相互叠加、相互作用的。主要项目质量管理过程之间的关系如图3-3所示。

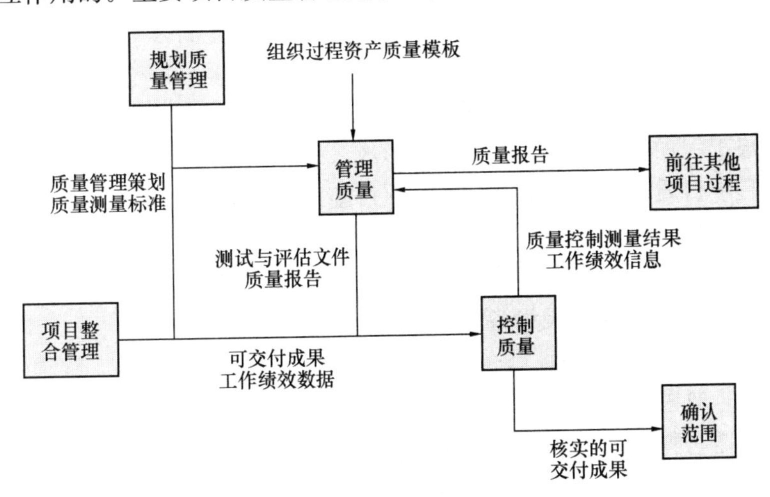

图3-3 主要项目质量管理过程的相互关系

（1）规划质量管理

规划质量管理是识别项目及其可交付成果的质量要求和（或）标准，并书面描述项目将进行证明符合质量要求和（或）标准的过程。本过程的主要作用是，为在整个项目期间进行管理和核实质量提供指南和方向。本过程仅开展一次或仅在项目的预定义点开展。规划质量管理过程关注工作需要达到的质量。相当于PDCA循环中的P（Plan）阶段，这一阶段的主要任务是根据项目文件和项目管理策划形成项目质量管理策划和质量测量指标，描述如何实施适用的政策、程序和指南，以及实现怎样的质量目标。它描述了项目管理团队为实现一系列项目质量目标所需的活动和资源，这样做可以更加关注项目的价值定位，降低因返工而造成的成本超支金额和进度延误次数。

（2）管理质量

管理质量是把组织的质量政策用于项目，并将质量管理策划转化为可执行的质量活动的过程。本过程的主要作用是，提高实现质量目标的可能性，以及识别无效过程和导致质量低劣的原因。管理质量使用控制质量过程的数据和结果向相关方展示项目的总体质量状态。本过程需要在整个项目期间开展。管理质量则关注管理整个项目期间的质量过程。在管理质量过程期间，在规划质量管理过程中识别的质量要求成为测试与评估工具，将用于控制质量过程，以确认项目是否达到这些质量要求。相当于 PDCA 循环中的 D（Do）阶段，这一阶段的主要任务是根据上一阶段输出的项目管理策划和项目文件进行管理和决策，形成质量报告，并对项目管理文件的相关内容进行更新。

（3）控制质量

控制质量是为了评估绩效，确保项目输出完整、正确且满足客户期望，而监督和记录质量管理活动执行结果的过程。本过程的主要作用是，核实项目可交付成果和工作已经达到主要相关方的质量要求，可供最终验收。控制质量过程，确定项目输出是否达到预期目的，这些输出需要满足所有适用标准、要求、法规和规范。本过程需要在整个项目期间开展。控制质量关注工作成果与质量要求的比较，确保结果可接受。相当于 PDCA 循环中的 C（Check）阶段和 A（Action）阶段，这是一个反馈与调控的过程，依据上一阶段的输出内容进行检查和控制，形成质量控制测量结果和可交付的成果，并对项目文件进行更新。如果输出的结果与预期计划差异较大，则应转入下一个管理循环过程，直到满意并退出。

3.1.5 工程项目施工阶段的质量控制

施工是形成工程项目实体的过程，也是形成最终产品的重要阶段。所以，施工阶段的质量控制是工程项目质量控制的重点。工程项目施工阶段的质量控制任务主要包括以下 5 个方面：①检查材料、构件、制品及设备的质量；②施工质量控制点的设置与管理；③施工准备的质量控制；④施工过程的质量控制；⑤中间验收和竣工验收。

1. 检查材料、构件、制品及设备的质量

对建筑工程项目所需原材料、设备的质量进行事前控制，是建筑工程项目施工质量控制的基础。首先，要求施工企业在人员配备、组织管理、检测方法以及手段等各个环节加强管理，明确所需材料、设备的质量要求和技术标准，尤其是加强对建筑工程项目关键材料如水泥、钢材等的控制。对于这些关键材料，要有相应的出厂合格证、质量检验报告、复验报告等，对于进口材料，还要有商检报告及化学成分分析，凡是没有产品合格证明及检验不合格的材料不得进场，加强材料的使用认证，防止错用或使用不合格的材料。同时，对进场的材料和设备要按规定进行抽检和复试，经复试合格后才能用于工程之中。复试工作实行“见证取样、送样”。

2. 施工质量控制点的设置与管理

（1）定义

质量控制点是施工质量控制的重点，是为了保证工序质量而确定的重点控制对象、关键部位和薄弱环节，它是保证达到工序质量要求的一个必要前提。质量控制点应该选择技术要求高、施工难度大、对工程质量影响大或是发生质量问题时危害大的对象进行设置。

（2）质量控制点设置原则

在选择质量控制点时应遵循以下原则：

1）施工上无足够把握的、施工条件困难的或技术难度大的工序或环节；

2）施工过程中的关键工序或环节以及隐蔽工程；

3）施工中的薄弱环节，质量不稳定的工序、部位或对象；

4）对后续工程施工、后续工序质量或安全有重大影响的工序、部位或对象；

5）采用新技术、新工艺、新材料的部位或环节。

（3）质量控制点的重点控制对象

质量控制点的选择要准确，还要根据对重要质量特性进行重点控制的要求，选择质量控制点的重点部位、重点工序和重点的质量因素作为质量控制点的重点控制对象，进行重点预控和监控，从而有效地控制和保证施工质量。质量控制点的重点控制对象主要包括以下几个方面：

1）人的行为。某些操作或工序，应以人为重点控制对象。

2）材料的质量与性能。这是直接影响工程质量的重要因素，在某些工程中应作为控制的重点。

3）施工方法与关键操作。某些直接影响工程质量的关键操作应作为控制的重点。

4）施工技术参数。

5）技术间歇。有些工序之间必须留有必要的技术间歇时间。

6）施工顺序。某些工序之间必须严格控制先后的施工顺序。

7）易发生或常见的质量通病。

8）新技术、新材料及新工艺的应用。

9）产品质量不稳定和不合格率较高的工序应列为重点，认真分析，严格控制。

10）特殊地基或特种结构。

3. 施工准备的质量控制

（1）技术准备

施工技术准备是指在正式开展施工作业活动前进行的技术准备工作。这类工作内容繁多，主要在室内进行，例如：熟悉施工图纸，组织设计交底和图纸审查；进行工程项目检查验收的项目划分和编号；审核相关质量文件，细化施工技术方案和施工人员、机具的配置方案，编制施工作业技术指导书；进行必要的技术交底与技术培训等。

（2）现场施工准备

1）计量控制

这是施工质量控制的一项重要基础工作。施工过程中的计量，包括施工生产时的投料计量、施工测量、监测计量以及对项目、产品或过程的测试、检验、分析计量等。开工前要建立和完善施工现场计量管理的规章制度；明确计量控制责任者和配置必要的计量人员；严格按规定对计量器具进行维修和校验；统一计量单位，组织量值传递，保证量值统一，从而保证施工过程中计量的准确。

2）测量控制

工程测量放线是建设工程产品由设计转化为实物的第一步。施工单位在开工前应编制测量控制方案，经项目技术负责人批准后实施。对建设单位提供的原始坐标点、基准线和水准点等测量控制点进行复核，并将复测结果上报监理工程师审核，批准后施工单位才能建立施工测量控制网，进行工程定位和标高基准的控制。

3）施工平面图控制

建设单位应按照合同约定并充分考虑施工的实际需要，事先划定并提供施工用地和现场临时设施用地的范围，协调平衡和审查批准各施工单位的施工平面设计。施工单位要严格按照批准的施工平面布置图，科学合理地使用施工场地，正确安装设置施工机械设备和其他临时设施，维护现场施工道路畅通无阻和通信设施完好，合理控制材料的进场与堆放，保持良好的防洪排水能力，保证充分的给水和供电。

4. 施工过程的质量控制

（1）工序施工质量控制

施工过程是由一系列相互联系与制约的工序构成，工序是人、材料、机械设备、施工方法和环境因素对工程质量综合作用的过程，所以对施工过程的质量控制，必须以工序质量控制为基础和核心。

工序施工质量控制主要包括工序施工条件质量控制和工序施工效果质量控制。

（2）施工作业质量的自控

施工承包方和供应方在施工阶段是质量自控主体，他们不能因为监控主体的存在和监控责任的实施而减轻或免除其质量责任。施工作业质量的自控主要包括以下程序：①施工作业技术的交底；②施工作业活动的实施；③施工作业质量的检验（包含自检、互检、专检和交接检验，以及现场监理机构的旁站检查、平行检验等）。

（3）施工作业质量的监控

1）监控主体

① 建设单位、监理单位、设计单位及政府的工程质量监督部门，在施工阶段对施工单位的质量行为和项目实体质量实施监督控制。

② 作为监控主体之一的项目监理机构，在施工作业实施过程中，根据其监理规划与实施细则，采取现场旁站、巡视、平行检验等形式，对施工作业质量进行监督检查。

2）现场质量检查的内容

① 开工前的检查：目的是检查是否具备开工条件，开工后能否连续正常施工，能否保证工程质量。

② 工序交接检查：对于重要的工序或对工程质量有重大影响的工序，在自检、互检的基础上，还要组织专职人员进行工序交接检查。检查过程应严格执行自检、互检、专检三检制度。

③ 隐蔽工程的检查：凡是隐蔽工程均应检查认证后方能掩盖。

④ 停工后复工的检查：因处理质量问题或某种原因停工后，需复工时，亦应经检查认可后方能复工。

⑤ 分项、分部工程完工后的检查：分项、分部工程完工后，应经检查认可，签署验收记录后，才允许进行下一工程项目施工。

⑥ 产品保护的检查：主要是检查成品有无保护措施，或保护措施是否可靠等。

3）现场质量检查的方法

现场质量检查的方法主要有三种，即目测法、实测法、试验法，如表 3-2 所示。

① 目测法：包括看、摸、敲、照。

② 实测法：包括靠、量、吊、套。

③ 试验法：包括理化试验、无损检测。

现场质量检查的方法　　表 3-2

检查方法	手段	检查内容
目测法	看	清水墙面是否洁净，喷涂的密实度和颜色是否良好、均匀，工人的操作是否正常，内墙抹灰的大面及口角是否平直，混凝土外观是否符合要求等
	摸	油漆的光滑度，浆活是否牢固、不掉粉等
	敲	对地面工程、装饰工程中的水磨石、面砖、石材饰面等均应进行敲击检查
	照	管道井、电梯井等内部的管线、设备安装质量，装饰吊顶内连接及设备安装质量等
实测法	靠	用直尺、塞尺检查诸如墙面、地面、路面等的平整度
	量	大理石板拼缝尺寸与超差数量、摊铺沥青拌合料的温度、混凝土坍落度的检测等
	吊	砌体、门窗安装的垂直度检查等
	套	对阴阳角的方正、踢脚线的垂直度、预制构件的方正、门窗口及构件的对角线检查等
试验法	理化试验	（1）力学性能的检验。如各种力学指标的测定，包括抗拉强度、抗压强度、抗弯强度、抗折强度、冲击韧性、硬度、承载力等。 （2）各种物理性能方面的测定。如密度、含水量、凝结时间、安定性及抗渗、耐磨、耐热性能等。 （3）化学成分及其含量的测定。如钢筋中的磷、硫含量，混凝土粗骨料中的活性氧化硅成分，以及耐酸、耐碱、抗腐蚀性等。 （4）现场试验。例如，对桩或地基的静载试验、排水管道的通水试验、压力管道的耐压试验、防水层的蓄水或淋水试验等
	无损检测	利用专门的仪器仪表从表面探测结构物、材料、设备的内部组织结构或损伤情况。常用的无损检测方法有超声波探伤、X 射线探伤、γ 射线探伤等

5. 中间验收和竣工验收

（1）施工过程的质量验收

工程项目质量验收，应将项目划分为单位工程、分部工程、分项工程和检验批进行验收。施工过程质量验收主要是指检验批和分项、分部工程的质量验收。

检验批和分项工程是质量验收的基本单元；分部工程是在所含全部分项工程验收的基础之上进行验收的，在施工过程中随完工随验收，并留下完整的质量验收记录和资料；单位工程作为具有独立使用功能的完整的建筑产品，进行竣工质量验收。

1）检验批质量验收

检验批应由监理工程师（建设单位项目技术负责人）组织施工单位项目专业质量（技术）负责人等进行验收。验收合格的依据是：①主控项目和一般项目的质量经抽样检验合格；②具有完整的施工操作依据、质量检查记录。

2）分项工程质量验收

分项工程应由监理工程师（建设单位项目技术负责人）组织施工单位项目专业质量（技术）负责人等进行验收。验收合格的依据是：①分项工程所含的检验批均应符合合格质量的规定；②分项工程所含的检验批的质量验收记录应完整。

3）分部工程质量验收

分部工程应由总监理工程师（建设单位项目负责人）组织施工单位项目负责人和技术、质量负责人等进行验收；地基与基础、主体结构分部工程，勘察、设计单位工程项目负责人和施工单位技术、质量部门负责人也应参加相关分部工程验收。验收合格的依据是：①分部（子分部）工程所含分项工程的质量均应验收合格；②质量控制资料应完整；③地基与基础、主体结构和设备安装等分部工程有关安全及功能的检验和抽样检测结果应符合有关规定；④观感质量验收应符合要求。

（2）竣工质量验收

单位工程是工程项目竣工验收的基本对象。单位工程质量验收合格应符合下列规定：①单位工程所含分部工程的质量均应验收合格；②质量控制资料应完整；③单位工程所含分部工程有关安全和功能的检测资料应完整；④主要功能项目的抽查结果应符合相关专业质量验收规范的规定；⑤观感质量验收应符合要求。

建设工程项目的竣工验收，可分为验收准备、竣工预验收和正式验收三个环节进行。

1）竣工验收准备。施工单位按照合同规定的施工范围和质量标准完成施工任务后，经质量自检并合格后，向现场监理机构提交工程竣工申请报告，要求组织工程竣工验收。

2）竣工预验收。监理机构收到施工单位的工程竣工申请报告后，应就验收的准备情况和验收条件进行检查。对工程实体质量及档案资料存在的缺陷，及时提出整改意见，并与施工单位协商整改清单，确定整改要求和完成时间。

3）正式竣工验收。建设单位应在工程竣工验收前 7 个工作日将验收时间、地点、验收组名单通知该工程的工程质量监督机构，建设单位组织竣工验收会议。竣工验收应符合相应条件和验收流程。

3.2 建筑工程施工质量验收统一标准解读

3.2.1 《建筑工程施工质量验收统一标准》GB 50300—2013 修订背景

《建筑工程施工质量验收统一标准》GB 50300—2013（以下简称 2013 版标准）是根据《关于印发〈2007 年工程建设标准规范制订、修订计划（第一批）〉的通知》（建标[2007] 125 号）的要求，由中国建筑科学研究院会同有关单位在原《建筑工程施工质量验收统一标准》GB 50300－2001（以下简称 2001 版标准）的基础上修订而成的，自 2014 年 6 月 1 日起实施。

2013 版标准根据建筑工程领域的发展需要，对原标准进行了补充和完善。

3.2.2 2013 版主要修订内容

2013 版标准修订继续遵循“验评分离、强化验收、完善手段、过程控制”的指导原则，在验收体系及方法上与原标准保持一致，仅作了局部的修订。本次标准新增的主要内容是：

（1）增加符合条件时，可适当调整抽样复检、试验数量的规定；

（2）增加制定专项验收要求的规定；

（3）增加检验批最小抽样数量的规定；

（4）增加建筑节能分部工程，增加铝合金结构、地源热泵换热系统等子分部工程；

（5）修改主体结构、建筑装饰装修、通风与空调等分部工程中的分项工程划分；

（6）增加计数抽样方案的正常检验一次、二次抽样判定方法；

（7）增加工程竣工预验收的规定；

（8）增加勘察单位应参加单位工程验收的规定；

（9）增加工程质量控制资料缺失时，应进行相应实体检验或抽样试验的规定；

（10）增加检验批验收应具有现场检查原始记录的要求。

除了以上新增部分，还有对原条文有些局部修改的内容。本次标准修订的主要内容是：

（1）强调验收应在“施工单位自检合格基础上”进行；

（2）统一明确“未实行监理”的工程，应由建设单位履行监理职责；

（3）调整了分部、子分部、分项工程的划分：增加了节能分部工程，增加了太阳能光热、光伏、地源热泵分项工程，结构分部中增加了铝合金结构子分部工程；

（4）规定符合三个条件时，可调整抽样数量，简化验收、减少抽样；

（5）明确监理必须检查的是主要工序而非所有工序，即“监理提出检查要求的工序”；

（6）允许同一项目的同一项检验成果可重复利用；

（7）规定当专业验收规范没有验收要求时应制定专项验收要求；

（8）规定了检验批最小抽样数量；

（9）规定明显不合格的个体不纳入检验批，但必须进行处理；

（10）修改了检验批验收记录表；

（11）修改了分项工程验收记录表；

（12）明确了各分部工程的验收人员；

（13）规定勘察单位应参加单位工程验收，修改了单位工程验收记录表。

3.2.3　2013版标准的主要内容

2013版标准明确了分部、子分部、分项之间的最新划分原则，这也是表格编辑整理的基础，同时也是关系到最后的工程归档是否顺利的重要因素。其中，每增加一个分部、子分部或分项，后续都会有配套规范的陆续出台，而规范中的验收内容都会体现在实际的表格中。建筑工程在工序验收时都是根据附表中的主控项目及一般项目的内容进行的。

本标准出台后，地方主管部门也会积极响应，地方标准也会进行一系列的更新，并有配套表格及规范的调整。虽然有些地区检验批表格的样式及分组上有一些差异化，但是在分部、子分部、分项的划分上都是相同的，依据也是本标准，而这恰恰是这次变动较大之处。

2013版标准共有六章和八个附录。主要内容包括：

第1章　总则

第2章　术语

第3章　基本规定

第4章　建筑工程质量验收的划分

第5章　建筑工程质量验收

第6章　建筑工程质量验收的程序和组织

附录A　施工现场质量管理检查记录

附录B　建筑工程的分部工程、分项工程划分

附录C　室外工程的划分

附录D　一般项目正常检验一次、二次抽样判定

附录E　检验批质量验收记录

附录 F　分项工程质量验收记录

附录 G　分部工程质量验收记录

附录 H　单位工程质量竣工验收记录

3.2.4　2013 版标准编制原则

1. 指导原则

2013 版标准编制的指导原则是“验评分离、强化验收、完善手段、过程控制”。

（1）验评分离：验收与评定分离，验收与评优分离。

（2）强化验收：“验评分离”的最终目的是“强化验收”，即提高验收在施工质量控制中的主导作用。

（3）完善手段：利用近年来检测技术发展所能提供的先进手段，强化各种原材料的检验及生产工艺过程中关键工序的检验和不同工序之间的交接检验；同时，还增加在施工过程中随机抽查的见证检验及对施工后形成的工程实体进行实体检验两个检查层次。

（4）过程控制：从施工之初的原材料进场开始，就应按照检验批进行验收。在整个施工过程中，凡是重要的关键工序完成之后，或下一工序开始之前，都应通过“验收”来对其质量状态加以确认（自检、交接检），符合要求后方可继续进行施工。

2. 编制总则

（1）施工质量验收标准规范体系，如图 3-4 所示。

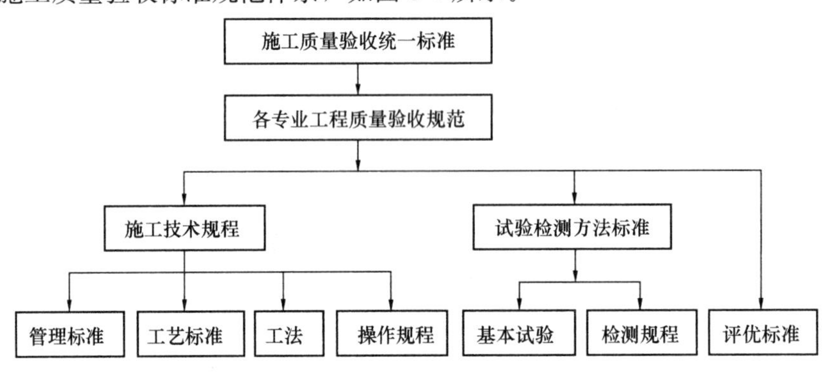

图 3-4　施工质量验收标准规范体系

（2）2013 版标准统一了建筑工程施工质量的验收方法、验收程序和原则，适用于施工质量的验收，设计和使用中的质量问题不属于本标准的范畴。

（3）2013 版标准主要包括两部分内容，第一部分规定了建筑工程各专业验收规范编制的统一标准；第二部分规定了单位工程的验收，从单位工程的划分和组成，质量指标的设置，到验收程序都制定了具体规定。

（4）建筑工程质量验收的有关标准主要包括施工技术标准、操作规程、管理标准和有关企业标准、试验方法标准、检测技术标准、施工质量评价标准等。

3.2.5　标准术语与主要条款

1. 标准术语

2.0.1　建筑工程　building engineering（修订）

通过对各类房屋建筑及其附属设施的建造和与其配套线路、管道、设备等的安装所形成的工程实体。

原术语：建筑工程　building engineering

为新建、改建或扩建房屋建筑物和附属构筑物设施所进行的规划、勘察、设计和施工、竣工等各项技术工作和完成的工程实体。

2.0.2　检验　inspection

对被检验项目的特征、性能进行量测、检查、试验等，并将结果与标准规定的要求进行比较，以确定项目每项性能是否合格的活动。

2.0.3　进场检验　site inspection（修订）

对进入施工现场的建筑材料、构配件、设备及器具，按相关标准的要求进行检验，并对其质量、规格及型号等是否符合要求做出确认的活动。

原术语：进场验收　site acceptance

对进入施工现场的材料、构配件、设备等按相关标准规定要求进行检验，对产品达到合格与否做出确认。

2.0.4　见证检验　evidential testing（修订）

施工单位在工程监理单位或建设单位的见证下，按照有关规定从施工现场随机抽取试样，送至具备相应资质的检测机构进行检验的活动。

原术语：见证取样检测　evidential testing

在监理单位或建设单位监督下，由施工单位有关人员现场取样，并送至具备相应资质的检测单位所进行的检测。

2.0.5　复验　repeat test（新增）

建筑材料、设备等进入施工现场后，在外观质量检查和质量证明文件核查符合要求的基础上，按照有关规定从施工现场抽取试样送至试验室进行检验的活动。

2.0.6　检验批　inspection lot

按相同的生产条件或按规定的方式汇总起来供抽样检验用的，由一定数量样本组成的检验体。

2.0.7　验收　acceptance（修订）

建筑工程质量在施工单位自行检查合格的基础上，由工程质量验收责任方组织，工程建设相关单位参加，对检验批、分项、分部、单位工程及其隐蔽工程的质量进行抽样检验，对技术文件进行审核，并根据设计文件和相关标准以书面形式对工程质量是否达到合格做出确认。

原术语：验收　acceptance

建筑工程在施工单位自行质量检查评定的基础上，参与建设活动的有关单位共同对检验批、分项、分部、单位工程的质量进行抽样复验，根据相关标准以书面形式对工程质量达到合格与否做出确认。

2.0.8　主控项目　dominant item（修订）

建筑工程中对安全、节能、环境保护和主要使用功能起决定性作用的检验项目。

原术语：主控项目　dominant item

建筑工程中的对安全、卫生、环境保护和公众利益起决定性作用的检验项目。

2.0.9　一般项目　general item

除主控项目以外的检验项目。

2.0.10　抽样方案　sampling scheme

根据检验项目的特性所确定的抽样数量和方法。

2.0.11　计数检验　inspection by attributes（修订）

通过确定抽样样本中不合格的个体数量，对样本总体质量做出判定的检验方法。

原术语：计数检验　counting inspection

在抽样的样本中，记录每一个体有某种属性或计算每一个体中的缺陷数目的检查方法。

2.0.12　计量检验　inspection by variables（修订）

在抽样样本的检测数据计算总体均值、特征值或推定值，并以此判断或评估总体质量的检验方法。

原术语：计量检　quantitative inspection

在抽样检验的样本中，对每一个体测量其某个定量特性的检查方法。

2.0.13　错判概率　probability of commission（新增）

合格批被判为不合格批的概率，即合格批被拒收的概率，用 α 表示。

2.0.14　漏判概率　probability of omission（新增）

不合格批被判为合格批的概率，即不合格批被误收的概率，用 β 表示。

2.0.15　观感质量　quality of appearance（修订）

通过观察和必要的测试所反映的工程外在质量和功能状态。

原术语：观感质量　quality of appearance

通过观察和必要的量测所反映的工程外在质量。

2.0.16　返修　repair（修订）

对施工质量不符合标准规定的部位采取的整修等措施。

原术语：返修　repair

对工程不符合标准规定的部位采取整修等措施。

2.0.17　返工　rework（修订）

对施工质量不符合标准规定的部位采取的更换、重新制作、重新施工等措施。

原术语：返工　rework

对不合格的工程部位采取的重新制作、重新施工等措施。

【说明】2013版标准中术语部分相对于2001版标准，新增了三个术语，包括复验、错判概率、漏判概率，同时2013版标准术语中未采用2001版标准中的建筑工程质量、交接检验和抽样检验三个术语如下：

1）建筑工程质量　quality of building engineering

反映建筑工程满足相关标准规定或合同约定的要求，包括其在安全、使用功能及其在耐久性能、环境保护等方面所有明显和隐含能力的特性总和。

2）交接检验　handing over inspection

由施工的承接方与完成方经双方检查并对可否继续施工做出确认的活动。

3）抽样检验　sampling inspection

按照规定的抽样方案，随机地从进场的材料、构配件、设备或建筑工程检验项目中，按检验批抽取一定数量的样本所进行的检验。

2. 主要条款

1.0.1　为了加强建筑工程质量管理，统一建筑工程施工质量的验收，保证工程质量，制定本标准。

【说明】本条是编制统一标准和建筑工程施工质量验收规范系列标准的宗旨和原则，以统一建筑工程施工质量的验收方法、程序和原则，达到确保工程质量的目的。本标准适用于施工质量的验收，设计和使用中的质量问题不属于本标准的范畴。

1.0.2　本标准适用于建筑工程施工质量的验收，并作为建筑工程各专业工程施工质量验收规范编制的统一准则。

【说明】本标准的内容有两部分。第一部分规定了房屋建筑各专业工程施工质量验收规范编制的统一准则。为了统一房屋工程各专业施工质量验收规范的编制，对检验批、分项、分部（子分部）、单位（子单位）工程的划分、质量指标的设置和要求、验收程序与组织都提出了原则的要求，以指导本系列标准各验收规范的编制，掌握内容的繁简，质量指标的多少，宽严程度等，使其能够比较协调。第二部分是直接规定了单位工程的验收，从单位工程的划分和组成，质量指标的设置，到验收程序都做了具体规定。

1.0.3　建筑工程施工质量验收，除应符合本标准外，尚应符合国家现行有关标准的规定。

【说明】本标准的编制依据，主要是《中华人民共和国建筑法》《建设工程质量管理条例》《建筑结构可靠度设计统一标准》及其他有关设计规范的规定等。同时，本标准强调本系列各专业验收规范必须与本标准配套使用。另外，本标准规范体系的落实和执行，还需要有关标准的支持。

3.0.1　施工现场应具有健全的质量管理体系、相应的施工技术标准、施工质量检验制度和综合施工质量水平评定考核制度。施工现场质量管理可按本标准附录 A 的要求进行检查记录。

【说明】本条规定了建筑工程施工单位应建立必要的质量责任制度，对建筑工程施工的质量管理体系提出了较全面的要求，建筑工程的质量控制应为全过程的控制。

施工单位应推行生产控制和合格控制的全过程质量控制，应有健全的生产控制和合格控制的质量管理体系。这里不仅包括原材料控制、工艺流程控制、施工操作控制、每道工序质量检查、各道相关工序间的交接检验以及专业工种之间等中间交接环节的质量管理和控制要求，还应包括满足施工图设计和功能要求的抽样检验制度等。施工单位还应通过内部的审核与管理者的评审，找出质量管理体系中存在的问题和薄弱环节，并制定改进的措施和跟踪检查落实等措施，使单位的质量管理体系不断健全和完善，是该施工单位不断提高建筑工程施工质量的保证。同时，施工单位应重视综合质量控制水平，应从施工技术、管理制度、工程质量控制和工程质量等方面制定对施工企业综合质量控制水平的指标，以达到提高整体素质和经济效益。

3.0.2　未实行监理的建筑工程，建设单位相关人员应履行本标准涉及的监理职责。（新增）

【说明】本条明确了“未实行监理”的工程应由建设单位履行监理职责。

2014 年 8 月 25 日，住房城乡建设部关于印发《建筑工程五方责任主体项目负责人质量终身责任追究暂行办法》的通知，监理制度如何改革尚不明确。

3.0.3 建筑工程的施工质量控制应符合下列规定：

1）建筑工程采用的主要材料、半成品、成品、建筑构配件、器具和设备应进行进场检验。凡涉及安全、节能、环境保护和主要使用功能的重要材料、产品，应按各专业工程施工规范、验收规范和设计文件等规定进行复验，并应经监理工程师检查认可。

2）各施工工序应按施工技术标准进行质量控制，每道施工工序完成后，经施工单位自检符合规定后，才能进行下道工序施工。各专业工种之间的相关工序应进行交接检验，并应记录。（修改）

3）对于监理单位提出检查要求的重要工序，应经监理工程师检查认可，才能进行下道工序施工。

【说明】本条规定了建筑工程施工质量的主要方面：

1）用于建筑工程的主要材料、半成品、成品、建筑构配件、器具和设备的进场检验和重要建筑材料、产品的复验。为把握重点环节、要求对涉及安全、节能、环境保护和主要使用功能的重要材料、产品进行复检，体现了以人为本、节能环保的理念和原则。

2）为保障工程整体质量，应控制每道工序的质量。目前，各专业的施工技术规范正在编制并陆续实施，施工单位可按照执行。鼓励有能力的施工单位编制企业标准，根据企业标准的要求控制施工质量。施工单位完成每道工序后，除了自检、专职质量检查员检查，还应进行工序交接检查，检查合格后才能进入到下一工序施工。

3）工序是建筑工程施工的基本组成部分，一个检验批可能由一道或多道工序组成。根据目前的验收要求，监理单位对工程质量控制到检验批。对工序的质量一般由施工单位通过自检予以控制。但为保障工程质量，对监理单位有要求的重要工序，应经由监理单位检查认可才能进行下道工序的施工。

3.0.4 符合下列条件之一时，可按相关专业验收规范的规定适当调整抽样复验、试验数量，调整后的抽样复验、试验方案应由施工单位编制，并报监理单位审核确认。（新增）

1）同一项目中由相同施工单位施工的多个单位工程，使用同一生产厂家的同品种、同规格、同批次的材料、构配件、设备；

2）同一施工单位在现场加工的成品、半成品、构配件用于同一项目中的多个单位工程；

3）在同一项目中，针对同一抽样对象已有检验成果可以重复利用。

【说明】本条规定了调整后的抽样复验和试验数量的要求：

1）如果按每一个单位工程分别进行复验、试验势必会造成重复，且必要性不大，因此可适当调整抽样复验和试验数量。

2）仅对施工现场加工的成品、半成品、构配件等，不针对施工安装后形成的结构部分。但对施工安装后的工程质量应按分部工程的要求进行检测试验，不能减少抽样数量，如结构实体混凝土强度检测、钢筋保护层厚度检测。

3）在实际工程中，同一专业类或不同专业之间对同一对象难免会有重复检验的情况。例如主体结构分部对混凝土结构墙体验收，节能工程分部也需对墙体验收。装饰装修工程和节能工程中对门窗的气密性试验等。因此本条规定可避免对同一对象的重复检验，可重复利用检验成果，只需复制后分别归档即可。

3.0.5　当专业验收规范对于工程中的验收项目未作出相应规定时，应由建设单位组织监理、设计、施工等相关单位制定专项验收要求。涉及安全、节能、环境保护等项目的专项验收要求应由建设单位组织专家论证。（新增）

【说明】本新增条文对国家行业地方标准没有具体验收要求的分项工程及检验批，可由建设单位组织监理设计施工单位制定专项验收要求。专项验收要求应符合设计意图，包括分项工程检验批的划分、抽样方案、验收方法、判定指标等内容。为保证工程质量，重要的专项验收要求应在实施前组织专家论证。本条有助于“四新”技术的推广。

3.0.6　建筑工程施工质量应按下列要求进行验收：

1）工程质量验收均应在施工单位自检合格的基础上进行；

2）参加工程施工质量验收的各方人员应具备相应的资格；

3）检验批的质量应按主控项目和一般项目验收；

4）对涉及结构安全、节能、环境保护和主要使用功能的试块、试件及材料，应在进场时或施工中按规定进行见证检验；

5）隐蔽工程在隐蔽前应由施工单位通知监理单位进行验收，并应形成验收文件，验收合格后方可继续施工；

6）对涉及结构安全、节能、环境保护和使用功能的重要分部工程，应在验收前按规定进行抽样检验；

7）工程的观感质量应由验收人员现场检查，并应共同确认。

【说明】本条提出了建筑工程质量验收的基本要求，这主要是：参加建筑工程质量验收各方人员应具备的资格；建筑工程质量验收应在施工单位检验评定合格的基础上进行；检验批质量应按主控项目和一般项目进行验收；隐蔽工程的验收；涉及结构安全的见证取样检测；涉及结构安全和使用功能的重要分部工程的抽样检验以及承担见证试验单位资质的要求；观感质量的现场检查等。

3.0.7　建筑工程施工质量验收合格应符合下列规定：

1）符合工程勘察、设计文件的要求；

2）符合本标准和相关专业验收规范的规定。

【说明】本条为强制性条文。明确了建筑工程施工质量验收合格的条件。需要说明的是，2013 版标准及各专业验收规范提出的合格要求是对施工质量的最低要求，允许建设、设计单位提出高于 2013 版标准及相关专业验收规范的验收要求。

3.0.8　检验批的质量检验，可根据检验项目的特点在下列抽样方案中选取：

1）计量、计数或计量—计数的抽样方案；

2）一次、二次或多次抽样方案；

3）对重要的检验项目，当有简易快速的检验方法时，选用全数检验方案；

4）根据生产连续性和生产控制稳定性情况，采用调整型抽样方案；

5）经实践证明有效的抽样方案。

【说明】对检验批的抽样方案可根据检验项目的特点进行选择。计量、计数检验可分为全数检验和抽样检验两类。对于重要且易于检查的项目，可采取简单快速的非破损检验方法时宜选用全数检验。本条在计量、计数抽样时引入了概率统计学的方法，提高抽样检验的理论水平，作为可采用的抽样方案之一。鉴于目前各专业验收规范在确定抽样数量时仍普遍采用基于经验的方法，经实践证明有效的抽样方案仍可采用。

3.0.9 检验批抽样样本应随机抽取，满足分布均匀、具有代表性的要求，抽样数量应符合有关专业验收规范的规定。当采用计数抽样时，最小抽样数量应符合附表3.0.9的要求。

明显不合格的个体可不纳入检验批，但应进行处理，使其满足有关专业验收规范的规定，对处理的情况应予以记录并重新验收。（新增）

检验批最小抽样数量 **附表3.0.9**

检验批的容量	最小抽样数量	检验批的容量	最小抽样数量
2～15	2	151～280	13
16～25	3	281～500	20
26～90	5	501～1200	32
91～150	8	1201～3200	50

【说明】本条规定了检验批的抽样要求，目前对施工质量的检验，大多没有具体的抽样方案。样本选取的随意性较大，有时不能代表母本的质量情况。因此本条规定随机抽样应满足样本分布均匀，同样具有代表性的要求。

检验批中明显不合格的个体，主要可通过肉眼观察或简单的测试确定，这些个体的检验指标往往与其他个体存在较大差异。纳入检验批后会增加验收结果的离散性，影响整体质量水平的统计。同时，也为了避免对明显不合格个体的人为忽略情况，本条规定对明显不合格的个体可不纳入检验批，但必须进行处理，使其符合规定。

3.0.10 计量抽样的错判概率α和漏判概率β可按下列规定采取。（修改）

1）主控项目：对应于合格质量水平的α和β均不宜超过5%；

2）一般项目：对应于合格质量水平的α不宜超过5%，β不宜超过10%。

【说明】关于合格质量水平的错判概率α是指合格批被判为不合格批的概率，即合格批被拒收的概率。漏判概率β为不合格批被判为合格批的概率，即不合格批被误收的概率。抽样检验必然存在这两类风险。通过抽样检验的方法使合格批100%合理是不合理的，也是不可能的。在抽样检验中，两类风险项控制范围：α=1%～5%；β=5%～10%。对主控项目，其α、β均不宜超过5%；对于一般项目，α不宜超过5%，β不宜超过10%。

4.0.1 建筑工程施工质量验收应划分为单位工程、分部工程、分项工程和检验批。

【说明】验收时，将建筑工程划分为单位工程、分部工程、分项工程和检验批的方式已被采纳和接受。

4.0.2 单位工程应按下列原则划分：

1）具备独立施工条件并能形成独立使用功能的建筑物或构筑物为一个单位工程；

2）对于规模较大的单位工程，可将其能形成独立使用功能的部分划分为一个子单位工程。

【说明】单位工程应具有独立的施工条件和能形成独立的适用功能。

4.0.3 分部工程应按下列原则划分：

1）可按专业性质、工程部位确定；

2）当分部工程较大或较复杂时，可按材料种类、施工特点、施工程序、专业系统及类别将分部工程划分为若干子分部工程。

【说明】分部工程是单位工程的组成部分，一个单位工程往往由多个分部工程组成。当分部工程量较大且复杂时，为便于验收，可将其中相同部分的工程或能形成独立专业体系的工程划分为若干个子分部工程。

本次修订，增加了建筑节能分部工程。

4.0.4　分项工程可按主要工种、材料、施工工艺、设备类别进行划分。

【说明】分项工程是分部工程的组成部分，由一个或若干个检验批组成。检验批可根据施工、质量控制和专业验收的需要，按工程量、楼层、施工段、变形缝等进行划分。

4.0.5　检验批可根据施工、质量控制和专业验收的需要，按工程量、楼层、施工段、变形缝进行划分。

【说明】分项工程划分成检验批进行验收有利于及时纠正施工中出现的质量问题，确保工程质量，也符合施工实际需要。多层及高层建筑工程中主体分部的分项工程可按楼层或施工段来划分检验批，单层建筑工程的分项工程可按变形缝等划分检验批；地基基础分部工程中的分项工程一般划分为一个检验批，有地下层的基础工程可按不同地下层划分检验批；屋面分部工程中的分项工程不同楼层屋面可划分为不同的检验批；其他分部工程中的分项工程，一般按楼面划分检验批；对于工程量较少的分项工程可统一划分为一个检验批。安装工程一般按一个设计系统或设备组别划分为一个检验批。室外工程统一划分为一个检验批。散水、台阶、明沟等含在地面检验批中。

地基基础中的土石方、基坑支护子分部工程及混凝土工程中的模板工程，虽不构成建筑工程实体，但它是建筑工程施工中不可缺少的重要环节和必要条件，其施工质量如何，不仅关系到能否施工和施工安全，也关系到建筑工程的质量，因此将其列入施工验收内容是应该的。

4.0.6　建筑工程的分部工程、分项工程划分宜按本标准附录B采用。

【说明】

1）增加了建筑节能分部工程。

2）在主体结构分部中增加铝合金结构和轻钢结构两个子分部工程。

3）在建筑给水排水及供暖分部中增加太阳能热水系统子分部工程。

4）在通风与空调分部中增加地源热泵系统、空气能量回收系统子分部工程。

5）修改了主体结构、建筑装饰装修等分部工程中的分项工程划分。如原“网架制作、网架安装”分项取消，新增“空间格构钢结构制作、空间格构钢结构安装”分项，归入钢结构子分部工程中。

6）原“智能建筑”分部更名为“建筑智能化”分部，增加了“会议系统与信息导航系统”“计算机机房工程”子分部工程。

4.0.7　施工前，应由施工单位制定分项工程和检验批的划分方案，并由监理单位审核。对于附录B相关专业验收规范未涵盖的分项工程和检验批，可由建设单位组织监理、施工等单位协商确定。（新增）

【说明】随着建筑工程领域的技术进步和建筑功能要求的提升，会出现一些新的验收项目，并需要有专门的分项工程和检验批与之相对应。对于2013版标准附录B及相关专业验收规范未涵盖的分项工程、检验批，可由建设单位组织监理、施工等单位在施工前根据工程具体情况协商确定，并据此整理施工技术资料和验收。

4.0.8 室外工程可根据专业类别和工程规模按本标准附录C的规定划分子单位工程、分部工程和分项工程。

【说明】本条规定了室外工程的单位工程、分部工程、分项工程划分方法。

5.0.1 检验批质量验收合格应符合下列规定：

1）主控项目的质量经抽样检验均应合格；

2）一般项目的质量经抽样检验合格。当采用计数抽样时，合格点率应符合有关专业验收规范的规定，且不得存在严重缺陷。对于计数抽样的一般项目，正常检验一次、二次抽样可按本标准附录D判定；（修改）

3）具有完整的施工操作依据、质量验收记录。

【说明】检验批是工程验收的最小单位，是分项工程乃至整体建筑工程质量验收的基础。检验批是施工过程中条件相同并有一定数量的材料、构配件或安装项目，由于其质量基本均匀一致，因此可以作为检验的基础单位，并按批验收。本条给出了检验批质量合格的条件，共两个方面：资料检查、主控项目检验和一般项目检验。

质量控制资料反映了检验批从原材料到最终验收的各施工工序的操作依据、检查情况以及保证质量所必需的管理制度等。对其完整性的检查，实际是对过程控制的确认，这是检验批合格的前提。为了使检验批的质量符合安全和功能的基本要求，达到保证建筑工程质量的目的，各专业工程质量验收规范应对各检验批的主控项目、一般项目的子项合格质量给予明确的规定。检验批的合格质量主要取决于对主控项目和一般项目的检验结果。主控项目是对检验批的基本质量起决定性影响的检验项目，因此必须全部符合有关专业工程验收规范的规定。这意味着主控项目不允许有不符合要求的检验结果，即这种项目的检查具有否决权。鉴于主控项目对基本质量的决定性影响，从严要求是必需的。

5.0.2 分项工程质量验收合格应符合下列规定：

1）所含检验批的质量均应验收合格；

2）所含检验批的质量验收记录应完整。

【说明】分项工程的验收在检验批的基础上进行。一般情况下，两者具有相同或相近的性质，只是批量的大小不同而已。因此，将有关的检验批汇集构成分项工程。分项工程合格质量的条件比较简单，只要构成分项工程的各检验批的验收资料文件完整，并且均已验收合格，则分项工程验收合格。

5.0.3 分部工程质量验收合格应符合下列规定：

1）所含分项工程的质量均应验收合格；

2）质量控制资料应完整；

3）有关安全、节能、环境保护和主要使用功能的抽样检验结果应符合相应规定；（修改）

4）观感质量应符合要求。

【说明】本条增加了节能环保要求。分部工程的验收在其所含各分项工程验收的基础上进行，本条给出了分部工程验收合格的条件。

首先，分部工程的各分项工程必须已验收合格且相应的质量控制资料文件必须完整，这是验收的基本条件。此外，由于各分项工程的性质不尽相同，因此作为分部工程不能简单地组合而加以验收，尚需增加以下两类检查项目：

1）涉及安全和使用功能的地基基础、主体结构、有关安全及重要使用功能的安装分部工程应进行有关见证取样送样试验或抽样检测。

2）关于观感质量验收，这类检查往往难以定量，只能以观察、触摸或简单量测的方式进行，并由个人的主观印象判断，检查结果并不给出“合格”或“不合格”的结论，而是综合给出质量评价。对于“差”的检查点应通过返修处理等补救。

5.0.4 单位工程质量验收合格应符合下列规定：

1）所含分部工程的质量均应验收合格；

2）质量控制资料应完整；

3）所含分部工程中有关安全、节能、环境保护和主要使用功能的检验资料应完整；

4）主要使用功能的抽查结果应符合相关专业验收规范的规定；

5）观感质量应符合要求。（强制性条文）

【说明】单位工程质量验收也称质量竣工验收，是建筑工程投入使用前的最后一次验收，也是最重要的一次验收。验收合格的条件有五个：除构成单位工程的各分部工程应该合格，并且有关的资料文件应完整以外，还需进行以下三个方面的检查：

1）涉及安全和使用功能的分部工程应进行检验资料的复查。不仅要全面检查其完整性（不得有漏检缺项），而且对分部工程验收时补充进行的见证抽样检验报告也要复核。这种强化验收的手段体现了对安全和主要使用功能的重视。

2）此外，对主要使用功能还需进行抽查。使用功能的检查是对建筑工程和设备安装工程最终质量的综合检验，也是用户最为关心的内容。因此，在分项、分部工程验收合格的基础上，竣工验收时再作全面检查。抽查项目是在检查资料文件的基础上由参加验收的各方人员商定，并由计量、计数的抽样方法确定检查部位。检查要求按有关专业工程施工质量验收标准要求进行。

3）最后，还需由参加验收的各方人员共同进行观感质量检查。检查的方法、内容、结论等已在分部工程的相应部分中阐述，最后共同确定是否验收。

5.0.5 建筑工程施工质量验收记录可按下列规定填写：

1）检验批质量验收记录可按本标准附录 E 填写，填写时应具有现场验收检查原始记录；（新增）

2）分项工程质量验收记录可按本标准附录 F 填写；

3）分部工程质量验收记录可按本标准附录 G 填写；

4）单位工程质量竣工验收记录、质量控制资料核查记录、安全和功能检验资料核查及主要功能抽查记录、观感质量检查记录应按本标准附录 H 填写。

【说明】本条规定了检验批、分项工程、分部工程、单位工程验收记录的填写要求，为各专业验收规范提供了表格的基本格式和内容，具体内容由各专业验收规范规定。

5.0.6 当建筑工程施工质量不符合要求时，应按下列规定进行处理：

1）经返工或返修的检验批，应重新进行验收；

2）经有资质的检测机构检测鉴定能够达到设计要求的检验批，应予以验收；

3）经有资质的检测机构检测鉴定达不到设计要求、但经原设计单位核算认可能够满足安全和使用功能的检验批，可予以验收；

4）经返修或加固处理的分项、分部工程，满足安全及使用功能要求时，可按技术处理方案和协商文件的要求予以验收。

【说明】本条给出了当质量不符合要求时的处理办法。一般情况下，不合格现象在最基层的验收单位——检验批时就应发现并及时处理，否则将影响后续检验批和相关的分项工程、分部工程的验收。因此，所有质量隐患必须尽快消灭在萌芽状态，这也是本标准以强化验收促进过程控制原则的体现。非正常情况的处理分以下四种情况：

1）第一种情况，是指在检验批验收时，其主控项目不能满足验收规范或一般项目超过偏差限值的子项不符合检验规定的要求时，应及时进行处理的检验批。其中，严重的缺陷应推倒重来；一般的缺陷通过翻修或更换器具、设备予以解决，应允许施工单位在采取相应的措施后重新验收。如能够符合相应的专业工程质量验收规范，则应认为该检验批合格。

2）第二种情况，是指个别检验批发现试块强度等不满足要求等问题，难以确定是否验收时，应请具有资质的法定检测单位检测。当鉴定结果能够达到设计要求时，该检验批仍应认为通过验收。

3）第三种情况，如经检测鉴定达不到设计要求，但经原设计单位核算，仍能满足结构安全和使用功能的情况，该检验批可以予以验收。一般情况下，规范标准给出了满足安全和功能的最低限度要求，而设计往往在此基础上留有一些余量。不满足设计要求和符合相应规范标准的要求，两者并不矛盾。

4）第四种情况，更为严重的缺陷或者超过检验批的更大范围内的缺陷，可能影响结构的安全性和使用功能。若经法定检测单位检测鉴定以后认为达不到规范标准的相应要求，即不能满足最低限度的完全储备和使用功能，则必须按一定的技术方案进行加固处理，使之能保证其满足安全使用的基本要求。这样会造成一些永久性的缺陷，如改变结构外形尺寸，影响一些次要的使用功能等。为了避免社会财富更大的损失，在不影响安全和主要使用功能条件下可按处理技术方案和协商文件进行验收，责任方应承担经济责任，但不能作为轻视质量而回避责任的一种出路，这是应该特别注意的。

5.0.7　工程质量控制资料应齐全完整。当部分资料缺失时，应委托有资质的检测机构按有关标准进行相应的实体检验或抽样试验。（新增）

【说明】实际工程中偶尔会遇到因遗漏检验或资料丢失而导致部分施工验收资料不全的情况，使工程无法正常验收。本条给出了解决的办法，由有资质的检测机构完成的检验报告，可用于施工质量验收。

5.0.8　经返修或加固处理仍不能满足安全或重要使用要求的分部工程及单位工程，严禁验收。（强制性条文）

【说明】分部工程、单位（子单位）工程存在严重的缺陷，经返修或加固处理仍不能满足安全使用要求的，严禁验收。

6.0.1　检验批应由专业监理工程师组织施工单位项目专业质量检查员、专业工长等进行验收。

6.0.2　分项工程应由专业监理工程师组织施工单位项目专业技术负责人等进行验收。

【说明】检验批和分项工程是建筑工程质量的基础，因此，所有检验批和分项工程均应由监理工程师或建设单位项目技术负责人组织验收。验收前，施工单位先填好“检验批和分项工程的质量验收记录”（有关监理记录和结论不填），并由项目专业质量检验员和项目专业技术负责人分别在检验批和分项工程质量检验记录中相关栏目签字，然后由监理工程师组织，严格按规定程序进行验收。

6.0.3　分部工程应由总监理工程师组织施工单位项目负责人和项目技术负责人等进行验收。

勘察、设计单位项目负责人和施工单位技术、质量部门负责人应参加地基与基础分部工程的验收。

设计单位项目负责人和施工单位技术、质量部门负责人应参加主体结构、节能分部工程的验收。（修改）

【说明】本条规定了分部（子分部）工程验收的组织者及参加验收的相关单位和人员。工程监理实行总监理工程师负责制，因此分部工程应由总监理工程师（建设单位项目负责人）组织施工单位的项目负责人和项目技术、质量负责人及有关人员进行验收。因为地基基础、主体结构的主要技术资料和质量问题是归技术部门和质量部门掌握，所以规定施工单位的技术、质量部门负责人参加验收是符合实际的。由于地基基础、主体结构技术性能要求严格，技术性强，关系到整体工程的安全，因此规定这些分部工程的勘察、设计单位工程项目负责人也应参加相关分部的工程质量验收。

注意，勘察单位可以不再参加主体分部的验收，设计单位新增参加节能分部的验收。

6.0.4　单位工程中的分包工程完工后，分包单位应对所承包的工程项目进行自检，并应按本标准规定的程序进行验收。验收时，总包单位应派人参加。分包单位应将所分包工程的质量控制资料整理完整，并移交给总包单位。

【说明】由于《建设工程承包合同》的双方主体是建设单位与总承包单位，总承包单位应按照承包合同的权利义务对建设单位负责。因此，总承包单位应当参加分包单位的自检，检验合格后，分包单位应将工程的质量控制资料整理完整后移交给总承包单位。

6.0.5　单位工程完工后，施工单位应组织有关人员进行自检。总监理工程师应组织各专业监理工程师对工程质量进行竣工预验收。存在施工质量问题时，应由施工单位整改。整改完毕后，由施工单位向建设单位提交工程竣工报告，申请工程竣工验收。

【说明】本条规定单位工程完成后，施工单位首先要依据质量标准、设计图纸等组织有关人员进行自检，并对检查结果进行评定，符合要求后向建设单位提交工程验收报告和完整的质量资料，请建设单位组织验收。

6.0.6　建设单位收到工程竣工报告后，应由建设单位项目负责人组织监理、施工、设计、勘察等单位项目负责人进行单位工程验收。（强制性条文）

【说明】对比原标准此条，增加了勘察单位应参加单位工程验收的规定，对于工程地质和地下水文情况复杂的工程十分必要。此外，随着城市地下空间应用的发展，越来越多的工程涉及地下复杂的工程地质和水文地质，勘察单位参加单位工程验收是工程质量的保障条件之一。因此本条增加了勘察单位应参加勘察竣工验收。

3.2.6　标准修订对从业人员的影响

2013版标准是在2001版标准的基础上进行了补充和完善，自2014年6月1日起实施。2013版标准是对建筑工程各专业工程验收中的共同要求作出的统一准则，起到协调各专业验收规范的作用。所以，学习2013版标准，掌握工程验收的划分方式、验收要求、验收程序和组织形式、重要的原则规定、检验批抽样方案、常用验收表的基本格式和遇到质量问题、资料缺失、使用新技术等如何处理是提高建造师实务工作能力的基本功。

3.3 实施标准的要点解析

3.3.1 编制目的

"为了加强建筑工程的质量管理，统一建筑工程施工质量的验收，保证工程质量。""统一"两个字是关键。建筑工程的专业众多、过程繁复，本标准的目的就是以相同的方法、手段、程序统一处理这些问题。这就决定了本标准只能是高度概括的指导性标准。

3.3.2 应用范围

"标准适用于建筑工程施工质量的验收。""验收"两个字是关键。与原标准规范比较，"施工"二字虽然仍在，但已不是主体，而仅为"质量"的限定词，仅说明是"施工质量"的验收，而并非其他质量的验收。

3.3.3 基本检验规定

1. 现场质量管理

标准第3.0.1条要求，任何施工单位及其施工现场，作为质量管理的最起码要求，必须做到"三有"，即"有标准""有机构""有制度"。

(1)"有标准"是指应有与现场施工相关的所有标准规范，这是进行工程质量验收的最基本条件。

(2)"有机构"是指每一施工现场均应有健全的质量管理体系，做到人员组织上落实。因为任何现场管理和质量控制都是需要有组织并分工明确的人来完成的。这里应该强调"健全"二字，表明不仅要求质量管理机构严密，而且实际上还能够有效地运行，真正发挥应有的作用。

(3)"有制度"是指有完善的检验制度和评定考核制度。制度是指导有关人员进行实际工作的具体措施。标准要求应该有落实到每一个检验人员的责任制度，有制度才能实现对施工全过程的有效控制。这里不仅包括各施工环节的验收制度，还应包括施工单位内部进行质量控制的评定考核制度。因为这是"验收"的基础，对于质量同样是很重要的。

2. 施工质量控制

标准根据全过程质量控制的思路，提出了通过"进场验收、工序检查和交接检验"三种形式的检查验收来控制施工质量的原则。

(1) 进场验收

用于建筑工程的主要材料、半成品、成品、建筑构配件、器具和设备等，对工程质量有举足轻重的影响。这部分对于建筑工程来说属于"原料"的范畴。执行中主要有三种形式：

1) 产品（材料）合格证。一般材料应根据订货合同和产品的出厂合格证进行现场验收。即进货的同时，核对由供货方提供的质量证明文件。未经检验或检验达不到规定要求的应该拒收。

2) 产品（材料）的复验。对涉及安全和功能的有关产品，由于其特殊的重要性，除检查产品合格证明文件以外，还应抽样进行复验。复验批量的划分、抽样比例及试验方法、质量指标等根据相应产品标准或应用技术规程的要求进行。

3）监理检查认可。进场验收的最后一道关口是监理工程师的检查认可，当没有监理时建设单位的技术负责人也可以。未经签字认可的材料一律不得用于工程。

（2）工序检查

除原材料把关以外，对施工过程中的各工序进行质量监控也十分重要。生产者的自检是验收的基础。

在施工过程中的每一道施工工序完成以后，均应进行质量检查，确认其是否达到验收标准或企业标准规定的要求。通过观察、量测、对比其质量指标是否达到标准的要求，然后作出评定。这种检查可由班组自检或专业质检员抽检的形式进行。监理工程师也应对于其中比较重要和关键的工序作随机抽查以加强质量控制。

（3）交接检验

对于不同工种交叉施工的项目，还应进行交接检验。实际的工程质量是通过施工过程逐渐形成的。工序间的交接检验十分重要。不同工种（工序）交叉时，前一工序的质量必须通过交接检验得到确认，并形成记录，表明以前各工序质量可以保证。监理工程师（或建设单位技术负责人）应对此进行监督检查认可，否则不得进行下一工序的施工。

上述三种检验形式充分体现了标准对于工程质量进行“过程控制”的原则。

3. 施工质量验收

“验收”是施工类标准规范的重点。统一标准将有关施工质量验收的第 3.0.3 条列为强制性条文，突出地强调了其重要性。有关施工质量的验收，按以下 10 个方面分别要求。

（1）标准规范

适应当前对建筑工程施工质量的要求，我国已编制成验收类标准规范 15 本，形成了完整的标准规范体系。建筑工程施工质量通过验收的基本条件是，应该符合上述规范的有关规定。不同专业的施工质量应符合相应的各验收规范；而单位工程的验收则应符合本统一标准的要求。

（2）设计文件

施工及其结果还应符合勘察、设计文件的要求。这也是工程进行竣工验收时必须满足的重要条件。

（3）人员资格

施工质量的验收是由代表各方的验收人员来完成的。由于专业不同，检查验收的难度、深度不同，对验收人员提出了资格的要求。统一标准要求参加验收的人员应具备规定的资格。

（4）自检评定

统一标准规定：“工程质量的验收均应在施工单位自行检查评定的基础上进行。”也就是说，只有施工单位自行验评合格后，才能提交监理（或建设）方面进行验收。这种“先评定，后验收”的程序，分清了两阶段的质量责任，将促进施工企业和监理（建设）单位加强合作，真正落实质量控制并明确责任。

（5）隐蔽工程验收

隐蔽验收前施工单位应通知有关单位，在各方人员在场的情况下检查，共同确认其符合设计文件和质量标准的要求后，形成验收文件，作为今后不同层次验收时的依据。

(6) 检验批的验收

检验批是验收的基本单元。检验批的验收是整个验收体系的基础。检验批的质量按主控项目和一般项目进行验收。主控项目是对安全、环保、卫生、公益起决定性作用的检验项目，带有否决权的性质。而一般项目则不起决定性作用，根据不同的质量要求，允许有少量缺陷的存在。

(7) 见证检测

传统的施工质量都是通过对检验批的检测实现质量控制的。标准规定，对涉及结构安全的试块、试件及有关材料，应按规定进行抽查性质的见证取样检测。即各方在场的情况下，在施工现场随机抽取试样进行检测。这样既有定时、定量的例行检测；又有不确定性很大的见证抽样检测。

(8) 实体检测

为强化验收，除常规检测及见证检测以外，还规定对涉及结构安全和使用功能的重要工程实体，在进行分部（子分部）工程验收以前，进行抽样检测（实体检测）。增加这一层次的检测意义重大，其不同于施工过程中的各种检测，而是针对已施工完成的建筑工程实体直接进行的检测。其综合反映了原材料、工艺、施工操作等对最终质量的影响。实体检测的数量应严格控制，只对涉及结构安全和使用功能的少数项目限量进行。

(9) 检测资质

对见证检测及有关结构安全的检测，必须由有相应资质的检测单位进行。只有那些通过认证而具有相应资质的实验室或检测部门，才能承担相应的检测任务，出具检测报告，并应有相应资质的盖章而确认其有效性。

(10) 观感质量

根据对施工质量验收的传统做法，在工程验收之前，应由验收人员通过现场巡视观察进行检查，对其外观质量进行评定确认。这种检查很难准确地定量，也只能由有经验的专家或专业技术人员根据观察感觉的印象，定性地进行评价。一般情况下，经过施工单位自检评定后进行的观感质量检查，不会有不及格的结论。但对明显的缺陷，应在经指出后迅速改进。

施工质量只有满足以上 10 方面的要求才能通过验收。它比较详尽地规定了通过验收的条件，操作性强。

4. 验收的程序和组织

(1) 验收的程序和内容

建筑工程施工质量验收的组织和程序是不可分的。验收顺序由检验批、分项工程、分部（子分部）工程，而最后完成对单位（子单位）工程的竣工验收。除上述各层次的检查验收以外，还有以下三种未列入正式验收。

1) 施工现场质量管理的检查

统一标准规定了对施工现场质量管理的检查，并作为是否可以开工的条件。尽管这种检查只是对施工单位在管理方面的要求，而非具体的工程验收，但对质量控制而言，仍是必要的。

2) 施工单位对检验批的自检评定

施工单位的自检评定是验收的基础，好的质量是施工操作的结果。统一标准强调了施工单位在质量控制中的重要作用。

3）竣工前的工程验收报告

在建筑工程完成施工，进行单位（子单位）工程验收之前，施工单位应自行先组织有关人员进行检查评定，并在认为条件具备的情况下，向建设单位提交工程验收报告。验收不只是建设、监理方的事情，在此又强调了施工单位在质量控制中的作用。在自检基础上进行验收，这体现了施工单位在质量控制和验收中的重要作用。

（2）验收的组织

施工质量验收的组织是保证验收有效性的重要环节，其应该落实以下问题，如表 3-3 所示。

1）验收的组织者——召集人；

2）验收的参加者——应有代表性及相当的责权；

3）验收的签字者——代表对施工质量的确认。

检查验收组织 **表 3-3**

检查验收内容	组织单位	参加单位	签字人员
施工现场质量管理检查	监理单位（建设单位）	建设单位 设计单位 监理单位 施工单位	总监理工程师（建设单位项目负责人）
施工质量自行检查验收	施工单位质量检查部门	施工单位质量部门	施工单位项目专业质量检察员
检验批检查验收	监理单位（建设单位）	施工（分包）单位 监理（建设）单位	监理工程师（建设单位项目专业技术负责人）
分项工程检查验收	监理单位（建设单位）	施工（分包）单位 监理（建设）单位	监理工程师（建设单位项目专业技术负责人）、施工单位项目专业技术负责人
分部（子分部）工程检查验收	监理单位（建设单位）	施工（分包）单位 勘察单位 设计单位 监理（建设）单位	总监理工程师（建设单位项目专业技术负责人）、施工（分包）单位项目经理、勘察单位项目负责人、设计单位项目负责人
单位（子单位）工程检查验收	监理单位（建设单位）	建设单位 设计单位 监理单位 施工单位	建设单位（项目）负责人、总监理工程师、施工单位负责人、设计单位（项目）负责人

3.3.4 施工质量验收层次

整个工程质量验收可划分为单位（子单位）工程、分部（子分部）工程、分项工程和检验批四个层次进行，如图 3-5 所示。

建筑工程的整体验收，可以按“单位工程”的形式进行；在某些情况下也可以按“子单位工程”的形式验收。根据专业的不同，可以将单位工程划分为“分部工程”进行验收。分部工程分为三类九种，还可进一步划分为 67 个“子分部工程”加以验收。为了验收方便，分部（子分部）工程还应该进一步按工种、工序划分为不同的“分项工程”。分

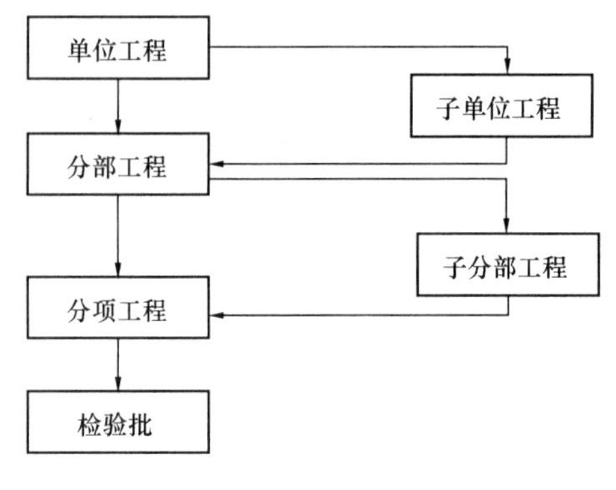

图 3-5　施工质量验收层次

项工程共 365 种，基本覆盖了建筑工程施工所涉及的所有工种和所有工序。因此，如能实现对分项工程的验收，就基本上保证了建筑工程的施工质量控制。如果分项工程所包含的工程量太大，则会引起验收不便。因此，分项工程还应根据工作量和工序、工种进一步划分为“检验批”。检验批是实际工程验收的最小单元，是一切验收的基础，是最贴近工程实际的、真正的、对施工质量的检测和验收，在验收体系中具有十分重要的作用。

3.3.5　主要修订内容实施要点

1. 增加符合条件时，可适当调整抽样复验、试验数量的规定

对应于 2013 版标准新增第 3.0.4 条规定内容。当满足所述条件时，可适当调整（主要是减少）抽样复验、试验数量，调整后的抽样复验、试验方案应由施工单位编制，并报监理单位审核确认。可以降低检验成本，节约时间，这是本次修订的特色之一。

（1）同一项目中由相同施工单位施工多个单位工程时，往往使用的是同一生产厂家的同品种、同规格、同批次的材料、构配件、设备，按单位工程分别进行复验、试验会造成重复工作，必要性不大。因此可适当调整抽样复验、试验数量。

（2）仅仅指同一施工单位在现场加工的成品、半成品、构配件用于同一项目中的多个单位工程时可调整抽样复验、试验数量；不适用于施工安装后形成的应按分部工程进行检验的工程检验。

（3）在同一项目中有对同一抽样对象有重复检验和分别填写验收的情况。为了避免重复工作，必要时已有检验成果可以重复利用。在进行调整时，应有具体的实施方案，方案应符合专业验收规范的规定，并事先报监理单位同意。必要时，也可不做调整。

这一新增加的条款如果运用得当，不仅可以减少检验数量，降低建设成本，同时也会鼓励参建单位择优选用材料，对提高工程建设施工质量有很大好处。该条款在一些规范中已有体现，如《混凝土结构工程施工规范》GB 50666—2011 第 5.5.1 条，经产品认证符合要求的钢筋，其检验量可扩大一倍。当然，这个条款对检测工作的客观公正性也提出了更高的要求。

2. 增加制定专项验收要求的规定

对应于 2013 版标准新增第 3.0.5 条规定内容。当专业验收规范对于工程中的验收项目未作出相应规定时，应由建设单位组织监理、设计、施工等相关单位制定专项验收要求。涉及安全、节能、环境保护等项目的专项验收要求应由建设单位组织专家论证。本条具有两个层面的含义，一是体现对分项、检验批划分的重视，施工前应完成划分，不能到验收时才进行划分。施工单位应根据材料进场及工程进度安排，提前对分项工程、检验批等设置进行研究、划定，便于施工单位安排材料送检、试块制作等工作，也便于建设单位、监理单位制定验收计划，合理安排验收时间。其次，2013 版标准提出了检验批等环节的划分原则，且大部分常规项目在附录 B 及各专业验收规范中有明确规定，按相应规

范执行即可。

同时，本条强调了对安全、节能、环境保护等专项验收的要求，由建设单位组织。新增专项验收的条款有利于四新技术的推广应用。

3. 增加检验批最小抽样数量的规定

对应于2013版标准新增第3.0.9条规定内容。目前，施工质量的检验工作大多没有具体的抽样方案，样本选取的随意性很大，有时不能代表母本的质量情况。增加检验批最小抽样数量的规定，可以使得随机抽样的样本满足样本分布均匀、具有代表性、符合统计学规律的要求。最小样本数量有时不是最佳的抽样数量，因此本条规定的抽样数量尚应符合有关专业验收规范的规定。

检验批中明显不合格的个体，统计学中称为异常值。按照《数据的统计处理和解释 正态样本离群值的判断和处理》GB/T 4883—2008 的规定，对异常值可剔除。这些异常值个体往往与同一母本中的其他个体存在较大差异，纳入检验批统计后会增大验收结果的离散性，影响评估。同时，为了避免对明显不合格个体的人为忽略情况，避免将问题遗留到竣工验收甚至投入使用，2013版标准规定对这些构件、个体可以不纳入检验批统计，但必须对其进行处理，处理后重新验收，直到达到合格要求。例如，明显倾斜的墙体拆除重新砌筑，混凝土强度明显偏低的构件打掉重新浇筑，最终目的是通过处理符合要求，确保施工质量。

验收抽样要事先制定好方案、计划，可以抽签确定验收位置，也可以在图纸上根据平面位置抽取，最好是在验收前由各方人员共同完成，尽量不要在现场随走随选，避免样本选取的主观性或随意性。

4. 增加建筑节能分部工程，增加铝合金结构、地源热泵换热系统等子分部工程

对应于2013版标准新增第4.0.6条规定内容。修改分部工程的划分主要是根据工程的实际情况，进行合理调整，详见2013版标准附录B《建筑工程的分部工程、分项工程划分》，主要修改有：

(1) 增加了建筑节能分部工程；

(2) 在主体结构分部中增加铝合金结构和轻钢结构两个子分部工程；

(3) 在建筑给水排水及供暖分部中增加太阳能热水系统子分部工程；

(4) 在通风与空调分部中增加地源热泵系统、空气能量回收系统子分部工程；

(5) 原“智能建筑”分部更名为“建筑智能化”分部，增加了“会议系统与信息导航系统”“计算机机房工程”子分部工程。

5. 修改主体结构、建筑装饰装修、通风与空调等分部工程中的分项工程划分

对应于2013版标准新增第4.0.6条规定内容。修改部分分项工程的划分主要是根据工程的实际情况，进行合理调整，详见2013版标准附录B《建筑工程的分部工程、分项工程划分》。

修改了主体结构、建筑装饰装修等分部工程中的分项工程划分。如原“网架制作、网架安装”分项取消，新增“空间格构钢结构制作、空间格构钢结构安装”分项，归入钢结构子分部工程中。增加或修改分部、分项工程的划分，是为了适应工程中出现的新结构、新系统，更好地进行施工质量管理和验收。

6. 增加计数抽样方案的正常检验一次、二次抽样判定方法

对应于2013版标准新增第5.0.1条规定内容。在2001版标准中，检验批质量检验已经提出了一次、二次或多次抽样方案的要求，但没有具体的抽样方法。在2013版标准附录D中，增加了一般项目正常检验一次、二次抽样判定的方法。修改第2条一般项目质量抽样检验的要求主要是根据工程的实际情况，进行合理调整，详见2013版标准附录D。

检验批是施工过程中条件相同，并且有一定数量的材料、构配件或安装项目，由于其质量水平基本均匀一致，因此可以作为检验的基本单元并按批验收。检验批是工程验收的最小单位，是分项工程分部工程单位工程质量验收的基础。检验批验收，包括两个方面：资料检查、主控项目和一般项目检验。质量控制资料反映了检验批从原材料到最终验收的各施工工序的操作依据、检查情况以及保证质量所必需的管理制度等。对其完整性的检查，实际是对过程控制的确认，是检验批合格的前提。

检验批的合格与否，主要取决于对主控项目和一般项目的检验结果。主控项目是对检验批的基本质量起决定性影响的检验项目，需从严要求，因此要求主控项目必须全部符合有关专业验收规范的规定。这意味着，主控项目不允许有不符合要求的检验结果。对于一般项目，虽然允许存在一定数量的不合格点，但某些不合格点的指标与合格要求偏差较大或存在严重缺陷时，仍将影响使用功能或观感质量，对这些位置应进行维修处理。

为了使检验批的质量满足安全和功能的基本要求，保证建筑工程质量，各专业验收规范应对各检验批的主控项目、一般项目的合格质量给予明确的规定。

依据《计数抽样检验程序　第1部分：按接收质量限（AQL）检索的逐批检验抽样计划》GB/T 2828.1—2012给出了计数抽样正常检验一次抽样、正常检验二次抽样结果的判定方法。

7. 增加工程竣工预验收的规定

对应于2013版标准新增第6.0.5条规定内容。增加了在申请工程竣工验收之前，总监理工程师应组织工程竣工预验收的规定。工程预验收虽是新增的条文，但却是工程中的普遍做法。组织竣工预验收可及时发现并整改工程存在的质量问题，提高最终竣工验收的通过率，是加强质量控制的有效措施，也是《建设工程监理规范》GB/T 50319—2013的明确规定。

8. 增加勘察单位应参加单位工程验收的规定

对应于2013版标准新增第6.0.6条规定内容。随着城市地下空间应用的发展，越来越多的工程涉及地下复杂的工程地质和水文地质，勘察单位参加单位工程验收是工程质量的保障条件之一。本条是强制性条文，必须严格按照执行。

根据2001版标准，勘察单位仅需要参加地基与基础分部的验收，不需要参加单位工程竣工验收，本次2013版标准修订增加了勘察单位应参与单位工程竣工验收的要求，要求勘察单位也参与竣工验收，在验收单上签字盖章，使验收工作更加完善。

同时删除了原规范6.0.7（强标）单位工程质量验收合格后，建设单位应在规定时间内将工程竣工验收报告和有关文件，报建设行政管理部门备案。及其条文说明："建设工程竣工验收备案制度是加强政府监督管理，防止不合格工程流向社会的一个重要手段。建设单位应依据《建设工程质量管理条例》和建设部有关规定，到县级以上人民政府建设行政主管部门或其他有关部门备案。否则，不允许投入使用。"

9. 增加工程质量控制资料缺失时，应进行相应实体检验或抽样试验的规定对应于 2013 版标准新增第 5.0.7 条规定内容。实际工程中偶尔会遇到因遗漏检验或资料丢失而导致部分施工验收资料不全的情况，使工程无法正常验收。本条给出了解决的办法，由有资质的检测机构完成的检验报告，可用于施工质量验收。

本条规定适用于符合基本建设程序的工程，对于建设手续不全、违章建筑、小产权房等工程不能直接利用本条规定完成工程验收。该类建筑在浙江、广东地区存量较大，无法完全拆除，也不可能全部合法化。前些年一些地方出台了处理此类建筑物的《操作指南》，允许通过检测鉴定确定房屋的安全性，如鉴定后发现地基基础、主体结构存在安全隐患，可以进行加固、维修达到安全使用的要求，并补缴土地出让费等办理产权证。对一些允许继续使用的建筑物，可以参考本条的原则制定相关的地方法规或办法。

10. 增加检验批验收应具有现场检查原始记录的要求

对应于 2013 版标准新增第 5.0.5 条规定内容。本条规定了检验批、分项工程、分部工程、单位工程的验收记录填写方法。其中，检验批质量验收记录可按本标准附录 E 中表 E《检验批质量验收记录》填写，并强调填写时应具有现场验收检查原始记录。由施工单位填写检查结果，监理单位给出验收结论。

第4章　建设工程施工安全管理

4.1　建设工程安全生产现状

4.1.1　概述

安全生产是指在生产经营活动中，为了避免造成人员伤害和财产损失的事故而采取相应的事故预防和控制措施，使生产过程在符合规定的条件下进行，以保证从业人员的人身安全与健康，设备和设施免受损坏，环境免遭破坏，保证生产经营活动得以顺利进行的相关活动。

安全生产是国家的一项长期基本国策，是保护劳动者的安全、健康和国家财产，促进社会生产力发展的基本保证，也是保证社会主义经济发展，进一步实行改革开放的基本条件。因此，做好安全生产工作具有重要的意义。

建设工程安全生产是指在建设工程中，为避免人员、财产损失而采取的预防、控制措施。改革开放以来，我国的建筑业得到了迅速的发展，建筑业在国民经济各行业中所占比重仅次于工业和农业，带来了巨大的就业机会，但同时建筑行业也是事故高发行业之一，带来的生命和财产损失十分巨大，改善建筑行业的安全状况，保障建设工程安全生产的意义十分重大。应当了解建设工程安全生产的特点，建立科学有效的管理机制，提高安全管理水平。

建设工程安全生产管理主要有以下特点：

1. 产品的固定性使得作业环境具有局限性

建设产品往往被放在一个相对固定的地方，这样就使得整个施工所要用到的人员、机械在一个有限的空间下作业，从而导致了作业环境的局限性，伤亡事故发生的概率也会提升。现阶段国内建筑工程大多数属于建筑体积庞大、高层建筑甚至超高层建筑，这就对施工人员的安全性有了更大的威胁，建筑物的特点导致了施工难度的加大，影响施工人员的现场操作，发生安全事故的可能性增加。

2. 安全管理难度大

流动性大、从业人员整体素质低带来了安全管理高难度。由于建设产品的固定性及建筑工程的流水作业特点，建筑安全管理更富于变化。一个产品顺利完成后，施工单位就要进行转移，奔赴下一个产品规划所在地。由于队伍人员的流动性以及整体素质的参差不齐，若要及时地进行施工安全管理就会受到很大的挑战。工程项目生产的过程中，作业环境在不断地变化，为了能从容应对这些变化对生产所带来的挑战，安全管理人员就必须不断进取，勇于创新，适时而有力地提升自己的能力。生产环境在不断变化，进行安全生产，施工计划和组织也要相应地变化才行。然而，传统的管理方式却将计划做得过于精确，失去了原有的指导意义，甚至和实际情况不符，产生混乱，因此现代建筑工程项目安全生产管理更强调灵活性和有效性。

3. 建筑施工现场不确定因素多

露天作业导致作业条件恶劣，工作环境差，出现伤亡的概率会大增。同时，项目工程的体积通常都比较大，施工过程中工作人员大部分时间在高空作业，发生高空坠落的概率大大增加。另外，施工过程中经常伴随各种恶劣天气情况的出现，这也在无形中增加了施工人员的工作负荷，还有诸如寒冷或炎热等气温影响工作效率或工作心情，都会在一定程度上增加安全事故的发生。

4. 施工工艺多样性

安全技术与管理措施的保证性是由产品多样化、施工工艺多变性所控制的。比如，一栋建筑物从基础、主体直至竣工验收，每道施工工序都有各自的特性，并且具有不同的不安全因素，这就造成了多样化的建设产品，多变化的施工生产工艺。与此同时，施工现场的不安全因素也在随着工程建设进度的变化发生着改变，因此施工单位应学会"因时制宜"，准确而及时地采取安全管理措施。

5. 需要法律法规制度外的自觉性

一般情况下，为保证建设项目安全生产目标的顺利实现，在工程建设过程中，应时刻进行安全生产管理和安全监督，这对现场管理人员及工程负责人都有较高的要求。但是，仅有管理者的参与是不够的，还应依靠相关法律法规及施工操作规范等来对现场施工人员的行为进行强制性的约束，防止由于个人的不安全行为而导致的不安全事故。在这些法规中既有国家性的法规也有地方性的法规，必须通过各种法规制度的共同约束，协调工作，才能确保施工安全生产的顺利进行。

4.1.2 国外建设工程安全生产现状

建筑行业中存在的施工安全问题，不仅在我国很严峻，在发达国家，该问题依然严峻。从全世界范围看，建筑业的事故发生率也都远远高于其他行业的平均水平，属于高风险行业，普遍是各国安全生产工作中的重点和难点问题。

美国建筑业是死亡人数最高的行业，全美建筑工人约占所有产业工人的 5%～6%，但每年建筑工人死亡人数大约占全国死亡人员总数的 20%。2011～2015 年，美国建筑业死亡人数分别为 738、806、828、899、937 人，平均每 10 万工人死亡人数在 7.5～10.1 人之间。德国建筑工人约占所有产业工人的 5%，但每年建筑工人死亡人数大约占全国死亡人员总数的 16%。德国法定意外保险协会（DGUV）的统计资料显示，2013 年和 2014 年，德国建筑业死亡人数分别为 83 人和 81 人，平均每 10 万工人死亡人数约 3.8 人。英国是世界上建筑业安全状况最好的国家之一，英国建筑工人约占所有产业工人的 6%，但每年建筑工人死亡人数大约占全国死亡人员总数的 20%。2014/15、2015/16、2016/17 年度英国建筑业分别死亡 35 人、43 人、30 人，平均每 10 万工人死亡人数在 1.4～2.1 人之间。日本建筑业工人占全国产业工人总数的 8%左右，但全国约有 30%以上的职业死亡发生在建筑业，2014、2015、2016 年全国建筑业死亡人数为 377、327、294 人，平均每 10 万工人死亡人数在 5.9～7.5 人之间。

美国、英国、德国和日本作为发达国家，在建筑业安全生产管制方面已经有一百多年的历史和经验，代表了当前世界上建筑业安全生产最为良好的绩效水平，形成了比较科学的且符合本国市场经济条件的体制机制，特别在法律手段、经济手段的应用方面积累了不少经验：

（1）完整的安全法规体系；

（2）明确的安全责任主体和执法机构；

（3）严格的执法检查和高昂的事故成本；

（4）高度重视安全基础的提升；

（5）调动全社会力量多元化治理。

4.1.3 国内建设工程安全生产现状

1. 总体情况

表 4-1 是根据住房城乡建设部公布的 2008～2017 年建筑工程施工中发生的安全事故数据，统计得出的我国 2008～2017 年间建筑施工事故发生次数与死亡人数的情况，具体如图 4-1 所示。

2008～2017 年房屋市政工程生产安全事故起数、死亡人数统计表　　表 4-1

年份	2008	2009	2010	2011	2012	2013	2014	2015	2016	2017
事故起数	857	684	627	589	487	500	522	442	634	692
事故死亡人数	913	802	772	738	624	644	648	554	735	807
事故起数同比上升数（%）	—	−20.19	−8.33	−6.06	−17.32	2.67	4.40	−15.33	43.44	9.15
事故死亡人数同比上升数（%）	—	−12.16	−3.74	−4.40	−15.45	3.21	0.62	−14.51	32.67	9.80

由表 4-1 分析得知，2008 年，全国共发生房屋市政工程生产安全事故 857 起、死亡 913 人；2015 年，全国共发生房屋市政工程生产安全事故 442 起、死亡 554 人；2017 年，全国共发生房屋市政工程生产安全事故 692 起、死亡 807 人。在 2008～2015 年期间，安全事故数和死亡人数呈下降趋势。可以看出，随着我国经济的发展，建筑行业的安全问题得到更多的重视，而且政府及相关部门对建筑施工安全管理提出了许多新规，来规范建筑施工过程中的安全管理。建筑企业和施工单位对安全管理也加强重视，在安全管理方面对员工提出了更新更高的要求，从而减少了发生事故的次数。但从 2015 年开始，建筑施工事故发生的次数呈现出上升趋势，因此应当进一步加强对施工安全事故的管理和预防。

2. 较大及以上事故情况

2010 年，全国共发生房屋市政工程生产安全较大事故 29 起、死亡 125 人；2017 年，全国共发生房屋市政工程生产安全较大事故 23 起、死亡 90 人。2017 年比 2010 年较大事故起数减少 6 起、死亡人数减少 35 人，同比分别下降 20.69%和 28%。2010～2017 年每年具体的较大事故起数、死亡人数见表 4-2。图 4-2 为对应的折线图。

2010～2017 年房屋市政工程生产安全较大事故起数、死亡人数统计表　　表 4-2

年份	2010	2011	2012	2013	2014	2015	2016	2017
事故起数	29	25	29	26	29	22	27	23
事故死亡人数	125	110	121	105	105	85	94	90
事故起数同比上升数（%）	—	−13.79	16.00	−10.34	11.54	−24.14	22.73	−14.81

续表

年份	2010	2011	2012	2013	2014	2015	2016	2017
事故死亡人数同比上升数（%）	—	−12.00	10.00	−13.22	0.00	−19.05	10.59	−4.26

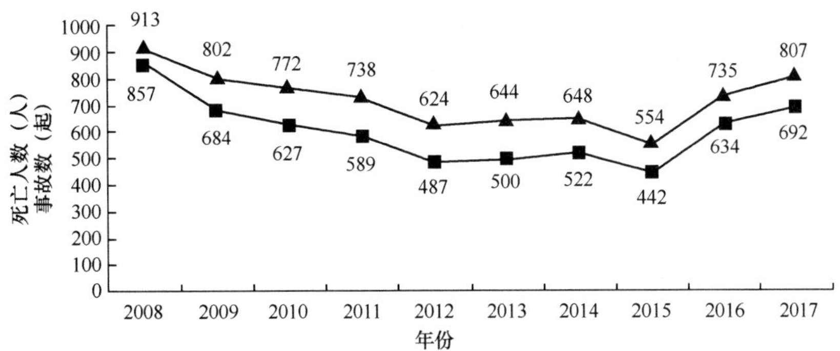

图 4-1　2008～2017 年房屋市政工程生产安全事故起数和死亡人数折线图

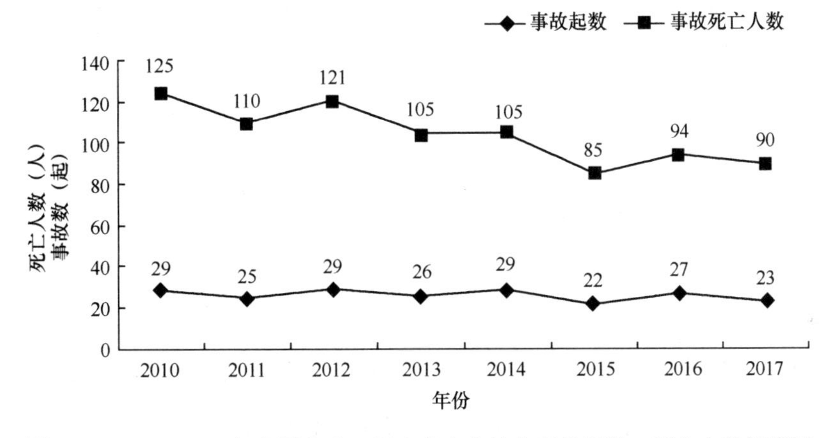

图 4-2　2010～2017 年房屋市政工程生产安全较大事故起数、死亡人数折线图

3. 空间分布

表 4-3 给出了我国主要省市 2010～2017 年房屋市政工程事故数及死亡人数的统计数据；图 4-3 给出了 2010～2017 年我国主要省市年均房屋市政工程事故数及死亡人数分布图。

全国主要省市 2010～2017 年房屋市政工程事故统计　　**表 4-3**

年份	江苏		浙江		上海		广东		北京		安徽		四川	
	起数	死亡人数	起数	死亡人数	起数	死亡人数	起数	死亡人数	起数	死亡人数	起数	死亡人数	起数	死亡人数
2010	49	63	45	45	44	45	30	43	28	34	27	37	26	36
2011	58	59	44	53	40	41	29	46	28	34	25	29	16	18

续表

年份	江苏		浙江		上海		广东		北京		安徽		四川	
	起数	死亡人数	起数	死亡人数	起数	死亡人数	起数	死亡人数	起数	死亡人数	起数	死亡人数	起数	死亡人数
2012	30	41	45	52	33	38	19	24	17	23	30	34	14	15
2013	40	59	44	52	22	26	20	21	16	16	27	38	8	14
2014	73	84	39	41	24	26	17	20	18	32	27	30	13	15
2015	53	60	31	35	21	23	22	29	9	10	23	25	4	9
2016	113	118	26	31	26	31	49	50	26	26	33	35	18	26
2017	89	90	31	34	16	17	64	83	17	14	31	38	22	23
综合	63	72	38	43	28	31	31	40	20	24	28	33	15	20

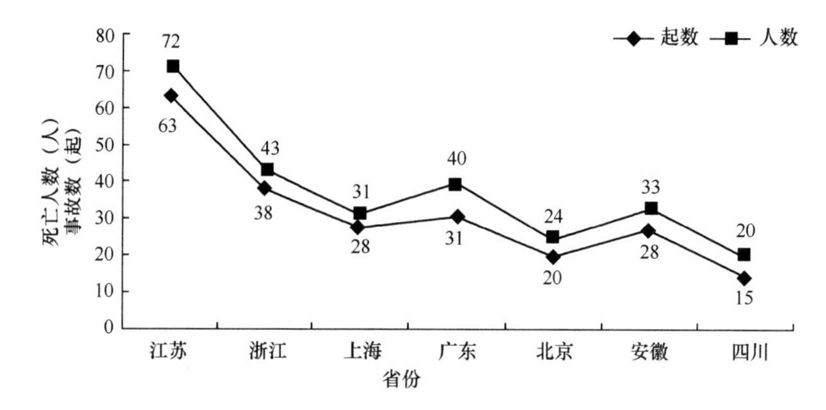

图 4-3 2010～2017 年全国房屋市政工程事故数、事故死亡排名前七的省市分布统计（年平均）

4. 按事故类型

按风险事件类型划分，我国 2010～2017 年事件数量排前五位的为：高处坠落、坍塌事故、物体打击、起重伤害和其他事故，具体数量和比例见表 4-4 和图 4-4。

我国房屋市政工程风险事件类型分布统计 **表 4-4**

年份	高处坠落		坍塌事故		物体打击		起重伤害		其他事故	
	起数	比例（%）	起数	比例（%）	起数	比例（%）	起数	比例（%）	起数	比例（%）
2010	297	47.40	105	16.80	93	14.80	44	7.00	88	14.00
2011	314	53.30	86	14.60	71	12.10	49	8.30	69	11.70
2012	257	52.77	67	13.76	59	12.11	50	10.27	54	15.81
2013	213	55.47	59	15.36	50	13.02	31	8.07	31	8.07
2014	276	52.87	71	13.60	63	12.07	50	9.58	62	11.88
2015	235	53.17	59	13.35	66	14.93	32	7.24	50	11.31
2016	333	52.52	67	10.57	97	15.30	56	8.83	81	12.78
2017	255	49.61	57	11.09	68	13.23	38	7.39	96	18.68
综合	273	52.04	71	13.54	71	13.35	44	8.24	66	12.83

由图 4-4 可以看出，高处坠落、坍塌、物体打击、起重伤害是建筑工程施工中发生比率较高的事故，是安全管理的重点。特别是高处坠落事故，比重最高，超过了 50%，必须重视和强化这方面的安全管理，重点关注并加以预防。

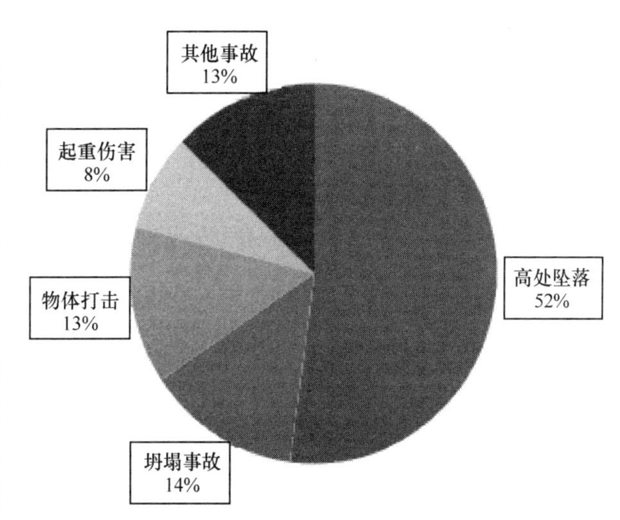

图 4-4 我国房屋市政工程风险事件类型比例

5. 按发生部位

按风险事件发生部位划分，我国 2010～2012 年事件数量排前五位的为：洞口和临边、脚手架、塔吊、基坑和模板，具体数量和比例见表 4-5 和图 4-5。

从以上国内建设工程安全生产现状分析可知：

我国房屋市政工程风险事件发生部位分布统计 **表 4-5**

年份	洞口和临边		脚手架		塔吊		基坑		模板		其他事故	
	起数	比例（%）	起数	比例（%）	起数	比例（%）	起数	比例（%）	起数	比例（%）	起数	比例（%）
2010	128	20.40	78	12.40	59	9.40	53	8.50	47	7.50	262	41.80
2011	125	21.20	69	11.70	80	13.60	39	6.60	46	7.81	230	39.10
2012	128	26.28	67	13.76	63	12.94	42	8.62	26	5.34	190	39.01
综合	127	22.63	71	12.62	67	11.98	45	7.91	40	6.79	227	38.07

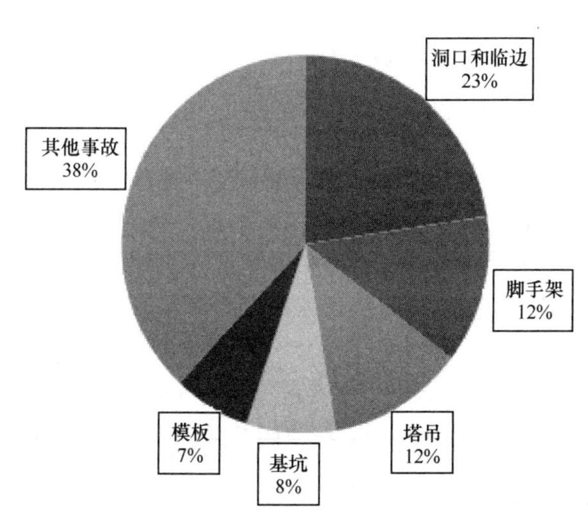

图 4-5 我国房屋市政工程事故发生部位比例

（1）建设工程事故发生次数与死亡人数下降比率和趋势相同，从 2013 年开始统计数据出现起伏，说明当前的建设工程安全管理形势严峻，必须采用新方法和技术进一步加强安全管理。

（2）随着国家越来越重视建筑业的安全生产，发布越来越多的法律法规来规范建筑业市场，建设工程生产安全较大事故起数和死亡人数呈逐年下降趋势。

（3）江苏省是发生事故最多的省份，地方政府有关部门应高度重视，加强监管力度，减少事故的发生。

(4) 高处坠落事故是建筑工程安全管理的重点，占全部事故发生类型一半以上，因此建筑企业应重点针对高处坠落事故做好严格防范。

(5) 洞口和临边是容易发生生产安全事故的部位，应加强管理，重点防护。

4.1.4 主要事故类型描述

表 4-6 为常见的事故类别及其具体的伤害形式汇总表。

常见建筑施工安全意外事故类别及其伤害形式　　表 4-6

序次	类别	常见伤害形式
1	物体打击	空中落物、崩块和滚动物体的砸伤
2		触及固定或运动中的硬物、反弹物的碰伤、撞伤
3		器具、硬物的击伤
4		碎屑、破片的飞溅伤害
5	高处坠落	从脚手架或垂直运输设施上坠落的伤害
6		从洞口、楼梯口、电梯口、天井口和坑口坠落的伤害
7		从楼面、屋顶、高台边缘坠落的伤害
8		从施工安装中的工程结构上坠落的伤害
9		从机械设备上坠落的伤害
10		其他因滑跌、踩空、拖带、碰撞、翘翻、失衡等引起的坠落伤害
11	机械伤害	机械转动部分的绞入、碾压和拖带伤害
12		机械工作部分的钻、刨、削、锯、击、撞、挤、砸、轧等的伤害
13		滑入、误入机械容器和运转部分的伤害
14		机械部件的飞出伤害
15		机械失稳和倾翻事故的伤害
16		其他因机械安全保护设施欠缺、失灵和违章操作所引起的伤害
17	起重伤害	起重机械设备的折臂、断绳、失稳、倾翻事故的伤害
18		吊物失衡、脱钩、倾翻、变形和折断事故的伤害
19		操作失控、违章操作和载人事故的伤害
20		加固、翻身、支承、临时固定等措施不当事故的伤害
21		其他起重作业中出现的砸、碰、撞、挤、压、拖作用伤害
22	触电	起重机械臂杆或其他导电物体搭碰高压线事故伤害
23		带电电线（缆）断头、破口的触电伤害
24		挖掘作业损坏埋地电缆的触电伤害
25		电动设备漏电伤害
26		雷击伤害
27		拖带电线机具电线绞断、破皮伤害
28		电闸箱、控制箱漏电和误触伤害
29		强力自然因素致断电线伤害

续表

序次	类别	常见伤害形式
30	坍塌	沟壁、坑壁、边坡、洞室等的土石方坍塌伤害
31		因基础掏空、沉降、滑移或地基不牢等引起的其上墙体和建（构）筑物的坍塌伤害
32		施工中的建（构）筑物的坍塌伤害
33		施工临时设施的坍塌伤害
34		堆置物的坍塌伤害
35		脚手架、井架、支撑架的倾倒和坍塌伤害
36		强力自然因素引起的坍塌伤害
37		支承物不牢引起其上物体的坍塌伤害
38	火灾	电器和电线着火引起的火灾
39		违章用火和乱扔烟头引起的火灾
40		电、气焊作业时引燃易燃物的火灾
41		爆炸引起的火灾伤害
42		雷击引起的火灾伤害
43		自燃和其他因素引起的火灾伤害
44	爆炸	工程爆破措施不当引起的爆破伤害
45		雷管、火药和其他易燃爆炸物资保管不当引起的爆炸事故伤害
46		施工中电火花和其他明火引燃易爆物事故伤害
47		瞎炮处理中的事故伤害
48		在生产中的工厂进行施工中出现的爆炸事故伤害
49		高压作业中的爆炸事故伤害
50		乙炔罐回火爆炸伤害
51	中毒和窒息	一氧化碳中毒、窒息伤害
52		亚硝酸钠中毒伤害
53		沥青中毒伤害
54		在有毒气体存在和空气不流通场所施工的中毒窒息伤害
55		炎夏和高温场所作业中暑伤害
56		其他化学品中毒伤害
57	其他伤害	钉子扎脚和其他扎伤、刺伤
58		拉伤、扭伤、跌伤、碰伤
59		烫伤、灼伤、冻伤、干裂伤害
60		溺水和涉水作业伤害
61		高压（水、气）作业伤害
62		从事身体机能不适宜作业的伤害
63		在恶劣环境下从事不适宜作业的伤害
64		疲劳作业和其他自持力变弱情况下进行作业的伤害
65		其他意外事故伤害

1. 高处坠落致因分析

按照《建筑施工高处作业安全技术规范》JGJ 80—2016 的规定，凡在坠落高度基准面 2m 以上（含 2m）有可能坠落的高处进行的作业均称为高处作业。高处坠落事故往往使人员受到较严重程度的伤害，非死即伤，造成的经济损失巨大。在建筑行业的“五大伤害”中，高处坠落事故的发生率最高、危险性最大。高处坠落事故的表现形式主要有脚手架处作业坠落，各类登高作业坠落，塔吊，外用电梯、井字架等垂直运输设备安拆坠落，洞口、临边作业处坠落等。

（1）高处坠落的原因分析

1）人的原因：企业的安全制度规程不健全，未对工人进行教育；工作人员违章指挥、违章作业、违反劳动纪律的“三违”行为是祸首；管理人员，安全检查制度不落实，对查出的隐患未及时整改，放任自流，侥幸心理；而施工工人的操作失误也是主要原因之一；注意力不集中，不注意周边环境，误进入危险部位等。

2）物的原因：高处作业的临边没有防护，或防护不严；脚手架未达到建筑工程标准；洞口未作防护，或防护的强度不够（不稳固易移动）；吊栏式人货电梯楼层出入口，未作防护或防护不严；电梯井（采光井）未按要求进行内、外（内张网、外设门）防护；防护设备陈旧老化等。

3）环境的原因：作业使临边洞口、操作平台等安全防护设施受到自然腐蚀、人为损坏频率增加，隐患也随之增加；强风、高温、高寒、雨雪天气、夜间作业等环境也是产生高处坠落的原因所在。

（2）高处坠落的特点

1）事故发生频率高；

2）易发事故部位多；

3）发生后果严重。

（3）高处坠落的防范措施

1）加强施工人员的安全意识教育，时刻提醒施工人员保持精力，谨防懈怠，时时处处重视安全；

2）加强培训和安全技术交底，使施工人员明确岗位责任，熟悉作业方法，掌握技术知识，自觉遵守安全技术操作规程，正确使用防护用具，杜绝违章作业和冒险行为；

3）强化安全防护用品的使用管理，保证安全防护用品的性能；

4）及时、规范地做好“四口、五临边”的防护措施，按规定设置安全警示标志，同时做好使用过程中的监管，及时对拆除的部位进行恢复，确保防护措施有效发挥作用；

5）合理安排施工组织，减少夜间高处施工作业量，必须夜间高处施工作业时，要有切实有效的防护措施；

6）认真落实专职安全员等管理人员的责任制，做好安全督促、监护和检查工作。

2. 触电致因分析

触电事故是指人因为触电而发生的伤亡事故。人体是导体，当人体接触到具有不同电位的两点时，由于电位差的作用，就会在体内形成电流，这种现象就是触电。

（1）触电事故的主要原因

1）外电线路（靠近或经过施工现场）没有或缺少防护。在施工过程中，触碰这些没有或缺少防护的外电线路造成触电；在没有达到最小安全距离的施工现场（现场外侧边缘与外电高压线路的距离），没有增设屏障、围栏或防护网造成了触电。

2）因电线破皮、老化或无开关箱等原因造成触电事故的发生。

3）使用各类电气设备触电。这类电气设备多数是低压设备，与人接触机会较多。当低压设备管理不严时，施工人员思想麻痹，在没有绝缘护具的情况下触电。

（2）触电事故的特点

1）明显的季节性。夏秋两季天气潮湿、多雨，降低了电气设备的绝缘性能，施工人员容易发生触电。

2）低压触电多于高压触电。因为，一般设备简陋，与人接触机会较多。

3）电器连接部位（如插头、闸刀开关等），触电事故多。

（3）触电事故的防范措施

1）加强劳动保护用品的使用管理和用电知识的宣传教育；

2）建筑物或脚手架与户外高压线距离太近的，应按规范增设保护网；

3）在潮湿、粉尘或有爆炸危险气体的施工现场要分别使用密闭式和防爆型电气设备；

4）经常开展电气安全检查工作，对电线老化或绝缘降低的机电设备进行更换和维修；

5）电箱门要装锁，保持内部线路整齐，按规定配置保险丝，严格一机一箱一闸一漏配置；

6）根据不同的施工环境正确选择和使用安全电压；

7）电动机械设备按规定接地接零；

8）手持电动工具应增设漏电保护装置；

9）施工现场应按规范要求高度搭建机械设备，并安装相应的防雷装置。

3. 物体打击致因分析

物体打击事故是指由失控物体的惯性力造成的人身伤亡事故。物体打击会对建筑工作人员的安全造成威胁，容易砸伤，甚至出现生命危险。特别在施工周期短，劳动力、施工机具、物料投入较多，交叉作业时常有出现。

（1）物体打击事故原因分析

1）作业人员进入施工现场没有按照要求佩戴安全帽、没有在规定的安全通道内活动；

2）工作过程中的一般常用工具随手乱放；

3）作业人员从高处往下抛掷建筑材料、杂物、建筑垃圾或向上递工具；

4）脚手板未满铺或铺设不规范，物料堆放在临边及洞口附近；

5）拆除工程未设警示标志，周围未设护栏或未搭设防护棚；

6）起重吊运物料时，没有专人进行指挥，未按“十不吊”规定执行；

7）平网、密目网防护不严，不能很好地封住坠落物体等。

（2）物体打击事故的特点

1）引发原因多。每个施工现场均有发生物体打击事故的可能。物体打击事故既可以由一种原因诱发，也可以由多种原因综合诱发。

2）突发性强。物体打击事故的发生，往往事前没有预兆，因此，预防难度大。

3）立体性。人体的各个部位都可能遭受物体的打击，往往使人防不胜防。

4）后果严重。由于物体打击作用在人体上的能量较大，造成的伤害也较为严重，轻则伤残，重则丧命。

（3）物体打击事故的防范措施

1）强化安全教育，提高安全防护意识，提高工人安全操作技能，杜绝向下抛物；

2）加强对施工现场的安全监督管理，保证现场人员的安全防护措施齐全；

3）安全通道口、安全防护棚搭设双层防护，符合安全规范要求；

4）合理组织交叉作业，自觉落实交叉作业时的安全技术措施；

5）拆除作业、起重吊装作业、高处作业、模板作业、临边作业等，要制定专项安全技术措施，有交底，有检查；

6）合理安排人员的作息时间，减少夜间施工，改善夜间施工现场采光环境。

4. 坍塌致因分析

坍塌是指物体在外力或重力作用下，超过自身的强度极限的破坏成因，结构稳定失稳塌落造成物体高处坠落，物体打击、挤压伤害及窒息的事故。主要类型有：基坑坍塌、模板坍塌、脚手架坍塌、拆除工程的坍塌、建筑物及构筑物的坍塌事故等。其中，基坑坍塌和模板坍塌事故总数占坍塌事故总数的75%以上。

（1）坍塌事故的类型及原因分析

1）首先是坑壁的形式选用不合理和施工不规范。坑壁的形式主要有两种：一是采用坡率法，即自然放坡；二是采用支护结构。基坑坑壁的形式直接影响基坑的安全性，若选用不当，会为基坑施工埋下隐患，最终可能造成事故的发生。多数工程都采用坡率法（坡率法比支护结构节省投资）。但坡率法对于工程条件是有所限制的，只有施工场地满足规范所要求的坡率或者地下水匮乏、土质稳定性好，才可使用。否则，容易出现隐患，造成坑壁坍塌。当不具备采用坡率法的条件时，应对基坑采用支护措施。但选择基坑支护结构是建筑施工过程中的一项临时设施，目前许多施工单位对其施工质量重视不够，护壁施工单位的施工行为没有得到有效约束，不按设计方案施工的现象时有发生，造成支护结构的施工质量达不到设计要求，存在坑壁坍塌隐患。

其次是对地表水的处理不重视。基坑施工的“水患”一是地下水，二是地表水。由于地下水处理不好将直接影响基础工程的施工并对基础坑坑壁的稳定性造成威胁，因此建筑工程相关各方都对地下水的处理非常重视。但勘察、设计和资金投入等方面却往往因为地表水对基础施工影响不明显而忽略它的作用，如雨水、施工用水、从降水井中抽出的地下水等，往往因为不能及时处理，造成事故的发生。

2）模板坍塌。在现浇混凝土梁、板时，由于模板支撑的稳定性差，因支撑失稳而引起模板坍塌事故的发生。其原因主要有：施工现场管理不到位、模板支撑搭设不规范、拆除工程中的坍塌和施工现场的围墙坍塌等原因。一些施工企业不按规定编制模板工程安全专项施工方案或模板支撑荷载计算错误、考虑不周；即使有准确的施工方案，有时现场施工人员也不按规定进行模板支撑体系的搭设；在搭设过程中使用质量低劣的钢管和扣件等。这都极易造成模板垮塌。

（2）坍塌事故的特点

1）波及范围较大，特别是模板坍塌多数为恶性伤亡事故，严重威胁到施工作业人员的生命安全；

2）坍塌发生多是由于施工质量、材料不合格，管理不善等造成的；

3）由于工程赶工期、追进度而某些部位强度未达到设计标准，强行施工造成坍塌。

（3）坍塌事故的防范措施

1）对土石方、模板等易发生坍塌的工程，要着重针对坍塌问题编制专项施工方案，并落实施工方案的各项措施；

2）严格控制施工荷载，尤其是楼板上集中荷载不要超过设计要求；

3）在施工过程中加强监控和管理，防止出现施工材料或设备过于集中堆放、堆载过重等违章行为；

4）基坑（槽）、边坡和基础桩施工及模板作业时，应指定专人指挥、监护，出现位移、开裂及渗漏时，应立即停止施工，将作业人员撤离作业现场，待险情排除并经确认后方可施工。

5. 起重伤害致因分析

起重机械是用来对物料做安装、起重、装卸和运输等作业的机械设备，其特点是间歇动作，机械设备中蕴藏危险源最多、发生事故几率最大的典型危险机械，国内外每年都因起重设备、起重作业造成大量的财产损失和人身伤害事故。

（1）起重事故的原因

起重事故按原因分类有：吊物坠落事故、挤压碰撞事故、坠落事故、机体毁坏事故。

1）吊物坠落事故：是指起重作业时，吊载吊具等重物从空中坠落所造成的人身伤亡和设备毁坏的事故。其原因主要有：断绳、断钩事故，吊物脱钩、脱绳事故，重物失控下落。

2）挤压碰撞事故：是指在起重作业中，作业人员被挤压在两个物体之间所造成的挤伤、压伤、击伤等人身伤亡事故。造成挤伤事故的主要原因是起重作业现场缺少安全监督指挥人员，现场从事吊装作业和其他作业人员缺乏安全意识或野蛮操作等人为因素所致。发生挤伤的多为吊装作业人员和检修维护人员。发生事故主要有以下的情况：物体倒塌、吊物摆动、碎断物飞出、运动失控。前三种情况主要是管理问题，是由于没有严格按照统一的指挥信号执行，缺乏健全的安全操作制度，对司机和挂钩工缺乏安全技术教育。

3）坠落事故：起重机坠落事故主要是指从事起重作业的人员，从起重机机体等高空处向下坠落至地面的事故。坠落事故主要有轿厢坠落摔伤事故和制动下滑坠落事故两种。

4）机体毁坏事故：是指起重机因超载失稳等产生机体断裂、倾翻造成机体严重损坏及人身伤亡的事故。发生原因分类有：断臂事故、倾翻事故、机体摔伤事故、相互撞毁事故。

（2）起重事故的特点

1）事故大型化、群体化，一起事故有时涉及多人，并可能伴随大面积设备设施的损坏。

2）事故后果严重，只要是伤及人员，往往是恶性事故，一般不是重伤就是死亡。

3）伤害涉及的人员可能是司机、起重工和作业范围内的其他人员，其中起重工被伤害的比例最高。文化素质低的人群是事故高发人群。

4）在安装、维修和正常起重作业中都可能发生事故。其中，起重作业中发生的事故最多。

5）事故高发行业中，建筑、冶金、机械制造和交通运输等部门较多，这与这些部门起重设备数量多、使用频率高、作业条件复杂有关。

6）起重事故类别与机种有关，由于任何起重机都具有起升机构，所以重物坠落是各种起重机共同的易发事故。此外还有桥架式起重机的夹挤事故，汽车起重机的倾翻事故，塔式起重机的倒塌折臂事故，室外轨道起重机在风载作用下的脱轨翻倒事故以及大型起重机的安装事故等。

（3）起重事故的防范措施

1）应选购具有生产许可证厂家生产的斗提机；

2）安装单位应持有省级特种设备安装资格证，安装完毕检验合格后方能投入使用；

3）制定安全操作规程和管理制度，并严格执行；

4）起重机司机属于特种作业人员，必须经培训考核合格，持有操作证才能上岗操作；

5）对设备定期检查、检修，保证设备在完好状态下运行。

4.1.5 全面安全管理

建设工程安全生产得到了政府和社会的高度重视，特别是在出现安全事故后，牵动各级政府和社会各界的心。这种情况引起了施工单位的重视。但是从实际效果来看，安全管理并不理想，工程安全生产事故还是接二连三地发生。这就需要从系统角度来研究工程安全生产问题，从全面安全管理出发，探索标本兼治的综合方法。

全面安全管理的原则：

（1）整体性原理。把建设工程项目的安全生产看作是一个系统整体，改变过去只需要管理施工单位的安全生产这一观念，应该充分发挥施工单位作为主要安全单元体的功能，也注意发挥监理单位和安监机构等单元体的功能，同时还要注意设计、勘察、材料供应商等不同单元体的功能，使安全系统的整体功能得到最全面有效的发挥。

（2）综合性原理。工程安全生产系统是由各等级各层次的子系统构成的，也就是说，各子系统和任何环节出差错，都可能导致安全出问题，因此工程质量要综合性地管理和控制各子系统。

（3）全员参与原则。与全面质量管理一样，全面安全管理应该是全员参与，让参与工程建设的各方建设主体的人员、政府和社会安全监督管理人员一起参与工程安全生产管理。

（4）全面管理原则。全面安全管理，就是要把工程生产安全管理深入到工程系统单元体的每道工序、部位、单位工程和工作中，落实到建设单位、施工单位、监理单位、材料供应商、设计单位、检测机构和安全监督机构等各个工程参与组织，通过各个环节的有效安全控制，达到全面安全管理目的。

（5）PDCA循环原则。将全面质量管理的PDCA循环用于全面安全管理，即安全管理也像质量管理那样，通过每一个PDCA循环，不断提高安全管理水平，降低安全事故发生率，不再出现或减少出现重复发生的安全问题。

下面从建设工程事故发生的诱因、管理措施以及采用的新方法等方面进行详细分析。

1. 施工现场事故发生的诱因

施工现场事故发生的原因可以利用如图4-6所示的鱼刺图（因果分析图）进行分析。

鱼刺图法表达方式简洁明了，可以直观地反映出事物的因果关系，集思广益，可以是多人意见的综合体现。通过分析，将安全事故发生的诱因归纳为四类，即：人的因素、物的因素、管理因素和环境因素，分析过程见图4-6。

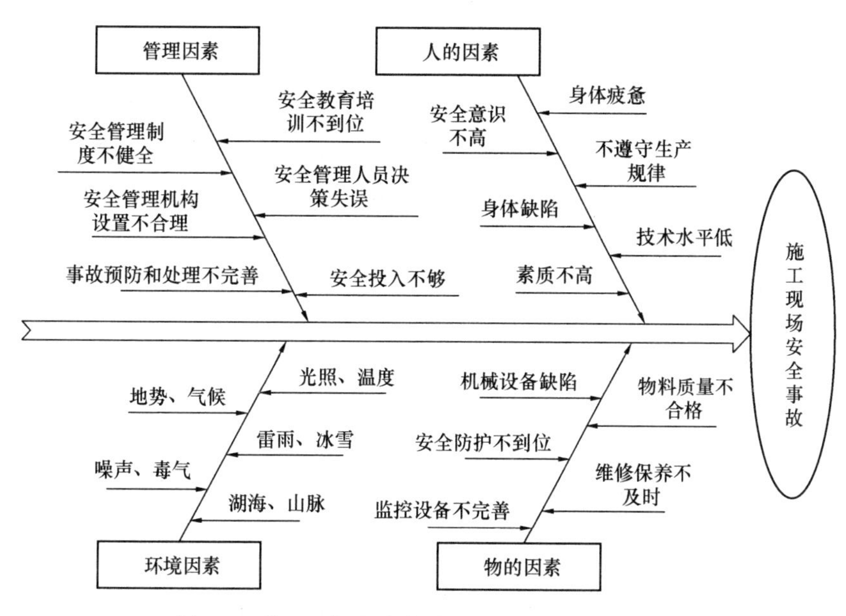

图 4-6　施工现场安全事故发生诱因的鱼刺图分析

（1）人的因素

施工过程中人是参与主体，生理缺陷、品德不端、安全意识低、技术水平低、身体疲惫、不遵守生产规律等都可能引发安全事故。生理缺陷主要是自身患有某种疾病、性格孤僻、反应慢等；品德不端主要是无视纪律、道德素质低、自私自利等；安全意识低主要是安全思想不牢固、安全责任感差等；技术水平低主要是自身知识的缺乏、应变能力差等；身体疲惫主要是休息不足、精神状态不佳、神志不清等；不遵守生产规律主要是不严格遵守生产规章制度、不服从管理、冒险蛮干等。

（2）物的因素

由于物的因素而导致安全事故发生的原因主要包括机械设备缺陷、安全防护措施不到位、监控设备不完善、物料质量不合格、设备维修保养不及时等。机械设备的进场安装检修与定期维护是必须进行的，一些机械设备由于长期使用，缺乏保养维修，导致磨损老化，很容易引发安全事故。施工过程中人机配合施工是不可避免的，由于机械设备体积庞大，视野范围有限，施工人员较多，安全帽防护网等防护措施要做到位，在一些危险区域设置醒目的安全警示标志非常重要。在工程施工中物料自身的质量要达到标准，当遇到一些危险材料的使用时，要注意这些材料的运输和存放保管。另外，在一些空间有限地带要设置监控设备，以便随时掌握事情的动态。

（3）管理的因素

现代事故因果连锁理论认为，导致人的不安全行为和物的不安全状态最根本的原因是管理的缺陷，这是安全事故发生的间接原因，是安全事故发生直接原因的存在条件。由于管理因素而导致安全事故发生的原因主要有：安全管理机构设置不合理；安全管理规章制度不健全；安全管理人员决策失误；安全教育培训不到位；事故预防和处理不完善；安全投入不够、经费挪作他用。

（4）环境的因素

环境是指施工所占空间范围内的物质状态。在不正常的环境物质状态中施工，容易发生安全事故。由于环境的因素引起事故发生的诱因主要有以下五个方面：一是地理形势、气候气象等影响；二是光照、温度、湿度等影响；三是噪声、扬尘、毒气等影响；四是雷雨、冰雪等影响；五是湖海和山脉等影响。异常的环境条件会导致安全事故，如施工期间温度变化会影响机械设备的正常运转，也会影响施工作业人员的生理和心理状态；环境中的有毒有害气体会造成作业人员窒息，也可能导致爆炸事故的发生；施工现场的烟尘容易使作业人员患职业病；环境的地形不佳、物料堆放混乱等均会引发安全事故。

2. 提高安全管理的措施

针对上述四种事故发生原因，可以从人的因素、物的因素、管理因素和环境因素等方面对安全管理进行改进。

(1) 人的因素

安全管理的主角是人，从企业领导层到安全管理层再到一线操作层，虽然层级不一样，但每层人员要实现的目标都是一致的，每个人都应该树立良好的安全意识，做好本职工作。企业领导层不仅需要对下属日常上报中存在的安全问题及时响应，予以调整解决，还应该在重要施工节点亲临施工现场，以便更好地把控工程的整体安全状态。基层安全管理人员身处施工现场，需要对现场各项工作进行详细的监查。他们清楚地了解施工的安全动态，对施工现场安全情况的掌握是最直接的。如果基层安全管理人员可以对施工现场的安全隐患进行全面准确的预判，那么就会大大降低安全事故发生的概率。企业领导者应将安全绩效与管理人员的工资相结合，实行激励制度，使基层安全管理者高效地完成管理任务。另外，针对一线操作层，可实行工具箱会议（Toolbox Meeting）。作业前，把施工作业人员集中在一起，作业负责人或技术人员对其进行交底，告知各工具的使用方法、各生产区域或环节可能存在的危险因素、安全注意事项以及处理对策。每日工具箱会议应该记录成表，必须由负责人在记录表上签字才能生效。

(2) 物的因素

从机械设备的采购到运行再到报废都要进行安全管理，这说明机械设备的安全管理是全过程管理。而且在管理期间，需要对设备发生故障的原因以及维修过程进行详细的记录。在施工现场人机合作是避免不了的，相应机械的操作人员要有相应的资质，要对其技能证书、上岗证进行严格审查。其次，物料质量也是影响很大的一个因素。针对进场材料必须严格控制，查验其出厂合格证、出厂验收报告等一系列证明，另外，对于新型材料在验收证明齐备的情况下，还要配备相应的使用说明方可进场。材料进场后要做好存储工作，对其归类放置，避免材料在存储过程中遭到化学或物理破坏。在材料使用前，需要做抽样试验，检验合格后才能投入使用。

(3) 管理因素

一方面要进行安全管理标准化，另一方面要落实安全生产费用的投入。进行安全管理标准化，要建立完善的安全管理制度，把安全管理制度作为一个尺度，其制度涉及安全生产责任制、安全技术措施管理办法、安全事故管理办法、应急管理办法、安全生产考核管理办法、安全生产培训办法等方面。根据各项安全管理制度，各项工作就可以有依据地推进，可以杜绝人们按主观意愿、随意简化办事现象的发生，体现出标准化管理的优越性。安全生产费用，被很多施工企业误认为是最没必要的一项投入，导致安全资金的挪用，最后引发严重的安全问题。所以，要特别建立安全管理生产费用管理办法，要核实这部分费用投入的到位性。安全生产监督管理部门要建立安全费用台账，定期与财务管理部门核对，监督这部分费用使用的有效性。

（4）环境因素

工程的施工会给周边环境带来影响，同时，环境也会对施工过程产生影响，它们之间的作用是相互的，可以通过两部分的内容来实现对环境因素的安全管理。首先，应将工程施工对环境造成的影响减到最小。在生产中，由于施工环境的不封闭性，产生的扬尘和噪声不仅会对施工作业人员的健康产生危害，也会给附近居民的生活带来很多不便，因此，必须采取措施来减少影响。例如，对施工路面进行硬化处理、采用防尘网等措施以减少扬尘；对设备采用隔声板、隔声罩以减少噪声。此外，为保证施工周边路人和车辆的安全，应在易发生危险的地方设置安全标志，摆放警示牌。第二，自然环境因素是不可控制的，例如大风、暴雨、雷电、洪水等现象的发生是随机的，要做好防范措施，力争把环境给工程带来的损失减到最低。

3. 全面安全管理的新方法

2018 年 6 月，刘建、刘茹经过多年的研究和实践，结合建设工程安全管理的特点，综合运用 KYK（Kiken Yochi Katsudo，危险预知训练）、PDCA 以及 5S 理论，提出了 PASS（Predict 预测、Act 实施、Standardize 标准化、Sustain 持续改进）全面安全管理模式。

PASS 模式可概括为如图 4-7 所示四个阶段，即 Predict（预测）阶段，对各种危险源进行分析，制定相关措施；Act（实施）阶段，全面实施安全管理措施，进行全员安全教育与培训；Standardize（标准化）阶段，将安全管理制度标准化，规范安全管理活动；Sustain（持续改进）阶段，督促检查并整改。这四个阶段的具体工作归纳如下。

第一阶段：Predict，预测。类似于 PDCA 循环的 Plan（计划）阶段。

（1）分析整理与安全相关的资料，掌握现场安全情况。

（2）基于 KYK 理论，进行危险源辨识，找出主要危险源。分析施工现场可能存在的所有不安全因素，对危险源进行全面的辨识，并分析每类危险源的触发因素，区分主因和次因，找出主要危险源。

（3）进行安全评价，制定安全措施。对辨识出的危险源进行安全评价，随之制定出有效的控制措施和管理方案。

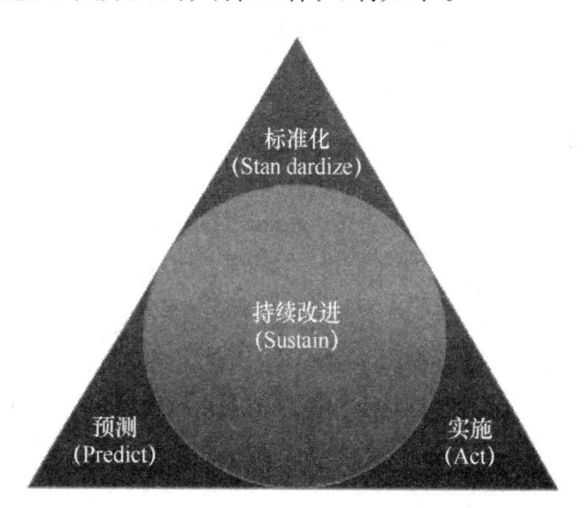

图 4-7　PASS 全面安全管理模式

第二阶段：Act，实施。类似于 PDCA 的 DO（实施）阶段。

（1）实施安全措施。按照既定的安全措施，组织人员实施，具体落实到每一个相关人员。在实施过程中，若情况发生变化或发现新的问题，应及时修改措施计划。

（2）进行安全教育与培训。开展安全教育，定期进行安全培训，强化作业人员安全意识，倡导安全文化。

第三阶段：Standardize，标准化。类似于平野裕之（Hirano Hiroyuki）提出的5S（Seiri、Seiton、Seiso、Seiketsu、Shitsuke）理论中的Seiketsu（清洁）阶段。

以其中Seiri（整理）、Seiton（整顿）、Seiso（清扫）3S原则规范现场施工作业，随时检查施工作业是否按照安全规章制度和管理措施实施，提醒全体人员时刻防范新的危险因素发生。

第四阶段：Sustain，持续改进。类似于5S理论中的Shitsuke（自律）阶段。

（1）安全督察。安全督察人员定期或不定期到作业现场检查安全生产活动，审查上述三个阶段安全管理活动和措施的实施效果。

（2）加强纪律性。全体人员应对安全督察结果进行分析和反省，完善安全管理措施，持续提高安全管理水平。

4.2 建筑施工安全检查标准

在执行《建筑施工安全检查标准》JGJ 59—1999的十多年中，我国的安全生产工作得到了党中央国务院的高度重视，不断地完善安全生产的法律法规和规范标准。2003年颁布了《建设工程安全生产管理条例》（国务院令第393号），2004年颁布了《安全生产许可证条例》（国务院令第397号）。这就需要《建筑施工安全检查标准》JGJ 59—1999和这些条例接轨。因此。2011年12月，住房城乡建设部发布公告批准了新修订的《建筑施工安全检查标准》JGJ 59—2011。

4.2.1 《建筑施工安全检查标准》JGJ 59—2011解读

1.《建筑施工安全检查标准》JGJ 59—2011修改的主要内容

（1）从结构形式上进行了调整。

《建筑施工安全检查标准》JGJ 59—2011共分为总则、术语、检查评定项目、检查评分方法、检查评定等级五章，由JGJ 59—99的17张检查表增加为19张检查表，将汇总表和检查表作为附录。

（2）确定了强制性条文。

将其中的4.0.1和5.0.3条确定为强制性条文。

4.0.1 条规定：建筑施工安全检查评定中保证项目应全数检查。

5.0.3 条规定：当建筑施工安全检查评定的等级为不合格时，必须限期整改达到合格。

虽然仅设定了两条强制性条文，但从内容上看，4.0.1条中规定保证项目应全数检查，在这个标准中的19张检查表中仅有高处作业与施工机具两张检查表没有设定保证项目，这是因为这两张表中检查项目之间没有内在的联系，而其他17张检查表中，都设定了保证项目，分值以每张表100分计算，保证项目占60分。

（3）增设了“检评定项目”章节。

“检评定项目”这一章增加的篇幅较大，将原有检查表中的检查内容以文字条款的形式进行了表述，19张检查表中的检查内容分为19节进行了表述。

（4）将原“检查分类及评分方法”一章，调整为“检查评分方法”（第4章）和“检查评定等级”（第5章）两个章节。

2. 检查评分方法

(1) 建筑施工安全检查评定中，保证项目应全数检查。

(2) 建筑施工安全检查评定应符合本标准第 3 章中各检查评定项目的有关规定，并应按本标准附录 A、B 的评分表进行评分。检查评分表应分为安全管理、文明施工、脚手架、基坑工程、模板支架、高处作业、施工用电、物料提升机与施工升降机、塔式起重机与起重吊装、施工机具分项检查评分表和检查评分汇总表（表 4-7）。

建筑施工安全检查评分汇总表 **表 4-7**

企业名称：　　　　资质等级：　　　　年　月　日

单位工程（施工现场）名称	建筑面积（m^2）	结构类型	总计得分(满分分值100分)	项目名称及分值									
				安全管理（满分10分）	文明施工（满分15分）	脚手架（满分10分）	基坑工程（满分10分）	模板支架（满分10分）	高处作业（满分10分）	施工用电（满分10分）	物料提升机与施工升降机（满分10分）	塔式起重机与起重吊装(满分10分)	施工机具(满分5分)

评语：

检查单位		负责人		受检项目		项目经理	

(3) 各评分表的评分应符合下列规定：

1) 分项检查评分表和检查评分汇总表的满分分值均应为 100 分，评分表的实得分值应为各检查项目所得分值之和；

2) 评分应采用扣减分值的方法，扣减分值总和不得超过该检查项目的应得分值；

3) 当按分项检查评分表评分时，保证项目中有一项未得分或保证项目小计得分不足 40 分，此分项检查评分表不应得分。

3. 评定等级

(1) 优良：分项检查评分表无零分，汇总表得分值应在 80 分及以上。

(2) 合格：分项检查评分表无零分，汇总表得分值应在 80 分以下，70 分及以上。

(3) 不合格：当汇总表得分值不足 70 分时；当有一分项检查评分表得零分时。

(4) 当建筑施工安全检查评定的等级为不合格时，必须限期整改达到合格。

(5) 删除“挂脚手架检查评分表”“吊篮脚手架检查评分表”。

(6) 将“三宝四口防护检查评分表”改为“高处作业检查评分表”，并新增移动式操作平台和悬挑式钢平台的检查内容。

(7) 新增“碗扣式钢管脚手架检查评分表”“承插型盘扣式钢管脚手架检查评分表”“满堂脚手架检查评分表”“高处作业吊篮检查评分表”。依据现行法规和标准对原检查表的内容进行了调整补充。

4. 建筑起重机械部分

（1）附着式升降脚手架检查评定应符合现行行业标准《建筑施工工具式脚手架安全技术规范》JGJ 202 的规定。

（2）检查评定保证项目包括：施工方案、安全装置、架体结构、附着支撑、架体安装、架体升降。一般项目包括：检查验收、脚手板、架体防护、操作。

（3）保证项目的检查评定应符合下列规定：

1）施工方案。

① 附着式升降脚手架搭设、拆除作业应编制专项施工方案，结构设计应进行设计计算；

②专项施工方案应按规定进行审批，架体提升高度超过 150m 专项施工方案应经专家论证。

2）安全装置。

① 提升脚手架应安装机械式自动防坠落装置，技术性能应符合规范要求（整体式小于 80mm，单片式小于 150mm）；

② 防坠落装置应按每个提升设备处设置一组；

③ 防坠落装置与提升设备应分别固定在两个附着支撑结构处；

④ 提升架应安装防倾覆装置，技术性能应符合规范要求；

⑤ 防倾覆装置应不少于两处，间距不应小于 2.8m 或架体高度的 1/4；

⑥ 提升架体应安装同步控制或荷载控制装置，同步控制或荷载控制误差应符合规范要求（荷载控制应在超过设计值 15％时报警，超过 30％时停机，其动作误差不超过 5％；同步控制应在水平支撑桁架高差大于 30mm 时能自动停机）。

3）架体构造。

① 架体高度应不大于 5 倍楼层高度、宽度应不小于 1.2m；

② 直线布置架体支撑跨度应不大于 7m，折线、曲线布置架体支撑跨度不应大于 5.4m；

③ 架体水平悬挑长度应不大于 2m 或应不大于跨度的 1/2；

④ 架体悬臂高度应不大于 2/5 架体高度，且应不大于 6m；

⑤ 架体高度与支撑跨度的乘积应不大于 110 m^2。

4）附着支座。

① 附着支座数量、间距应符合规范要求（竖向主框架所覆盖的楼层应每层设置）；

② 使用工况应将主框架与附着支座固定；

③ 附着支座与建筑结构连接固定方式应符合规范要求（应采用锚固螺栓与建筑物连接，采用双螺母或单螺母加弹垫）。

5）架体安装。

① 主框架、水平桁架应为整体、分体对接桁架或门式钢架结构，各杆件的轴线应汇交于节点；

② 水平桁架上弦、下弦间应设置水平支撑杆，各节点应采用焊接式螺栓连接；

③ 架体立杆底端应设在水平桁架上弦杆的节点处；

④ 剪刀撑应沿架体高度连续设置，角度应符合 45°～60°的要求，剪刀撑应与主框架、水平桁架和架体有效连接。

6）架体提升。

① 附着支座处建筑结构混凝土强度应符合规范要求（应不低于 C10）；

② 上下两组导向装置间距应不小于 2.8m 或应不小于架体高度的 1/4；

③ 两跨以上架体同时升降应采用电动或液压动力装置，不得采用手动装置（对于整体式不得采用手动提升）；

④ 塔机等设备的附墙架不得设在架体内，影响架体升降（应设置开口，并采取加固措施）。

（4）一般项目的检查评定应符合下列规定：

1）安装验收。

① 安装单位应具有提升架安装（拆除）资质，特种作业人员应持证上岗（附着升降脚手架专业承包资质分两级，一级资质可从事各类附着升降脚手架施工，二级资质提升高度 80m 以下）；

② 动力装置、主要结构配件进场应按规定进行验收；

③ 架体安装完毕，应按规范要求进行验收，验收表应有责任人签字确认；

④ 架体每次提升前应按规定进行检查并应填写检查记录。

2）脚手板。

① 脚手板材质、规格应符合规范要求（脚手板可采用钢、木、竹材料制作，单块脚手板的重量不宜超过 30kg，钢质的材料不低于 Q235 级，木质的不应小于 50mm 厚度，竹脚手板宜采用毛竹或南竹制作的竹串片板或竹笆板）；

② 脚手板应铺设严密、平整、牢固；

③ 作业层与建筑结构间距离应不大于规范要求（不宜大于 400mm）。

3）架体防护。

① 脚手架外侧应封挂密目式安全网（2000 目/100cm^2）；

② 作业层应设高度为 1.2m 的防护栏杆和高度应不小于 180mm 的挡脚板。

4）操作。

① 操作前应按规定对作业人员进行安全技术交底；

② 作业人员应经培训并定岗作业；

③ 架体安装、升降、拆除时应按规定设置安全警戒区，并应设置专人监护；

④ 荷载分布应均匀、荷载最大值应在规范允许范围内（结构施工按两层同时作业，施工荷载 300kg/m^2；装饰施工按三层同时作业，施工荷载 200kg/m^2）。

5. 高处作业吊篮部分

（1）高处作业吊篮检查评定应符合现行行业标准《建筑施工工具式脚手架安全技术规范》JGJ 202 的规定。

（2）检查评定保证项目包括：施工方案、安全装置、悬挑钢梁、配重、钢丝绳、交底与验收。一般项目包括：动力与制动、防护设施、吊篮稳定、荷载。

（3）保证项目的检查评定应符合下列规定：

1）施工方案。

① 吊篮安装、拆除作业应编制专项施工方案；

② 专项施工方案应按规定进行审批。

2）安全装置。

① 吊篮应安装防坠安全锁、并应灵敏有效（防坠距离小于100mm）；

② 防坠安全锁不应超过标定期限（有效标定周期为1年）；

③ 吊篮应安装行程限位、防坠装置（安全锁），并应灵敏有效；

④ 吊篮应设置挂设安全带专用安全绳，采用锦纶绳其绳径不应小于16mm。专用安全绳应与建筑结构可靠连接（不应设置在吊篮的悬挂机构支架上）。

3）悬挑钢梁。

① 悬挑钢梁、支架变形、裂纹、锈蚀程度应在规定允许范围内；

② 悬挑钢梁支架处结构的承载力应不大于吊篮任何工况的最大荷载；

③ 支架与支撑面的垂直度误差应在设计规范允许范围内（其误差值不应大于2%，且应前高后低）。

4）配重。

① 配重数量、重量应符合设计要求；

② 配重应在钢梁上固定牢固。

5）钢丝绳。

① 钢丝绳磨损、断丝、变形、锈蚀应在允许范围内；

② 绳夹应与钢丝绳匹配，绳夹数量、间距应符合规范要求，钢丝绳绳卡座应在钢丝绳长头一边，钢丝绳绳卡的间距 A 不应小于钢丝绳直径的6倍；

③ 安全绳应单独设置，型号规格应与工作绳一致；

④ 吊篮运行时安全绳应张紧悬垂。

6）交底与验收

① 吊篮安装、使用前对作业人员进行安全技术交底；

② 吊篮安装完毕，应按规范要求进行验收，验收表应由责任人签字确认；

③ 安全绳应单独设置，型号规格应与工作绳一致；

④ 吊篮运行时安全绳应张紧悬垂。

（4）一般项目的检查评定应符合下列规定：

1）动力与制动。

① 吊篮动力系统型号规格应一致，上升（下降）速度误差应在设计要求范围内（不超过150mm）；

② 制动器制动力矩应符合设计要求，手动释放装置有效可靠（制动力矩应大于1.5倍的额定力矩、制动器必须设置手动释放装置）。

2）吊篮稳定。

① 吊篮作业时应采取防止摆动的措施；

② 吊篮与作业面距离应在规定要求范围内（通常小于400mm）。

3）荷载。

① 吊篮施工荷载应均匀布置；

② 荷载应不大于设计值等。

4.2.2 重点规定

1. 检查评定项目

(1) 安全管理:

1) 安全管理检查评定应符合国家现行有关安全生产的法律、法规、标准的规定。

2) 安全管理检查评定保证项目应包括: 安全生产责任制、施工组织设计及专项施工方案、安全技术交底、安全检查、安全教育、应急救援。一般项目应包括: 分包单位安全管理、持证上岗、生产安全事故处理、安全标志。

3) 安全管理保证项目的检查评定应符合下列规定。

① 安全生产责任制:

工程项目部应建立以项目经理为第一责任人的各级管理人员安全生产责任制;

安全生产责任制应经责任人签字确认;

工程项目部应有各工种安全技术操作规程;

工程项目部应按规定配备专职安全员;

对实行经济承包的工程项目,承包合同中应有安全生产考核指标;

工程项目部应制定安全生产资金保障制度;

按安全生产资金保障制度,应编制安全资金使用计划,并应按计划实施;

工程项目部应制定以伤亡事故控制、现场安全达标、文明施工为主要内容的安全生产管理目标;

按安全生产管理目标和项目管理人员的安全生产责任制,应进行安全生产责任目标分解;

应建立对安全生产责任制和责任目标的考核制度;

按考核制度,应对项目管理人员定期进行考核。

② 施工组织设计及专项施工方案:

工程项目部在施工前应编制施工组织设计,施工组织设计应针对工程特点、施工工艺制定安全技术措施;

危险性较大的分部分项工程应按规定编制安全专项施工方案,专项施工方案应有针对性,并按有关规定进行设计计算;

超过一定规模危险性较大的分部分项工程,施工单位应组织专家对专项施工方案进行论证;

施工组织设计、安全专项施工方案,应由有关部门审核,施工单位技术负责人、监理单位项目总监批准;

工程项目部应按施工组织设计、专项施工方案组织实施。

③ 安全技术交底:

施工负责人在分派生产任务时,应对相关管理人员、施工作业人员进行书面安全技术交底;

安全技术交底应按施工工序、施工部位、施工栋号分部分项进行;

安全技术交底应结合施工作业场所状况、特点、工序,对危险因素、施工方案、规范标准、操作规程和应急措施进行交底;

安全技术交底应由交底人、被交底人、专职安全员进行签字确认。

④ 安全检查：

工程项目部应建立安全检查制度；

安全检查应由项目负责人组织，专职安全员及相关专业人员参加，定期进行并填写检查记录；

对检查中发现的事故隐患应下达隐患整改通知单，定人、定时间、定措施进行整改。重大事故隐患整改后，应由相关部门组织复查。

⑤ 安全教育：

工程项目部应建立安全教育培训制度；

当施工人员入场时，工程项目部应组织进行以国家安全法律法规、企业安全制度、施工现场安全管理规定及各工种安全技术操作规程为主要内容的三级安全教育培训和考核；

当施工人员变换工种或采用新技术、新工艺、新设备、新材料施工时，应进行安全教育培训；

施工管理人员、专职安全员每年度应进行安全教育培训和考核。

⑥ 应急救援：

工程项目部应针对工程特点，进行重大危险源的辨识，应制定防触电、防坍塌、防高处坠落、防起重及机械伤害、防火灾、防物体打击等主要内容的专项应急救援预案，并对施工现场易发生重大安全事故的部位、环节进行监控；

施工现场应建立应急救援组织，培训、配备应急救援人员，定期组织员工进行应急救援演练；

按应急救援预案要求，应配备应急救援器材和设备。

4）安全管理一般项目的检查评定应符合下列规定。

① 分包单位安全管理：

总包单位应对承揽分包工程的分包单位进行资质、安全生产许可证和相关人员安全生产资格的审查；

当总包单位与分包单位签订分包合同时，应签订安全生产协议书，明确双方的安全责任；

分包单位应按规定建立安全机构，配备专职安全员。

② 持证上岗：

从事建筑施工的项目经理、专职安全员和特种作业人员，必须经行业主管部门培训考核合格，取得相应资格证书，方可上岗作业；

项目经理、专职安全员和特种作业人员应持证上岗。

③ 生产安全事故处理：

当施工现场发生生产安全事故时，施工单位应按规定及时报告；

施工单位应按规定对生产安全事故进行调查分析，制定防范措施；

应依法为施工作业人员办理保险。

④ 安全标志：

施工现场入口处及主要施工区域、危险部位应设置相应的安全警示标志牌；

施工现场应绘制安全标志布置图；

应根据工程部位和现场设施的变化，调整安全标志牌设置；

施工现场应设置重大危险源公示牌。

（2）文明施工

1）文明施工检查评定应符合国家现行标准《建设工程施工现场消防安全技术规范》GB 50720 和《建筑施工现场环境与卫生标准》JGJ 146、《施工现场临时建筑物技术规范》JGJ/T 188 的规定。

2）文明施工检查评定保证项目应包括：现场围挡、封闭管理、施工场地、材料管理、现场办公与住宿、现场防火。一般项目应包括：综合治理、公示标牌、生活设施、社区服务。

3）文明施工保证项目的检查评定应符合下列规定。

① 现场围挡：

市区主要路段的工地应设置高度不小于 2.5m 的封闭围挡；

一般路段的工地应设置高度不小于 1.8m 的封闭围挡；

围挡应坚固、稳定、整洁、美观。

② 封闭管理：

施工现场进出口应设置大门，并应设置门卫值班室；

应建立门卫职守管理制度，并应配备门卫职守人员；

施工人员进入施工现场应佩戴工作卡；

施工现场出入口应标有企业名称或标识，并应设置车辆冲洗设施。

③ 施工场地：

施工现场的主要道路及材料加工区地面应进行硬化处理；

施工现场道路应畅通，路面应平整坚实；

施工现场应有防止扬尘措施；

施工现场应设置排水设施，且排水通畅无积水；

施工现场应有防止泥浆、污水、废水污染环境的措施；

施工现场应设置专门的吸烟处，严禁随意吸烟；

温暖季节应有绿化布置。

④ 材料管理：

建筑材料、构件、料具应按总平面布局进行码放；

材料应码放整齐，并应标明名称、规格等；

施工现场材料码放应采取防火、防锈蚀、防雨等措施；

建筑物内施工垃圾的清运，应采用器具或管道运输，严禁随意抛掷；

易燃易爆物品应分类储藏在专用库房内，并应制定防火措施。

⑤ 现场办公与住宿：

施工作业、材料存放区与办公、生活区应划分清晰，并应采取相应的隔离措施；

在施工程、伙房、库房不得兼作宿舍；

宿舍、办公用房的防火等级应符合规范要求；

宿舍应设置可开启式窗户，床铺不得超过 2 层，通道宽度不应小于 0.9m；

宿舍内住宿人员人均面积不应小于 2.5m²，且不得超过 16 人；

冬季宿舍内应有采暖和防一氧化碳中毒措施；

夏季宿舍内应有防暑降温和防蚊蝇措施；
生活用品应摆放整齐，环境卫生应良好。
⑥ 现场防火：
施工现场应建立消防安全管理制度、制定消防措施；
施工现场临时用房和作业场所的防火设计应符合规范要求；
施工现场应设置消防通道、消防水源，并应符合规范要求；
施工现场灭火器材应保证可靠有效，布局配置应符合规范要求；
明火作业应履行动火审批手续，配备动火监护人员。
4）文明施工一般项目的检查评定应符合下列规定。
① 综合治理：
生活区内应设置供作业人员学习和娱乐的场所；
施工现场应建立治安保卫制度、责任分解落实到人；
施工现场应制定治安防范措施。
② 公示标牌：
大门口处应设置公示标牌，主要内容应包括：工程概况牌、消防保卫牌、安全生产牌、文明施工牌、管理人员名单及监督电话牌、施工现场总平面图；
标牌应规范、整齐、统一；
施工现场应有安全标语；
应有宣传栏、读报栏、黑板报。
③ 生活设施：
应建立卫生责任制度并落实到人；
食堂与厕所、垃圾站、有毒有害场所等污染源的距离应符合规范要求；
食堂必须有卫生许可证，炊事人员必须持身体健康证上岗；
食堂使用的燃气罐应单独设置存放间，存放间应通风良好，并严禁存放其他物品；
食堂的卫生环境应良好，且应配备必要的排风、冷藏、消毒、防鼠、防蚊蝇等设施；
厕所内的设施数量和布局应符合规范要求；
厕所必须符合卫生要求；
必须保证现场人员卫生饮水；
应设置淋浴室，且能满足现场人员需求；
生活垃圾应装入密闭式容器内，并应及时清理。
④ 社区服务：
夜间施工前，必须经批准后方可进行施工；
施工现场严禁焚烧各类废弃物；
施工现场应制定防粉尘、防噪声、防光污染等措施；
应制定施工不扰民措施。
2. 检查评分方法
（1）建筑施工安全检查评定中，保证项目应全数检查。
（2）建筑施工安全检查评定应符合本标准第3章中各检查评定项目的有关规定，并应按本标准附录A、B的评分表进行评分。检查评分表应分为安全管理、文明施工、脚手架、基坑工程、模板支架、高处作业、施工用电、物料提升机与施工升降机、塔式起重机与起重吊装、施工机具分项检查评分表和检查评分汇总表。

（3）各评分表的评分应符合下列规定。

1）分项检查评分表和检查评分汇总表的满分分值均应为100分，评分表的实得分值应为各检查项目所得分值之和；

2）评分应采用扣减分值的方法，扣减分值总和不得超过该检查项目的应得分值；

3）当按分项检查评分表评分时，保证项目中有一项未得分或保证项目小计得分不足40分，此分项检查评分表不应得分；

4）检查评分汇总表中各分项项目实得分值应按下式计算：

$$A_1 = \frac{B \times C}{100}$$

式中　A_1——汇总表各分项项目实得分值；

B——汇总表中该项应得满分值；

C——该项检查评分表实得分值。

5）当评分遇有缺项时，分项检查评分表或检查评分汇总表的总得分值应按下式计算：

$$A_2 = \frac{D}{E} \times 100$$

式中　A_2——遇有缺项时总得分值；

D——实查项目在该表的实得分值之和；

E——实查项目在该表的应得满分值之和。

6）脚手架、物料提升机与施工升降机、塔式起重机与起重吊装项目的实得分值，应为所对应专业的分项检查评分表实得分值的算术平均值。

3. 检查评定等级

（1）应按汇总表的总得分和分项检查评分表的得分，对建筑施工安全检查评定划分为优良、合格、不合格三个等级。

（2）建筑施工安全检查评定的等级划分应符合下列规定。

1）优良：

分项检查评分表无零分，汇总表得分值应在80分及以上。

2）合格：

分项检查评分表无零分，汇总表得分值应在80分以下，70分及以上。

3）不合格：

① 当汇总表得分值不足70分时；

② 当有一分项检查评分表得零分时。

（3）当建筑施工安全检查评定的等级为不合格时，必须限期整改达到合格。

4.3　危险性较大的分部分项工程安全管理规定

安全生产事关人民生命财产安全，事关党和国家事业发展大局。要树立安全发展理念，弘扬生命至上、安全第一的思想，健全公共安全体系，完善安全生产责任制，坚决遏制重特大安全事故，这对进一步加强建筑施工安全生产工作、切实防范安全事故提出了更高更严的要求。近年来，房屋建筑和市政基础设施工程施工安全形势总体稳定，但造成群死群伤的安全事故仍时有发生。

施工活动中，危大工程具有数量多、分布广、管控难、危害大等特征，一旦发生事故，会造成严重后果和不良社会影响。据统计，近几年全国房屋建筑和市政基础设施工程领域死亡3人以上的较大安全事故中，大多数发生在基坑工程、模板工程及支撑体系、起重吊装及安装拆卸工程等危大工程范围内。为切实做好危大工程安全管理，努力减少群死群伤事故发生，从根本上促进建筑施工安全形势的好转，维护人民群众生命财产安全，2018年3月8日，住房城乡建设部发布了《危险性较大的分部分项工程安全管理规定》（住房城乡建设部令第37号）（以下简称《管理规定》)，自2018年6月1日起施行。并于2018年5月17日发布了《住房城乡建设部办公厅关于实施〈危险性较大的分部分项工程安全管理规定〉有关问题的通知》。

4.3.1 着重解决的问题

为规范和加强危大工程安全管理，住房城乡建设部先后印发了《危险性较大工程安全专项施工方案编制及专家论证审查办法》（建质〔2004〕213号）和《危险性较大的分部分项工程安全管理办法》建质〔2009〕87号，以下简称《管理办法》)，确立了危大工程安全管理基本制度，有效促进了安全管理和技术水平的提升，对遏制危大工程安全事故起到了重要作用。《管理规定》是在上述两个文件基础上，针对近年来危大工程安全管理面临的新问题、新形势而制定的，重点要解决3个方面问题。

(1) 危大工程安全管理体系不健全的问题。部分工程参建主体职责不明确，建设、勘察、设计等单位责任缺失，危大工程安全管理的系统性和整体性不够。

(2) 危大工程安全管理责任不落实的问题。如施工单位不按规定编制危大工程专项施工方案，或者不按方案施工等现象屡见不鲜。

(3) 法律责任和处罚措施不完善的问题。现有规定对危大工程违法违规行为缺乏具体、量化的处罚措施，监管执法难。

4.3.2 主要内容

《管理规定》共7章40条，主要包括以下内容：

(1) 明确危大工程定义和范围。《管理规定》明确危大工程是指房屋建筑和市政基础设施工程在施工过程中，容易导致人员群死群伤或造成重大经济损失的分部分项工程。

(2) 强化危大工程参与各方主体责任。《管理规定》系统规定了危大工程参与各方安全管理职责，特别是明确了建设、勘察、设计单位的责任，如建设单位应当组织勘察、设计等单位在施工招标文件中列出危大工程清单，在申请办理安全监督手续时应当提交危大工程清单及其安全管理措施等资料，勘察单位应当在勘察文件中说明地质条件可能造成的工程风险，设计单位应当在设计文件中注明涉及危大工程的重点部位和环节，提出保障工程周边环境安全和工程施工安全的意见等，进一步健全了危大工程安全管理体系。

(3) 确立危大工程专项施工方案编制及论证制度。《管理规定》要求施工单位应当在危大工程施工前组织工程技术人员编制专项施工方案，对于超过一定规模的危大工程，应当组织召开专家论证会对专项施工方案进行论证，并明确规定了组织专家论证的工作程序，参与论证专家的数量、专业，论证报告以及专项施工方案论证后修改完善等方面要求。

(4) 强化现场安全管理措施。《管理规定》对危大工程施工现场安全管理作出详细规定，要求施工单位在专项施工方案实施前要进行方案交底和安全技术交底，必须严格按照专项施工方案组织施工，项目负责人应当在施工现场履职，项目专职安全生产管理人员应当进行现场监督，监理单位应当编制监理实施细则并对危大工程施工实施专项巡视检查等，并明确规定了第三方监测和组织验收等方面要求。

(5) 加强危大工程监督管理。《管理规定》要求相关监管部门要对危大工程进行抽查，对违法行为实施处罚，并将处罚信息纳入不良信用记录。同时，细化明确了相关罚则，加大了对违法行为的惩戒力度，使监管执法更具可操作性，有效提高监管执法的威慑力和有效性。

相较于之前颁布的管理办法，此管理规定有以下特点：

(1) 重新定义了"危险性较大的分部分项工程"的概念。

(2) 新增了"省级住房城乡建设主管部门可以结合本地区实际情况，补充本地区危大工程范围"的条款。

(3) 明确建设、勘察、设计单位在工程建设前期应履行的职责。

(4) 新增建设单位应当按照施工合同约定及时支付危大工程施工技术措施费以及相应的安全防护文明施工措施费条款。

(5) 修改建设单位提交安全资料条款。"建设单位在申请办理安全监督手续时，应当提交危大工程清单及其安全管理措施等资料。"

(6) 新增什么情况下专项方案需要重新论证的条款。

(7) 新增施工单位在现场如何实施专项方案的条款。

(8) 新增建设单位委托检测第三方检测的条款。

(9) 新增验收后公示验收人员的条款。

(10) 新增对建设、勘察、设计、施工、监理、检测单位详细的处罚条款。

(11) 新增应急处置条款。

4.3.3 《管理办法》与《管理规定》的比较

《管理规定》自2018年6月1日起施行。表4-8给出了《管理办法》与《管理规定》的比较。

《管理办法》与《管理规定》的比较 **表4-8**

《管理办法》(过去)	《管理规定》(现在)	变化分析
建质〔2009〕87号	住房城乡建设部令第37号	过去是住房城乡建设部部门文号，现在是住房城乡建设部令的形式
第一条 为加强对危险性较大的分部分项工程安全管理，明确安全专项施工方案编制内容，规范专家论证程序，确保安全专项施工方案实施，积极防范和遏制建筑施工生产安全事故的发生，依据《建设工程安全生产管理条例》及相关安全生产法律法规制定本办法	第一条 为加强对房屋建筑和市政基础设施工程中危险性较大的分部分项工程安全管理，有效防范生产安全事故，依据《中华人民共和国建筑法》《中华人民共和国安全生产法》《建设工程安全生产管理条例》等法律法规，制定本规定	过去有明显"规范专家论证程序"和"明确安全专项施工方案编制内容"，现在淡化了这一管理要求

续表

《管理办法》(过去)	《管理规定》(现在)	变化分析
第三条　本办法所称危险性较大的分部分项工程是指建筑工程在施工过程中存在的、可能导致作业人员群死群伤或造成重大不良社会影响的分部分项工程。危险性较大的分部分项工程范围见附件一。 第五条　施工单位应当在危险性较大的分部分项工程施工前编制专项方案；对于超过一定规模的危险性较大的分部分项工程，施工单位应当组织专家对专项方案进行论证。超过一定规模的危险性较大的分部分项工程范围见附件二	第三条　本规定所称危险性较大的分部分项工程（以下简称“危大工程”），是指房屋建筑和市政基础设施工程在施工过程中，容易导致人员群死群伤或者造成重大经济损失的分部分项工程 危大工程及超过一定规模的危大工程范围由国务院住房城乡建设主管部门制定 省级住房城乡建设主管部门可以结合本地区实际情况，补充本地区危大工程范围	过去明文规定了危大工程及超过一定规模的危大工程范围，现在另行规定，没作明确规定
——	第六条　勘察单位应当根据工程实际及工程周边环境资料，在勘察文件中说明地质条件可能造成的工程风险。 设计单位应当在设计文件中注明涉及危大工程的重点部位和环节，提出保障工程周边环境安全和工程施工安全的意见，必要时进行专项设计。 第七条　建设单位应当组织勘察、设计等单位在施工招标文件中列出危大工程清单，要求施工单位在投标时补充完善危大工程清单并明确相应的安全管理措施	过去没有涉及勘察单位和设计单位，现在提及勘察单位和设计单位
第九条　超过一定规模的危险性较大的分部分项工程专项方案应当由施工单位组织召开专家论证会。实行施工总承包的，由施工总承包单位组织召开专家论证会	第十二条　对于超过一定规模的危大工程，施工单位应当组织召开专家论证会对专项施工方案进行论证。实行施工总承包的，由施工总承包单位组织召开专家论证会。专家论证前专项施工方案应当通过施工单位审核和总监理工程师审查	过去没强调“专家论证前专项施工方案应当通过施工单位审核和总监理工程师审查”，现在明确规定专家论证前专项施工方案应当通过施工单位审核和总监理工程师审查
第十五条　专项方案实施前，编制人员或项目技术负责人应当向现场管理人员和作业人员进行安全技术交底	第十五条　专项施工方案实施前，编制人员或者项目技术负责人应当向施工现场管理人员进行方案交底 施工现场管理人员应当向作业人员进行安全技术交底，并由双方和项目专职安全生产管理人员共同签字确认	过去没有强调“由双方和项目专职安全生产管理人员共同签字确认”，现在规定由双方和项目专职安全生产管理人员共同签字确认

续表

《管理办法》(过去)	《管理规定》(现在)	变化分析
第十六条　施工单位应当指定专人对专项方案实施情况进行现场监督和按规定进行监测。发现不按照专项方案施工的，应当要求其立即整改；发现有危及人身安全紧急情况的，应当立即组织作业人员撤离危险区域。 施工单位技术负责人应当定期巡查专项方案实施情况。	第十七条　施工单位应当对危大工程施工作业人员进行登记，项目负责人应当在施工现场履职。 项目专职安全生产管理人员应当对专项施工方案实施情况进行现场监督，对未按照专项施工方案施工的，应当要求立即整改，并及时报告项目负责人，项目负责人应当及时组织限期整改。 施工单位应当按照规定对危大工程进行施工监测和安全巡视，发现危及人身安全的紧急情况，应当立即组织作业人员撤离危险区域	过去未强调“项目专职安全生产管理人员应当对专项施工方案实施情况进行现场监督”，现在规定项目专职安全生产管理人员应当对专项施工方案实施情况进行现场监督
第二十二条　各地住房城乡建设主管部门应当根据本地区实际情况，制定专家资格审查办法和管理制度并建立专家诚信档案，及时更新专家库	第十三条　专家论证会后，应当形成论证报告，对专项施工方案提出通过、修改后通过或者不通过的一致意见。专家对论证报告负责并签字确认	过去未强调“专家对论证报告负责”，现在明确规定专家对论证报告负责，且提出了对专项施工方案提出相应的“一致意见”
第十九条　监理单位应当对专项方案实施情况进行现场监理；对不按专项方案实施的，应当责令整改，施工单位拒不整改的，应当及时向建设单位报告；建设单位接到监理单位报告后，应当立即责令施工单位停工整改；施工单位仍不停工整改的，建设单位应当及时向住房城乡建设主管部门报告	第十九条　监理单位发现施工单位未按照专项施工方案施工的，应当要求其进行整改；情节严重的，应当要求其暂停施工，并及时报告建设单位。施工单位拒不整改或者不停止施工的，监理单位应当及时报告建设单位和工程所在地住房城乡建设主管部门	过去强调由建设单位及时向住房城乡建设主管部门报告，现在规定由监理单位及时报告工程所在地住房城乡建设主管部门
—	第二十条　对于按照规定需要进行第三方监测的危大工程，建设单位应当委托具有相应勘察资质的单位进行监测。 监测单位应当编制监测方案。监测方案由监测单位技术负责人审核签字并加盖单位公章，报送监理单位后方可实施。 监测单位应当按照监测方案开展监测，及时向建设单位报送监测成果，并对监测成果负责；发现异常时，及时向建设、设计、施工、监理单位报告，建设单位应当立即组织相关单位采取处置措施	过去没有关于第三方监测管理要求，现在明确了第三方监测管理要求

续表

管理办法（过去）	管理规定（现在）	变化分析
—	第五章　监督管理 第二十六条　县级以上地方人民政府住房城乡建设主管部门或者所属施工安全监督机构，应当根据监督工作计划对危大工程进行抽查。 县级以上地方人民政府住房城乡建设主管部门或者所属施工安全监督机构，可以通过政府购买技术服务方式，聘请具有专业技术能力的单位和人员对危大工程进行检查，所需费用向本级财政申请予以保障。 第二十七条　县级以上地方人民政府住房城乡建设主管部门或者所属施工安全监督机构，在监督抽查中发现危大工程存在安全隐患的，应当责令施工单位整改；重大安全事故隐患排除前或者排除过程中无法保证安全的，责令从危险区域内撤出作业人员或者暂时停止施工；对依法应当给予行政处罚的行为，应当依法作出行政处罚决定	过去没有专门的监督管理要求，现在增加了县级以上地方人民政府住房城乡建设主管部门或者所属施工安全监督机构监督管理职责
—	第六章　法律责任 第二十九条　建设单位有下列行为之一的，责令限期改正，并处1万元以上3万元以下的罚款；对直接负责的主管人员和其他直接责任人员处1000元以上5000元以下的罚款	过去没有设置法律责任条款，现在增加了法律责任专项章节

4.3.4　附：《危险性较大的分部分项工程安全管理规定》

1. 规定具体内容

第一章　总　　则

第一条　为加强对房屋建筑和市政基础设施工程中危险性较大的分部分项工程安全管理，有效防范生产安全事故，依据《中华人民共和国建筑法》《中华人民共和国安全生产法》《建设工程安全生产管理条例》等法律法规，制定本规定。

第二条　本规定适用于房屋建筑和市政基础设施工程中危险性较大的分部分项工程安全管理。

第三条　本规定所称危险性较大的分部分项工程（以下简称“危大工程”），是指房屋建筑和市政基础设施工程在施工过程中，容易导致人员群死群伤或者造成重大经济损失的分部分项工程。

危大工程及超过一定规模的危大工程范围由国务院住房城乡建设主管部门制定。

省级住房城乡建设主管部门可以结合本地区实际情况，补充本地区危大工程范围。

第四条 国务院住房城乡建设主管部门负责全国危大工程安全管理的指导监督。

县级以上地方人民政府住房城乡建设主管部门负责本行政区域内危大工程的安全监督管理。

第二章 前 期 保 障

第五条 建设单位应当依法提供真实、准确、完整的工程地质、水文地质和工程周边环境等资料。

第六条 勘察单位应当根据工程实际及工程周边环境资料，在勘察文件中说明地质条件可能造成的工程风险。

设计单位应当在设计文件中注明涉及危大工程的重点部位和环节，提出保障工程周边环境安全和工程施工安全的意见，必要时进行专项设计。

第七条 建设单位应当组织勘察、设计等单位在施工招标文件中列出危大工程清单，要求施工单位在投标时补充完善危大工程清单并明确相应的安全管理措施。

第八条 建设单位应当按照施工合同约定及时支付危大工程施工技术措施费以及相应的安全防护文明施工措施费，保障危大工程施工安全。

第九条 建设单位在申请办理安全监督手续时，应当提交危大工程清单及其安全管理措施等资料。

第三章 专 项 施 工 方 案

第十条 施工单位应当在危大工程施工前组织工程技术人员编制专项施工方案。

实行施工总承包的，专项施工方案应当由施工总承包单位组织编制。危大工程实行分包的，专项施工方案可以由相关专业分包单位组织编制。

第十一条 专项施工方案应当由施工单位技术负责人审核签字、加盖单位公章，并由总监理工程师审查签字、加盖执业印章后方可实施。

危大工程实行分包并由分包单位编制专项施工方案的，专项施工方案应当由总承包单位技术负责人及分包单位技术负责人共同审核签字并加盖单位公章。

第十二条 对于超过一定规模的危大工程，施工单位应当组织召开专家论证会对专项施工方案进行论证。实行施工总承包的，由施工总承包单位组织召开专家论证会。专家论证前专项施工方案应当通过施工单位审核和总监理工程师审查。

专家应当从地方人民政府住房城乡建设主管部门建立的专家库中选取，符合专业要求且人数不得少于5名。与本工程有利害关系的人员不得以专家身份参加专家论证会。

第十三条 专家论证会后，应当形成论证报告，对专项施工方案提出通过、修改后通过或者不通过的一致意见。专家对论证报告负责并签字确认。

专项施工方案经论证需修改后通过的，施工单位应当根据论证报告修改完善后，重新履行本规定第十一条的程序。

专项施工方案经论证不通过的，施工单位修改后应当按照本规定的要求重新组织专家论证。

第四章　现 场 安 全 管 理

第十四条　施工单位应当在施工现场显著位置公告危大工程名称、施工时间和具体责任人员，并在危险区域设置安全警示标志。

第十五条　专项施工方案实施前，编制人员或者项目技术负责人应当向施工现场管理人员进行方案交底。

施工现场管理人员应当向作业人员进行安全技术交底，并由双方和项目专职安全生产管理人员共同签字确认。

第十六条　施工单位应当严格按照专项施工方案组织施工，不得擅自修改专项施工方案。

因规划调整、设计变更等原因确需调整的，修改后的专项施工方案应当按照本规定重新审核和论证。涉及资金或者工期调整的，建设单位应当按照约定予以调整。

第十七条　施工单位应当对危大工程施工作业人员进行登记，项目负责人应当在施工现场履职。

项目专职安全生产管理人员应当对专项施工方案实施情况进行现场监督，对未按照专项施工方案施工的，应当要求立即整改，并及时报告项目负责人，项目负责人应当及时组织限期整改。

施工单位应当按照规定对危大工程进行施工监测和安全巡视，发现危及人身安全的紧急情况，应当立即组织作业人员撤离危险区域。

第十八条　监理单位应当结合危大工程专项施工方案编制监理实施细则，并对危大工程施工实施专项巡视检查。

第十九条　监理单位发现施工单位未按照专项施工方案施工的，应当要求其进行整改；情节严重的，应当要求其暂停施工，并及时报告建设单位。施工单位拒不整改或者不停止施工的，监理单位应当及时报告建设单位和工程所在地住房城乡建设主管部门。

第二十条　对于按照规定需要进行第三方监测的危大工程，建设单位应当委托具有相应勘察资质的单位进行监测。

监测单位应当编制监测方案。监测方案由监测单位技术负责人审核签字并加盖单位公章，报送监理单位后方可实施。

监测单位应当按照监测方案开展监测，及时向建设单位报送监测成果，并对监测成果负责；发现异常时，及时向建设、设计、施工、监理单位报告，建设单位应当立即组织相关单位采取处置措施。

第二十一条　对于按照规定需要验收的危大工程，施工单位、监理单位应当组织相关人员进行验收。验收合格的，经施工单位项目技术负责人及总监理工程师签字确认后，方可进入下一道工序。

危大工程验收合格后，施工单位应当在施工现场明显位置设置验收标识牌，公示验收时间及责任人员。

第二十二条　危大工程发生险情或者事故时，施工单位应当立即采取应急处置措施，并报告工程所在地住房城乡建设主管部门。建设、勘察、设计、监理等单位应当配合施工单位开展应急抢险工作。

第二十三条 危大工程应急抢险结束后，建设单位应当组织勘察、设计、施工、监理等单位制定工程恢复方案，并对应急抢险工作进行后评估。

第二十四条 施工、监理单位应当建立危大工程安全管理档案。

施工单位应当将专项施工方案及审核、专家论证、交底、现场检查、验收及整改等相关资料纳入档案管理。

监理单位应当将监理实施细则、专项施工方案审查、专项巡视检查、验收及整改等相关资料纳入档案管理。

第五章 监 督 管 理

第二十五条 设区的市级以上地方人民政府住房城乡建设主管部门应当建立专家库，制定专家库管理制度，建立专家诚信档案，并向社会公布，接受社会监督。

第二十六条 县级以上地方人民政府住房城乡建设主管部门或者所属施工安全监督机构，应当根据监督工作计划对危大工程进行抽查。

县级以上地方人民政府住房城乡建设主管部门或者所属施工安全监督机构，可以通过政府购买技术服务方式，聘请具有专业技术能力的单位和人员对危大工程进行检查，所需费用向本级财政申请予以保障。

第二十七条 县级以上地方人民政府住房城乡建设主管部门或者所属施工安全监督机构，在监督抽查中发现危大工程存在安全隐患的，应当责令施工单位整改；重大安全事故隐患排除前或者排除过程中无法保证安全的，责令从危险区域内撤出作业人员或者暂时停止施工；对依法应当给予行政处罚的行为，应当依法作出行政处罚决定。

第二十八条 县级以上地方人民政府住房城乡建设主管部门应当将单位和个人的处罚信息纳入建筑施工安全生产不良信用记录。

第六章 法 律 责 任

第二十九条 建设单位有下列行为之一的，责令限期改正，并处 1 万元以上 3 万元以下的罚款；对直接负责的主管人员和其他直接责任人员处 1000 元以上 5000 元以下的罚款：

（一）未按照本规定提供工程周边环境等资料的；

（二）未按照本规定在招标文件中列出危大工程清单的；

（三）未按照施工合同约定及时支付危大工程施工技术措施费或者相应的安全防护文明施工措施费的；

（四）未按照本规定委托具有相应勘察资质的单位进行第三方监测的；

（五）未对第三方监测单位报告的异常情况组织采取处置措施的。

第三十条 勘察单位未在勘察文件中说明地质条件可能造成的工程风险的，责令限期改正，依照《建设工程安全生产管理条例》对单位进行处罚；对直接负责的主管人员和其他直接责任人员处 1000 元以上 5000 元以下的罚款。

第三十一条 设计单位未在设计文件中注明涉及危大工程的重点部位和环节，未提出保障工程周边环境安全和工程施工安全的意见的，责令限期改正，并处 1 万元以上 3 万元以下的罚款；对直接负责的主管人员和其他直接责任人员处 1000 元以上 5000 元以下的罚款。

第三十二条 施工单位未按照本规定编制并审核危大工程专项施工方案的，依照《建设工程安全生产管理条例》对单位进行处罚，并暂扣安全生产许可证 30 日；对直接负责的主管人员和其他直接责任人员处 1000 元以上 5000 元以下的罚款。

第三十三条 施工单位有下列行为之一的，依照《中华人民共和国安全生产法》《建设工程安全生产管理条例》对单位和相关责任人员进行处罚：

（一）未向施工现场管理人员和作业人员进行方案交底和安全技术交底的；

（二）未在施工现场显著位置公告危大工程，并在危险区域设置安全警示标志的；

（三）项目专职安全生产管理人员未对专项施工方案实施情况进行现场监督的。

第三十四条 施工单位有下列行为之一的，责令限期改正，处 1 万元以上 3 万元以下的罚款，并暂扣安全生产许可证 30 日；对直接负责的主管人员和其他直接责任人员处 1000 元以上 5000 元以下的罚款：

（一）未对超过一定规模的危大工程专项施工方案进行专家论证的；

（二）未根据专家论证报告对超过一定规模的危大工程专项施工方案进行修改，或者未按照本规定重新组织专家论证的；

（三）未严格按照专项施工方案组织施工，或者擅自修改专项施工方案的。

第三十五条 施工单位有下列行为之一的，责令限期改正，并处 1 万元以上 3 万元以下的罚款；对直接负责的主管人员和其他直接责任人员处 1000 元以上 5000 元以下的罚款：

（一）项目负责人未按照本规定现场履职或者组织限期整改的；

（二）施工单位未按照本规定进行施工监测和安全巡视的；

（三）未按照本规定组织危大工程验收的；

（四）发生险情或者事故时，未采取应急处置措施的；

（五）未按照本规定建立危大工程安全管理档案的。

第三十六条 监理单位有下列行为之一的，依照《中华人民共和国安全生产法》《建设工程安全生产管理条例》对单位进行处罚；对直接负责的主管人员和其他直接责任人员处 1000 元以上 5000 元以下的罚款：

（一）总监理工程师未按照本规定审查危大工程专项施工方案的；

（二）发现施工单位未按照专项施工方案实施，未要求其整改或者停工的；

（三）施工单位拒不整改或者不停止施工时，未向建设单位和工程所在地住房城乡建设主管部门报告的。

第三十七条 监理单位有下列行为之一的，责令限期改正，并处 1 万元以上 3 万元以下的罚款；对直接负责的主管人员和其他直接责任人员处 1000 元以上 5000 元以下的罚款：

（一）未按照本规定编制监理实施细则的；

（二）未对危大工程施工实施专项巡视检查的；

（三）未按照本规定参与组织危大工程验收的；

（四）未按照本规定建立危大工程安全管理档案的。

第三十八条 监测单位有下列行为之一的，责令限期改正，并处 1 万元以上 3 万元以下的罚款；对直接负责的主管人员和其他直接责任人员处 1000 元以上 5000 元以下的罚款：

（一）未取得相应勘察资质从事第三方监测的；

（二）未按照本规定编制监测方案的；

（三）未按照监测方案开展监测的；

（四）发现异常未及时报告的。

第三十九条 县级以上地方人民政府住房城乡建设主管部门或者所属施工安全监督机构的工作人员，未依法履行危大工程安全监督管理职责的，依照有关规定给予处分。

第七章 附 则

第四十条 本规定自 2018 年 6 月 1 日起施行。

2. 危险性较大的分部分项工程范围

（1）基坑工程

1）开挖深度超过 3m（含 3m）的基坑（槽）的土方开挖、支护、降水工程。

2）开挖深度虽未超过 3m，但地质条件、周围环境和地下管线复杂，或影响毗邻建、构筑物安全的基坑（槽）的土方开挖、支护、降水工程。

（2）模板工程及支撑体系

1）各类工具式模板工程：包括滑模、爬模、飞模、隧道模等工程。

2）混凝土模板支撑工程：搭设高度 5m 及以上，或搭设跨度 10m 及以上，或施工总荷载（荷载效应基本组合的设计值，以下简称设计值）$10kN/m^2$ 及以上，或集中线荷载（设计值）15kN/m 及以上，或高度大于支撑水平投影宽度且相对独立无连系构件的混凝土模板支撑工程。

3）承重支撑体系：用于钢结构安装等满堂支撑体系。

（3）起重吊装及起重机械安装拆卸工程

1）采用非常规起重设备、方法，且单件起吊重量在 10kN 及以上的起重吊装工程。

2）采用起重机械进行安装的工程。

3）起重机械安装和拆卸工程。

（4）脚手架工程

1）搭设高度 24m 及以上的落地式钢管脚手架工程（包括采光井、电梯井脚手架）。

2）附着式升降脚手架工程。

3）悬挑式脚手架工程。

4）高处作业吊篮。

5）卸料平台、操作平台工程。

6）异形脚手架工程。

（5）拆除工程

可能影响行人、交通、电力设施、通信设施或其他建、构筑物安全的拆除工程。

（6）暗挖工程

采用矿山法、盾构法、顶管法施工的隧道、洞室工程。

（7）其他

1）建筑幕墙安装工程。

2）钢结构、网架和索膜结构安装工程。

3）人工挖孔桩工程。

4）水下作业工程。

5）装配式建筑混凝土预制构件安装工程。

6）采用新技术、新工艺、新材料、新设备可能影响工程施工安全，尚无国家、行业及地方技术标准的分部分项工程。

3. 超过一定规模的危险性较大的分部分项工程范围

（1）深基坑工程

开挖深度超过 5m（含 5m）的基坑（槽）的土方开挖、支护、降水工程。

（2）模板工程及支撑体系

1）各类工具式模板工程：包括滑模、爬模、飞模、隧道模等工程。

2）混凝土模板支撑工程：搭设高度 8m 及以上，或搭设跨度 18m 及以上，或施工总荷载（设计值）15kN/m^2 及以上，或集中线荷载（设计值）20kN/m 及以上。

3）承重支撑体系：用于钢结构安装等满堂支撑体系，承受单点集中荷载 7kN 及以上。

（3）起重吊装及起重机械安装拆卸工程

1）采用非常规起重设备、方法，且单件起吊重量在 100kN 及以上的起重吊装工程。

2）起重量 300kN 及以上，或搭设总高度 200m 及以上的起重机械安装和拆卸工程。

（4）脚手架工程

1）搭设高度 50m 及以上的落地式钢管脚手架工程。

2）提升高度在 150m 及以上的附着式升降脚手架工程或附着式升降操作平台工程。

3）分段架体搭设高度 20m 及以上的悬挑式脚手架工程。

（5）拆除工程

1）码头、桥梁、高架、烟囱、水塔或拆除中容易引起有毒有害气（液）体或粉尘扩散、易燃易爆事故发生的特殊建、构筑物的拆除工程。

2）文物保护建筑、优秀历史建筑或历史文化风貌区影响范围内的拆除工程。

（6）暗挖工程

采用矿山法、盾构法、顶管法施工的隧道、洞室工程。

（7）其他

1）施工高度 50m 及以上的建筑幕墙安装工程。

2）跨度 36m 及以上的钢结构安装工程，或跨度 60m 及以上的网架和索膜结构安装工程。

3）开挖深度 16m 及以上的人工挖孔桩工程。

4）水下作业工程。

5）重量 1000kN 及以上的大型结构整体顶升、平移、转体等施工工艺。

6）采用新技术、新工艺、新材料、新设备可能影响工程施工安全，尚无国家、行业及地方技术标准的分部分项工程。

4.4 《职业健康安全管理体系　要求》GB/T 28001

职业健康安全管理体系（Occupational health and safety management systems. 英文简写为“OHSAS”）是20世纪80年代后期在国际上兴起的现代安全生产管理模式，它与ISO9000和ISO14000等标准体系一并被称为“后工业化时代的管理方法”。职业健康安全管理体系产生的主要原因是企业自身发展的要求。随着企业规模扩大和生产集约化程度的提高，对企业的质量管理、安全管理和经营模式提出了更高的要求。企业必须采用现代化的管理模式，使包括安全生产管理在内的所有生产经营活动科学化、规范化和法制化。

国家质量监督检验检疫总局、国家标准化管理委员会于2001年11月12日批准发布《职业健康安全管理体系　规范》（Occupational health and safety management systems—Specification. 英文简写为“OHSAS”）GB/T 28001—2001，并于2002年1月1日起正式实施。该标准是在总结国内外开展职业健康安全管理工作经验的基础上结合我国的国情制定的。其核心思想是：组织通过建立和保持职业健康安全管理体系，控制和降低职业健康安全风险，持续改进组织的职业健康安全管理绩效，从而达到预防和减少事故与职业病的最终目的。

近些年来，作为质量、环境和职业健康安全三大主要管理体系认证标准之一，GB/T 28001在企业生产实际中得到了广泛实施，尤其是大量企业还为此而获得了GB/T 28001职业健康　安全管理体系认证。由于该标准的有效实施对于提高企业职业健康安全管理水平、保护劳动者身心健康和人身安全发挥了极为重要的促进作用，因此，它的一举一动一直深受广大企业、认证机构和人员及社会各界广泛而密切的关注。

2011年12月30日，国家质量监督检验检疫总局、国家标准化管理委员会发布了2011版GB/T28001，正式实施日期为2012年2月1日。修订后的国家标准等同采用OHSAS 18001：2007《职业健康安全管理体系　要求》（Occupational Health Safety Management Systems—Requirements），与质量、环境管理体系标准更加兼容，强调“健康”的重要性，在前言部分介绍“策划一实施一检查一改进（PDCA）”运行模式在安全管理体系的应用，增加了“合规性评价”要求，对职业健康安全策划部分的控制措施层级提出了新要求，对术语和定义部分作了较大调整和变动。

4.4.1　职业安全健康管理体系的建立

职业安全健康管理体系的建立是一个非常复杂的过程，更是一个重要的过程。在建立职业安全健康管理体系的过程中，必须将需要建立的职业安全健康体系与组织现存的管理机构、管理制度、资源和程序有机的结合起来。根据建筑企业的经营性质、规模和风险的大小及复杂程度、员工的素质等因素，以充分体现组织自身职业安全健康管理的特点，从而强化组织的职业安全健康管理。职业安全健康管理体系在企业的建立是一个持续改进的过程。体系的建立要做好如下几方面工作：

1. 领导的决策与准备

组织最高领导层的决策和准备是建立职业安全健康管理体系的先决条件。最高管理者即组织的行政第一把手，管理者代表是经最高管理者任命的在企业主管生产的副职（在一些外资或合资企业则是企业的董事或执委会成员），管理组织在企业的设置可以是以原有的安全管理机构为基础，设置职业安全健康管理体系的推进机构或由企业的管理体系综合管理机构进行管理。

2. 建立目标和职业安全健康管理方案

企业在建立职业安全健康管理体系的初期，应进行初始OHS状态的评审。初始OHS状态的评审可包括三个方面：①进行组织的活动所适用的OHS法律法规和其他要求的搜集；②对目前已有的OHS规章制度的整理和收集，包括对历史上各类事故的归纳和整理；③进行危害因素辨识、风险评价和风险控制措施计划的策划。在进行危害因素辨识的基础上，组织应按风险的级别评价出风险，针对不同的风险级别，按照标准的要求应策划出风险控制措施计划。

3. 建立信息交流和协商的机制

在现代社会，有效的信息是一种可贵的资源。信息交流在职业安全健康管理系统中具有十分重要的位置。组织中各层次和职能之间，需要进行广泛的交流，组织同相关方也要进行广泛的交流。例如关于风险的信息、关于法律法规的信息、关于各类事故及事件的信息、关于应急的信息、关于协商结果的信息和各种变更管理的信息等等，都是进行交流的内容。

4. 建立职业安全健康管理体系文件系统

按照组织的规模和不同的活动类型，体系文件可设定为2～3级，即手册、程序文件和作业指导书（规模小的组织可只设手册或程序文件）。手册是针对要素要求的对体系核心要素的整体描述；程序文件亦可包括要素中要求的应建立程序的规范型文件和经风险管理措施计划要求的需建立的各种规范型文件（俗称程序包）。

5. 建立应急响应机制

应急响应的机制可包括应急的指挥机构、物资准备及供应机构、通信设施保障及维护机构、避难及逃生场所的设立、救护系统、报警系统、应急照明系统等。

6. 建立职业安全健康管理体系的监控机制

任何事务如果没有有效的监控机制做保证，必然走向衰败。职业安全健康体系在很多企业的成功实施就是因为有一整套健全完整的监控机制。该监控机制包括三级，即监测与测量；组织内部的体系审核及管理评审。不同级别、层次和频次的监控机制，在对组织的体系运作从点到面，从面到整体空间上都可以得到全面的制约。

7. 建立全面的评审机制

管理体系有对组织进行相关内容评审的要求，如对方针的评审、对法律法规符合性的评审、对目标指标的评审等。而职业安全健康管理体系要求的评审在内容、方式、范围、目的及手段上都有着本质的区别。组织建立的评审机制，针对的目标是管理风险。对风险评审要达到的目的，应该是通过一系列的管理措施及其实施的结果，可否达到消除、降低或控制风险的要求，通过风险控制措施方案的实施，是否还存在着新的风险、残余或附加风险。因此在组织中应建立起评审的机构、评审的技术支持、评审的责任要求等。

8. 建立试行标准其他要素要求的管理内容，如OHS方针的制定、法律法规的获取、培训机制、文件管理机制、记录管理等。

4.4.2 职业安全健康管理体系的运行

在完成职业安全健康管理体系的建立之后，组织进入实施的过程。

1. 体系文件的发布与体系的试运行

体系文件的发布标志着体系的正式运作。组织应按照文件管理的要求，将相关的文件发放到有关人员的手中。同时，还应做一些形象宣传，如利用看板等形式宣传试行标准/OHSAS 18001 在组织的推行，简要介绍职业安全健康管理体系的运行原理、运行的方式、运行的目的和具体要求等。凡是在组织的作业场所内进行各类活动的组织，对他们的活动也要进行危害因素辨识和风险评价，对于已列入应控制的风险范围的风险，要同组织管理的风险一样进行管理，因而相关文件的发放不可遗漏。

2. 与原有的安全管理制度的融合

很多企业在安全管理上已经积累了丰富的经验，如有的企业建立了比较行之有效的安全管理制度、安全检查制度、安全措施计划制度和安全责任制度。这些制度都不应废弃，应成为对于新体系的支持性文件和措施。如果有的组织在体系建立之后有一个移交问题的话，这个交接工作非常重要，成功的做法是最少有原安全管理团队的一人继续做体系的保持工作，这样才可能保证体系的正常有效运行。

3. 全员性的宣导和管理

职业安全健康管理涉及到组织管理工作的方方面面，往往不太关注的地方可能是发生事故或事件的重点。由于人的不安全行为、物的不安全状态和管理上（包括制度和教育的缺陷）的问题，都可以导致各类事故和事件的发生，从一些企业频发事故原因的分析，往往由于一个人的误操作，可以导致重大恶性事故的发生。所以对在组织作业场所内活动的非组织在编的人员，也要作为重点加以教育和管理。对于这方面的管理职责应明确。

4. 风险控制措施计划的实施

风险控制措施计划包括职业安全健康目标、指标和管理方案、培训教育实施方案（按照法律的要求，这一方案涉及三级安全教育、转岗教育、复岗教育、继续教育、管理岗位的安全教育、特殊工种教育等）、组织规定的需进行监控以上风险级别的运行控制方案、应急方案以及安全技术措施方案等。这些方案应以职业安全健康措施的计划的方式分解到相关的部门。通过对风险级别的划定，组织所有作业场所内的风险状况，相关部门和个人都应做到心中有数，对于控制和管理风险的方式，也都能熟练的掌握。

5. 人、财、物、技术资源的保障

预防性是职业安全健康管理体系的核心，充足的资源配置是体系运行的基本保障。安全健康成本的投入得到的回报是长久的效益。无论在目标指标管理方案中的投入还是在安全技术管理措施中的投入，都应作为组织资金安排的重点。

6. 监控机制的实施

体系有效运行的关键环节在于是否有一个起作用的监控机制。组织在建立时已经明确了三级监控机制，监测与测量、内审和管理评审。日常的监控应从体系试运行起就应该发挥作用。

在体系试运行 1～2 个月以后，组织可以安排第一次内审。整个内审工作应严格按照《内审程序》的要求进行，选派合格能力强的内审组长是保证内审质量的关键。在以后的内审中也要在人员、时间等资源上予以保障。

管理评审是最高级别的监控形式，是 PDCA 循环的最后一站，也是下一个循环的加油站，通过对 OHS 方针、目标指标管理方案、风险控制措施计划落实等工作的评审，可对组织的风险状况进行宏观的了解，并根据评审的结果，提出下一个的阶段循环的总体方向。管理评审报告应向组织的各级管理者发布，以引起更广泛的重视。

在体系的实施过程中要做的工作还有很多，其中必须关注的是在职业安全健康绩效上要不断的持续改进。组织建立和保持职业安全健康管理体系的目的是为了消除、降低和控制风险，因而把风险管理到可接受的程度是 OHSMS 的核心。那么如何实现持续改进，是体系运作的关键。持续改进要体现在各个方面，包括事故率的降低、员工抱怨的减少、作业环境的不断改善、安全投入占经营成本合理性等等，这才是组织所应追求的根本目标，最终达到保护员工安全健康利益和投资人的利益的目的。

第5章　建设工程招标投标管理

5.1　招标投标法实施条例

5.1.1　招标投标法的特点

1. 我国招标投标法的发展历程

（1）探索初创期

这一时期从改革开放初期到社会主义市场经济体制改革目标的确立（1979～1991年）。十一届三中全会前，我国实行高度集中的计划经济体制，招标投标作为一种竞争性市场交易方式，缺乏存在和发展所必需的经济体制条件。1980年10月，国务院发布《关于开展和保护社会主义竞争的暂行规定》，提出对一些合适的工程建设项目可以试行招标、投标。随后，吉林省和深圳市于1981年开始工程招标投标试点。1982年，鲁布革水电站引水系统工程是我国第一个利用世界银行贷款并按世界银行规定进行项目管理的工程，极大地推动了我国工程建设项目管理方式的改革和发展。1983年，城乡建设环境保护部出台《建筑安装工程招标投标试行办法》。20世纪80年代中期以后，根据党中央有关体制改革精神，国务院及国务院有关部门陆续进行了一系列改革，企业的市场主体地位逐步明确，推行招标投标制度的体制性障碍有所缓解。

这一阶段的招标投标制度有以下几个特点：一是基本原则初步确立，但未能有效落实。受当时关于计划和市场关系认识的限制，招标投标的市场交易属性尚未得到充分体现，招标工作大多由有关行政主管部门主持，有的部门甚至规定招标公告发布、招标文件和标底编制以及中标人的确定等重要事项，都必须经政府主管部门审查同意。二是招标领域逐步扩大，但进展很不平衡。招标投标制度由最初的建筑行业，逐步扩大到铁路、公路、水运、水电、广电等专业工程；由最初的建筑安装项目，逐步扩大到勘察设计、工程设备等工程建设项目的各个方面；由工程招标逐步扩大到机电设备、科研项目、土地出让、企业租赁和承包经营权转让。但由于没有明确具体的强制招标范围，不同行业之间招标投标活动开展很不平衡。三是相关规定涉及面广，但过于简略。在招标方式的选择上，大多没有规定公开招标、邀请招标、议标的适用范围和标准，在允许议标的情况下，招标很容易流于形式；在评标方面，缺乏基本的评标程序，也没有规定具体评标标准，在招标领导小组自由裁量权过大的情况下，难以实现择优选择的目标。

（2）快速发展期

这一时期从确立社会主义市场经济体制改革目标到《招标投标法》颁布（1992～1999年）。1992年10月，十四大提出了建立社会主义市场经济体制的改革目标，进一步解除了束缚招标投标制度发展的体制障碍。1994年6月，国家计委牵头启动《中华人民共和国招标投标法》起草工作。1997年11月1日，第八届全国人大常委会第28次会议审议通过了《中华人民共和国建筑法》，在法律层面上对建筑工程实行招标发包进行了规范。

这一阶段招标投标制度有以下几个特点：一是当事人市场主体地位进一步加强。1992年11月，国家计委发布了《关于建设项目实行项目业主责任制的暂行规定》，明确由项目业主负责组织工程设计、监理、设备采购和施工的招标工作，自主确定投标、中标单位。二是对外开放程度进一步提高。在利用国际组织和外国政府贷款、援助资金项目招标投标办法之外，专门规范国际招标的规定明显增多，招标的对象不再限于机电产品，甚至施工、监理、设计等也可以进行国际招标。三是招标的领域和采购对象进一步扩大。除计划、经贸、铁道、建设、化工、交通、广电等行业外，煤炭、水利、电力、工商、机械等行业部门也相继制定了专门的招标投标管理办法。除施工、设计、设备等招标外，推行了监理招标。四是对招标投标活动的规范进一步深入。除了制定一般性的招标投标管理办法外，有关部门还针对招标代理、资格预审、招标文件、评标专家、评标等关键环节，以及串通投标等突出问题，出台了专门管理办法，大大增强了招标投标制度的可操作性。

（3）规范完善期

这一时期从《招标投标法》颁布实施到现在。我国引进招标投标制度以后，经过近20年的发展，一方面积累了丰富的经验，为国家层面的统一立法奠定了实践基础；另一方面，招标投标活动中暴露的问题也越来越多，如招标程序不规范、做法不统一，虚假招标、泄露标底、串通投标、行贿受贿等问题较为突出，特别是政企不分问题仍然没有得到有效解决。针对上述问题，第九届全国人大常委会第11次会议于1999年8月30日审议通过了《中华人民共和国招标投标法》（简称《招标投标法》）。这是我国第一部规范公共采购和招标投标活动的专门法律，标志着我国招标投标制度进入了一个新的发展阶段。

按照公开、公平、公正和诚实信用原则，《招标投标法》对此前的招标投标制度作了重大改革：一是改革了缺乏明晰范围的强制招标制度。《招标投标法》从资金来源、项目性质等方面，明确了强制招标范围。同时允许法律、法规对强制招标范围作出新的规定，保持强制招标制度的开放性。二是改革了政企不分的管理制度。按照充分发挥市场配置资源基础性作用的要求，大大减少了行政审批事项和环节。三是改革了不符合公开原则的招标方式。规定了公开招标和邀请招标两种招标方式，取消了议标方式。四是改革了分散的招标公告发布制度，规定招标公告应当在国家指定的媒介上发布，并规定了招标公告应当具备的基本内容，提高了招标采购的透明度，降低了潜在投标人获取招标信息的成本。五是改革了以行政为主导的评标制度。规定评标委员会由招标人代表以及有关经济、技术专家组成，有关行政监督部门及其工作人员不得作为评标委员会成员。六是改革了不符合中介定位的招标代理制度。明确规定招标代理机构不得与行政机关和其他国家机关存在隶属关系或者其他利益关系，使招标代理从工程咨询、监理、设计等业务中脱离出来，成为一项独立的专业化中介服务。

2. 我国《招标投标法》的特点

（1）主体广

《招标投标法》所规范的主体相当广泛，主要有招标人、招标代理机构、投标人、潜在投标人、投标联合体、评标委员会、评标专家、中标人、中标项目分包商、行政监督部门、招标投标利害关系人、发布招标公告的指定媒介等，甚至国家工作人员、相关单位和个人也在一定程度上予以约束，总结起来有十几种之多。

根据与招标活动的密切程度，笔者认为可以将被调整规范的主体分为三种类型：第一种类型可以被称为“实施主体”，有招标人、投标人、评标委员会、评标专家和招标代理机构。这种类型的主体直接围绕着招标项目开展工作，处于招标活动中的一线地位，直接参与招标投标活动，最大程度上影响着招标投标活动的效果，所以是法律调整最多的主体领域；第二种类型的主体可以被称为“关联主体”，是指与实施主体互为直接影响的主体，主要是中标人、潜在投标人和行政监督部门，他们虽然跟招标投标活动没有发生直接的、实质性的关系，但是却跟招标投标活动息息相关，招标投标活动中必然有其存在，间接地影响招标投标活动，这是法律调整比较多的主体领域；第三种类型的主体可以被称为“外围主体”，这种主体不一定出现在招标投标活动中，但在某些情形下会出现，甚至会影响到招标投标活动的进行，这些主体主要是中标项目分包商、招标投标利害关系人、发布招标公告的指定媒介、国家工作人员、相关单位和个人，这是法律调整最少的主体领域。

（2）行为多

《招标投标法》对主体的调整，目的在于规范其行为。在整个《招标投标法》中，涉及的行为涵盖了项目的立项审批、委托代理机构、编制招标公告（招标文件、资格预审文件）、发布公告（资格预审公告）、领取招标文件（资格预审文件）、澄清修改招标文件（资格预审文件）、编制投标文件（资格预审申请文件）、投递投标文件（资格预审申请文件）、缴纳投标保证金、开标、评标、推荐中标候选人、定标、签约等，囊括了招标、投标、评标、定标的全部过程。

在以上行为中，既有职务行为，又有个人行为；既有法律行为，又有非法律行为；既有对内行为，又有对外行为。当然，各类行为之间几乎都存在竞合，同时属于多种行为种类，比如立项审批，既是职务行为，又是对内行为；而领取招标文件、编制投标文件既是个人行为，又是非法律行为。《招标投标法》规范的行为多种多样，是其一大特色。

（3）程序严

《招标投标法》是实体法和程序法的典型结合，甚至在某种程度上讲，《招标投标法》更倾向于程序法性质。

首先，从《招标投标法》体例可以看出，招标投标活动就是一个连续不断的程序过程，从招标开始，历经投标阶段，然后是开标、评标和中标，这个过程绝不可逆转，否则整个招标投标活动不仅无效，而且会产生严重的法律后果。

其次，招标投标活动各个阶段也具有各自的程序，可以被称作“小程序”。譬如，根据法律规定，招标程序必须从立项审批开始，经过发布招标公告（资格预审公告）、领取招标文件（资格预审文件）、澄清或修改文件（如有）等程序，才能进入到下一个程序。同时，法律对投标程序、开标程序、评标程序以及中标程序都无一例外地进行了全面规定。

再次，对招标投标活动的异议、投诉和监督程序在《招标投标法》中也予以了详细规定，能充分感受到立法者希望整个招标投标活动应当处于一个有条不紊、依法合规的有序状态的意图。

（4）关系繁

由于《招标投标法》调整的主体广、行为多，必然会形成错综复杂的关系网。就以前文所分析归纳的主体分类来说，主要就会形成实施主体之间的关系、实施主体与关联主体之间的关系、实施主体与外围主体的关系等。在这些关系中，既存在外部关系，也存在内部关系；既有法律关系，也有非法律关系。可以这样说，《招标投标法》调整的关系已经超越了招标投标活动范围，足见招标投标活动的影响力或者说重要性非同一般。

3. 我国《招标投标法》的意义

（1）使招标投标活动有法律的保障

《招标投标法》不仅是对进行招标投标活动要适用《招标投标法》的基本规定，而且还明确了必须招标的范围，这就为推行招标投标的方式提供了法律保证，并可在这个基础上逐步扩大必须招标的范围，也就是以法律作为保证，逐步扩大强制招标的范围，使招标投标制度发挥更大作用。

（2）公开、公平、公正和诚实信用的招标投标原则

制定《招标投标法》大大提高了招标投标活动的规范性水平，这就使招标投标方式的优越性在法律的保障下更明显地显现出来。《招标投标法》第五条规定，招标投标活动应当遵循公开、公平、公正和诚实信用原则，这是我国工程建设领域招标投标活动同国际惯例接轨的重要体现。按照法定的规则进行招标投标，它能保证众多的市场主体有机会进入招标项目的竞争行列，并在竞争中遵循公开、公平、公正的原则。

（3）对促进社会经济的发展有很强的现实意义

目前，重大建设项目的建设已实行招标投标制度。从《招标投标法》贯彻实施的实践来看，由于这种制度引入竞争机制和规范化程序，因而具有显著的社会和经济效益，对于规范和监督采购或投资者的行为、保护国有资产、提高投资和采购效益、防止非法和腐败行为，都起到了十分重要的作用。

采用招标方式采购货物、设备或进行工程发包，招标人预先都要通过报纸、网络等，向社会通告招标项目的有关信息，邀请所有愿意参加的投标人参加投标，竞争范围的扩大、竞争主体的增加，将使招标人有可能以更低的价格、更优越的条件，选择更好的投标人；投标人通过不断竞争、采用先进技术、加强优化管理、增加市场份额，同样能更充分地获得市场利益。

（4）为招标投标活动提供有利的法律环境，为经济领域改革提供法律保障

招标投标制度是一种充分发挥市场机制作用的制度，这种制度必须以法律形式体现出来，才能有效地实施，更具权威性，更能规范地运用这种竞争性很强的交易方式。因此，《招标投标法》的制定是完善市场机制、深化改革的一项重要措施，或者说是从法律与经济的结合上创造了良好的条件。

（5）确立了招标代理机构的法律地位，为规范建筑市场招标投标交易行为创造了条件

《招标投标法》第十三条规定："招标代理机构是依法设立、从事招标代理业务并提供相关服务的社会中介组织。"这项规定明确了招标代理是一种典型的市场中介行为，而不是政府的行政职能，为各级政府建设工程招投标交易中心的脱钩改制和各类社会招标代理机构的设立提供了法律依据，有助于从根本上规范建筑市场的招投标交易行为，真正发挥有形建筑市场的信息发布、场所服务和集中办公服务功能。

5.1.2 招标投标法的实施条例

1. 总则

（1）编制目的

为了规范招标投标活动，根据《中华人民共和国招标投标法》（以下简称招标投标法），制定本条例。

（2）工程建设项目定义

是指工程以及与工程建设有关的货物、服务。前款所称工程，是指建设工程，包括建筑物和构筑物的新建、改建、扩建及其相关的装修、拆除、修缮等；所称与工程建设有关的货物，是指构成工程不可分割的组成部分，且为实现工程基本功能所必需的设备、材料等；所称与工程建设有关的服务，是指为完成工程所需的勘察、设计、监理等服务。

（3）监督制度

国务院发展改革部门指导和协调全国招标投标工作，对国家重大建设项目的工程招标投标活动实施监督检查。国务院工业和信息化、住房城乡建设、交通运输、铁道、水利、商务等部门，按照规定的职责分工对有关招标投标活动实施监督。

县级以上地方人民政府发展改革部门指导和协调本行政区域的招标投标工作。县级以上地方人民政府有关部门按照规定的职责分工，对招标投标活动实施监督，依法查处招标投标活动中的违法行为。县级以上地方人民政府对其所属部门有关招标投标活动的监督职责分工另有规定的，从其规定。

财政部门依法对实行招标投标的政府采购工程建设项目的预算执行情况和政府采购政策执行情况实施监督。

监察机关依法对与招标投标活动有关的监察对象实施监察。

（4）其他规定

依法必须进行招标的工程建设项目的具体范围和规模标准，由国务院发展改革部门会同国务院有关部门制定，报国务院批准后公布施行。

设区的市级以上地方人民政府可以根据实际需要，建立统一规范的招标投标交易场所，为招标投标活动提供服务。招标投标交易场所不得与行政监督部门存在隶属关系，不得以营利为目的。

国家鼓励利用信息网络进行电子招标投标。

禁止国家工作人员以任何方式非法干涉招标投标活动。

2. 招标

按照国家有关规定需要履行项目审批、核准手续的依法必须进行招标的项目，其招标范围、招标方式、招标组织形式应当报项目审批、核准部门审批、核准。项目审批、核准部门应当及时将审批、核准确定的招标范围、招标方式、招标组织形式通报有关行政监督部门。

（1）公开招标

国有资金占控股或者主导地位的依法必须进行招标的项目，应当公开招标。

公开招标的项目，应当依照招标投标法和本条例的规定发布招标公告、编制招标文件。

招标人采用资格预审办法对潜在投标人进行资格审查的，应当发布资格预审公告、编制资格预审文件。

依法必须进行招标的项目的资格预审公告和招标公告，应当在国务院发展改革部门依法指定的媒介发布。在不同媒介发布的同一招标项目的资格预审公告或者招标公告的内容应当一致。指定媒介发布依法必须进行招标的项目的境内资格预审公告、招标公告，不得收取费用。

编制依法必须进行招标的项目的资格预审文件和招标文件，应当使用国务院发展改革部门会同有关行政监督部门制定的标准文本。

（2）邀请招标

有下列情形之一的，可以邀请招标：

1）技术复杂、有特殊要求或者受自然环境限制，只有少量潜在投标人可供选择；

2）采用公开招标方式的费用占项目合同金额的比例过大。

有上述第二项所列情形，由项目审批、核准部门在审批、核准项目时作出认定；其他项目由招标人申请有关行政监督部门作出认定。

（3）不进行招标

1）需要采用不可替代的专利或者专有技术；

2）采购人依法能够自行建设、生产或者提供；

3）已通过招标方式选定的特许经营项目投资人依法能够自行建设、生产或者提供；

4）需要向原中标人采购工程、货物或者服务，否则将影响施工或者功能配套要求；

5）国家规定的其他特殊情形。

招标人为适用前款规定弄虚作假的，属于招标投标法第四条规定的规避招标。

（4）招标代理机构

招标代理机构的资格依照法律和国务院的规定由有关部门认定。

国务院住房城乡建设、商务、发展改革、工业和信息化等部门，按照规定的职责分工对招标代理机构依法实施监督管理。

招标代理机构应当拥有一定数量的取得招标职业资格的专业人员。取得招标职业资格的具体办法由国务院人力资源社会保障部门会同国务院发展改革部门制定。

招标代理机构在其资格许可和招标人委托的范围内开展招标代理业务，任何单位和个人不得非法干涉。

招标代理机构代理招标业务，应当遵守招标投标法和本条例关于招标人的规定。招标代理机构不得在所代理的招标项目中投标或者代理投标，也不得为所代理的招标项目的投标人提供咨询。

招标代理机构不得涂改、出租、出借、转让资格证书。

招标人应当与被委托的招标代理机构签订书面委托合同，合同约定的收费标准应当符合国家有关规定。

（5）预审文件、招标文件

招标人应当按照资格预审公告、招标公告或者投标邀请书规定的时间、地点发售资格预审文件或者招标文件。资格预审文件或者招标文件的发售期不得少于5日。

招标人发售资格预审文件、招标文件收取的费用应当限于补偿印刷、邮寄的成本支出，不得以营利为目的。

招标人应当合理确定提交资格预审申请文件的时间。依法必须进行招标的项目提交资格预审申请文件的时间，自资格预审文件停止发售之日起不得少于5日。

（6）资格预审

资格预审应当按照资格预审文件载明的标准和方法进行。

国有资金占控股或者主导地位的依法必须进行招标的项目，招标人应当组建资格审查委员会审查资格预审申请文件。资格审查委员会及其成员应当遵守招标投标法和本条例有关评标委员会及其成员的规定。

资格预审结束后，招标人应当及时向资格预审申请人发出资格预审结果通知书。未通过资格预审的申请人不具有投标资格。

通过资格预审的申请人少于3个的，应当重新招标。

（7）资格后审

招标人采用资格后审办法对投标人进行资格审查的，应当在开标后由评标委员会按照招标文件规定的标准和方法对投标人的资格进行审查。

（8）澄清或者修改

招标人可以对已发出的资格预审文件或者招标文件进行必要的澄清或者修改。澄清或者修改的内容可能影响资格预审申请文件或者投标文件编制的，招标人应当在提交资格预审申请文件截止时间至少3日前，或者投标截止时间至少15日前，以书面形式通知所有获取资格预审文件或者招标文件的潜在投标人；不足3日或者15日的，招标人应当顺延提交资格预审申请文件或者投标文件的截止时间。

（9）对预审文件、招标文件提出异议

潜在投标人或者其他利害关系人对资格预审文件有异议的，应当在提交资格预审申请文件截止时间2日前提出；对招标文件有异议的，应当在投标截止时间10日前提出。招标人应当自收到异议之日起3日内作出答复；作出答复前，应当暂停招标投标活动。

（10）违反招标原则

招标人编制的资格预审文件、招标文件的内容违反法律、行政法规的强制性规定，违反公开、公平、公正和诚实信用原则，影响资格预审结果或者潜在投标人投标的，依法必须进行招标的项目的招标人应当在修改资格预审文件或者招标文件后重新招标。

招标人对招标项目划分标段的，应当遵守招标投标法的有关规定，不得利用划分标段限制或者排斥潜在投标人。依法必须进行招标的项目的招标人不得利用划分标段规避招标。

（11）投标有效期

招标人应当在招标文件中载明投标有效期。投标有效期从提交投标文件的截止之日起算。

（12）投标保证金

招标人在招标文件中要求投标人提交投标保证金的，投标保证金不得超过招标项目估算价的2%。投标保证金有效期应当与投标有效期一致。

依法必须进行招标的项目的境内投标单位，以现金或者支票形式提交的投标保证金应当从其基本账户转出。

招标人不得挪用投标保证金。

（13）标底

招标人可以自行决定是否编制标底。一个招标项目只能有一个标底。标底必须保密。

接受委托编制标底的中介机构不得参加受托编制标底项目的投标，也不得为该项目的投标人编制投标文件或者提供咨询。

招标人设有最高投标限价的，应当在招标文件中明确最高投标限价或者最高投标限价的计算方法。招标人不得规定最低投标限价。

（14）总承包招标

招标人可以依法对工程以及与工程建设有关的货物、服务全部或者部分实行总承包招标。以暂估价形式包括在总承包范围内的工程、货物、服务属于依法必须进行招标的项目范围且达到国家规定规模标准的，应当依法进行招标。

前款所称暂估价，是指总承包招标时不能确定价格而由招标人在招标文件中暂时估定的工程、货物、服务的金额。

（15）两阶段进行招标

对技术复杂或者无法精确拟订技术规格的项目，招标人可以分两阶段进行招标。

第一阶段，投标人按照招标公告或者投标邀请书的要求提交不带报价的技术建议，招标人根据投标人提交的技术建议确定技术标准和要求，编制招标文件。

第二阶段，招标人向在第一阶段提交技术建议的投标人提供招标文件，投标人按照招标文件的要求提交包括最终技术方案和投标报价的投标文件。

招标人要求投标人提交投标保证金的，应当在第二阶段提出。

（16）招标人终止招标

招标人终止招标的，应当及时发布公告，或者以书面形式通知被邀请的或者已经获取资格预审文件、招标文件的潜在投标人。已经发售资格预审文件、招标文件或者已经收取投标保证金的，招标人应当及时退还所收取的资格预审文件、招标文件的费用，以及所收取的投标保证金及银行同期存款利息。

（17）不合理的条件限制、排斥潜在投标人或者投标人

招标人不得以不合理的条件限制、排斥潜在投标人或者投标人。

招标人有下列行为之一的，属于以不合理条件限制、排斥潜在投标人或者投标人：

1）就同一招标项目向潜在投标人或者投标人提供有差别的项目信息；

2）设定的资格、技术、商务条件与招标项目的具体特点和实际需要不相适应或者与合同履行无关；

3）依法必须进行招标的项目以特定行政区域或者特定行业的业绩、奖项作为加分条件或者中标条件；

4）对潜在投标人或者投标人采取不同的资格审查或者评标标准；

5）限定或者指定特定的专利、商标、品牌、原产地或者供应商；

6）依法必须进行招标的项目非法限定潜在投标人或者投标人的所有制形式或者组织形式；

7）以其他不合理条件限制、排斥潜在投标人或者投标人。

3. 投标

（1）投标活动基本规定

投标人参加依法必须进行招标的项目的投标，不受地区或者部门的限制，任何单位和

个人不得非法干涉。

与招标人存在利害关系可能影响招标公正性的法人、其他组织或者个人，不得参加投标。

单位负责人为同一人或者存在控股、管理关系的不同单位，不得参加同一标段投标或者未划分标段的同一招标项目投标。

违反前两款规定的，相关投标均无效。

（2）投标文件

投标人撤回已提交的投标文件，应当在投标截止时间前书面通知招标人。招标人已收取投标保证金的，应当自收到投标人书面撤回通知之日起 5 日内退还。

投标截止后投标人撤销投标文件的，招标人可以不退还投标保证金。

未通过资格预审的申请人提交的投标文件，以及逾期送达或者不按照招标文件要求密封的投标文件，招标人应当拒收。

招标人应当如实记载投标文件的送达时间和密封情况，并存档备查。

（3）联合体投标

招标人应当在资格预审公告、招标公告或者投标邀请书中载明是否接受联合体投标。

招标人接受联合体投标并进行资格预审的，联合体应当在提交资格预审申请文件前组成。资格预审后联合体增减、更换成员的，其投标无效。

联合体各方在同一招标项目中以自己名义单独投标或者参加其他联合体投标的，相关投标均无效。

（4）投标人发生合并、分立、破产等重大变化

投标人发生合并、分立、破产等重大变化的，应当及时书面告知招标人。投标人不再具备资格预审文件、招标文件规定的资格条件或者其投标影响招标公正性的，其投标无效。

（5）禁止串通投标

禁止投标人相互串通投标。

有下列情形之一的，属于投标人相互串通投标：

1）投标人之间协商投标报价等投标文件的实质性内容；

2）投标人之间约定中标人；

3）投标人之间约定部分投标人放弃投标或者中标；

4）属于同一集团、协会、商会等组织成员的投标人按照该组织要求协同投标；

5）投标人之间为谋取中标或者排斥特定投标人而采取的其他联合行动。

有下列情形之一的，视为投标人相互串通投标：

1）不同投标人的投标文件由同一单位或者个人编制；

2）不同投标人委托同一单位或者个人办理投标事宜；

3）不同投标人的投标文件载明的项目管理成员为同一人；

4）不同投标人的投标文件异常一致或者投标报价呈规律性差异；

5）不同投标人的投标文件相互混装；

6）不同投标人的投标保证金从同一单位或者个人的账户转出。

禁止招标人与投标人串通投标。

有下列情形之一的，属于招标人与投标人串通投标：

1）招标人在开标前开启投标文件并将有关信息泄露给其他投标人；

2）招标人直接或者间接向投标人泄露标底、评标委员会成员等信息；

3）招标人明示或者暗示投标人压低或者抬高投标报价；

4）招标人授意投标人撤换、修改投标文件；

5）招标人明示或者暗示投标人为特定投标人中标提供方便；

6）招标人与投标人为谋求特定投标人中标而采取的其他串通行为。

（6）以他人名义投标

使用通过受让或者租借等方式获取的资格、资质证书投标的，属于招标投标法第三十三条规定的以他人名义投标。

投标人有下列情形之一的，属于招标投标法第三十三条规定的以其他方式弄虚作假的行为：

1）使用伪造、变造的许可证件；

2）提供虚假的财务状况或者业绩；

3）提供虚假的项目负责人或者主要技术人员简历、劳动关系证明；

4）提供虚假的信用状况；

5）其他弄虚作假的行为。

（7）其他规定

提交资格预审申请文件的申请人应当遵守招标投标法和本条例有关投标人的规定。

4. 开标、评标和中标

（1）开标

招标人应当按照招标文件规定的时间、地点开标。

投标人少于3个的，不得开标；招标人应当重新招标。

投标人对开标有异议的，应当在开标现场提出，招标人应当当场作出答复，并作记录。

（2）评标专家

国家实行统一的评标专家专业分类标准和管理办法。具体标准和办法由国务院发展改革部门会同国务院有关部门制定。

省级人民政府和国务院有关部门应当组建综合评标专家库。

除招标投标法第三十七条第三款规定的特殊招标项目外，依法必须进行招标的项目，其评标委员会的专家成员应当从评标专家库内相关专业的专家名单中以随机抽取方式确定。任何单位和个人不得以明示、暗示等任何方式指定或者变相指定参加评标委员会的专家成员。

依法必须进行招标的项目的招标人非因招标投标法和本条例规定的事由，不得更换依法确定的评标委员会成员。更换评标委员会的专家成员应当依照前款规定进行。

评标委员会成员与投标人有利害关系的，应当主动回避。

有关行政监督部门应当按照规定的职责分工，对评标委员会成员的确定方式、评标专家的抽取和评标活动进行监督。行政监督部门的工作人员不得担任本部门负责监督项目的评标委员会成员。

（3）特殊招标项目

招标投标法第三十七条第三款所称特殊招标项目，是指技术复杂、专业性强或者国家有特殊要求，采取随机抽取方式确定的专家难以保证胜任评标工作的项目。

（4）评标

招标人应当向评标委员会提供评标所必需的信息，但不得明示或者暗示其倾向或者排斥特定投标人。

招标人应当根据项目规模和技术复杂程度等因素合理确定评标时间。超过三分之一的评标委员会成员认为评标时间不够的，招标人应当适当延长。

评标过程中，评标委员会成员有回避事由、擅离职守或者因健康等原因不能继续评标的，应当及时更换。被更换的评标委员会成员作出的评审结论无效，由更换后的评标委员会成员重新进行评审。

评标委员会成员应当依照招标投标法和本条例的规定，按照招标文件规定的评标标准和方法，客观、公正地对投标文件提出评审意见。招标文件没有规定的评标标准和方法不得作为评标的依据。

评标委员会成员不得私下接触投标人，不得收受投标人给予的财物或者其他好处，不得向招标人征询确定中标人的意向，不得接受任何单位或者个人明示或者暗示提出的倾向或者排斥特定投标人的要求，不得有其他不客观、不公正履行职务的行为。

（5）否决投标的条件

招标项目设有标底的，招标人应当在开标时公布。标底只能作为评标的参考，不得以投标报价是否接近标底作为中标条件，也不得以投标报价超过标底上下浮动范围作为否决投标的条件。

有下列情形之一的，评标委员会应当否决其投标：

1）投标文件未经投标单位盖章和单位负责人签字；

2）投标联合体没有提交共同投标协议；

3）投标人不符合国家或者招标文件规定的资格条件；

4）同一投标人提交两个以上不同的投标文件或者投标报价，但招标文件要求提交备选投标的除外；

5）投标报价低于成本或者高于招标文件设定的最高投标限价；

6）投标文件没有对招标文件的实质性要求和条件作出响应；

7）投标人有串通投标、弄虚作假、行贿等违法行为。

（6）投标人的澄清、说明

投标文件中有含义不明确的内容、明显文字或者计算错误，评标委员会认为需要投标人作出必要澄清、说明的，应当书面通知该投标人。投标人的澄清、说明应当采用书面形式，并不得超出投标文件的范围或者改变投标文件的实质性内容。

评标委员会不得暗示或者诱导投标人作出澄清、说明，不得接受投标人主动提出的澄清、说明。

（7）评标报告

评标完成后，评标委员会应当向招标人提交书面评标报告和中标候选人名单。中标候选人应当不超过 3 个，并标明排序。

评标报告应当由评标委员会全体成员签字。对评标结果有不同意见的评标委员会成员应当以书面形式说明其不同意见和理由，评标报告应当注明该不同意见。评标委员会成员拒绝在评标报告上签字又不书面说明其不同意见和理由的，视为同意评标结果。

（8）中标候选人

依法必须进行招标的项目，招标人应当自收到评标报告之日起 3 日内公示中标候选人，公示期不得少于 3 日。

投标人或者其他利害关系人对依法必须进行招标的项目的评标结果有异议的，应当在中标候选人公示期间提出。招标人应当自收到异议之日起 3 日内作出答复；作出答复前，应当暂停招标投标活动。

国有资金占控股或者主导地位的依法必须进行招标的项目，招标人应当确定排名第一的中标候选人为中标人。排名第一的中标候选人放弃中标、因不可抗力不能履行合同、不按照招标文件要求提交履约保证金，或者被查实存在影响中标结果的违法行为等情形，不符合中标条件的，招标人可以按照评标委员会提出的中标候选人名单排序依次确定其他中标候选人为中标人，也可以重新招标。

中标候选人的经营、财务状况发生较大变化或者存在违法行为，招标人认为可能影响其履约能力的，应当在发出中标通知书前由原评标委员会按照招标文件规定的标准和方法审查确认。

（9）中标

招标人和中标人应当依照招标投标法和本条例的规定签订书面合同，合同的标的、价款、质量、履行期限等主要条款应当与招标文件和中标人的投标文件的内容一致。招标人和中标人不得再行订立背离合同实质性内容的其他协议。

招标人最迟应当在书面合同签订后 5 日内向中标人和未中标的投标人退还投标保证金及银行同期存款利息。

招标文件要求中标人提交履约保证金的，中标人应当按照招标文件的要求提交。履约保证金不得超过中标合同金额的 10%。

中标人应当按照合同约定履行义务，完成中标项目。中标人不得向他人转让中标项目，也不得将中标项目肢解后分别向他人转让。

中标人按照合同约定或者经招标人同意，可以将中标项目的部分非主体、非关键性工作分包给他人完成。接受分包的人应当具备相应的资格条件，并不得再次分包。

中标人应当就分包项目向招标人负责，接受分包的人就分包项目承担连带责任。

5. 投诉与处理

投标人或者其他利害关系人认为招标投标活动不符合法律、行政法规规定的，可以自知道或者应当知道之日起 10 日内向有关行政监督部门投诉。投诉应当有明确的请求和必要的证明材料。

投诉人就同一事项向两个以上有权受理的行政监督部门投诉的，由最先收到投诉的行政监督部门负责处理。

行政监督部门应当自收到投诉之日起 3 个工作日内决定是否受理投诉，并自受理投诉之日起 30 个工作日内作出书面处理决定；需要检验、检测、鉴定、专家评审的，所需时间不计算在内。

投诉人捏造事实、伪造材料或者以非法手段取得证明材料进行投诉的，行政监督部门应当予以驳回。

行政监督部门处理投诉，有权查阅、复制有关文件、资料，调查有关情况，相关单位和人员应当予以配合。必要时，行政监督部门可以责令暂停招标投标活动。

行政监督部门的工作人员对监督检查过程中知悉的国家秘密、商业秘密，应当依法予以保密。

6. 法律责任

（1）招标人限制或者排斥潜在投标人

招标人有下列限制或者排斥潜在投标人行为之一的，由有关行政监督部门依照招标投标法第五十一条的规定处罚：

1）依法应当公开招标的项目不按照规定在指定媒介发布资格预审公告或者招标公告；

2）在不同媒介发布的同一招标项目的资格预审公告或者招标公告的内容不一致，影响潜在投标人申请资格预审或者投标。

依法必须进行招标的项目的招标人不按照规定发布资格预审公告或者招标公告，构成规避招标的，依照招标投标法第四十九条的规定处罚。

（2）招标人

招标人有下列情形之一的，由有关行政监督部门责令改正，可以处10万元以下的罚款：

1）依法应当公开招标而采用邀请招标；

2）招标文件、资格预审文件的发售、澄清、修改的时限，或者确定的提交资格预审申请文件、投标文件的时限不符合招标投标法和本条例规定；

3）接受未通过资格预审的单位或者个人参加投标；

4）接受应当拒收的投标文件。

招标人有前款第一项、第三项、第四项所列行为之一的，对单位直接负责的主管人员和其他直接责任人员依法给予处分。

招标人超过本条例规定的比例收取投标保证金、履约保证金或者不按照规定退还投标保证金及银行同期存款利息的，由有关行政监督部门责令改正，可以处5万元以下的罚款；给他人造成损失的，依法承担赔偿责任。

依法必须进行招标的项目的招标人有下列情形之一的，由有关行政监督部门责令改正，可以处中标项目金额10‰以下的罚款；给他人造成损失的，依法承担赔偿责任；对单位直接负责的主管人员和其他直接责任人员依法给予处分：

1）无正当理由不发出中标通知书；

2）不按照规定确定中标人；

3）中标通知书发出后无正当理由改变中标结果；

4）无正当理由不与中标人订立合同；

5）在订立合同时向中标人提出附加条件。

招标人不按照规定对异议作出答复，继续进行招标投标活动的，由有关行政监督部门责令改正，拒不改正或者不能改正并影响中标结果的，依照本条例第八十二条的规定处理。

(3) 招标代理机构

招标代理机构在所代理的招标项目中投标、代理投标或者向该项目投标人提供咨询的，接受委托编制标底的中介机构参加受托编制标底项目的投标或者为该项目的投标人编制投标文件、提供咨询的，依照招标投标法第五十条的规定追究法律责任。

(4) 投标人

投标人相互串通投标或者与招标人串通投标的，投标人向招标人或者评标委员会成员行贿谋取中标的，中标无效；构成犯罪的，依法追究刑事责任；尚不构成犯罪的，依照招标投标法第五十三条的规定处罚。投标人未中标的，对单位的罚款金额按照招标项目合同金额依照招标投标法规定的比例计算。

投标人有下列行为之一的，属于招标投标法第五十三条规定的情节严重行为，由有关行政监督部门取消其 1 年至 2 年内参加依法必须进行招标的项目的投标资格：

1) 以行贿谋取中标；

2) 3 年内 2 次以上串通投标；

3) 串通投标行为损害招标人、其他投标人或者国家、集体、公民的合法利益，造成直接经济损失 30 万元以上；

4) 其他串通投标情节严重的行为。

投标人自本条第二款规定的处罚执行期限届满之日起 3 年内又有该款所列违法行为之一的，或者串通投标、以行贿谋取中标情节特别严重的，由工商行政管理机关吊销营业执照。

法律、行政法规对串通投标报价行为的处罚另有规定的，从其规定。

投标人以他人名义投标或者以其他方式弄虚作假骗取中标的，中标无效；构成犯罪的，依法追究刑事责任；尚不构成犯罪的，依照招标投标法第五十四条的规定处罚。依法必须进行招标的项目的投标人未中标的，对单位的罚款金额按照招标项目合同金额依照招标投标法规定的比例计算。

投标人有下列行为之一的，属于招标投标法第五十四条规定的情节严重行为，由有关行政监督部门取消其 1 年至 3 年内参加依法必须进行招标的项目的投标资格：

1) 伪造、变造资格、资质证书或者其他许可证件骗取中标；

2) 3 年内 2 次以上使用他人名义投标；

3) 弄虚作假骗取中标给招标人造成直接经济损失 30 万元以上；

4) 其他弄虚作假骗取中标情节严重的行为。

投标人自本条第二款规定的处罚执行期限届满之日起 3 年内又有该款所列违法行为之一的，或者弄虚作假骗取中标情节特别严重的，由工商行政管理机关吊销营业执照。

投标人或者其他利害关系人捏造事实、伪造材料或者以非法手段取得证明材料进行投诉，给他人造成损失的，依法承担赔偿责任。

(5) 出让或者出租资格、资质证书供他人投标

出让或者出租资格、资质证书供他人投标的，依照法律、行政法规的规定给予行政处罚；构成犯罪的，依法追究刑事责任。

(6) 评标委员会

依法必须进行招标的项目的招标人不按照规定组建评标委员会，或者确定、更换评标

委员会成员违反招标投标法和本条例规定的，由有关行政监督部门责令改正，可以处10万元以下的罚款，对单位直接负责的主管人员和其他直接责任人员依法给予处分；违法确定或者更换的评标委员会成员作出的评审结论无效，依法重新进行评审。

国家工作人员以任何方式非法干涉选取评标委员会成员的，依照本条例第八十一条的规定追究法律责任。

评标委员会成员有下列行为之一的，由有关行政监督部门责令改正；情节严重的，禁止其在一定期限内参加依法必须进行招标的项目的评标；情节特别严重的，取消其担任评标委员会成员的资格：

1）应当回避而不回避；

2）擅离职守；

3）不按照招标文件规定的评标标准和方法评标；

4）私下接触投标人；

5）向招标人征询确定中标人的意向或者接受任何单位或者个人明示或者暗示提出的倾向或者排斥特定投标人的要求；

6）对依法应当否决的投标不提出否决意见；

7）暗示或者诱导投标人作出澄清、说明或者接受投标人主动提出的澄清、说明；

8）其他不客观、不公正履行职务的行为。

评标委员会成员收受投标人的财物或者其他好处的，没收收受的财物，处3000元以上5万元以下的罚款，取消担任评标委员会成员的资格，不得再参加依法必须进行招标的项目的评标；构成犯罪的，依法追究刑事责任。

（7）中标人

中标人无正当理由不与招标人订立合同，在签订合同时向招标人提出附加条件，或者不按照招标文件要求提交履约保证金的，取消其中标资格，投标保证金不予退还。对依法必须进行招标的项目的中标人，由有关行政监督部门责令改正，可以处中标项目金额10‰以下的罚款。

招标人和中标人不按照招标文件和中标人的投标文件订立合同，合同的主要条款与招标文件、中标人的投标文件的内容不一致，或者招标人、中标人订立背离合同实质性内容的协议的，由有关行政监督部门责令改正，可以处中标项目金额5‰以上10‰以下的罚款。

中标人将中标项目转让给他人的，将中标项目肢解后分别转让给他人的，违反招标投标法和本条例规定将中标项目的部分主体、关键性工作分包给他人的，或者分包人再次分包的，转让、分包无效，处转让、分包项目金额5‰以上10‰以下的罚款；有违法所得的，并处没收违法所得；可以责令停业整顿；情节严重的，由工商行政管理机关吊销营业执照。

（8）其他规定

取得招标职业资格的专业人员违反国家有关规定办理招标业务的，责令改正，给予警告；情节严重的，暂停一定期限内从事招标业务；情节特别严重的，取消招标职业资格。

国家建立招标投标信用制度。有关行政监督部门应当依法公告对招标人、招标代理机构、投标人、评标委员会成员等当事人违法行为的行政处理决定。

项目审批、核准部门不依法审批、核准项目招标范围、招标方式、招标组织形式的，对单位直接负责的主管人员和其他直接责任人员依法给予处分。

有关行政监督部门不依法履行职责，对违反招标投标法和本条例规定的行为不依法查处，或者不按照规定处理投诉、不依法公告对招标投标当事人违法行为的行政处理决定的，对直接负责的主管人员和其他直接责任人员依法给予处分。

项目审批、核准部门和有关行政监督部门的工作人员徇私舞弊、滥用职权、玩忽职守，构成犯罪的，依法追究刑事责任。

国家工作人员利用职务便利，以直接或者间接、明示或者暗示等任何方式非法干涉招标投标活动，有下列情形之一的，依法给予记过或者记大过处分；情节严重的，依法给予降级或者撤职处分；情节特别严重的，依法给予开除处分；构成犯罪的，依法追究刑事责任：

1）要求对依法必须进行招标的项目不招标，或者要求对依法应当公开招标的项目不公开招标；

2）要求评标委员会成员或者招标人以其指定的投标人作为中标候选人或者中标人，或者以其他方式非法干涉评标活动，影响中标结果；

3）以其他方式非法干涉招标投标活动。

依法必须进行招标的项目的招标投标活动违反招标投标法和本条例的规定，对中标结果造成实质性影响，且不能采取补救措施予以纠正的，招标、投标、中标无效，应当依法重新招标或者评标。

7. 附则

招标投标协会按照依法制定的章程开展活动，加强行业自律和服务。

政府采购的法律、行政法规对政府采购货物、服务的招标投标另有规定的，从其规定。本条例自 2012 年 2 月 1 日起施行。

5.1.3 案例分析

1. 案例一

某省重点工程项目计划于 2016 年 12 月 28 日开工，由于工程复杂、技术难度高，一般施工队伍难以胜任，业主自行决定采取邀请招标方式。于 2016 年 9 月 8 日向通过资格预审的 A、B、C、D、E 五家施工承包企业发出了投标邀请书。该五家企业均接受了邀请，并于规定时间 9 月 20～22 日购买了招标文件。招标文件中规定，10 月 18 日下午 4 时是招标文件规定的投标截止时间，11 月 10 日发出中标通知书。

在投标截止时间之前，A、B、D、E 四家企业提交了投标文件，但 C 企业于 10 月 18 日下午 5 时才送达，原因是中途堵车；10 月 21 日下午由当地招投标监督管理办公室主持进行了公开开标。

评标委员会共由 7 人组成，其中当地招投标监督管理办公室管理人员 1 人，公证处管理人员 1 人，招标人代表 1 人，技术经济方面专家 4 人。评标时发现，E 企业投标文件虽无法定代表人签字和委托人授权书，但投标文件均已由项目经理签字并加盖了公章。评标委员会于 10 月 28 日提出了评标报告。B、A 企业分别综合得分第一、第二名。由于 B 企业投标报价高于 A 企业，11 月 10 日招标人向 A 企业发出了中标通知书，并于 12 月 12 日签订了书面合同。

问题：

（1）企业自行决定采取邀请招标方式的做法是否妥当？说明理由。

（2）C企业和E企业投标文件是否有效？说明理由。

（3）请指出开标工作的不妥之处，说明理由。

（4）请指出评标委员会成员组成及合同签订的不妥之处，说明理由。

回答：（1）根据《招标投标法》（第十一条）规定，省、自治区、直辖市人民政府确定的地方重点项目中不适宜公开招标的项目，要经过省、自治区、直辖市人民政府批准，方可进行邀请招标。因此，本案业主自行对省重点工程项目决定采取邀请招标的做法是不妥的。

（2）根据《招标投标法》（第二十八条）规定，在招标文件要求提交投标文件的截止时间后送达的投标文件，招标人应当拒收。本案C企业的投标文件送达时间迟于投标截止时间，因此该投标文件应被拒收。

根据《招标投标法》和《评标委员会和评标方法暂行规定》，投标文件若没有法定代表人签字和加盖公章，则属于重大偏差。本案E企业投标文件没有法定代表人签字，项目经理也未获得委托人授权书，无权代表本企业投标签字，尽管有单位公章，仍属存在重大偏差，应作废标处理。

（3）1）根据《招标投标法》（第三十四条）规定，开标应当在招标文件确定的提交投标文件的截止时间公开进行，本案招标文件规定的投标截止时间是10月18日下午4时，但迟至10月21日下午才开标，是不妥之处一；

2）根据《招标投标法》（第三十五条）规定，开标应由招标人主持，本案由属于行政监督部门的当地招投标监督管理办公室主持，是不妥之处二。

（4）根据《招标投标法》和《评标委员会和评标方法暂行规定》，评标委员会由招标人或其委托的招标代理机构熟悉相关业务的代表，以及有关技术、经济等方面的专家组成，并规定项目主管部门或者行政监督部门的人员不得担任评标委员会委员。一般而言，公证处人员不熟悉工程项目相关业务，当地招投标监督管理办公室属于行政监督部门，显然，招投标监督管理办公室人员和公证处人员担任评标委员会成员是不妥的。《招标投标法》还规定，评标委员会技术、经济等方面的专家不得少于成员总数的2/3。本案技术、经济等方面的专家比例为4/7，低于规定的比例要求。《招标投标法》（第四十六条）规定，招标人和中标人应当自中标通知书发出之日起30天内，按照招标文件和中标人的投标文件订立书面合同，本案11月10日发出中标通知书，迟至12月12日才签订书面合同，两者的时间间隔已超过30天，违反了《招标投标法》的相关规定。

2. 案例二

2015年5月，某县污水处理厂为了进行技术改造，决定对污水设备的设计、安装、施工等一揽子工程进行招标。考虑到该项目的一些特殊专业要求，招标人决定采用邀请招标的方式，随后向具备承包条件而且施工经验丰富的A、B、C三家承包商发出投标邀请。A、B、C三家承包单位均接受了邀请并在规定的时间、地点领取了招标文件，招标文件对新型污水设备的设计要求、设计标准等基本内容都作了明确的规定。为了把项目搞好，招标人还根据项目要求的特殊性，主持了项目要求的答疑会，对设计的技术要求作了进一步的解释说明，三家投标单位都如期参加了这次答疑会。在投标截止日期前10天，招标人书面通知各投标单位，由于某种原因，决定将安装工程从原招标范围内删除。

接下来三家投标单位都按规定时间提交了投标文件。但投标单位 A 在送出投标文件后，发现由于对招标文件的技术要求理解错误，造成了报价估算有较严重的失误，遂赶在投标截止时间前 10 分钟向招标人递交了一份书面声明，要求撤回已提交的投标文件。由于投标单位 A 已撤回投标文件，在剩下的 B、C 两家投标单位中，通过评标委员会专家的综合评价，最终选择了 B 投标单位为中标单位。

问题：

（1）投标单位 A 提出的撤回投标文件的要求是否合理，为什么？

（2）从所介绍的背景资料来看，在该项目的招投标过程中哪些方面不符合《招标投标法》的有关规定？

回答：（1）合理。根据《招标投标法》第二十九条规定，投标人在招标文件要求提交投标文件的截止时间前，可以补充、修改或者撤回已提交的投标文件，只要书面通知招标人即可。

（2）招标人不应该在投标截止日期前 10 天修改招标范围。根据《招标投标法》第二十三条规定，若招标人需改变招标范围或变更招标文件，应在投标截止日期前至少 15 天前以书面形式通知所有招标文件收受人。

不应该仅从剩下的 B、C 两家投标单位中选择中标人。根据《招标投标法》的规定，投标人少于 3 个时，招标人应当依法重新招标。

3. 案例三

2017 年 9 月 25 日，某市地震局要建设一栋地震监测预报大楼，大楼建筑面积 $4000m^2$，连体附属 3 层停车楼一座，总造价 2100 万元。工程采用招标方式进行发包。由于地震监测大楼在设计上要求比较复杂，根据当地建设局的建议并经建设单位常委会研究决定，对参加投标单位的主体要求是最低不得低于二级资质。经过公开招标，有 A 和 B 参加了投标，两个投标单位在施工资质、施工力量、施工工艺和水平以及社会信誉上都相差不大，地震局的领导以及招标工作领导小组的成员对究竟选择哪一家作为中标单位也是存在分歧。

正在局领导犹豫不决时，有单位 C 参入其中，C 单位的法定代表人是地震局某主要领导的亲戚，但是其施工资质却是三级，经 C 单位法定代表人的私下活动，局常委会同意让 C 与 A 联合承包工程，并明确向 A 暗示，如果不接受这个投标方案，则该工程的中标将授予 B 单位。A 为了获得该项工程，同意了与 C 联合承包该工程，并同意将停车楼交给 C 单位施工。于是 A 和 C 联合投标获得成功。A 与地震局签订了《建设工程施工合同》，A 与 C 也签订了联合承包工程的协议。

（1）在上述招标过程中，地震局作为该项目的建设单位其行为是否合法？

（2）从上述背景资料来看，A 和 C 组成的投标联合体是否有效，为什么？

（3）通常情况下，招标人和投标人串通投标的行为有哪些表现形式？

回答：（1）不合法。地震局作为该项目的建设单位，为了照顾某些个人关系，指使 A 和 C 强行联合，并最终排斥了 B 可能中标的机会，构成了不正当竞争，违反了《招标投标法》中关于不得强制投标人组成联合体共同投标，不得限制投标人之间的竞争的强制性规定。

（2）A和C组成的投标联合体无效。根据《招标投标法》第三十一条的规定，两个以上法人或者其他组织可以组成一个联合体，以一个投标人的身份共同投标。联合体各方均应当具备承担招标项目的相应能力；国家有关规定或者招标文件对投标人资格条件有规定的，联合体各方均应当具备规定的相应资格条件。由同一专业的单位组成的联合体，按照资质等级较低的单位确定资质等级。本案例中，A和C组成的投标联合体不符合对投标单位主体资格条件的要求，所以是无效的。

（3）招标人和投标人串通投标的行为通常有：

1）招标人在开标前开启投标文件，并将投标情况告知其他投标人，或者协助投标人撤换投标文件，更改报价；

2）招标人向投标人泄露标底；

3）招标人与投标人商定，投标时压低或抬高标价，中标后再给投标人或招标人额外补偿；

4）招标人预先内定中标人；

5）其他串通投标行为。

5.2 建设工程常见评标方法与管理要点

5.2.1 建设工程常见的评标方法

评标，就是依据招标文件的规定和要求，对投标文件进行审查、评审和比较。评标是审查确定中标人的必经程序，是保证招标成功的重要环节。在我国，尤其是对于政府投资项目，为了保证评标的公正性，防止招标人左右评标结果，评标不能由招标人或其代理机构独自承担，而应建立一个由有关专家和人员组成的评标委员会，负责依据招标文件规定的评标标准和方法，对所有投标文件进行评审，向招标人推荐中标候选人或者直接确定中标人。

评标是建设工程招投标工作的关键环节，评标方法的选择对建设工程招投标至关重要。根据我国《评标委员会和评标方法暂行规定》第二十九条说明：评标方法包括经评审的最低投标价法、综合评估法或者法律、行政法规允许的其他评标方法。

1. 经评审的最低投标价法

经评审的最低投标价法，是指评标委员会对满足招标文件实质要求的投标文件，根据评审标准规定的量化因素及量化标准进行价格折算，即按招标文件规定的评标价格调整方法，将投标报价以及相关商务部分的偏差作必要的价格调整和评审，把价格以外的有关因素折成货币或给予相应的加权计算，以确定最低评标价或最佳投标的方法。

经评审的最低投标价法，是以评审价格作为衡量标准，选取最低评标价而非投标价者推荐为中标人，前提是该投标文件对招标文件进行了实质性响应。如果投标文件不符合招标文件的要求而被招标人拒绝，则投标价格再低，也不在考虑之列。采用经评审的最低投标价法时，评标委员会应根据招标文件规定的评标价格调整方法，对所有投标人的投标报价以及投标文件的商务部分作必要的价格调整。中标人的投标应当符合招标文件规定的技术要求和标准，但评标委员会无需对投标文件的技术部分进行价格折算。

经评审的最低投标价法完成初步和详细评审后，评标委员会应当拟订一份“价格比较一览表”，连同书面评标报告提交招标人。“价格比较一览表”应当载明投标人的投标报价、对商务偏差的价格调整和说明，以及已评审的最终投标价。

评标委员会应按照经评审的投标价由低到高的顺序推荐中标候选人，然后由定标委员会根据招标人授权确定中标候选人，但投标报价低于拟中标投标人的成本的除外。有时，评标委员会也可根据招标人授权，行使定标委员会职责。若有两个投标人经评审的投标价相等的，则投标报价较低的优先；若投标报价也相等的，应由招标人自行确定。

2. 综合评估法

综合评估法是对价格、施工组织设计或施工方案、项目经理的资历和业绩、质量、工期、信誉和业绩等因素进行综合评价，从而确定最大限度地满足招标文件中规定的各项综合评价标准的投标为中标人的评标办法。这是国内应用最为广泛的评标办法，可适用于不宜采用经评审的最低投标价法的招标项目。

综合评估法需要综合考虑投标文件的各项内容是否同招标文件要求的各项文件、资料和技术要求相一致，不仅需要对价格因素进行评议，还要对诸如施工组织设计或施工方案、投入的技术及管理力量、质量、工期、信誉和业绩等其他因素进行综合评议。

衡量投标文件是否最大限度地满足招标文件中规定的各项评价标准，可以采用折算为货币的方法、打分的方法或其他方法。需量化的因素及其权重应当在招标文件中明确规定。评标委员会对各个评审因素进行量化时，应当将量化指标建立在同一基础或者同一标准上，使不同投标文件具有可比性。对技术部分和商务部分进行量化后，评标委员会应当对这两部分的量化结果进行加权，计算出每一投标的综合评估价或者综合评估分。根据综合评估法完成评标后，评标委员会应当拟订一份“综合评估比较表”，连同书面评标报告提交给招标人。

该方法的特点为：对技术部分和商务部分的量化结果进行加权，计算出每一投标的综合评估价或者综合评估分，以此确定候选中标人。最大限度地满足招标文件中规定的各项综合评价标准的投标，应当推荐为中标候选人。其中，最低评标价法和综合评分法是综合评估法中最常用的两种方法。

（1）最低评标价法

这种方法可以认为是扩大的经评审的最低投标价法。一般做法是以投标人报价为基数，将报价以外的其他因素数量化，并以货币折算成价格，将其加减到投标价上去，形成评标价，以评标价最低的投标作为中选投标。

（2）综合评分法

综合评分法，是按预先规定的评分标准，对各投标文件各要素（ 报价和其他非价格因素）进行量化、评审记分，以标书综合分的高低确定中标单位的评标方法。评审要素确定后，首先将需要评审的内容划分为几大类，并根据招标项目的性质、特点，以及各要素对招标人总投资的影响程度来具体分配分值权重（即“得分”）。然后，再将各类要素细划成评定小项并确定评分的标准。这种方法往往将各评审因素的指标分解成100分，因此也称百分法。

3. 法律、行政法规允许的其他评标方法

自颁布《招标投标法》以来，随着建筑市场规范化，工程招标活动都开始集中管理，统一招投标程序和手续，明确招标方式，审定每项工程的评定标方法。但各地采用的评定标办法不尽相同，在招标投标实践中，除了前述两种评标方法以外，还有其他评标方法，如：

（1）合理低价法

合理低价评标法就是在各商务条款满足招标文件且各项报价在基准价的合理区间内，选择投标报价较低的投标人为中标候选人或中标人的评标方法。该方法对招标前期的工作质量要求比较高，应加强对投标企业的资格预审，确保入围企业都是资质较高、信誉优良、能独立完成项目的企业。在定标过程中应建立"澄清制度"，给投标报价低于成本价的投标人一个澄清机会。投标人如不能合理说明或不能提供相关证明材料的，应认定该投标人以低于成本价竞标，其投标应作废标处理；如投标人能对其所使用的先进工艺阐述明晰，则应给予相应的加分。

该方法为"最低价中标"评标法的升级。除考虑价格以外，为防止恶性竞争而制定了一些适应当前招标工程的细节要求，并且就投标公司特点进行技术领域的优选（如工期、质量、设计能力），以达到充分评估投标公司能力和报价是否理性，避免最低价中标造成的工程质量偏低。

（2）抽签法

此办法主要用于建筑工程招投标。业主委托有资质的单位编制预算价，交地方有关管理部门审定，以此价作为合同价基础。投标单位经过资格预审后处于同等地位，通过抽签、摇号等手段确定中标单位。此办法的优点是投标单位处于平等地位，可以有效遏制舞弊、围标等行为，减少了评标过程中的主观因素，但缺点是评标过程类似于博彩，择优性不足。

（3）平均价评标法

有时，招标人会以所有投标人报价的平均价或该平均价下浮一定比例作为标准，以报价接近该标准的投标人为中标人。该方法类似于抽签法，评标过程简单，也比较公平，但择优性不足。

（4）$A+B$ 值评标法

$A+B$ 值评标法是由招标人编制一个标底 A，舍去投标商高于 A 值 $+x\%$ 和低于 A 值 $-y\%$ 的报价后，计算其他各有效投标商的平均报价：

$$B=(B_1+B_2+\cdots+B_n)\div n$$

式中　$B_1\cdots B_n$——第 1 到第 n 个投标人的投标报价。

根据公式：

$$D=A\times K_1+B\times K_2$$

可以计算出评标的复合标底 D。

式中　D——评标的复合标底；

A——业主编制的标底；

B——有效投标商的平均报价；

K_1——业主编制的标底占复合标底大权重系数，一般为 0.4～0.7；

K_2——投标商有效平均报价占复合标底大权重系数，一般为 0.3～0.6；

在复合标底 D 的 $+x\%\sim-y\%$ 范围内的报价为第二轮有效报价，可进入评标阶段。评标时对 $+x\%\sim-y\%$ 区间的不同区段赋分。如以复合标底的 80% 为满分，报价每高于此值1%扣2分，每低于此值1%扣1分，以得分高的报价为最优报价。

（5）评议法

评议法是由评标委员会成员在熟悉各有效投标书内容的基础上，对投标报价、工期、主材数量、施工组织设计等方面进行认真分析和比较之后，投标人充分听取各位评委的意见和建议，选择其中各项条件都较优良者为中标人。或者，可以将评标委员会成员分成若干专业小组进行评议，然后再集中各小组的意见，进行综合评议，择优选择中标人。

评议法的优点是能充分听取专家意见，并体现公平、公开和择优的原则。但评议法是一种定性分析方法，没有科学的判别标准。当评委意见不统一时，也有可能导致评标失败。评议法，适应于施工技术难度不大的房屋建筑。

5.2.2 常见评标方法的优缺点

1. 经评审的最低投标价法

（1）优点

该方法抓住了招标的核心，即投标竞争主要是价格竞争，将各种影响因素最终归结到价格，并以价格作为定标的依据；该方法减少了评标中的人为因素，用单一、清晰的评标标准最大限度上降低人的主观意识对评标结果的影响，保证招投标活动的公平、公正性；该方法有利于加强企业竞争力，低价中标必使其在经营中寻求成本合理降低使效益最大化的途径，促使建筑企业以提高管理水平、提高技术水平、降低个别成本来适应优胜劣汰的竞争法则。

（2）缺点

在我国，招标投标法律体系、企业信用体系和工程担保体系尚有待完善，企业以最低价竞标给中标后的合同正常履行带来隐患；社会上普遍缺乏系统的企业定额，最低投标价不能完全体现投标企业的真实水平，投标人往往都是以统一的当地或全国定额为报价编制依据，并不是真正意义上的“最低价”；目前，社会上的工程往往是仓促上马、限时招标，设计和招标文件的深度和精度达不到要求，引起投标人理解不透彻、不全面，并且一味向有利招标人方向承诺和投标，中标后再通过各种手段索赔或降低成本，使工程造价和工程质量失去控制。

2. 综合评估法

（1）优点

该方法兼顾了价格、技术等方面的因素，能比较客观地反映工程招标文件的要求，全面评估投标人的整体实力。在采用综合评分法时，投标人往往本着保本微利的经营思路来进行报价决策，根据评分标准合理报价，这样有助于提高企业的报价能力，同时也可以避免不正当的低价竞争。

（2）缺点

该方法除了报价这一客观因素外，其他标准均受个人主观判断影响，且在许多情况下，评标专家都是临时抽调的，短时间内无法充分熟悉所评工程的资料，不能全面正确掌握评标因素及其权值。评标专家的选择和专家评标的客观性成为综合评分法能否发挥实效的两个关键要素。

此外，有些建筑企业为了获得更高的资信评分，导致建筑市场挂靠行为的发生，严重地扰乱建筑市场秩序；投标人的投标报价主要是为了评标时得到高分，并不是企业竞争力的真实体现；评标量化计分时存在过多的人为因素，容易暗箱操作等。

因此，选用综合评分法时，在权重系数的分配上要尽可能地考虑工程项目的主要影响因素。在打分的过程中，要尽可能限制评标人的主观随意性，要制定具体、明确、客观、具有可操作性的打分标准。

3. 合理低价法

(1) 优点

该评标方法简单明了，易于操作，且有利于提高建筑企业施工管理水平，降低成本。

(2) 缺点

在大多数情况下，为避免评标后未中标人的疑义，除非其最低报价投标单位的报价中有明显错误，评标委员会一般情况下都会选择最低报价的投标人作为其推荐的中标单位。这样，就导致一些合同意识、企业社会信誉意识差的企业，通过有目的的低价中标，而在工程实施过程中，或通过偷工减料降低工程质量，或通过拖延工期、增加变更和索赔的方式，以获取非法利润，从而给业主带来巨大的损失。

此外，如果出现两家施工单位报价非常接近，但是经营业绩以及社会信誉等方面却有很大差别，这时只看价格，就会产生不尽合理的结果。

5.2.3 常见评标方法的比较分析

1. 适用范围比较

综合评估法适用于大型建设项目或者施工难度大、技术复杂、工期要求严格的项目。这些项目不能单纯注重投标报价，因此相比其他方法，综合评估法更为合适。

经评审的最低投标价法一般适用于具有通用技术、性能标准或者招标人对其技术、性能没有特殊要求的工程项目。如较复杂的工程项目具有较大的不确定性，很难保证最低报价在实际运作中保证最低。因此，这种方法更适用于一般工程或工程量较能计算出来的工程项目。

合理低价法一般适用于具有通用技术、性能标准或招标人对其技术、性能没有特殊要求的招标项目，国外工程招标一般采用该办法，但在国内采用得较少。

2. 评价指标设置的比较

综合评估法对投标人的综合实力水平要求高。综合评估法对投标人的商务标和技术标分别进行评分，评标指标量化，最后总分最高者为中标人，充分体现了投标人的综合能力，是对投标人综合实力水平的全面评价。但该方法的评标指标和权重不太好确定，商务和技术标的指标或权重设置不合理就会导致投标人的综合水平与总排名不一致。

经评审的最低投标价法和合理低价法注重投标报价，虽然这样能节省投标报价，但不能保证工程项目的质量让人满意。从投标人角度看，这样容易让投标人失去理智地降低工程成本，造成价格恶性竞争。

3. 人为因素影响的比较

综合评估法由专家对各投标文件各项指标进行打分，特别是在有限的时间里对技术标打分时，很难作出科学合理的评价，很多都是带有主观印象给的分值。

经评审的最低投标价法和合理低价法对技术标不打分，使人为因素干扰降到了最低，减少了评标专家的主观随意性对评标带来的负面影响，提高了评标的透明度。

5.2.4 案例分析

1. 经评审的最低投标价法案例

某工程施工项目采用资格预审方式招标，并采用经评审的最低投标价法进行评标。共有 3 个投标人进行投标，且 3 个投标人均通过了初步评审，评标委员会对经算术性修正后的投标报价进行详细评审。

招标文件规定工期为 30 个月，工期每提前 1 个月给招标人带来的预期效益为 50 万元，招标人提供临时用地 500 亩，临时用地费为 6000 元/亩，评标价的折算考虑以下两个因素：①投标人所报的租用临时用地的数量；②提前竣工的效益。

投标人 A　算术性修正后的投标报价为 6000 万元，提出需要临时用地 400 亩，承诺的工期为 28 个月

投标人 B　算术性修正后的投标报价为 5500 万元，提出需要临时用地 500 亩，承诺的工期为 29 个月

投标人 C　算术性修正后的投标报价为 5000 万元，提出需要临时用地 550 亩，承诺的工期为 30 个月

临时用地因素的调整：

投标人 A（400－500）×6000＝－60 万元

投标人 B（500－500）×6000＝0 元

投标人 C（550－500）×6000＝30 万元

提前竣工因素的调整：

投标人 A（28－30）×50＝－100 万元

投标人 B（29－30）×50＝－50 万元

投标人 C（30－30）×50＝0 万元

经计算，投标人 C 是经评审的最低投标价，评标委员会一致推荐其为第一中标候选人。见表 5-1。

某项目最低投标价计算表　　**表 5-1**

项目	投标人 A	投标人 B	投标人 C
算术性修正后的投标报价（万元）	6000	5500	5000
临时用地因素导致投标报价的调整（万元）	－60	0	30
提前竣工因素导致投标报价的调整（万元）	－100	－50	0
评标价（万元）	5840	5450	5030
排序	3	2	1

2. 综合评估法案例

某市政府拟投资建设一大型垃圾焚烧发电站工程项目。该项目除厂房及有关设施的土建工程外，还有全套进口垃圾焚烧发电设备及垃圾处理专业设备的安装工程。厂房范围内地质勘察资料反映该地质条件复杂，地基处理采用钻孔灌注桩。招标单位委托某咨询公司进行全过程投资管理。该项目厂房土建工程共有 A、B、C、D、E 五家施工单位参加投标，资格预审均合格。招标文件要求投标单位将技术标和商务标分别封装。评标原则及方法如下：

（1）采用综合评估法，按照得分高低排序，推荐三名合格的中标候选人。

（2）技术标共 40 分，其中施工方案 10 分，工程质量及保证措施 15 分，工期、业绩信誉、安全文明施工措施各为 5 分。

（3）商务标共 60 分。

1）若最低报价低于次低报价 15%以上（含 15%），最低报价的商务标得分为 30 分，且不再参加商务标基准价计算。

2）若最高报价高于次高报价 15%以上（含 15%），最高报价的投标即按废标处理。

3）人工、钢材、商品混凝土价格参照当地有关部门发布的工程造价信息，若低于该价格 10%以上时，评标委员会应要求该投标单位作必要的澄清。

4）以上符合要求的商务报价的算术平均数作为基准价（60 分），报价比基准价每下降 1%扣 1 分，最多扣 10 分，报价比基准价每增加 1%扣 2 分，扣分不保底。

各投标单位的技术标得分和商务标报价见表 5-2 和表 5-3。

各投标单位技术标得分汇总表　　表 5-2

投标单位	施工方案	工期	质保措施	安全文明施工	业绩信誉
A	8.5	4.0	14.5	4.5	5.0
B	9.5	4.5	14.0	4.0	4.0
C	9.0	5.0	14.5	4.5	4.0
D	8.5	3.5	14.0	4.0	3.5
E	9.0	4.0	13.5	4.0	3.5

各投标单位商务标报价汇总表　　表 5-3

投标单位	A	B	C	D	E
报价（万元）	3900	3886	3600	3050	3764

评标过程中，E 投标单位不按评标委员会的要求进行澄清、说明、补正。

问题：

（1）该项目应采取何种招标方式？如果把该项目划分成若干个标段分别进行招标，划分时应当综合考虑的因素是什么？该项目可如何划分？

（2）按照评标办法，计算各投标单位商务标得分。

（3）按照评标办法，计算各投标单位综合得分，并把计算结果填入表 5-4 中。

各投标单位综合得分计算表　　表 5-4

投标单位	施工方案	工期	质保措施	安全文明施工	业绩信誉	商务得分	综合得分
A							
B							
C							
D							
E							

（4）推荐合格的中标候选人，并排序。

回答：问题（1）

1）应采取公开招标方式。因为根据有关规定，垃圾焚烧发电站项目是政府投资项目，属于必须公开招标的范围。

2）标段划分应综合考虑以下因素：招标项目的专业要求、招标项目的管理要求、对工程投资的影响、各项工程的衔接，但不允许将工程肢解成分部分项工程进行招标。

3）该项目可划分成土建工程、垃圾焚烧发电进口设备采购、设备安装工程三个标段招标。

问题（2）

计算各投标单位商务标得分。

1）最低 D 与次低 C 报价比：（3600－3050）/3600＝15.28%＞15%

最高 A 与次高 B 报价比：（3900－3886）/3886＝0.36%＜15%

承包商 D 的报价（3050 万元）在计算基准价时不予以考虑，且承包商 D 商务标得分为 30 分；

2）E 投标单位不按评委要求进行澄清和说明，按废标处理；

3）基准价的计算仅需要考虑投标人 A、B、C 的报价，即基准价＝(3900＋3886＋3600)/3＝3795.33 万元；

4）计算各投标单位商务标得分，如表 5-5 所示。

各投标单位商务标得分计算表 **表 5-5**

投标单位	报价(万元)	报价与基准价比例(%)	扣分(分)	得分(分)
A	3900	3900÷3795.33＝102.76	(102.76－100)×2＝5.52	54.48
B	3886	3886÷3795.33＝102.39	(102.39－100)×2＝4.78	55.22
C	3600	3600÷3795.33＝94.85	(100－94.85)×1＝5.15	54.85
D	3050			30
E	3764	按废标处理		

问题（3）

计算各投标单位综合得分，如表 5-6 所示。

各投标单位综合得分计算表 **表 5-6**

投标单位	施工方案	工期	质保措施	安全文明施工	业绩信誉	商务得分	综合得分
A	8.5	4.0	14.5	4.5	5.0	54.48	90.98
B	9.5	4.5	14.0	4.0	4.0	55.22	91.22
C	9.0	5.0	14.5	4.5	4.0	54.85	91.85
D	8.5	3.5	14.0	4.0	3.5	30	63.50
E	按废标处理						

问题（4）

推荐中标候选人及排序为：C 投标人，B 投标人，A 投标人。

5.2.5 建设工程招投标的管理要点

目前，国际上承发包工程普遍采用的交易方式是招投标，它是商品经济高度发展的产物。在国外，招投标的发展历史久远，而我国自改革开放以来，也一直把招投标作为我国经济体制改革的有效措施之一而在各行各业加以推行。

建设工程招投标是指建设单位通过招标的方式，将工程项目的勘察、设计、施工、材料设备供应、监理等业务一次或分次发包，由具有相应资质的投标人参与投标竞争，招标人按照规定程序或办法择优选择中标人的活动。其目的是通过引入竞争机制，择优选择工程项目的承包服务单位，确保工程质量，合理缩短工期，节约建设投资，提高经济效益，保护国家、社会公共利益和招标投标当事人的合法权益。

1. 招投标管理中的关键内容

（1）招标方式的类型

招标人应按有关招标投标的法律、法规、规章的规定确定招标方式。招标可分为公开招标和邀请招标两种方式。

1）公开招标

公开招标，是指招标人以招标公告的方式邀请不特定的法人或其他组织投标。依法必须进行招标的项目，应当通过国家指定的报刊、信息网络或者媒介发布招标公告，邀请不特定的、具备资格的投标申请人参加投标，并按有关招标投标法律、法规、规章的规定，择优选定中标人。发布招标公告是公开招标最显著的特征之一，也是公开招标的第一个环节。采用公开招标，可以为所有符合投标条件的潜在投标人提供一个平等参与竞争的机会，有利于招标人选择最优的中标人，有利于降低工程造价，提高工程质量和缩短工期。

依法必须进行招标的项目，全部使用国有资金或国有资金投资控股或占主导地位的，应当公开招标。

2）邀请招标

邀请招标是指招标人以投标邀请书的方式邀请特定的法人或其他组织投标。采用邀请招标方式的招标人应当向三个以上具备承担招标项目的能力、资信良好的特定法人或者其他组织发出投标邀请书，并按有关招标投标法律、法规、规章的规定，择优选择中标人。

采用这种招标方式，由于被邀请参加竞争的潜在投标人数量有限，而且事先已对招标人进行了调查了解，因此不仅能减少招标人的资格预审、评标等工程量，降低招标人的招标成本，而且能提高投标人的中标概率，因此潜在投标人的投标积极性会较高。当然，由于邀请招标的对象被限定在特定范围内，可能其他优秀的潜在投标人被排斥在外。

国有资金控股或占主导地位的依法必须进行招标的项目，应当公开招标；但有下列情形之一的，可以邀请招标：①技术复杂、有特殊要求或者受自然环境限制，只有少量潜在投标人可供选择；②采用公开招标方式的费用占项目合同金额的比例过大。

有上述第②项所列情形的，需要履行项目审批、核准手续的项目，由项目审批、核准部门在审批、核准项目时作出认定；其他项目由招标人申请有关行政监督部门作出认定。

国务院发展改革部门确定的国家重点项目和省、自治区、直辖市人民政府确定的地方重点项目不适宜公开招标的，经国务院发展改革部门或省、自治区、直辖市人民政府批准，可以进行邀请招标。

（2）招标的实施方式

1）自行招标

自行招标是指招标人自身具有编制招标文件和组织评标能力，依法可以自行办理招标。即采购人临时组织一个机构，或者以某个部门为主，抽调相关部门的人员，完成整个招标过程。

2）委托招标

委托招标，就是招标人委托招标代理机构，在招标代理权限范围内，以招标人的名义组织招标工作。作为一种民事法律行为，委托招标属于委托代理的范畴。

（3）招投标阶段的划分

一个完整的招投标过程主要包括以下 7 个阶段：策划、招标、投标、开标、评标、决标以及签订合同。

（4）申请招标时应准备的材料

材料主要有以下几种：①相关建设单位的营业执照及法人证明；②发改委批复的建设项目立项批准文件；③批准材料的相关文件；④城建规划部门颁发的建设工程规划许可证；⑤审图公司出具的施工图审查结果证明；⑥由银行出具的相关项目资金是否到位的证明；⑦招标公告内容以及投标邀请书；⑧委托招标代理的合同，也就是建设单位与招标代理机构签订的协议。

（5）招标采购的适用范围

《招标投标法》指出，在中华人民共和国境内进行下列工程建设项目，包括项目的勘察、设计、施工、监理以及与工程建设有关的重要设备、材料等的采购，必须采取招标方式。新时期，必须进行招标的项目有：大型基础设施、公用事业等关系社会公众利益、公共安全的项目；全部或部分使用国有资金投资或者国家融资的项目；使用国际组织或国外政府贷款、援助资金的项目。就货物方面而言，招标主要是机电设备和机械成套设备等；就工程方面而言，招标主要是工程建设和安装等；就服务方面而言，招标主要是科研课题、工程监理、招标代理、承包租赁等。

2. 招投标管理要点

（1）招标人管理要点

1）对投标人的资格审查

在招投标管理工作中，必须对投标人进行资格审查，具体来说，这些投标人必须提供一定的资格证明文件。首先，要提供投标单位、组织机构或者企业的概况，让人们能够明确相关部门的运营情况、盈利情况等。其次，企业法人要及时提供营业执照、水路运输许可证、大件运输企业资质等级证书等文件。必要的时候，还需要出示自身的税务登记证以及组织机构代码证。当然，这些文件均为复印件，并且要通过年审之后才算过关。再次，相关部门要提供近三年之内完成的大型设备运输情况，让人们对其有一定的了解。最后，相关部门还要提供财务、管理、技术、人才、设备以及服务等方面的具体情况。

2）招标文件的编制

招标文件作为招标投标活动中最重要的文件之一，既是招标人进行招标活动的行动指南，也是投标人编制投标文件的重要依据，其质量的高低对招标结果的影响极大。招标文件的编制，应该符合国家有关法规和政策，应该公正地处理业主与承包商、供应商的利益，尽可能清楚、准确地反映招标项目的客观情况，以减少履约中的争议。因此，招标文件的编制应符合以下几点要求：

①招标文件中应明确投标文件（暗标）的编制要求，如：正文编排格式、字体、字号、图、表编排要求等，规避不良投标单位在投标文件中做相关标记的风险。

②招标文件中应要求投标文件（暗标）中不允许出现企业名称、企业所在地区、姓

名、企业标识及其他标记等。

③招标文件中应清楚地列明废标条款，废标条款不能存在可争议性。

④招标文件中应在投标人须知中（* 号条款）及评标办法的废标条款中明确规定，“不按招标文件中投标文件（暗标）编制要求编制的投标文件”均视为在投标文件中做相关标记，按废标处理。

⑤招标文件中应明确，在暗标评标的第一步就是要对投标文件（暗标）进行形式审查，审查投标文件（暗标）的编制对编制要求的符合性，对确定符合要求的投标文件（暗标）可进行下一步详细审查。

此外，招标文件的编制应遵循“公平、公正、公开”、合法性、针对性原则。所谓“公平、公正、公开”原则即招标文件应体现招标人的采购目标及要求，高质量的招标文件是招标人、技术专家、招标代理机构三方共同智慧的结晶。所谓“合法性”原则即招标方式和招标文件的内容必须完全符合我国有关招标投标的法律法规的要求。合法性主要体现在以下两个方面：一是招标方式必须合法。二是招标文件中不得含有倾向或者排斥某类投标人的内容。所谓“针对性”原则就是要根据招标项目的特性编制招标文件，力求真实、明确地反映招标项目的情况。

3）相关评标要点

投标文件应该与招标文件所有的实质性要求相符，否则招标单位可以拒绝，并且不允许投标单位通过修改或者撤销其不符合要求的差异或者保留，使之成为具有响应性的投标；要对投标单位所提供的方案、组织设计、技术人员和运输机械设备的配备等进行科学的评估；要对报价进行评估，因为报价一般会有计算或者累计上的算术错误，所以必须对其进行评估并对错误点进行修改；在评标的过程中，要根据相关的评标原则、评标方法、报价、业绩以及社会信誉等展开综合评估，然后公正合理地选择中标单位；投标文件澄清，对于有疑问的地方，可以在澄清会上进行咨询。

（2）投标人管理要点

1）投标人应具备的能力

投标人应当具备承担招标项目的能力，具备国家和招标文件规定的对投标人的资格要求。两个以上法人或者其他组织可以组成一个联合体，然后以一个投标人的身份共同投标，联合体各方均应具备承担招标项目的相应能力和规定的相应资格条件。联合体应将约定各方拟承担工作和责任的共同投标协议书连同投标文件一并提交给招标人。

2）投标文件的编制

投标文件的编制在招投标管理工作中有着举足轻重的地位，但目前我国投标文件编制中还存在诸多问题。投标文件的编制主要从以下几点着手：

①投标单位在获得招标文件以及一定的技术资料后，应仔细阅读“投标须知”，它是投标单位在投标前必须注意需要遵守的事项；

②投标单位要以招标单位在招标文件中提供的有关资料和数据为根据，认真进行核对，对于发现的问题，应在 10 日内向招标单位提出；

③为编制科学、合理的投标文件以及投标报价，要及时收集市场现行取费标准以及各类资料，并且要收集各类政策性调价文件；

④投标单位应根据相关的招标文件以及技术安全规范要求，根据实际情况编制运输方

案以及运输组织设计；

⑤应根据招标文件的具体要求编制投标文件和计算投标报价，此外，要仔细核对以保证投标报价的合理性；

⑥在投标文件编制完成后，要注意整理、核对，还要按照相关规定加盖公章，由相关代理人签字，最后进行密封和标记，最重要的，要留有足够份数的投标文件副本。

5.2.6 结语

市场经济的一个重要特点，就是要充分发挥竞争机制的作用，使市场主体在平等条件下公平竞争，优胜劣汰，从而实现资源的合理优化配置。而招投标完全符合市场经济的要求，能真正实现“公平、公正、公开”的市场竞争原则。招投标作为一种竞争性的交易手段无疑对市场资源的有效配置起着积极的作用，因而无论在国际上还是在国内，都是一种被广泛使用的交易手段和竞争方式。而《招标投标法》立法的根本目的，正是维护市场平等竞争秩序，完善社会主义市场经济体制。

招标投标活动在推进我国现代市场经济体系建设中扮演越来越重要的角色，在社会主义核心价值观的引导下，招投标更应该向着公开、公平、公正、诚信的方向迈进，自觉维护建筑市场的纯净，建立优胜劣汰的良好市场机制。目前，我国建设工程招投标过程中仍存在虚假招标、围标串标、投标人弄虚作假等一系列问题，只有采取进一步健全招投标过程中的各项规章制度，加大监管执法力度，提高信息化水平，规范各方主体行为，明确职责，强化过程监督，严肃惩戒等措施，才能让招投标工作绿色健康规范发展，再上一个新台阶，最终才能保证建设工程的质量。

第6章　建设工程合同管理

6.1　建设工程合同管理概述

建设工程合同管理，作为工程管理的重要环节，对于维持工程项目的科学运作起到决定性作用。加强合同管理是保证承发包人全面履行合同约定的义务，是确保实现建设目标（质量、投资、工期）的重要手段。加强合同管理对防范企业法律风险，维护企业合法权益，促进市场经济的健康发展有着重要的意义。

6.1.1　建设工程合同分类

由于建设工程项目的规模和特点的差异，一个工程项目从立项到投入使用过程中，签订的合同可能有很多，不同项目的合同数量也可能有很大的差别。但不论合同数量的多少，根据合同的任务内容可划分为勘察设计合同、施工承包合同、物资采购合同、工程监理合同、咨询合同、代理合同等。

（1）工程勘察设计合同：是指项目法人（业主、发包人）根据建设工程的要求，与勘察人、设计人就完成商定的勘察、设计任务，明确双方权利、义务关系的协议。主要内容包括提交有关基础资料和勘察设计文件的日期和质量要求、费用及其他协作条件等条款。《建设工程勘察合同（示范文本）》《建设工程设计合同（示范文本）》是签订合同的样本。

（2）工程监理合同：是指建设单位（委托人）与监理人签订，委托监理单位承担工程监理任务，代其对建设工程项目进行监督管理，明确双方权利、义务、责任的协议。其主要内容包括监理对象，双方权利、义务、责任、酬金、违约责任和争议解决方式，其主要特征是高智能的技术性服务。《建设工程监理合同（示范文本）》是其合同样本。

（3）工程施工合同：是指根据建设工程的要求，发包人和承包人为完成商定的建设工程项目的施工任务，明确双方权利、义务关系的协议。合同的主要内容包括工程范围、建设工期、开工与竣工时间、工程质量标准、工程造价、技术资料交付时间、材料设备供应、质量保修范围和保证期、双方互相协作条款等。结合我国具体情况和FIDIC（国际咨询工程师联合会）土木工程施工合同条件，住房城乡建设部、国家工商行政管理总局发布的《建设工程施工合同（示范文本）》是各类工业与民用建筑施工管理和设备安装的合同样本。

（4）工程物资采购合同：建设工程物资采购合同分建筑材料合同和设备安装合同，是指采购方（发包方或者承包人）与供货人（物资供应公司或生产单位）就建设工程物资的供应明确权利义务关系的协议。其主要内容包括双方当事人的详情、合同价款、技术标准和质量标准、采购数量和计量方法、包装方式、付款方式和办法、交货期限、违约责任及其他条款等。

6.1.2 建设工程合同管理的作用

合同管理是项目全过程施工管理的前提和基础。好的合同管理有利于加强项目管理的有效性，有利于对工程成本、进度、质量的科学管理，有利于项目目标保质保量地完成。工程合同的价值量和质量对企业尤其重要，直接影响企业建设工程施工全过程，在企业管理中占据着举足轻重的地位。

1. 合同管理促进建筑市场健康发展

伴随着城市化步伐的加快，我国建设工程市场日益成熟，建设项目管理、合同管理与施工管理在建设工程控制管理中的作用也日益突出。建筑工程合同界定了建设主体各方的基本权利与义务，为正确处理建筑工程实施过程中出现的各种争执与纠纷提供了法律依据。加强合同管理，能够起到规范建设主体行为的积极作用，对整顿我国的建筑市场起到了促进作用。

2. 合同管理能够有效地提高效率、保证权益 、降低风险

合同管理是建设项目管理的核心，是在保证质量的情况下保证工作效率的重要手段之一。任何建筑工程项目的实施都是以签订系列承发包合同为前提的，只有抓住合同管理这个核心，才可能统筹调控整个建筑工程项目的运行状态，实现建设目标。严格地按照合同约定来履行工程有利于及时处理各种事件，及时补充变更等；有利于合同履行程度的实时跟进，避免施工质量的作假、成本的不必要增加 、工期的不合理延长；有利于降低合同双方产生纠纷的可能性，对整个项目工程的运行起到良好的作用。对于不能按照合同要求完成的，除去客观因素后，按照合同约定的违约责任对责任方进行惩罚，保证施工进度，增加施工动力。从而降低了项目风险。

3. 合同管理能提高工程质量

合同的管理不仅能降低项目的风险、提高效率，更能保证工程质量。按合同的要求组织施工，按合同约定的规格、数量、价格购买工程所需的材料、设备等有助于提高工程质量，缩短工期。履行合同不是一朝一夕就能完成的，是在工程进行的全过程中一点一滴完成的。在合同签订前，相应的技术标准都会进行详细的说明，好的合同管理可以使施工质量尽可能接近标准。人是有惰性的，如果合同管理得不好，即使现场监督管理得再好，合同仍不能得到有效的执行，久而久之，现场监督就会懈怠，也会影响施工方的施工标准。因此，合同管理的好坏将直接关系到项目工程的质量优劣。

4. 合同是进行索赔的依据，为转移风险提供可能

合同索赔主要是：一是发包人违约，发包方违约主要表现在未按合同规定提供施工场地、材料、设备，以及未能按时拨付预付款，不按时支付工程款，拖延图纸审批，不适当决定和苛刻检查，拖延对承包方提出变更、索赔的答复等；二是由于工程项目本身变更引起，如：改变建筑材料、工程量的变化、材料价格变化、现场签证等；三是由于施工条件和环境变化引起，如基础地质方面出现变化，一周内连续停水、停电超过 8 h，连续大雨不能进行室外作业等。如能将违约、索赔、争议、保险、担保等转移风险条款内容进行协商并写进合同，那么就可将变更、违约以及工程建设过程中发生的一些意外伤害转移给第三方。

6.1.3 建设工程合同管理存在的问题

工程项目繁杂的工艺环节与任务流程，决定了建设工程合同管理的复杂性与艰巨性。

就我国目前情况来看，虽然国家出台了一系列建筑法规来规范施工合同的管理和实施，但总的说来，合同条款不规范、合同体系不健全、合同管理水平低等仍是我国建筑工程中存在的现象。

1. 合同条款不规范，合同签订不严谨

工程建设过程中，许多参建主体法律意识不强，对合同不够重视，在签订合同时根本就没有考虑到把合同作为解决纠纷的依据。合同内容不全，对权责和义务的规定不明确，签订的合同缺乏可操作性与完备性。合同价中暂定价过多，合同造价闭合不严，人为地留下价格调整空间，工程建设中施工变更签证管理松散、随意性大。当工程后期施工或竣工结算时，健全的合同依据的缺乏，会造成参建主体方维权困难的局面。

2. 合同体系和管理制度不健全、信息化程度低

工程合同的管理应当贯穿于工程建设的全过程，但实际工程施工中，由于管理人员与现场调度人员之间的协调脱节，会造成时效性与监管效益的欠缺。首先，招投标管理与工程合同管理应该是互相衔接的，而某些单位在工程合同管理与招投标管理上，划分不同科室或部门，独立区分对待，容易造成项目合同管理的脱节；其次，招投标时建设单位过度要求造价、不计工程风险、忽视周期性与政策性价格调整，导致订立的合同与招标文件存在较大差异，最终影响了合同管理的综合效益；最后，合同的归口管理、分级管理和授权管理机制不健全，合同管理程序不明确，缺少必要的审查和评估步骤，缺乏对合同管理的有效监督和控制。

合同管理手段落后与信息化程度偏低。一些建设项目合同管理仍处于分散管理状态，合同的归档程序、要求没有明确规定，合同履行过程中没有严格监督控制，合同履行后没有全面评估和总结，合同管理粗放。很多单位合同签订仍然采用手工作业方式进行，合同管理信息的采集、存储加工和维护手段落后，合同管理应用软件的开发和使用相对滞后，没有按照现代项目管理理念对合同管理流程进行重构和优化，没能实现项目内部信息资源的有效开发和利用，建设项目合同管理的信息化程度偏低。

3. 缺乏专业的合同管理人才

专业人才缺乏也是影响建设项目合同管理的因素之一。很多建设单位对于工程合同管理人员的认识存在偏差，对其资金设备投入与技能培训相对较少，没有管理合同的专业技术人员，只简单地将合同管理视为一种事务性工作，直接交由一般办公人员来管理。因而当发生工程项目经济纠纷时，就会缺少必要的法律支援，影响合同管理在优化企业资源管理、监督工程建设流程方面的效力。建设工程项目涉及的学科门类与业务种类繁多，建设合同涉及内容多、专业面广，合同的形式与内容更是多样化，这就对合同管理者的综合素质能力提出较高的要求。合同管理人员既要有较好的法律理论修养，又要具备专业的造价管理、会计核算相关的专业技能。

6.1.4 当前我国建设合同管理的强化措施

1. 建立全方位动态监管体系

合同的流程管理是一项复杂的工作，包括评判、审核及存档等多个环节，建立全方位合同管理体系能够更加明确每个环节的分工，强化各个环节负责人的责任意识，明确合同流程中的责任主体，便于合同管理部门有效地分配制定合同的任务和工作。全方位的监管体系就是指在合同准备阶段就开始进行行为监管的制度，包括对于合同的签署、履行及后

期管理等环节。项目公司要成立专门的管理小组来行使监管权利，严格保证合同从准备到最后签订整个过程都在合法范围内，并且合同内容和签订方式都合理可行完整。可见，建立全方位监管体系能够从根本上降低合同风险，将合同管理带入正规合理的范畴。

2. 建立有效评价机制

有效的评价机制是合同签订双方能够顺利签订合同的有利条件，有效评价机制的建立主要是将建筑行业相关部门的日常信用记录统计整合在一起，形成完整的信用等级模式，并且要组织专业评估单位对双方进行信用及能力测评，提高合同履行效率。高效的合同评价制度是一个动态管理制度，需要不断地完善补充，在合同签订的时候可以根据用户的信用等级优先选择信用度高的单位。

3. 建立风险防范预警机制

在建立有效的评价机制后，要配套建立风险防范预警机制，在通过对责任承担单位进行信用等级分析后，对合同签订的整个过程实施动态风险评估，对存在的隐含风险及时预警，积极采取有效措施处理。在实际生产中，要特别注意对合同中利益方面的条款进行严格审查，尤其是对合同中报价较低的项目，要认真询问造成低报价的原因，并形成详细的书面报告。

4. 强化人才培养力度

现代企业主要发展资源已经由传统的自然资源转变为人力资源，高素质的人力资源是任何管理工作必不可少的前提。对于合同管理而言，要建立严格的人才选拔制度，遵循公正公平的原则。随着合同管理信息化建设不断深入，要优先选拔具备合同管理和信息技术的双面人才，充分发挥人才在合同管理中的主体地位和作用，对于已入编的人员要定期举行培训活动，根据实际需要提高合同管理人员的素质，强化合同管理人员的风险防范意识和对突发事件的处理能力，要定期举行考核，对能力不足的管理人员要加强培训工作，提高合同管理行业的人员素质。

5. 从设计方案降低索赔事件发生的几率

现阶段我国工程施工项目索赔事件中，部分事件是由于工程施工设计方案不合理引起的，通常是由于在施工过程中莫名地增大工程量，造成双方产生分歧。这就要求业主在施工前期或者是初期，认真从施工设计角度考虑，最大限度地降低索赔产生的几率。从设计角度考虑，业主首先要选择有实力的设计单位，要保证设计单位有丰富的设计经验和可靠的信誉，防止因为设计方案有缺陷而产生不必要的索赔。在选择有实力的设计单位后，业主要从设计单位提交的设计方案中选择合理的设计方案，要认真研究设计方案，对施工设计方案中的漏洞及时要求设计单位进行修改。并且业主要注意，施工设计方案一旦确定，在施工过程中不要进行较大程度的变动。

6. 编写详细的招标文件及相关附属文件

施工单位的招标文件是发生施工索赔时的重要文件，施工合同中能够对施工双方的责任和义务进行明确的规定。施工索赔事件的发生也是由于具体施工情况与合同内容不符造成的。招标文件是施工的基础，因此业主在编写施工合同时要认真研究文件内容。在进行招标文件设计时，要请相同的技术人员来进行设计，避免因为技术能力不同造成招标文件标准不一。

6.2 建设工程施工合同示范文本

为了指导建设工程施工合同当事人的签约行为，维护合同当事人的合法权益，依据《中华人民共和国合同法》《中华人民共和国建筑法》《中华人民共和国招标投标法》以及相关法律法规，住房城乡建设部、国家工商行政管理总局对《建设工程施工合同（示范文本）》GF—2013—0201进行了修订，制定了《建设工程施工合同（示范文本）》GF—2017—0201（以下简称《示范文本》）并于2017年10月1日起施行。

6.2.1 《示范文本》的组成

《示范文本》由合同协议书、通用合同条款和专用合同条款三部分组成。

1. 合同协议书

《示范文本》合同协议书共计13条，主要包括：工程概况、合同工期、质量标准、签约合同价和合同价格形式、项目经理、合同文件构成、承诺以及合同生效条件等重要内容，集中约定了合同当事人基本的合同权利义务。

2. 通用合同条款

通用合同条款是合同当事人根据《中华人民共和国建筑法》《中华人民共和国合同法》等法律法规的规定，就工程建设的实施及相关事项，对合同当事人的权利义务作出的原则性约定。

通用合同条款共计20条，具体条款分别为：一般约定、发包人、承包人、监理人、工程质量、安全文明施工与环境保护、工期和进度、材料与设备、试验与检验、变更、价格调整、合同价格、计量与支付、验收和工程试车、竣工结算、缺陷责任与保修、违约、不可抗力、保险、索赔和争议解决。前述条款安排既考虑了现行法律法规对工程建设的有关要求，也考虑了建设工程施工管理的特殊需要。

3. 专用合同条款

专用合同条款是对通用合同条款原则性约定的细化、完善、补充、修改或另行约定的条款。合同当事人可以根据不同建设工程的特点及具体情况，通过双方的谈判、协商对相应的专用合同条款进行修改补充。在使用专用合同条款时，应注意以下事项：

（1）专用合同条款的编号应与相应的通用合同条款的编号一致；

（2）合同当事人可以通过对专用合同条款的修改，满足具体建设工程的特殊要求，避免直接修改通用合同条款；

（3）在专用合同条款中有横道线的地方，合同当事人可针对相应的通用合同条款进行细化、完善、补充、修改或另行约定；如无细化、完善、补充、修改或另行约定，则填写"无"或画"/"。

6.2.2 《示范文本》的性质和适用范围

《示范文本》为非强制性使用文本。《示范文本》适用于房屋建筑工程、土木工程、线路管道和设备安装工程、装修工程等建设工程的施工承发包活动，合同当事人可结合建设工程具体情况，根据《示范文本》订立合同，并按照法律法规规定和合同约定承担相应的法律责任及合同权利义务。

6.2.3 2017版《示范文本》主要修改内容对照与解读

1. 结算条款的修订

(1)“计日工”条款修订内容

2013版原文如下：10.9需要采用计日工方式的，经发包人同意后，由监理人通知承包人以计日工计价方式实施相应的工作，其价款按列入已标价工程量清单或预算书中的计日工计价项目及其单价进行计算；已标价工程量清单或预算书中无相应的计日工单价的，按照合理的成本与利润构成的原则，由合同当事人按照第4.4款〔商定或确定〕确定变更工作的单价。

2017版原文如下：10.9需要采用计日工方式的，经发包人同意后，由监理人通知承包人以计日工计价方式实施相应的工作，其价款按列入已标价工程量清单或预算书中的计日工计价项目及其单价进行计算；已标价工程量清单或预算书中无相应的计日工单价的，按照合理的成本与利润构成的原则，由合同当事人按照第4.4款〔商定或确定〕确定计日工的单价。

(2)何谓“计日工”?

建设工程领域有两种计价模式：定额计价和清单计价。定额计价系按照国家或省一级住房城乡建设主管部门确定的建设工程计量单位消耗的人材机等标准消耗量，套用定额单价，最终得到工程总价的计价模式。定额计价参照的是单位工程社会平均消耗量和单价，个体之间不产生差异。

清单计价系由编制方按照图纸及施工情况编制工程量清单，由施工方依据清单自行报价的计价方式。清单计价模式下，工程量清单项目分为一般项目、暂定金额项目和计日工项目。

因此，采用“计日工”计价意味着该工程全部或部分采用了清单计价的模式，纯粹的定额计价模式下，无需使用计日工。

根据《建设工程工程量清单计价规范》GB 50500—2013的定义，计日工是指：在施工过程中，承包人完成发包人提出的工程合同范围以外的零星项目或工作，按合同中约定的单价计价的一种方式。

(3)“计日工”条款修订的影响

2017版施工合同将计日工条款“由合同当事人按照第4.4款〔商定或确定〕确定变更工作的单价”变更为“由合同当事人按照第4.4款〔商定或确定〕确定计日工的单价”，属于结算方式的变更。在2013版约定的情况下，如工程量清单或预算中没有相应“计日工”单价的，按照变更工作的单价计取费用，所谓“变更工作的单价”并不属于“计日工”的计价模式，而是采用固定单价乘以单项工程量的模式取费，类似于按照该零星项目实际完成的工程量计费。

修改“计日工”条款将带来以下影响：

1）计价方式不同。计日工不按照工程实际消耗人材机计算费用，而是采取每工每天的方式计取报酬，即在计日工模式下，不计算该零星工程最终工程量，只计算投入的工日。

2）计价程序不同。采用计日工模式必须有明确的合同约定，双方应当在工程量计价清单中对于适用计日工的项目及计日工单价进行明确约定。采用计日工的，还应当按照

《建设工程工程量清单计价规范》的程序规定，及时向发包人及监理方报送计日工的数量，每月汇总计日工数量进行当月结算。

3）利润不同。计日工模式下综合单价高于一般的人工费单价，因此，采用计日工方式计取费用有利于承包人。

2. 缺陷责任条款的修订

2013年版本约定：15.2.1 缺陷责任期自实际竣工日期起计算，合同当事人应在专用合同条款约定缺陷责任期的具体期限，但该期限最长不超过24个月。

单位工程先于全部工程进行验收，经验收合格并交付使用的，该单位工程缺陷责任期自单位工程验收合格之日起算。因发包人原因导致工程无法按合同约定期限进行竣工验收的，缺陷责任期自承包人提交竣工验收申请报告之日起开始计算；发包人未经竣工验收擅自使用工程的，缺陷责任期自工程转移占有之日起开始计算。

2017年版本约定：15.2.1 缺陷责任期从工程通过竣工验收之日起计算，合同当事人应在专用合同条款约定缺陷责任期的具体期限，但该期限最长不超过24个月。

单位工程先于全部工程进行验收，经验收合格并交付使用的，该单位工程缺陷责任期自单位工程验收合格之日起算。因承包人原因导致工程无法按合同约定期限进行竣工验收的，缺陷责任期从实际通过竣工验收之日起计算。因发包人原因导致工程无法按合同约定期限进行竣工验收的，在承包人提交竣工验收报告90天后，工程自动进入缺陷责任期；发包人未经竣工验收擅自使用工程的，缺陷责任期自工程转移占有之日起开始计算。

2017年版本对15.2.1条的修订，涉及缺陷责任期起算时间和期限的变更。

（1）缺陷责任期起算时间变更

1）缺陷责任期的定义

所谓缺陷责任期，根据2017版《示范文本》1.1.4.4条的约定，指承包人按照合同约定承担缺陷修复义务，且发包人预留质量保证金（已缴纳履约保证金的除外）的期限，自工程实际竣工日期起计算。

2013版《示范文本》的缺陷责任期起算时间为“实际竣工日期起计算”，2017版将其修订为“从工程通过竣工验收之日”。通常情况下，两者表述不同但时间起点是一致的，本次修订主要是根据住房城乡建设部发布的《关于印发建设工程质量保证金管理办法的通知》，该通知第八条明确规定：缺陷责任期从工程通过竣工验收之日起计。本次2017版《示范文本》修订的目的，主要是为了保持《示范文本》与住房城乡建设部规定的一致性。

2）起算时间的差异

尽管《示范文本》修改的缘由仅仅是为了保持表述的严密性，但“实际竣工日期起计算”与“从工程通过竣工验收之日”的概念并不是完全一样的。

“实际竣工日期”相对的是“合同约定的竣工日期”，指的是建设工程完成竣工验收的时间节点或推定为竣工验收的时间节点。根据《最高人民法院关于审理建设工程施工合同纠纷案件适用法律问题的解释》第十四条：“当事人对建设工程实际竣工日期有争议的，按照以下情形分别处理：（一）建设工程经竣工验收合格的，以竣工验收合格之日为竣工日期；（二）承包人已经提交竣工验收报告，发包人拖延验收的，以承包人提交验收报告之日为竣工日期；（三）建设工程未经竣工验收，发包人擅自使用的，以转移占有建设工程之日为竣工日期”。

根据上述规定，实际竣工日期有三个认定标准：客观上竣工验收合格日期；承包人提交验收报告日期；工程转移占有日期。其中，第一种竣工验收合格日期属于客观事实上的竣工日期，后两种均属于法律推定的竣工日期。

“通过竣工验收之日”指建设工程已经按照《建设工程质量管理条例》以及住房城乡建设部《房屋建筑和市政基础设施工程竣工验收规定》第五条、第六条的程序和标准进行了验收，且验收结论为合格。

因此，“通过竣工验收之日”只包括“实际竣工日期”中的第一种情形，而不包括其他两种情况，两者范围是不一致的。同时，“实际竣工日期”并不意味着客观事实上该工程已经验收合格，而“通过竣工验收之日”则必然意味着该工程已经验收合格。

3）“通过竣工验收之日”的时间节点界定

根据住房城乡建设部《房屋建筑和市政基础设施工程竣工验收规定》第五条、第六条的规定，竣工验收的主体是建设单位。在上述规章修订之前，竣工验收的主体是各地质量监督管理机构，是否通过了竣工验收以各地质检机构出具的验收结论为准。后来，住房城乡建设部修改了验收规定，质检机构仅仅履行监督责任，工程验收的主体也变更为建设单位，建设单位验收合格后只需要按照规定进行备案，但备案不是衡量验收合格时间的标准。

根据第五条、第六条的规定，竣工验收由建设单位组织勘察、设计、施工、监理等单位（也称“五方验收”）共同对已建工程进行验收，达成一致意见的，该工程通过验收。

因此，2017 版《示范文本》中“通过竣工验收之日”时间节点指的是五方验收所载明的工程竣工合格时间。

4）特殊情况下的缺陷责任期起算时间

2017 版《示范文本》同时对发包人原因导致无法验收时的起算时间进行了修订，《示范文本》15.2.1 约定：因发包人原因导致工程无法按合同约定期限进行竣工验收的，在承包人提交竣工验收报告 90 天后，工程自动进入缺陷责任期；发包人未经竣工验收擅自使用工程的，缺陷责任期自工程转移占有之日起开始计算。

相对于 2013 版《示范文本》，本条修订后将发包人原因导致未能正常验收的缺陷责任期起算时间推迟了 90 天。该条修改后与《最高人民法院关于审理建设工程施工合同纠纷案件适用法律问题的解释》第十四条规定的起算时间点也是不一致的，当事人可以选择适用。在此种情况下，尽管该工程没有进行竣工验收，但是依然依约定开始起算缺陷责任期，同时也开始计算预留质量保证金的期限。

（2）缺陷责任期限的法律依据变更

2013 版《示范文本》第 15.2.2 条约定：工程竣工验收合格后，因承包人原因导致的缺陷或损坏致使工程、单位工程或某项主要设备不能按原定目的使用的，则发包人有权要求承包人延长缺陷责任期，并应在原缺陷责任期届满前发出延长通知，但缺陷责任期最长不能超过 24 个月。

从缺陷责任期的最长期限来看，2013 版《示范文本》和 2017 版《示范文本》均规定为 24 个月，但是两者的依据已经发生了变化。在《建设工程质量保证金管理办法》（建质〔2017〕138 号）发布之前，关于缺陷责任期并无强制性的规定，财政部和建设部在《建设工程质量保证金管理暂行办法》中曾规定“缺陷责任期一般为 6 个月、12 个月或者 24

个月，具体可由双方在合同中约定”，在实践中约定1～3年缺陷责任期期限情形均存在，2013版《示范文本》折中采用了24个月的缺陷责任期。住房城乡建设部2017年第138号文发布后，第二条明确规定：缺陷责任期一般为1年，最长不超过2年，由发、承包双方在合同中约定。因此，根据2013版《示范文本》，专用条款中可以对缺陷责任期进行调整超过24个月，但是根据住房城乡建设部的最新规定，此后对于缺陷责任期的期限约定将不得超过24个月，如专用条款中约定超过该期限则将面临行政机关的处罚。

（3）缺陷责任期内责任内容的变更

2017版《示范文本》第15.2.2条约定：缺陷责任期内，由承包人原因造成的缺陷，承包人应负责维修，并承担鉴定及维修费用。如承包人不维修也不承担费用，发包人可按合同约定从保证金或银行保函中扣除，费用超出保证金额的，发包人可按合同约定向承包人进行索赔。承包人维修并承担相应费用后，不免除对工程的损失赔偿责任。

相对于2013版《示范文本》，上述约定进一步区分了“缺陷责任期”与“质量保修期限”，使该条文的表述更加合理化，也对发承包双方依据合同主张权利的界定更加清晰。

2013版《示范文本》15.2.2条约定：工程竣工验收合格后，因承包人原因导致的缺陷或损坏致使工程、单位工程或某项主要设备不能按原定目的使用的，则发包人有权要求承包人延长缺陷责任期。

2013版《示范文本》并没有严格区分“缺陷责任期”和“质量保修期”概念，因此造成两种责任适用的混同。两者存在以下的区别：

1）期限不同。缺陷责任期最长不超过24个月，而质量保修期一般为2～5年，对于主体和基础则要求终身保修。

2）起算时间不同。缺陷责任期与质量保修期正常情况下均从验收合格之日起算，但如果建设工程未验收的，则缺陷责任期采用15.1.1条约定的时间推算，而质量保修期在保修条款中另行约定。

3）表现形式不同。质量保修期限和范围由发承包双方签署质量保修协议进行约定；缺陷责任期内应预留质量保证金，而质量保修期间超出缺陷责任期的部分却并不预留质量保证金。

4）适用范围不同。缺陷责任期主要针对承包人自身缺陷导致的工程质量问题，如施工不符合设计要求。质量保修期则属于工程验收合格后发生的质量维修，该种质量问题可能系自然损耗等因素造成，并不一定属于承包人的施工缺陷。

3. 质量保证金条款的修订

（1）质保金预留比例的变更

2013版《示范文本》15.3.2条约定：质量保证金不超过结算合同价格的5%。2017版《示范文本》修订为：发包人累计扣留的质量保证金不得超过工程价款结算总额的3%。

2017版修订主要依据住房城乡建设部138号文第七条规定：发包人应按照合同约定方式预留保证金，保证金总预留比例不得高于工程价款结算总额的3%。

2017版《示范文本》除变更了质保金比例外，对于质保金的结算基数也进行了变更。2013版《示范文本》质保金是根据结算合同金额进行计算，但结算合同的金额与实际最终的结算价款之间通常是存在差异的，为此，2017版《示范文本》直接将计算基数修订为工程价款结算总额。同时，该种修订也符合《国务院办公厅关于清理规范工程建设领域保证金的通知》第四条的表述以及住房城乡建设部138号文第七条的表述。

（2）质量保证金预留方式的变更

2013版《示范文本》第15.3.2条主要约定了预留质量保证金和保函两种方式。2017版《示范文本》第15.3.2条继承了上述条文，并进一步进行了明确。结合住房城乡建设部第138号文以及《国务院办公厅关于清理规范工程建设领域保证金的通知》的规定，承包人可以采取下列方式预留质保金：

1）采取银行保函，此种方式系住房城乡建设部第138号文明确推广。

2）采取履约保证金方式。

3）采取工程质量保证担保方式。

4）采取工程质量保险方式。

5）发包人同意的其他保证方式。

（3）规范质保金类型

根据《国务院办公厅关于清理规范工程建设领域保证金的通知》规定，除投标保证金、履约保证金、工程质量保证金和农民工工资保证金四种类型保证金外，取消所有其他类型保证金。已经缴纳履约保证金的，建设单位不得同时预留工程质量保证金。

2017版《示范文本》为此进行了相应的修订，在《示范文本》1.1.4.4条、14.4条、15条等质量缺陷责任及质保金条款中均进行了明确，取消履约保证金与质量保证金同时并存的情形。

（4）增加了质保金的计息方式和退还程序

2017版《示范文本》不仅约定了质保金的利息计算方式，并且对于质保金的退还进行了明确。而2013版《示范文本》并无上述内容。

根据2017版《示范文本》15.3.2条约定：发包人在退还质量保证金的同时按照中国人民银行发布的同期同类贷款基准利率支付利息。15.3.3条约定：缺陷责任期内，承包人认真履行合同约定的责任，到期后，承包人可向发包人申请返还保证金。发包人在接到承包人返还保证金申请后，应于14天内会同承包人按照合同约定的内容进行核实。如无异议，发包人应当按照约定将保证金返还给承包人。对返还期限没有约定或者约定不明确的，发包人应当在核实后14天内将保证金返还承包人，逾期未返还的，依法承担违约责任。发包人在接到承包人返还保证金申请后14天内不予答复，经催告后14天内仍不予答复，视同认可承包人的返还保证金申请。

6.3 建设工程施工分包合同管理

当前，我国建筑业已形成以“总承包为核心、专业分包为骨干、劳务分包为基础”的市场分工组织结构，并发展成以工程总承包和施工总承包为主的工程建设承包模式。由于总承包单位基本没有施工作业力量，主要从事施工项目管理，由总承包单位承接施工总包任务，再进行专业分包和劳务分包，是目前建筑市场通行的做法。由此，对分包单位的有效管理已成为总包单位加强施工项目管理的关键环节之一。在建设工程合同管理实践中，建筑业多年来存在一些突出问题，如违法分包、转包、挂靠、阴阳合同、合同条款不清晰引发争议、合同纠纷引发群体性事件等。施工分包合同作为建筑施工合同管理的一个重要组成部分，忽视施工分包合同管理是导致上述突出问题的重要原因之一。因此，加强施工分包合同（专业分包合同和劳务分包合同）管理，对提升施工项目合同履约效果和风险管控水平，以及提升建设工程管理水平及质量安全水平都至关重要；同时，加强施工专业分包合同和劳务合同全过程监管，也是政府维护建筑分包市场秩序的重要组成内容。

6.3.1 建设工程施工分包合同管理存在的主要问题

目前，我国建设工程施工分包合同管理主要存在以下问题。

1. 部分建筑企业对合同管理工作重视不够

虽然建筑企业的合同管理意识普遍增强，但在中小型建筑企业中，仍存在不重视合同管理工作、分包合同签订不符合相关规定、合同流于形式等情况。主要表现为合同签订前的资质、诚信履约情况的审查不到位，甚至有些企业存在先干活后签合同的情况；很多分包合同签订后即被束之高阁，并不注意合同基础资料的收集和管理，履约过程中难以被重视。合同流于形式，忽视合同管理，施工分包管理也就失去了主线。

2. 施工分包合同内容不严谨

施工分包合同内容不严谨，主要表现为：一是合同中文字不严谨，不准确，易引发歧义、误解和扯皮，如在合同中约定的工作内容常出现“等”，在后续执行和主管部门检查过程中容易因分包内容不明确而发生扯皮现象；二是合同条款不全面、不完整，有缺陷和漏洞，一些事项未在合同专用条款或补充条款中明确约定，尤其是关于违约处理，在合同履约过程中发生扯皮、引起纠纷。

3. 合同签订后未进行有效合同交底

很多分包单位对合同作用认识不足、对合同管理重视不够，很多分包单位合同签订和执行部门分离，中间缺少合同交底或交底不全面。履职人员对合同的一些具体关键条款并不知晓，合同内容与实际履行脱节，形成“两张皮”，不可避免出现因不了解合同约定，实务中误做少做而引发纠纷。

4. 合同执行过程中忽视变更管理

在合同履约过程中，对增项、变更的处理往往比较简单，不被重视。尤其是劳务合同，或是项目出现抢工，往往是口头说一下，没有正式的书面合同，或者合同签订较为简单，很多具体条款并未明确，在结算时可能就量价双方各执一词导致纠纷。

5. 发分包双方风险分配原则不明确

在合同条款中，往往双方就常见风险问题的承担作了约定，但一旦出现约定外的情况，由于没有明确的风险分配原则，原本双方共担或分包方的风险完全由发包方承担，加重了发包单位的责任和负担。

6.3.2 完善建设工程施工分包合同管理的对策建议

1. 建立和完善合格分包方管理制度体系

具有良好诚信记录和履约能力的合格分包方是施工总承包企业加强分包合同管理的重要基础。有总承包业务的施工总承包企业应建立并完善本企业的《合格分包方管理制度体系》，为加强分包企业和分包合同管理提供制度保障。

作为施工总承包企业，应及时制定并不断完善本企业的《合格分包方管理制度体系》，主要包括：《专业分包企业管理办法》《劳务分包企业管理办法》《分包工程招投标管理办法》《分包企业考核、评定及分级管理办法》《专业分包合同履约过程管理办法》《劳务分包合同履约过程管理办法》《分包合同纠纷处理管理办法》等，形成涉及分包企业日常管理、分包工程招投标、分包合同签订与备案、分包合同履约过程、分包合同注销等全过程的一整套分包方管理制度体系，切实提高施工总包企业的分包合同管理水平和能力。

2. 施工总承包企业从《合格分包方名录库》中选取分包单位

有总承包业务的施工总承包企业应从本企业的《合格分包方名录库》中选取分包单位，切实保证有良好诚信记录和履约能力的分包单位进入总承包施工项目，从事分包施工作业。

3. 规范施工分包合同的签订

规范分包合同的签订程序和签订要求，对保证合同的效力及合同双方权利义务的公平性、对等性至关重要，对保障分包合同签订后双方能顺利履约也至关重要，是加强分包合同管理、特别是风险管理的重要环节。有总承包业务的施工总承包企业应建立分包合同签订管理办法，规范分包合同的签订程序和签订要求。

4. 以“补充合同条款形式”及时更新分包合同的主要条款内容

目前，建筑市场形势变化较大，建筑业一些新的改革措施，譬如实名制管理、营改增、信息化管理、劳务企业资质改革、班组作业承包、建筑工业化等正在推广或试点，这些政策措施的实施必然会改变分包合同主体之间的权利和义务，影响到合同各方主体的利益格局。另外，分包合同条款中一定要明确保证合同双方履行合约的担保手段及具体要求。因此，为了保证专业分包和劳务分包合同的顺利履行，施工总承包企业应以“补充合同条款形式”及时更新分包合同的主要条款内容，明确约定新政策实施而新增的合同各方权利义务，及时防范新政策实施而产生的合同履约风险。

5. 全面跟踪和管控施工专业分包和劳务分包合同的履约过程

施工专业分包和劳务分包合同依法合规地履行，是施工总承包合同依法合规履行的必要前提。施工总承包企业应全面跟踪和管控专业分包和劳务合同的履约过程，落实分包商的合同履行责任，分散施工总承包商的合同管理压力。

6. 开展对分包企业及关键人员的合同履约诚信评价

（1）开展对分包企业的合同履约诚信评价

针对分包企业的合同履约过程和履约能力开展诚信评价，并根据考核评定结果给予相应奖罚措施，实际上就是发挥诚信评价制度的“奖优罚劣”市场机制作用，有效落实专业分包企业、劳务分包企业的合同履约责任，倒逼专业企业与劳务企业，切实提高自身的项目管理水平，强化合同履约意识和能力，分散施工总承包企业项目管理的巨大压力和责任。

（2）建立施工队长和班组长诚信评价制度

施工队长和班组长是现场组织劳务作业的指挥者和组织者，是劳务企业履行劳务合同责任义务的基石，也是保证现场施工质量安全的重要基础。明确建设工程的施工队长和班组长的岗位性质、任职资格要求、岗位任务、履责要求等，为劳务企业选择合格的施工队长和班组长提供相关依据；同时，建立施工队长和班组长的诚信评价制度，从而强化对施工现场一线作业指挥人员的诚信评价意识。

（3）利用信息化手段提高对分包合同的管控水平

信息化技术的大力发展，为提高施工项目管理水平提供了极为有效便利的手段，建筑业信息化将是建筑业未来发展的主要趋势之一。许多施工总承包企业正在积极利用管理信息系统、视频监控系统、手机 APP、二维码技术、微信平台或微信群、大数据技术等现代信息技术进行企业管理与项目管理，其不仅提高了施工企业对在施项目的管控手段和能力，也为施工总承包企业加强对专业分包和劳务分包的管控、落实专业分包商和劳务分包商的合同责任提供了很好的手段。企业应积极利用现代信息技术加强对施工项目全过程的管控，搭建基于互联网的企业管理信息化平台和项目管理信息平台，将专业分包合同管理和劳务分包合同管理纳入企业管理信息平台与项目管理信息平台。同时，利用施工现场视频监控系统、企业微信公众平台、项目微信群、二维码技术、手机 APP、大数据等现代信息技术，实现施工项目管理的信息化和精细化，提高分包合同履行过程的管控能力和效率。

6.4 合同订立、履行与索赔

6.4.1 合同订立阶段存在的主要问题

1. 缺乏标准的、规范的、条款清晰的合同

建设工程施工合同存在着资金密集、技术密集、时间跨度大、涉及内容多等特点，因此在签订合同中，应该采用较为科学、合理、细致、严谨的合同条款，以利于解决施工过程中出现的各种复杂问题。但在实际操作中，一些单位因为缺乏合同管理的时间和经验，不采用标准的合同文本、合同格式不标准不规范、内容含混、对各方面的权利和义务没有做到严格的规定以及出现订立阴阳合同等行为，这些缺陷导致建设工程施工合同约束力弱，不能体现各方真实意志，合同强制性作用差，均为日后合同纠纷埋下隐患。

2. 合同双方有失公平

从目前实施的建设工程施工合同文本来看，合同条款大多强调承包方的义务，对发包方的约束条款较少。实际工作中，建设工程合同的制定往往由发包方单方从自身利益出发而制定，承包方为了获得工程项目而不得不接受，建筑市场的激烈竞争导致供过于求，进一步导致发包方在合同订立中占据主导地位，这种僧多粥少的现象导致一些建设单位居高临下的态度，使得部分合同条款及补充协议中出现了单方面约束性条款，合同条款过于苛刻、利益分配不平衡，而施工承包企业为了承接工程委曲求全，接受苛刻的合同条件，使得自己的正当权益受损，甚至导致自身严重亏损。在这种合同双方权利、义务极其不对等的情况下，发包方将风险转移给承包方，而承包方为了自身利益免于受损，往往向原材料供应商和分包方转移危机和风险，这样的做法势必会导致建筑工程潜在隐患的产生，各方利益并未在合同签订和管理中获得保障。

3. 缺乏与时俱进的合同管理体系

近年来，随着网络和电子时代的到来，对仍停留在传统管理模式上的企业而言，无论是业主还是承包人，其继续生存都受到威胁。工程项目的招标投标，表面上看已经完全市场化，并且具有公平性、公开性、公正性，如专家库的建立、公开招标信息，但更深层次的问题是，专家们对工程的了解、对企业的了解以及专家责任心都会对选择中标单位造成影响；同时，企业中标后，若由于资金问题导致其无法正常运转，是否存在有效的消息获

取渠道，如何及时了解企业信息、对合同和企业进行动态监管显得尤为重要。

企业缺乏科学的合同管理体系，或者根本未设置专门的合同管理岗位，导致合同在正式签订前缺乏对合同当事人实际情况的摸底考察，缺乏对合同条款的审核控制步骤，合同签订后职责权限划分不清，对合同条款的执行力度不够，无法按章办事，同时伴随着监督和指导工作无法有效开展，引起合同利益相关者对合同的误解，最终阻碍合同的正常履行。

4. 缺乏专业的合同管理人员

有效的合同管理体系必须同时配备相应的专业合同管理人员，因为合同管理涉及诸多法律问题，专业性、技术性较强，同时也涉及全局的、极为复杂的管理工作，如若无法配备专业化的合同管理人员，将无法发挥合同管理体系的作用。但由于社会和行业发展的不均衡，目前，我国建筑行业合同管理方面对专业人才缺乏足够的吸引力，工程建设领域合同管理方面专业人才水平良莠不齐。

6.4.2 合同订立阶段加强合同管理的建议

1. 做好合同签订前的准备工作，事前进行深入的法律论证，加强对合同条款的分析

首先，在签订合同前，应根据工程项目特点，选择恰当的发包方式和价款调整条件，因为不同的发包方式和价款调整条件，直接关系到工程造价的控制效果；其次，应尽可能选用国家颁发的通用性合同文本，再根据拟建工程的特点、招标文件以及承发包双方谈判的结果来起草合同，合同文本必须准确表达双方真实的意思，做到条款不漏项，文字表达严谨；最后，在合同正式签订前，应严格审查合同是否合法、是否需要公证和批准、是否完整无损、是否采取了示范文本、双方责任和权利是否失衡、如何制约、合同实施会带来什么后果、合同补救措施、双方对合同的理解是否一致以及发生歧义时应如何沟通解决。

2. 营造合同订立环境，普及相关法律知识

首先，各级政府住房城乡建设行政主管部门应该大力、积极组织宣传经济合同法方面的法律、法规和方针政策，使建设工程施工合同双方相关人员的法律意识得到普遍的加强；其次，还应通过各种途径和方式，包括用一些合同订立不合法、不规范的案例，从正反两面进行宣传教育。通过普及建筑方面法律法规以及合同法，为合同的订立营造一个自愿平等、公平合理的环境，通过加大宣传教育力度和对有关法律法规的学习，在一定程度上使合同当事人能够知法、懂法、用法，为合同的签订营造一个公平合理、资源平等的环境，为合同的有效履行奠定良好的基础。

3. 建立和健全企业的合同管理体系

建立和健全企业的合同管理体系，主要是指建立和健全合同管理的组织网络和制度网络。组织网络是指企业要由上而下地建立和健全合同的管理机构，使企业合同管理覆盖企业的每个层次，延伸到每个角度。制度网络，一方面是指企业对合同管理全过程的每个环节，建立和健全具体可操作的制度，使之有章可循，责任分解，履约跟踪；另一方面是指各企业、各层次都应有自己的合同管理制度，即通过由上而下建立和健全合同的管理机构，使企业合同管理覆盖企业的每个层次，延伸至合同订立和履行的每个环节。同时，针对合同管理的每个环节，建立和健全详细、可操作的制度，使之有章可循，责任分解，履行跟踪。

4. 注重专业合同管理人员的业务能力培训和专业素质提高

合同管理人员水平的高低，直接影响合同管理的效果。通过强化合同管理人员的法律意识，可以保证合同管理的合法性，通过加强合同管理业务能力的培训和素质建设，促进人员的专业化发展，使合同管理人员充分具备胜任合同管理工作的能力。

6.4.3 合同履行阶段存在的主要问题

1. 合同执行不力，缺乏有效的执行机制和监督保障体系

签约双方不认真执行合同，随意修改或违背合同规定开展工作。比如，发包方不按合同约定的付款时限和数额支付工程进度款从而导致合同执行不力，大多数承包方往往是既不采取索赔措施，也不敢擅自停工，无法采取有效的手段对对方进行监督，从而维护自身的合法权益。

2. 缺乏有效的合同纠纷解决办法

近年来，建筑业发展很快，不仅吸纳了大量农民工就业，而且拉动了相关行业的发展，已成为国民经济的支柱产业和新的增长点。与此同时，也出现了一些问题，如建筑质量问题、建筑市场行为不规范、投资不足以及因投资不足问题造成大量拖欠工程款和农民工工资的现象。

目前，建设工程市场中普遍存在两种极端的合同争议和纠纷解决方式，要么无法有效采取法律手段维护自身合法权益；要么则当面对合同纠纷时，双方均设法采用行政手段解决，从而直接导致合同争议复杂化，往往带来更大的后果和损失。按照国际惯例，在类似情况下，监理工程师应对争议进行公平的评判，作出整改决定，督促双方遵照执行。

3. 缺乏有效的工程变更管理制度

工程项目在建设中应以经严格审核的预算成果为依据，并严格按发包方审批的投资额进行项目建设。但由于前期预算本身具有的一些不足，工程建设过程中会出现一些工程变更。再者，由于目前建筑市场中存在一些“低价中标＋后期变更”的方式来追求承包方利益的现象，也将导致变更行为的发生。

6.4.4 合同履行阶段加强合同管理的建议

1. 建立合同纠纷解决机制

（1）充分利用监理工程师的工作，力将合同纠纷影响和损失控制在最小范围

在建设项目合同履约阶段，针对出现的各种合同纠纷，双方应设法避免采用行政手段解决，否则将直接导致合同争议复杂化，往往带来更大的后果和损失。按照国际惯例，在类似情况下，监理工程师应对争议进行公平的评判，作出整改决定，督促双方遵照执行，力争从建设项目内部通过非行政手段将合同问题和纠纷尽可能解决，从而将损失控制在最小范围内。业主与承包商在工程建设中发生合同争议是难以避免的事情，这时，作为第三方的监理工程师应主动协调解决，无法达成一致时应提请第三方调解解决，调解不成的，则需通过仲裁或诉讼最终解决。另外，针对合同索赔问题，监理工程师在施工合同专用条款中应与双方明确约定共同接受的调解人，以及最终解决应采取的方式，根据索赔的依据，严格按照施工合同的约定，公正地判明责任方。同时，必须注意施工合同索赔的成立条件：与施工合同对照，已造成承包商超出施工成本的额外支出，或由于业主的原因造成的工期延误，不属于承包商应承担的责任；承包商按施工合同规定的程序，提交了索赔意向的通知和索赔报告。监理工程师在审核索赔条款时，还应认真审核对某一事件的影响可能涉及承包商成本的增加是否合理、承包商的取费标准是否正确合理以及分清总价合同与

单价合同之间是否有出入等项目，从而保证各自的利益与项目管理的成功。在商品经济的社会里，只有建设工程监理工程师按照合同管理并一切从合同出发，才能保证工程项目的顺利建设。

（2）选择规范化的合同文本，加强对合同条款的规范和细化

建设工程施工合同一旦签订，就产生了法律效力，如果后期想要进行单方面的更改就会面临很多困难。因此，在签订建设工程施工合同时必须做好准备工作，加强工程合同签订环节的管理，选择规范化的合同文本。因为每个行业都有其对应的合同示范文本，只有选择适合该领域的合同示范文本，才能更好地明确参建主体的责任，所以，必须保证工程合同中参建主体选择的是标准的合同示范文本，必须查看文本中是否对当事人应承担的责任和义务进行了明确详细陈述，这样可以有效避免合同纷争的发生，要尽量避免自拟的合同文本，避免其中出现一些漏项和对另一方不公平的条款。同时，合同内容是工程承包商与所参建主体共同协商签订的，合同内容必须充分考虑施工中可能出现的情况，包括天气、地理环境等自然因素，政策变动等社会因素，避免出现这些因素导致合同中某些事项的无法履行，进而导致不必要的纷争。当前，一些工程由于合同签订比较仓促，签订的合同往往过于简单，造成合同中的要约以及承诺不能兑现，尽管双方在形式上形成合同关系，但是由于工程过程中的问题缺乏有效分析，缺乏法律依据，致使在合同履行过程中出现一些合同中未涉及的问题不能形成有效约束。因此，必须对工程施工中的所有细节问题、重点问题进行分析。比如，除了明确合同订立的时间等基本内容，还要做好索赔条款的签订，确保合同内容事无巨细，对合同签订时的管理做到重点突出、中心明确，确保合同的合法性，合同内容的完整性，合同双方责任的明确性和公平性，以及合同的制约性。

（3）提前制定完善的合同纠纷预防办法，使合同纠纷发生后能在第一时间得到正确的应对和指导

建设工程合同纠纷具有以下几个方面的特征：

1）纠纷形式多样；

2）纠纷牵扯主体众多；

3）纠纷通常涉及不同领域的专业知识；

4）纠纷标的额大；

5）纠纷难处理。

导致建设工程合同纠纷发生的几个主要原因：

1）合同制定水平不高；

2）对合同条款的理解不一致；

3）合同约定的“预定性”和实际执行的矛盾；

4）对严格依照建设工程施工合同执行的观念淡薄。

为了及时、有效处理合同纠纷，在合同签订之初，不应该仅仅着眼于建立纠纷处理机制去有效处理合同纠纷，而应提前制定完善的合同纠纷预防办法，依靠高水平的建设工程施工合同和其他的纠纷机制来对建设工程施工合同纠纷进行有效预防，尽可能降低纠纷发生的可能性。

目前，在工程建设领域中，存在着一些能够在一定程度对建设工程合同纠纷发挥作用的制度，这些制度能够在一定程度对建设工程施工合同纠纷起到预防作用。例如，监理制

度、验收制度、质量检验制度和样品封存制度等。

(4) 重视合同管理的后评估和总结工作，为以后的类似工作提供可借鉴的经验

合同后评估是合同管理的总结阶段，主要是总结合同执行情况，对好的合同管理经验加以总结推广，对过时的、不符合现行法律法规的、不严谨的、容易被对方索赔的条款建议更正。该项工作有着举足轻重的作用，它既是对先期合同管理的评估、经验总结、教训吸取，又可为下一工程项目的合同管理和造价控制提供宝贵的经验，避免不必要损失的发生。

2. 建立工程变更监管机制

(1) 建立工程变更联席会议制度。工程变更联席会议由建设单位相关部门召集，联席会议成员单位包括建设单位相关部门、相关行业主管部门、相关行政主管部门及有关专家，负责建设工程变更事项有关事宜。

(2) 建立工程变更现场办公制度。工程变更联席会议在工程变更现场召开，联席会成员认真踏勘现场，对是否需要变更、怎样变更、如何确认变更的量等进行现场确认审批。

(3) 建立工程项目审价工作制度。财政、审计等部门按照科学、节约的原则对控制价进行严格审核，对设计漏项、不完善、不合理的地方进行建议与修正，减少施工过程中的变更，提高资金使用效益。

(4) 建立工程变更责任追究制度。制定对建设单位、勘察设计单位、监理单位、施工单位以及相关部门由于工作失误、失职、主观故意等不同性质造成的变更进行责任追究的细则，各有关责任单位和责任人员触犯刑律的，将追究刑事责任。

3. 建立合同履约机制，加强对合同执行情况的监管

在合同管理过程中，要建立健全合同监管体系，政府部门要加强服务职能，完善行政许可，加强监管力度和信息公开度；行业协会也要加强自身能力的建设，全力配合相关部门进行市场监管，积极参与到合同文本的制定、合同纠纷的调解等工作中，另外，也要培养公众的监督意识，建立公众监督机制，完善监督体系。

6.4.5 建设工程索赔与反索赔

1. 建设工程合同管理当中的索赔分类

(1) 合同中不能够预测的索赔

1) 政策、规范的更改而造成的索赔

由于建设工程的建设周期基本上拥有着较为长期的过程，政策和规范很容易在施工过程中更改，就会造成承包商费用大幅度的增减。

2) 地质条件的变化造成的索赔

由于自然条件的改变，也就是地质条件的变化，让之前所记录的勘探资料有所变动，这样的情况就会在一定程度上将勘察内容相应增加，必然也会将施工工作量增加，这时承包商就会开展工期和费用的相应索赔。由于地下的地质条件有着一定的不可预见性，会让较多的发包商将地质资料先制定为参考性资料。

(2) 合同在执行和签订中的索赔

1) 工程量表的错误造成的索赔

在建筑工程当中所涉及的工程量表以及图纸中所产生的错误，是不能够彻底防止的，当产生类似的错误时，索赔需要承包商对其负责。

2）语言表述的不完整而造成的索赔

当前，在建筑合同的文本内容中进行了条款的统一，可是其中的重点条款需要按照不同建设工程的实际状况随机拟订。在一定程度上，语言表述清晰度以及合同中内容准确度方面，都是较为重要的组成部分。

3）合同签订后由于变更造成的索赔

建筑工程在进行施工的过程中，因为不同的原因会增减相应的工程量，针对合同进行分析，增加的那一部分必定是会索赔的，此方面的索赔需要按照有关凭证予以补偿。

2. 索赔和反索赔的程序

（1）反索赔程序

1）提及索赔意向之前

在索赔事件发生时，发包商的工程师需要在第一时间对可能提及的索赔开展必要探究，项目经理需要按照所探究的内容对能够产生的索赔进行必要的分析和资料的详细收集，并将主要的索赔应对提出。

2）提及索赔意向之后

其一，要对索赔报告开展详细的、多角度的探究，按照所了解到的凭证将重点搜寻出来，针对索赔的理由和索赔的要求开展细致的探究评价，要将反驳的理由以具体的证据作为前提而提出，目的是要将索赔的风险降低或者解除。其二，双方在进行协商的过程中，有必要开展公开的会议论证，要对原则有所坚持，才能够将索赔事件有效解决。其三，诉讼与仲裁方面，需要按照法律的有关程序解决索赔的争端。其四，对于意见，需要正式起草，同时要求双方给予反索赔的解决意见与详细报告。

（2）索赔程序

1）提及索赔意向之前

①索赔意见的形成

不同专业的索赔要求需要承包商的造价工程师对其细致整理，从而构成正确意义下的索赔意见，同时要在所规定的失效期限内，将索赔的通知书报送到发包商手中，同时要在报送之后的28天之内将索赔的书面报告报出。

②索赔意向

在发生索赔事件之后，现场的工程师需要在第一时间将索赔意向对项目部提出，项目经理需要让项目部中的主要工程师，在分析完索赔的意向之后，进行细致的资料收集，从而将详细的索赔需求提出。

③索赔意向的收集

各个工程师需要针对具体的索赔意向内容，整理并收集有关的资料，将所收集的资料当作索赔的凭证，同时要严格关注合同中的特殊条款，以此来对索赔的工期与费用进行相应计算。

2）提及索赔意向之后

①诉讼与仲裁

对于索赔的争端，建议利用法律的程序予以解决，诉讼和仲裁是发包商与承包商的应有权利。

②和发包商开展双方的协商

报送完索赔的报告之后，需要主动和发包商开展针对性的沟通，从而寻求索赔事件的解决对策，并对不同的因素综合性考虑，在对原则有所坚持的条件下合理让步，从而让问题及时解决。

③中间人的重要性

当双方所提出的意见有较大的差距时，需要找到中间人开展相应的调解。调解结束之后，双方若认可就需要在会议上形成书面形式的有效协议。

3. 建筑工程合同管理中索赔和反索赔的应对措施

（1）建筑工程施工合同实行全过程的控制

1）合同履行中的控制

合同在建筑工程施工履行的阶段，对于资料的完善，与发包商和承包商都有着一定的联系，都会成为索赔和反索赔的重要凭证。若资料不够完善，或者资料收集已过了时效期等，都不可以成为索赔凭证。所以，在合同履行的过程中，必须重视资料中内容是否到位，从而完善合同履行中的控制。

2）合同签订之后的控制

由于建筑工程自身存在多样性、长期性以及复杂性，这一系列的特征决定了合同在实行当中的控制要素，其中工程的进度、材料的具体质量、工程的总体质量等都是发包商以及承包商需要重视的方面。想要有效提升索赔和反索赔的工作效率，就需要对现场的合同管理充分加强，从而将合同管理水平提升。

（2）合同签订内容需严谨开展

建筑工程建设过程中，合同与索赔是紧密联系在一起的，因此对于协议补充、条款补充、合同的专用条款等方面需要做到周全、清晰以及严谨的表达。这样才能够填补合同自身所产生的漏洞，承包商的索赔率就能够得到提升。并且，承包商还需要对合同条款中的内容透彻了解，防止由于索赔的失误而产生的成本增加。

第7章　项目管理总承包与代建制

本章包括建设项目投融资、EPC工程承包模式、项目代建、建设项目全过程咨询四部分内容。

建设项目投融资，首先介绍了建设项目投资与融资的含义、特点，建设项目投资管理的目标与原则，融资主体及融资组织可采用的融资渠道和筹措方式；然后通过分析建设项目投资构成，进行合理估计与控制，选取融资模式和信用保证结构，并对融资方案进行优化与设计，以达到融资目标；同时，介绍了工程活动中常见的工程垫资与带资现象；最后，结合相应的案例进行讲解。

总承包与项目管理总承包，首先概述了总承包的基本知识，总承包的国内外发展状况与存在的问题；其次介绍了总承包模式下设计、采购、施工、风险管理，强调了总承包模式的目标及任务以及在工程中实际应用情况；最后提出项目管理总承包的基本概念及相关模式，并对其应用进行案例研究。EPC总承包又称交钥匙总承包，指工程总承包企业按照合同约定，承担工程项目的设计、采购、施工、试运行服务等工作，并对承包工程的质量、安全、工期、造价全面负责，使业主获得一个现成的工程，由业主"转动钥匙"就可以运行。

项目代建，介绍了项目代建的含义、起源，我国代建制的基本模式，然后分阶段对项目代建的实施流程进行详细的讲解，项目前期阶段：代建项目决策、代建项目前期管理、代建合同类型及其管理、代建项目招投标；实施阶段：代建项目的工程款支付、代建项目施工进度与质量控制；结束阶段：代建项目竣工验收及决算、代建项目后评价。最后，结合相应案例进行分析。

所谓全过程工程咨询服务，也可称为全过程一体化项目管理服务，其属于业主方项目管理范畴，即由具有较高建设工程勘察、设计、施工、咨询、管理和监理专业知识和实践经验的专业人员组成的工程项目管理公司（也可称为工程咨询公司），接受建设单位（业主）委托，组织和负责工程的全过程工程咨询，包括但不限于勘察、设计、造价咨询、招标代理、材料设备采购和合约管理以及实施阶段的施工管理和工程监理等全过程一体化管理，在合理和约定工期内，把一个完整的、符合建设单位意图和要求的工程项目交给建设单位，并实现安全、质量、经济、进度、绿色环保和使用功能的六统一。

7.1　建设项目投融资

7.1.1　建设项目投资与融资的含义、特点

1. 含义

从广义上讲，为了建设一个新项目或者收购一个现有项目，或者对已有项目进行债务重组所进行的一切融资活动都可以被称为项目融资。从狭义上讲，项目融资（Project Finance）是指以建设项目发起人及其他投资者依法组建的能独立承担民事责任的法人（建设项目公司）作为融资主体，以建设项目未来的现金流量和资产作为融资信用基础，项目参与各方分担风险，具有优先追索性质的特定融资方式。一般提到的项目融资仅指狭义上的概念。

建设项目投融资是建设项目发起人及其他投资者通过各种途径、各种手段筹集资金与运用资金，以保证项目的投资建设对资金的需要所进行的活动。

2. 特点

项目融资和传统融资方式相比，具有以下特点：

（1）项目导向性

项目融资是以项目为主体安排的融资。贷款银行在项目融资中的注意力主要放在项目在贷款期间能够产生多少现金流量用于还款，而不是依赖于项目的投资者或发起人的资信来安排项目融资。同时，贷款数量、贷款期限、融资成本的高低以及融资结构设计都与项目的预期现金流量和资产价值及项目经济生命期直接联系在一起。

（2）追索权的有限性

贷款人对项目借款人的追索形式和程序是区分融资是项目融资还是传统形式融资的重要标志。传统形式融资贷款人为借款人提供的是完全追索形式的贷款，即贷款人主要依赖的是借款人自身的资信情况。而项目融资作为有限追索的融资，贷款人可以在贷款的某个特定阶段（如项目建设期、运行期）对项目借款人实行追索，或者在一个规定范围内（如规定金额和形式）对项目借款人实行追索，除此之外，无论项目出现任何问题，贷款人均不能追索项目借款人除项目资产、现金流量以及所承担的义务之外的任何形式的财产。

（3）项目风险的分散性

因融资主体的排他性、追索权的有限性，决定了作为项目签约各方对各种风险因素和收益的充分论证，确定各方参与者所能承受的最大风险及合作的可能性，利用一切优势条件，设计出最有利的融资方案。

（4）项目信用的多样性

将多样化的信用支持分配到项目未来的各个风险点，从而规避和化解不确定项目风险。如要求项目“产品”的购买者签订长期购买合同（协议）、原材料供应商以合理的价格供货等，以确保强有力的信用支持。

（5）项目融资程序的复杂性

项目融资数额大、时限长、涉及面广，涵盖融资方案的总体设计及运作的各个环节，需要的法律性文件也多，其融资程序比传统融资复杂。且前期费用占融资总额的比例与项目规模成反比，其融资利息也高于公司贷款。项目融资虽比传统融资方式复杂，但可以达到传统融资方式实现不了的目标。

可见，项目融资作为新的融资方式，对于大型建设项目，特别是基础设施和能源、交通运输等资金密集型的项目，具有更大的吸引力和运作空间。

7.1.2 建设项目投资管理的目标与原则

1. 目标

建设项目投资控制，就是在投资决策阶段、设计阶段、建设项目发包阶段和建设实施阶段，把建设项目投资的发生控制在批准的投资限额以内，随时纠正发生的偏差，保证投资管理目标的实现，以求在建设项目中能合理使用人力、物力、财产，取得较好的投资效益和社会效益。

（1）确定并分析论证建设项目总投资目标及其用途结构的合理性；

（2）确定建设资金的筹措和融资方案，根据建设总进度部署要求，编制投资使用计划，加强资金管理；

（3）实施全方位全过程的投资控制。

建设项目投资管理贯穿于建设项目前期决策和项目实施全过程。其中，项目决策和设计阶段是投资控制可能性最大的时期。

2. 原则

（1）依法融资原则

建设项目的融资活动必须以遵守国家相关的法律、法规为前提，实现各方当事人的平衡，追求企业价值最大化以及履行企业的社会责任。

（2）规模适度原则

项目在设定投资规模时需采用先进方法，考虑诸多影响因素，对总需求作出尽可能准确的预测，并结合自身投资能力，进而确定合适的投资规模。

（3）结构合理原则

资本结构安排合理，不仅能直接提高筹资效益，而且对折现率的高低也起一定的调节作用，因为折现率是在充分考虑企业加权资本成本和筹资风险水平的基础上确定的。最优资本结构是指能使企业资本成本最低且企业价值最大，并能最大限度地调动各利益相关者积极性的资本结构，企业价值最大化要求降低资本成本，但这并不意味着要强求低成本，而不顾筹资风险的增大，因为这同样不利于企业价值的提高。

（4）成本效益原则

成本效益原则是指项目的收益必须与融资成本相匹配，是对经济活动中所费与所得进行分析比较，使成本与收益得到最优结合以求获取最多盈利。实行成本效益原则能够提高企业经济效益，使投资者权益最大化，它是由企业理财目标决定的。筹资活动有资金成本与息税前收益的分析，投资决策中有投资额与收益分析，日常经营有成本与收入分析，其他活动也有经济得失分析。

（5）时机得当原则

企业选择融资机会的过程，就是企业寻求与企业内部条件相适应的外部环境的过程。从企业内部来讲，过早融资会造成资金闲置，而如果过晚融资又会造成投资机会的丧失。从企业外部来讲，由于经济形势瞬息万变，这些变化又将直接影响中小企业融资的难度和成本。因此，中小企业若能抓住企业内外部变化提供的有利时机进行融资，会使企业比较容易地获得资金成本较低的资金。

7.1.3 建设项目融资主体及融资组织形式

建设项目融资主体：指为项目建设进行融资活动并承担项目建设、经营和融资的经济、法律和风险责任的经济主体。

1. 新设项目法人融资（项目融资）

新设法人融资是指：由项目发起人（企业或政府）发起组建的具有独立法人资格的项目公司，由新组建的项目公司承担融资责任和风险，依靠项目自身的盈利能力来偿还债务，以项目投资形成的资产、未来收益或权益作为融资担保的基础。

(1) 新设法人融资主体适用条件

1) 项目发起人希望拟建项目的生产经营活动相对独立，且拟建项目与既有法人的经营活动联系不密切；

2) 拟建项目的投资规模较大，既有法人财务状况较差，不具有为项目进行融资和承担全部融资责任的经济实力，需要新设法人募集股本金；

3) 项目自身具有较强的盈利能力，依靠项目自身未来的现金流量可以按期偿还债务。

(2) 新设法人融资的特点

1) 项目发起人作出投资决策；

2) 发起人与项目公司并非一体；

3) 项目公司承担融资责任和风险；

4) 项目还贷能力取决于项目资产和项目财务效益；

5) 有限追索权：项目融资的信用基础是项目公司范围内的资产，对项目外资产（组建项目公司的发起人）无追索权。

(3) 新设法人融资方式

1) 我国除了公益性项目等部分特殊项目外，大部分投资项目都实行资本金制度。

2) 其融资能力取决于股东能对项目公司借款提供多大程度的担保。

3) 在项目本身的财务效益好、投资风险可以有效控制的条件下，可以考虑采用项目融资方式。

2. 既有项目法人融资（公司融资）

既有法人融资是指：建设项目所需的资金，来源于既有法人内部融资、新增资本金和新增债务资金。新增债务资金依靠既有法人整体的盈利能力来偿还，并以既有法人整体的资产和信用承担债务担保。既有项目法人融资（公司融资）：依托现有法人进行融资活动。

(1) 既有项目法人融资主体适用条件

1) 既有法人为扩大生产能力而兴建的扩建项目或原有生产线的技术改造项目；

2) 既有法人为新增生产经营所需水、电、气等动力供应及环境保护设施而兴建的项目；

3) 项目与既有法人的资产以及经营活动联系密切；

4) 既有法人具有为项目进行融资和承担全部融资责任的经济实力；

5) 项目盈利能力较差，但项目对整个企业的持续发展具有重要作用，需要利用既有法人的整体资信获得债务资金。

既有法人项目总投资构成及资金来源，如图 7-1 所示。

(2) 既有项目法人融资的特点

1) 债务资金虽然用于项目投资，但债务人是现有公司，而不是项目；

2) 债权人不仅对项目资产有追索权，而且可以对整个公司资产进行追索；

3) 债务的风险程度低于项目融资。

(3) 既有项目法人融资的方式

1) 不组建新的项目公司，由发起人公司出面筹集资金投资于新项目，以已经存在的公司本身的资信对外融资；

2) 现有公司组织融资活动、投资决策，承担责任和风险；

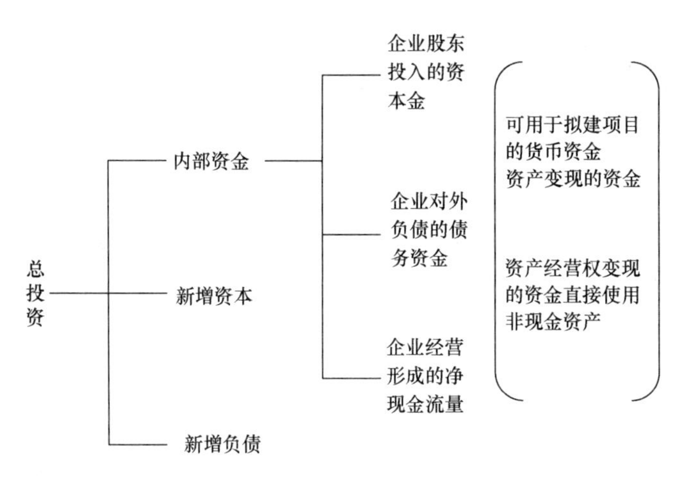

图 7-1　既有法人项目总投资构成及资金来源

3）拟建项目构成现有公司的增量资产。

3. BOT 融资

（1）主体

某个公司发起，其他公司参与，向当地政府提出。

（2）对象

基础设施建设和公共设施建设。

（3）特点

1）有限追索或无追索；

2）特许期内承包商拥有所有权和经营权；

3）风险；

4）设计建设运营效率一般较高；

5）币种；

6）不计入承包商的资产负债表。

4. 三种组织形式的对比

三种组织形式的对比，见表 7-1。

三种组织形式的对比　　**表 7-1**

	项目融资	公司融资	BOT
主体	项目发起人及其他投资者	既有建设项目法人	某个公司发起，其他公司参与
追索范围	有限追索	完全追索	有限追索或无追索
适用范围	高风险、能够独立经营或发挥生产能力的项目	一般企业的改造工程、改扩建项目	基础设施建设和公共设施建设
特点	资金量大、风险大	投资成本较高、资金量小、建设周期短、技术简单、成本低	设计建设运营效率高
与项目投资人的关系	不进入资产负债表	进入资产负债表	不进入资产负债表

7.1.4 建设项目融资渠道和筹措方式

1. 融资渠道

从筹集资金来源的角度看，筹资渠道可以分为企业的内部渠道和外部渠道。

（1）内部筹资渠道

企业内部筹资渠道是指从企业内部开辟资金来源。从企业内部开辟资金来源有三个方面：企业自有资金、企业应付税利和利息、企业未使用或未分配的专项基金。一般在企业并购中，企业都尽可能选择这一渠道，因为这种方式保密性好，企业不必向外支付借款成本，因而风险很小，但资金来源数额与企业利润有关。

（2）外部筹资渠道

外部筹资渠道是指企业从外部所开辟的资金来源，其主要包括：专业银行信贷资金、非银行金融机构资金、其他企业资金、民间资金和外资。从企业外部筹资具有速度快、弹性大、资金量大的优点。因此，在并购过程中一般是筹集资金的主要来源。但其缺点是保密性差，企业需要负担高额成本，因此产生较高的风险，在使用过程中应当注意。

融资渠道一览，见表 7-2 所列。

融资渠道一览表 **表 7-2**

筹资渠道	特　点
银行贷款	手续简便、成本较低，适用于有续债能力的建设项目
国际商业银行贷款	国际金融市场向一国政府、金融机构或工商企业提供的贷款
银行贷款	是为配合国家产业政策等的实施，对有关的政策性项目提供的贷款
外国政府贷款	是一国政府向另一国家的企业政府提供的具有一定的援助或部分赠予性质的低息优惠贷款
国际金融组织贷款	是国际金融组织按照章程向其成员国提供的各种贷款，与我国关系密切的是国际货币基金组织、世界银行和亚洲开发银行
出口信贷	是设备出口国政府为促进本国设备出口，鼓励本国银行向本国出口商或外国进口商（或进口方银行）提供的贷款
银团贷款	是指多家银行组成一个集团，由一家或几家银行牵头，采用同一贷款协议，按照共同约定的贷款计划，向借贷人提供贷款的方式
委托贷款	是指由委托人提供资金，银行或信托投资公司根据委托人确定的贷款对象、用途、金额、期限、利率等贷款条件，代为发放、监督使用、并协助回收本息的贷款
企业债券	是企业以自身的财务状况和信用条件为基础，依照《中华人民共和国证券法》《中华人民共和国公司法》等法律法规规定的条件和程序发行的、约定在一定期限内还本付息的债券
国际债务	是一国政府、金融机构、工商企业或国际组织为筹措和融通资金，在国际金融市场上发行的、以国外货币为面值的债券
融资租赁	是资产拥有者在一定期限内将资产租给承租人使用，由承租人分期付给一定租赁费的融资方式

2. 筹措方式

（1）权益融资的筹措

1）既有法人融资的建设项目资本金

①现有的可用于项目建设的资金。

②未来生产经营中获得的可用于项目建设的资金。

③企业资产变现。

④企业增资扩股。

2）新设法人融资的项目资本金筹集

①股东直接投资。

②股票融资。

③政府投资。

3）建设项目准股本资金

①无担保贷款。

②发行可转换公司债券。

③发行优先股股票。

（2）债务资金的筹措

1）贷款融资

银行贷款，是建设单位以自身的资信和建设项目的资产及经营收益为融资信用，以还本付息为条件向银行借入货币资金使用权的融资活动，是建设项目债务融资的重要渠道。

银团贷款，是由获准经营贷款业务的一家或数家银行牵头，多家银行与非银行金融机构参加而组成的银行集团采用同一贷款协议，按商定的期限和条件向同一借款人提供融资的贷款方式。

委托贷款，指委托人提供资金，银行或信托投资公司根据委托人确定的贷款对象、用途、金额、期限、利率等贷款发放条件，代为发放贷款，监督资金使用，并协助回收本息的贷款。

2）债券融资

指通过发行企业债、公司债筹集建设资金。企业债券是指企业依照法定程序公开发行，约定在一定期限内还本付息的有价证券，包括依照公司法设立的公司发行的公司债券和其他企业发行的企业债券。

（3）基础设施项目融资的特殊方式

1）特许经营方式

①概念

基础设施特许经营：是由国家或地方政府将基础设施的投资和经营权，通过法定的程序，有偿或者无偿地交给选定的投资人投资经营。

②分类

典型的基础设施特许经营方式有：BOT、PPP、TOT 方式等。

2）其他新兴方式

目前，国内受到重视并尝试运用的新兴融资模式还有 ABS 融资模式、PFI 融资模式等。

7.1.5 建设项目投资的合理估计与控制

1. 投资估算

投资估算是指在整个投资决策过程中，依据现有的资料和一定的方法，对建设项目的投资（包括工程造价和流动资金）进行的估计。

(1) 估算阶段

投资决策过程可划分为项目的投资机会研究或项目建设书阶段、初步可行性研究阶段及详细可行性研究阶段，因此投资估算工作也分为相应三个阶段。

1) 投资机会研究或项目建设书阶段。

2) 初步可行性研究阶段。

3) 详细可行性研究阶段。

(2) 估算程序

不同类型的工程项目可选用不同的投资估算方法，不同的投资估算方法有不同的投资估算编制程序。现从工程项目费用组成考虑，介绍一般较为常用的投资估算编制程序：

1) 熟悉工程项目的特点、组成、内容和规模等；

2) 收集有关资料、数据和估算指标等；

3) 选择相应的投资估算方法；

4) 估算工程项目各单位工程的建筑面积及工程量；

5) 进行单项工程的投资估算；

6) 进行附属工程的投资估算；

7) 进行工程建设其他费用的估算；

8) 进行预备费用的估算；

9) 计算固定资产投资方向调节税；

10) 计算贷款利息；

11) 汇总工程项目投资估算总额；

12) 检查、调整不适当的费用，确定工程项目的投资估算总额；

13) 估算工程项目主要材料、设备及需用量。

(3) 建设投资估算

1) 建设投资简单估算法

①单位生产能力估算法

该方法根据已建成的、性质类似的建设项目单位生产能力投资乘以拟建项目的生产能力，来估算拟建项目的投资额。

$$C_2 = (C_1/Q_1) \times Q_2 \times f \tag{7-1}$$

式中 C_1——已建类似项目的投资额；

C_2——拟建项目投资额；

Q_1——已建类似项目的生产能力；

Q_2——拟建项目的生产能力；

f——不同时期、不同地点的定额、单价、费用变更等的综合调整系数。

特点：该方法将项目的建设投资与其生产能力的关系视为简单的线性关系，估算简便迅速，但精确度较差。应用条件：使用这种方法要求拟建项目与所选取的已建项目相类似，仅存在规模大小和时间上的差异。

②生产能力指数法

该方法根据已建成的、性质类似的建设项目的生产能力和投资额与拟建项目的生产能力，来估算拟建项目投资额，其计算公式为：

$$Y_2 = Y_1 \times \left(\frac{X_2}{X_1}\right)^n \times CF \tag{7-2}$$

式中　n——生产能力指数。

应用条件：建设项目的投资额与生产能力呈非线性关系。运用该方法估算项目投资的重要条件，是要有合理的生产能力指数。n 的取值：在正常情况下，$0 \leqslant n \leqslant 1$。

特点：采用生产能力指数法，计算简单、速度快；但要求类似项目的资料可靠，条件基本相同，否则误差就会增大。

③比例估算法

以拟建项目的设备购置费为基数进行估算：

$$C = E(1 + f_1 P_1 + f_2 P_2) + I \tag{7-3}$$

式中　C——拟建项目的建设投资；

E——拟建项目根据当时当地价格计算的设备购置费；

P_1，P_2——已建项目中建筑工程费和安装工程费占设备购置费的百分比；

f_1，f_2——由于时间因素引起的定额、价格、费用标准等综合调整系数；

I——拟建项目的其他费用。

以拟建项目的工艺设备投资为基数进行估算：

$$C' = E(1 + f_1 P'_1 + f_2 P'_2 + f_3 P'_3 + \cdots) + I \tag{7-4}$$

式中　E——拟建项目根据当时当地价格计算的工艺设备投资；

$P'_1 P'_2 P'_3$——已建项目各专业工程费用占工艺设备投资的百分比。

④系数估算法

A. 朗格系数法

该方法以设备购置费为基础，乘以适当系数来推算项目的建设投资。计算公式为：

$$C = E(1 + \sum K_i)K_C \tag{7-5}$$

$$K_L = (1 + \sum K_i)K_C \tag{7-6}$$

建设投资与设备购置费之比为朗格系数，该方法比较简单，估算的准确度不高。

B. 设备及厂房系数法

该方法在拟建项目工艺设备投资和厂房土建投资估算的基础上进行计算。

2）建设投资分类估算法

对构成建设投资的各类投资，即工程费用、工程建设其他费用和预备费分类进行估算。

（4）建设期利息估算

1）建设期利息估算的前提条件：

①建设投资估算及其分年投资计划。

②确定项目资本金（注册资本）数额及其分年投入计划。

③确定项目债务资金的筹措方式及债务资金成本率。

2）建设期利息的估算方法（注意这四条原则）：

①估算建设期利息应按有效利率计息。

②项目在建设期内如能按期支付利息，应单利计息；在建设期内不支付利息，应按复

利计息。

③项目评价中对借款额在建设期各年年内按月、按季均衡发生的项目，为了简化计算，通常假设借款发生当年均在年中使用，按半年计息，其后年份按全年计息。

④对借款额在建设期各年年初发生的项目，则应按全年计息。

借款额在建设期各年年初发生时建设期利息的估算公式：

$$Q=\sum_{t=1}^{n}[(P_{t-1}+A_t)\times i] \tag{7-7}$$

借款额在建设期各年年内均衡发生时建设期利息的估算：

$$Q=\sum_{t=1}^{n}\left[\left(P_{t-1}+\frac{A_t}{2}\right)\times i\right] \tag{7-8}$$

在项目决策分析与评价阶段，一般采用借款额在各年年内均衡发生的建设期利息计算公式估算建设期利息；根据项目实际情况，也可采用借款额在各年年初发生的建设期利息计算公式估算建设期利息。

有多种借款资金来源，每笔借款的年利率各不相同的项目，既可分别计算每笔借款的利息，也可先计算出各笔借款加权平均的年利率，并以此年利率计算全部借款的利息。

（5）项目总投资与分年投资计划

1）项目总投资估算表的编制

按投资估算和估算上述各项投资并进行汇总，编制项目总投资估算表。

2）分年投资计划表的编制

估算出项目建设投资、建设期利息和流动资金后，根据项目计划进度的安排，编制分年投资计划表。

注意：①分年建设投资，可以作为安排融资计划、估算建设期利息的基础。②分年投资计划表是编制项目资金筹措计划表的基础。

2. 投资（费用）偏差分析

（1）投资偏差的含义

1）投资偏差的计算公式

投资偏差是指费用计划值与实际值之间存在的差额，计算公式为：

投资偏差＝已完工程实际支出－已完工程计划支出　　(7-9)

投资偏差为正表示投资增加，为负表示投资节约。此外，进度偏差和投资偏差的关系密切，只有在考虑了进度偏差后才能正确地反映投资偏差的实际情况，因此有必要引入进度偏差的概念。

进度偏差＝已完工程实际时间－已完工程计划时间　　(7-10)

为了将进度偏差与投资偏差联系起来，进度偏差也可表示为：

进度偏差＝拟完工程计划支出－已完工程计划支出　　(7-11)

2）投资偏差的几种表示形式

①绝对偏差和相对偏差

绝对偏差是指支出计划值与实际值比较所得的差额。相对偏差是指投资偏差的相对数或比例数。

绝对偏差＝支出实际值－支出计划值　　(7-12)

$$相对偏差=\frac{绝对偏差}{支出计划值} \quad (7-13)$$

②局部偏差和累计偏差

局部偏差是指每一控制周期所发生的投资偏差。累计偏差是项目已实施的时间内累计发生的偏差，是一个动态概念。累计偏差分析以局部偏差分析为基础，需对局部偏差进行综合分析，对投资管理工作在较大范围内有指导作用。根据偏差程度的概念，可以引入费用局部偏差程度和费用累计偏差程度，其表达式分别为：

$$费用局部偏差程度=当期支出实际值/当期支出计划值 \quad (7-14)$$

$$费用累计偏差程度=累计支出实际值/累计支出计划值 \quad (7-15)$$

(2) 投资偏差的分析方法

常用的偏差分析方法有资源负荷图法、横道图法、表格法和投资偏差曲线法等。这几种方法各自有一定的优点和问题。这里仅介绍投资偏差曲线法。

投资偏差曲线法是用投资累计曲线来进行投资偏差分析的一种方法。通常需标出三条曲线，即已完成工程实际支出曲线 a、已完工程计划支出曲线 b 和拟完工程计划支出曲线 p。图 7-2 中的曲线 a 和曲线 b 竖向距离表示投资偏差，曲线 b 和曲线 p 的水平距离表示进度偏差。显然，图 7-2 中所示情况是在时间 n 处超支（$A-B$），拖延时间为 Δt。

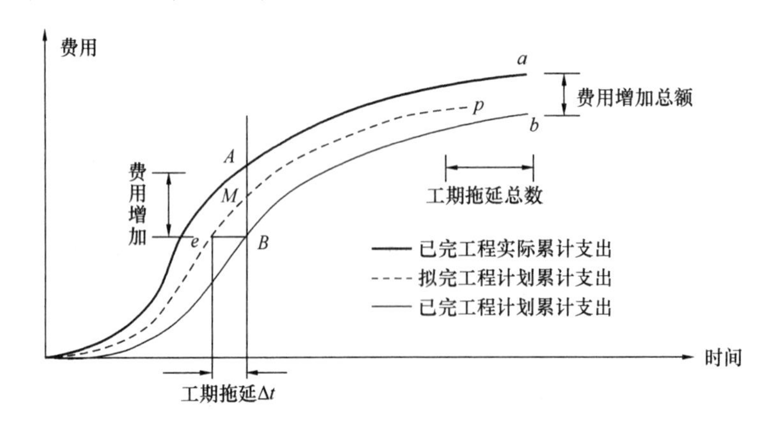

图 7-2 投资偏差曲线

7.1.6 建设项目融资模式

建设项目融资模式：指建设项目融资采用的基本方式。包含融资主体、产权结构、融资组织形式、资金来源和融资方式的选择。

目前，主要项目融资模式有如下几种：

1. 投资者直接安排项目融资模式

由项目投资者直接安排项目的融资，并且直接承担融资安排中相应的责任和义务。

这种项目融资结构特点有：

(1) 项目融资结构简单；

(2) 适用于投资者本身公司财务结构不复杂，有利于投资者税务结构方面的安排；

(3) 对于资信状况较好的投资者，直接安排融资还可以获得相对成本较低的贷款；

(4) 有利于投资者为项目筹集追加资本金时能够使用的唯一模式。

这种项目融资结构的缺点是贷款由投资者安排并直接承担其中的债务责任，在法律结构中实现有限追索就会相对复杂一些，需要注意如何限制贷款银行对投资者的追索权利。

2. 投资者通过项目公司安排项目融资模式

由投资者共同投资组建一个项目公司，再以该公司的名义拥有、经营项目和安排融资。这是目前比较普遍和最主要的项目融资模式。

这种项目融资结构特点在于：

（1）容易划清项目的债务责任。贷款银行的追索权只能够涉及项目子公司的资产和现金流量，其母公司除提供必要的担保不承担任何直接的责任。

（2）项目融资有可能被安排成为非公司负债型的融资。

（3）信用保证来自于项目公司的现金流量和项目资产以及项目投资者所提供的与融资有关的担保和商业协议。对于具有较好的经济强度的项目，这种融资模式可以安排为对投资者无限追索的形式。

这种项目融资模式的缺点是在税务结构安排上灵活性可能会差一些，这主要取决于各国税法对公司之间税务合并的规定。

3. 以“设施使用协议”为基础的项目融资模式

国际上，一些项目融资是围绕着一个工业设施或者服务性设施的使用协议作为主体安排的。这种设施使用协议（Tolling Agreement），在工业项目中有时称为“委托加工协议”，是指在某种工业设施或服务性设施的提供者和这种设施的使用者之间达成一种具有“无论提货与否均需付款”性质的协议。

4. 以“杠杆租赁”为基础的项目融资模式

以“杠杆租赁”为基础组织起来的项目融资模式，是指在项目投资者的要求和安排下，由“杠杆租赁”结构中的资产出租人融资购买项目的资产然后租赁给承租人（项目投资者）的一种融资结构。资产出租人和融资贷款银行的收入以及信用保证主要来自结构中的税务好处、租赁费用、项目的资产以及对项目现金流量的控制。

5. “生产支付”为基础的项目融资模式

“生产支付”（Production Payment）是项目融资的早期形式之一，起源于20世纪50年代美国的石油天然气项目开发的融资安排。一个“生产支付”的融资安排是建立在由贷款银行购买某一特定矿产资源储量的全部或部分未来销售收入的权益的基础上的。在这一安排中提供融资的贷款银行从项目中购买到一个特定份额的生产量，这部分生产量收益也就成为项目融资的主要偿债资金来源。

6. BOT模式

BOT是Build（建设）、Operate（经营）和Transfer（转让）三个英文单词第一个字母的缩写，代表着一个完整的项目融资的概念。这种模式的基本思路是，由项目所在国政府或所属机构为项目的建设和经营提供一种特许权协议（Concession Agreement）作为项目融资的基础，由本国公司或者外国公司作为项目的投资者和经营者安排融资，承担风险，开发建设项目并在有限的时间内经营项目获取商业利润，最后根据协议将该项目转让给相应的政府机构。

7. BT模式

BT（Build Transfer）即建设移交，是基础设施项目建设领域中采用的一种投资建设模式，是指根据项目发起人通过与投资者签订合同，由投资者负责项目的融资、建设，并在规定时限内将竣工后的项目移交项目发起人，项目发起人根据事先签订的回购协议分期向投资者支付项目总投资及确定的回报。

大部分BT项目都是政府和大中型国企合作的项目。BT模式作为一种新兴的工程建设管理模式，近年来在国内得到了蓬勃发展，较好地解决了因为建设单位资金紧张而不能实施工程的难题，尤其是一些政府牵头开发投资的公益性项目应用较多。BT模式具体是指业主授权BT承包商对项目通过融资建设，建设后整体移交给业主，业主用建设期间以及工程完成以后所募集的资金，以偿付企业的融资本金及利息的一种新型的项目管理模式。

8. TOT融资

TOT（Transfer-Operate-Transfer）是“移交—经营—移交”的简称，指政府与投资者签订特许经营协议后，把已经投产运行的可收益公共设施项目移交给民间投资者经营，凭借该设施在未来若干年内的收益，一次性地从投资者手中融得一笔资金，用于建设新的基础设施项目；特许经营期满后，投资者再把该设施无偿移交给政府管理。

TOT方式与BOT方式是有明显的区别，它不需直接由投资者投资建设基础设施，因此避开了基础设施建设过程中产生的大量风险和矛盾，比较容易使政府与投资者达成一致。TOT方式主要适用于交通基础设施的建设。

9. PPP融资

PPP（Public Private Partnership），即：公共、民营、伙伴。PPP模式的构架是：从公共事业的需求出发，利用民营资源的产业化优势，通过政府与民营企业双方合作，共同开发、投资建设，并维护运营公共事业的合作模式，即政府与民营经济在公共领域的合作伙伴关系。通过这种合作形式，合作各方可以达到与预期单独行动相比更为有利的结果。合作各方参与某个项目时，由参与合作的各方共同承担责任和融资风险。

10. PFI融资

PFI的根本在于政府从私人处购买服务，多用于社会福利性质的建设项目，被那些硬件基础设施相对已经较为完善的发达国家采用。

11. ABS融资

即资产收益证券化融资。它是以项目资产可以带来的预期收益为保证，通过一套提高信用等级计划在资本市场发行债券来募集资金的一种项目融资方式。

7.1.7 建设项目信用保证结构

1. 项目融资中担保的基本形式

项目融资信用保证结构的核心是融资的债权担保。债权担保分为物的担保和人的担保两种基本形式。

（1）物的担保

在项目融资结构中，物的担保主要是项目公司将项目本身的资产全部设定抵押。项目融资中物的担保着眼于以实际接管抵押资产为原则，因此其抵押的设定不同于传统的抵押。债务人（借款人）以浮动抵押的方式将全部项目资产抵押，如果债务人（借款人）不履行其义务，债权人（贷款人）可以行使其对担保物的权力来满足自己的债权。

（2）人的担保

在项目融资结构中，人的担保以风险分担为原则，由多方当事人提供担保或由项目投资者提供担保。项目融资的作用之一就是减轻项目投资者的还款责任，贷款人不能追索项目投资者在项目投资以外的其他财产，但项目投资者作为项目的最大受益者，按照风险分担原则不可能不承担责任。项目投资者的担保一般以签证长期购买合同或供应合同的方式且期限长于融资期限来保证融资项目的收益。

2. 项目融资担保范围

项目融资中可能面对的种种风险因素，其中主要有：信用风险、完工风险、市场风险、金融风险、政治风险以及环境保护风险等。通常我们将风险划为商业风险和政治风险二大类型，项目融资中的担保不可能解决上述全部风险，只能是有重点地解决上述风险中贷款人最关心的一部分。

3. 项目融资中的三种主要担保形式

项目融资中的担保形式及内容是多种多样的，这里主要研究目前流行的如下三种形式的担保。

(1) 项目完工担保

完工担保（Completion Guarantee）是一种有限责任的直接担保形式。由于在项目的建设期和试生产期，贷款银行所承受的风险极大，项目能否按期建成投产并按照其设计指标进行生产经营是以项目现金流量为融资基础的项目融资的核心。因此，项目完工担保就成为项目融资结构中一个最主要的担保条件。

做法包括：投标押金（Bid Bonds）；履约担保（Performance Bonds）；预付款担保（Advance Payment Guarantees）；留置资金担保（Retention Money Guarantees）；项目运行担保（Project Maintenance Bonds）。

(2) 资金缺额担保

资金缺额担保（Deficiency Guarantees），有时也称为现金流量缺额担保，是在担保金额上有所限制的直接担保，主要作用是一种支持已进入正常生产阶段的项目融资结构的有限担保。

(3) 以“无论提货与否均需付款”协议和“提货与付款”协议为基础的项目担保

“无论提货与否均需付款”协议（Take or Pay Agreement）和“提货与付款”协议（Take and Pay Agreement）是两大类既有共性又有区别，并且是国际项目融资所特有的项目担保形式。“无论提货与否均需付款”协议和“提货与付款”协议是项目融资结构中的项目产品（或服务）的长期市场销售合约的统称，这类合约形式几乎在所有类型的项目融资中都广泛地得到应用。“无论提货与否均需付款”协议和“提货与付款”协议在法律上体现的是项目产品买方与卖方之间的商业合同关系。尽管实质上是由项目买方对项目融资提供的一种担保，但是这类协议仍被视作为商业合约，因而是一种间接担保形式。

4. 案例

(1) 案例一（BOT 模式）

BOT 模式在广西来宾电厂 B 厂建设中的应用。

来宾电厂 B 厂项目是我国首次采用国际通行的竞争性招标方式选择境外投资人，改变了以往在外商投资中采用协商谈判方式选择投资人的做法，同时也是国内首次采用 BOT 方式吸引外资建设电厂的一个典型范例，被誉为“来宾模式”。

1）项目信用保证结构

①电力购买协议。这是一个具有“提货与付款”性质的协议，政府承诺电厂的发电并上广西电网，并保证电厂每年最低运行时间，即购买了一个确定的最低数量的发电量，从而排除了项目的主要市场风险。

②销售价格协议。中方承诺每年根据汇率变化和煤炭价格上涨给予调整电价，这实际上排除了项目的能源价格及供应等大部分的生产成本超支风险。

③完工协议。设备供应和工程承包方提供的“交钥匙”工程建设合同，以及为其提供担保的银行所安排的履约担保，构成了项目的完工担保，排除了项目融资财团对项目完工风险的顾虑。

④外汇兑换协议。为保证投资人的合理利益，中方保证外资以美元投入的资金，可获得按美元计算的回报。这在一定程度上降低了外汇兑换的风险，增加了投资者及贷款银行对项目投资的信心。

2）项目简评

①法国电力和通用阿尔斯通联合体之所以能够成功中标，主要是其提供的内部回报率比其他竞标者低，中方认为最可接受。

②来宾电厂B厂项目在项目融资的全过程中十分重视国际惯例，并且严格遵守“项目参与人依据国际惯例合理分担风险”的原则。建筑承包商提供的“交钥匙”工程合约，承担了工程拖期和建筑超支成本的风险；投资运营商承担了运行成本风险等。总的来讲，该项目招商引资程序严谨，操作规范有序，是“来宾模式”获得成功的原因之一。

③来宾电厂B厂项目首次采用国际通行的竞争性招标方式选择境外投资者。中方首次以收费率而非回报率作为竞标的选择条件，同时让投标人就上网电价进行竞争，中方不与投标人在回报率高低上讨价还价，从而较好地解决了在BOT项目融资中一直十分棘手的利益均衡问题。

④为保证来宾电厂B厂项目融资操作符合国际惯例，政府聘请了中外法律、财务和技术专家作为项目融资顾问，参与招商引资全过程。由此可以看出，在国内目前的情况下，短期聘请国际上有丰富经验的BOT融资专家参与项目建设是解决国内短期专业人员缺乏的可行方法。

⑤与项目有关的基础设施安排，包括土地、与项目相连接的公路、燃料传输及贮存系统、水资源供应、电网系统的连接等一系列与项目开发密切相关的问题处理及其责任，在项目文件中都作出了明确的规定，这又是“来宾模式”获得成功的一大因素。

⑥与项目有关的政府批准，包括有关外汇资金、外汇利润、汇率风险等问题，必须在项目开工前得到批准和作出相应的安排。

（2）案例二（BT模式）

BT模式在北京地铁奥运支线建设中的应用。

项目运作方式：该项目招标人北京地铁10号线投资有限责任公司，通过公开招标的方式选择中标人，通过评标确定“中国铁路工程总公司、中铁电气化局集团有限公司、中铁三局集团有限公司联合体”为中标单位，由联合体负责组建奥运支线项目公司即北京中铁工程投资管理有限公司（以下简称“项目公司”）。

地铁采用BT模式建设，有利于推进建设项目管理体制的创新，有利于建立和完善建设项目管理的市场化竞争机制，有利于改善政府投资项目的负债结构，有利于缓解当期政府资金压力、锁定建设成本和适当转移建设风险。

BT 模式运作中存在的风险：

1）相关政策、法规与 BT 模式不配套。

2）银行加息的财务风险。由于 BT 项目一般投资较大、总价封口，若在较长的工期时间内银行加息，将给项目公司带来融资成本加大、预期收益减少的后果。

3）资金到位风险。资金是项目建设的命脉，融资是 BT 模式项目链条上的关键环节，一旦资金不能按预定程序及时到位，对于整个地铁工程项目建设的影响将是相当严重的。

4）施工费用增加风险。由于地铁工程施工机械、工艺、技术要求或工程质量、施工环保等方面的要求，可能会导致合同范围内项目费用的大额增加，从而引发费用风险。由于 BT 模式固定总价合同，合同价格总额封口，概算调整失去可能，一旦该费用增加超过一定额度，必然影响到项目公司运作的正常秩序和整体建设。

5）工程延期风险。由于规划、外部配合、气候条件等影响，可能会导致建设项目不能如期完工，从而引发工程延期风险，可能会引发连锁反应，使项目公司承担违约责任并引发项目回购风险。

6）项目回购风险。一是由于项目公司的原因导致项目不能如期交付，政府不能按期回购，从而引发项目回购风险，其违约责任和相应损失由项目公司承担。二是项目如期完工，但由于 BT 模式的特殊性，过程中的某些操作方式可能会与现行的法律法规不完全匹配，致使政府不能按约定如期回购或未能全部回购，从而产生回购风险。

在 BT 模式地铁建设中风险控制对策：

1）建立健全的相关政策、法规。针对地铁行业以及 BT 项目融资模式的特点，逐渐建立健全并在实际操作中明确的、专门的 BT 方面的法律法规和相关政策，使得 BT 模式有相关法律法规与之匹配。

2）总结优秀经验应用到地铁项目。认真学习 BT 模式在国内外的成功运用案例，并将成功的地铁工程项目作为榜样工程进行总结、分析，将其可借鉴之处应用到其他地铁工程建设中，逐步完善 BT 模式在我国的地铁工程建设中的应用情况。

3）对 BT 模式下建设方的风险因素综合考虑并制定解决预案。由于 BT 模式具有特殊性，因此，政府应综合考虑建设方存在银行加息的财务风险、资金到位风险、施工费用增加风险、工程延期风险以及项目回购风险。可在合同中明确双方对潜在风险的预解决方案，进而可以保证整个地铁工程项目建设的优质完成，同时也不至于影响项目公司运作的正常秩序和整体建设。

总之，采用 BT 模式融资建设北京地铁奥运支线为北京市政府和项目投资者带来了较大的社会效益和经济效益。随着 BT 模式相关法律法规的建立健全，BT 模式的运作将会逐渐成熟，也必将成为今后国家基础设施和公用事业采用的一种主要投资建设方式。

7.1.8 建设项目融资方案的优化与设计

项目的融资方案研究，需要充分调查项目的运行和投融资环境基础，需要向政府、各种可能的投资方、融资方征询意见，不断地修改完善项目的融资方案，最终拟订出一套或几套可行的融资方案。最终提出的融资方案应当是能够保证公平性、融资效率、风险可接受并且可行的融资方案。

1. 项目融资计划方案的编制

项目融资研究的成果最终归结为编制一套完整的资金筹措方案。这一方案应当以分年投资计划为基础。

一个完整的项目资金筹措方案，主要由两部分内容构成。其一，项目资本金及债务融资资金来源的构成，每一项资金来源条件的详尽描述，以文字和表格加以说明。其二，编制分年投资计划与资金筹措表，使资金的需求与筹措在时序、数量两方面都能平衡。

（1）编制项目资金来源计划表

表 7-3 为某新建公司投资项目资金来源计划表，表 7-4 为某既有公司投资项目资金来源计划表，简要地说明了项目各项资金的来源及条件。

某新建公司投资项目资金来源计划 **表 7-3**

序号	渠道	金额	融资条件	融资可信程度
1	资本金	2800 万元		
1.1	股东 A 股本投资	1700 万元		公司书面承诺
1.2	股东 B 股本投资	600 万元		董事会书面承诺
1.3	股东 C 股本投资	500 万元		公司预计
2	债务资金	6820 万元		
2.1	某国买方信贷	3320 万元	贷款期限 8 年，其中宽限期 3 年，宽限期内只付息，不还本；还本期内等额偿还本金，年利率 6%	公司意向
2.2	××银行长期贷款	3500 万元	贷款期限 6 年，其中宽限期 2 年；还本期内等额偿还本息，年利率 8%	

某既有公司投资项目资金来源计划 **表 7-4**

序号	渠道	金额	融资条件	融资可信程度
1	资本金			公司现有资金、建设期内的经营净现金
	自有资金	2.0		公司书面承诺
2	股东增加股本投资	2.0		股东承诺书
3	增加负债投资			
	增加长期付款			
	X 银行贷款	5.0	贷款期限 6 年，其中宽限期 2 年；还本期内等额偿还本金，执行国家基准长期贷款利率，年利率 6%	银行贷款承诺书
	Y 银行贷款	1.0		
4	增加短期借款		贷款期限 6 年，可循环周转使用，执行国家基准利率，按季付息，现行利率 5%	银行贷款承诺书、股东贷款承诺书
	发行债券			
	融资租赁			
	合计（亿元）	10.0		

(2) 编制投资使用与资金筹措计划表

投资使用与资金筹措表是投资估算、融资方案两部分的衔接，用于平衡投资使用及资金筹措计划。见表 7-5。

投资使用与资金筹措计划表 表 7-5

序号	项　目	合计	计算期				
			第 1 年	第 2 年	第 3 年	第 4 年	…
1	项目总投资						
1.1	建设投资						
1.2	建设期利息						
1.3	流动资金						
2	资金筹措						
2.1 2.1.1 2.1.2 2.1.3	项目资本金 其中：用于建设投资 用于建设期利息 用于流动资金						
2.2 2.2.1 2.2.1	银行贷款 其中：用于建设投资 用于流动资金						
2.3	债券资金 其中：用于建设投资						
2.4	中期票据融资 其中：用于建设投资						

编制项目总投资使用计划与资金筹措表时应注意下列问题：

1) 各年度的资金平衡

①资金来源必须满足投资使用的要求，应做到资金的需求与筹措在时序、数量两方面都能平衡。

②资金来源的数量规模最好略大于投资使用的要求。

2) 建设期利息

①首先要按照与建设投资用款计划相匹配的筹资方案来计算。

②因融资条件的不同，建设期利息计算主要分为三种情况：

建设期内只计不付——建设期利息复利计算计入债务融资总额，视为新的负债；

建设期内采用项目资本金按约定偿付——债务融资总额不包括建设期利息；

使用债务资金偿还同种债务资金的建设期利息——相当于增加债务融资的本金总额。

2. 融资结构分析

(1) 融资结构

也称资本结构，它是指企业在筹集资金时，由不同渠道取得的资金之间的有机构成及其比重关系。

(2) 资本金与债务资金比例

建设项目资本金（权益投资）与债务资金的比例，通常称为资本结构，是建设项目资金结构中最重要的比例关系。我国实行的经营性投资项目资本金制度规定的最低资本金比例，是从宏观调控的角度提出建设项目资本结构的基本要求。

从建设项目投资人的角度，希望以较低的项目资本金比例争取到较多的负债融资，同时希望尽可能降低对股东的追索。

从债权人的角度，通常希望有较高的项目资本金比例，以承担可能出现的风险，并要求债权人的权益能得到更有效的保障，以降低债权人的风险。

合理的建设项目资本结构，需要考虑建设项目的基本特征和项目建设所在地的政治、经济环境和相关法律法规，并在对投资环境进行深入调查的基础上，由各参与方的利益平衡来决定。

(3) 资本金结构

资本金通俗地说，就是创办企业的本钱。根据财务通则规定，资本金是指企业在工商行政管理部门登记的注册资金。资本金的构成分类：按照投资主体分为国家资本金、法人资本金、个人资本金和外商资本金等。资本金结构是企业资本金总额中，各种资本金所占的份额或比重。

(4) 债务资金结构

建设项目债务结构是指各种债务资金的占比。确定建设项目的债务结构，要全面考虑债务资金融资成本（包括个别资金成本和加权平均资金成本）、融资进度和资金需求的衔接、融资方式和融资风险、资金币种、债务期限、偿债顺序和融资信用保证等。

债务资金结构包括：

1) 债务资金内部结构；

2) 债务期限配比；

3) 境内、境外融资配比；

4) 偿债顺序安排；

5) 债务融资信用保证。

3. 资金成本分析

(1) 资金成本的含义

为筹集和使用资金而付出的代价，包括筹集成本（F）和使用成本（D）。

筹集成本，指投资者在资金筹措过程中支付的各种费用。主要包括向银行借款的手续费；发行股票、债券而支付的各项代理费用。一般属于一次性费用，筹资次数越多，筹资成本就越大。

使用成本又称资金占用费，包括支付给股东的各种股利、向债权人支付的贷款利息及支付给其他债权人的利息费用等。其与所筹资金的多少、使用时间有关，具有经常性、定期支付的特点。

(2) 资金成本的计算

1) 资金成本计算的一般形式

资金成本一般用相对数表示，称之为资金成本率。其一般计算公式为：

$$K=\frac{D}{P-F}=\frac{D}{P(1-f)} \tag{7-16}$$

式中　K——资金成本率；

D——资金占用费；

P——筹集资金总额；

f——筹资费费率（即筹资费占筹集资金总额的比率）。

2）各种资金来源的资金成本计算

①银行借款的资金成本

不考虑资金筹集成本时的资金成本：

$$K_d = (1-T) \times R \tag{7-17}$$

式中　K_d——银行借款的资金成本；

T——所得税税率；

R——银行借款利率。

对项目贷款实行担保时的资金成本：

$$K_d = (1-T) \times (R+V_d) \tag{7-18}$$

$$V_d = \frac{V}{p \times n} \times 100\% \tag{7-19}$$

式中　V_d——担保费率；

V——担保费总额；

P——企业借款总额；

n——担保年限。

考虑资金筹集成本时的资金成本：

$$K_d = \frac{(1-T) \times (R+V_d)}{1-f} \tag{7-20}$$

②债券资金成本

发行债券的成本主要是指债券利息和筹资费用。

$$K_b = \frac{I_b(1-T)}{B(1-f_b)} \tag{7-21}$$

或

$$K_b = \frac{R_b(1-T)}{1-f_b} \tag{7-22}$$

式中　K_b——债券资金成本；

B——债券筹资额；

f_b——债券筹资费率；

I_b——债券年利息；

R——债券利率。

若债券溢价或折价发行，为了更精确地计算资金成本，应以其实际发行价格作为债券筹资额。

③优先股成本

与负债利息的支付不同，优先股的股利不能在税前扣除，因而在计算优先股成本时无需经过税赋的调整。

$$K_p = \frac{D_p}{P_p(1-f_p)} \tag{7-23}$$

或

$$K_p = \frac{P_p \times i}{P_p(1-f_p)} = \frac{i}{1-f_p} \tag{7-24}$$

式中　K_p——优先股资金成本；

D_p——优先股每年股息；

P_p——优先股票面值；

f_p——优先股筹资费率；

i——股息率。

④普通股资金成本

普通股资金成本属权益融资成本。权益资金的资金占用费是向股东分派的股利，而股利是以所得税后净利润支付的，不能抵减所得税。

评价法：

$$K_c = \frac{D_c}{P_c(1-f_c)} + G \tag{7-25}$$

式中　K_c——普通股资金成本；

D_c——预期年股利额；

P_c——变通股筹资额；

f_c——普通股筹资费率；

G——普通股利年增长率。

资本资产定价模型法：

$$K_c = R_f + \beta(R_m - R_f) \tag{7-26}$$

式中　R_f——无风险报酬率；

R_m——平均风险股票必要报酬率；

β——股票的风险校正系数。

计算资金成本，需要注意：

负债资金的利息具有抵税作用，而权益资金的股利（股息、分红）不具有抵税作用，所以一般权益资金的资金成本要比负债的资金成本高。

从投资人的角度看，投资人投资债券要比投资股票的风险小，所以要求的报酬率比较低，筹资人弥补债券投资人风险的成本也相应的小。

对于借款和债券，因为借款的利息率通常低于债券的利息率，而且筹资费用（手续费）也比债券的筹资费用（发行费）低，所以借款的筹资成本要小于债券的筹资成本。对于权益资金，优先股股利固定不变，而且投资风险小，所以优先股股东要求的回报低，筹资人的筹资成本低。

个别资金成本的从低到高排序：长期借款＜债券＜优先股＜普通股。

7.1.9　工程垫资与带资

所谓“垫资承包”是指雇主未先支付工程款或者支付部分工程款，要求承包商利用自有资金先进场施工，待工程施工到一定阶段或者工程全部完成后，由雇主再支付垫付的工程款。垫资的方式包括：带资施工、形象节点付款、低比例形象进度付款和工程竣工后付款等。

带资承包施工是目前国际上承包施工的普遍现象。据有关资料统计，目前约有65%的国际工程项目是带资承包施工，而国内较通行的做法是垫资施工。那么“带资”和“垫资”在性质上是否相同呢？

1. 垫资与带资的区别

“带资”有如下几点特性：

(1) 承包人自愿；

(2) 双方有明确约定；

(3) 通过带资施工，承包人能获得“显性的”或“隐性的”收益；

(4) 不到约定的条件，发包人不返还全部或不分次返还“带资”款。

而“垫资”则是：

(1) 往往非承包人自愿；

(2) 发、承包人就“垫资”问题也有口头协议或者书面约定，但是私下的、非公开的；

(3) 到了约定的条件，发包人不是直接返还“垫资”款，而是按工程进度款支付给承包人；

(4) 承包人通过垫资虽然获得了工程项目，但不一定能带来收益。

目前，除少数国家的政府项目不需要承包商带资外，多数项目基本上需要承包商以不同形式带资承包。由此可见，承包商带资、垫资施工已经成为工程承包的国际惯例。

《合同法》给出的建设工程合同概念是承包人进行工程建设，发包人支付价款的合同。从这个定义可以看出是先施工，后付款。因此，垫资施工是不可避免的。工程竣工并验收合格后，发包人应当按照约定支付价款，并接收该建设工程，至此垫资施工结束。因此，垫资施工发生在施工开始到工程竣工这一施工阶段。发包人接收工程后仍不支付工程款，性质上不再属于垫资施工，而是发包人不履行合同，形成工程拖欠款。至于发包人通过不验收工程、不接收工程决算、不审核工程决算、不接收竣工工程、延期审核工程结（决）算、延期接收竣工工程等方式不支付工程款的，其行为已变为不履行或不完全履行合同。

建设工程拨款一般包括工程预付款、中间结算付款和竣工决算付款。工程预付款又称工程备料款，是由于建设工程主要原材料需大量集中准备，构配件的加工与现场施工需同时进行，储备期相对较长，发包人预先支付给承包人的工程款。中间结算付款是按期（财务结算周期习惯）结算付款，通常是按月进行，也有按一定的形象进度或单项工程竣工结算付款的情况。竣工决算付款是整个建设施工合同履行完毕，建设项目竣工决算后按约定付款。因此，在竣工决算付款之前的任何一个阶段均有可能形成垫资施工，即使有工程预付款也会发生这样的情况。但是，如果认同下列结算和交易习惯，则垫资施工就要少得多：①按月结算，并认可发包人的审核周期；②按一定的形象进度或按单项工程竣工决算，并认可发包人的审核周期；③按一定的比例支付已经审核的中间结算款，剩余部分延期支付；④工程实体及各种资料交付完成后，再支付决算款；⑤设计变更和工程变更到工程竣工时再结算付款。

随着我国改革开放的深入和全球经济一体化的发展，参与我国建筑市场的各方主体的范围也越来越广。垫资施工从不被认识、不认可、政策不允许，逐渐被认识、认可和接受，在工程建设项目承包和施工过程中已成为常态。在《建筑法》《合同法》等现行的法律和行政法规中，并无规定禁止垫资承包施工和带资承包施工。1996 年 6 月 4 日，由建设部、财政部、国家计委颁布实施的《关于严格禁止在工程建设中带资承包的通知》规定发包方和承包方都不得带资承包施工。发包方不得要求承包方垫资施工，承包方不得带资承包施工，否则工程款收不回责任自负。外资建筑企业不受此限制。该《通知》目前并未收回。2004 年 10 月 25 日，最高人民法院颁布了《最高人民法院关于审理建设工程施工合同纠纷案件适用法律问题的解释》，给予了双方当事人明确约定的垫资施工的支持。这三种情况是不同时期、不同层面、不同体系对垫资（带资）承包施工的规定。

2. 垫资施工的类型

（1）有明确约定的垫资施工

施工企业与发包人之间一般有以下两种约定的垫资施工方式。

1）约定实际垫资的数额，如垫资 500 万元。这种类型一是施工企业把 500 万元打入发包人的账户，由发包人使用，这 500 万元可能全部用于工程项目的施工，也可能不全部或者不用于工程项目的施工，但也不是保证金。二是 500 万元在施工企业的账户上，施工企业用于施工，至于能完成多少工程量并无明确的约定，通常是到某一形象进度，当期的结算数额达到或超过约定的垫资数额止。

2）约定实际垫资施工的形象进度，如垫资（到）＋0.00、垫资（到）三层（结顶）、垫资（到）主体（结顶）等。这两种类型的垫资施工一般不到约定的垫资数额和形象进度，不结算工程量，也不付款，或者只结算工程量，但不付款。需要说明的是，“垫资到”就是到约定的条件就结算付款；而“垫资”则是到约定的条件结算工程量但不付款，一直垫到工程项目完成。以后完成的工程量按约定的结算时间和方式付款。

（2）无明确约定的垫资施工

这种类型的垫资施工主要与建筑产品的特点、交易和结算习惯密切相关，通常并不认为是垫资施工，但实际上与垫资施工无异。

1）发、承包双方约定按月结算工程量，经发包人或监理单位审核后，在下月的某个时间给付部分或全部结算价款。这种情况下，一是不论结算后是部分还是全部付款，实际上承包人已垫资施工了一个多月的时间；二是按发、承包双方核对后的结算量的一定百分比，如 80％部分付款，剩余的 20％承包人需垫资到下个月结算付款或直到工程完工。

2）发、承包双方约定按一定的工程进度，如到±0.00、三层结顶、主体结顶等结算工程量，经发包人或监理单位审核后，支付部分或全部价款。这实际上也包含两种情况，一是到达约定的工程进度前承包人需要垫资施工；二是按双方核对后的工程量的一定百分比支付后，剩余的工程量承包人仍需垫资，直到全部收回工程款。

3）设计变更或工程变更导致的垫资施工

在施工过程中，变更大量存在。对于较大的变更，发包人一般会调整概（预）算；对于普通变更，发包人或者当月结算工程量，或者到一定阶段（时间）结算工程量，或者直到工程竣工才结算变更工程量。

①当发包人调整概（预）算时，对于变更增加的工程量，发包人一般会按无明确约定的垫资施工方式结算付款，从而形成无明确约定的垫资施工。

②当变更量一般，且在下一个结算期结算变更工程量时，也形成无明确约定的垫资

施工。

③当发包人不调整概（预）算或者当期不结算变更工程量，直到工程决算时再结算变更工程量，支付变更工程款时，形成变更垫资施工。

在建设过程中，由于变更大量存在，当期不能结算时，累计到工程竣工会产生大量的变更量，形成大量的变更垫资施工，这种垫资额有时比约定的垫资额还要大。

4）发包人原因导致的垫资施工

①到约定的时间或进度，发包人不审核、不结算工程量，已完工程量形成垫资，未完工程如继续施工又形成新的垫资。

②发包人不按约定的时间和比例支付工程款形成阶段性垫资施工。

③发包人用双方约定的垫资额或保证金（到期应返还）作为工程款支付给承包人，形成垫资施工。

④发包人不按时进行阶段性验收、不按时进行专项验收或者不按时进行竣工验收，发包人负责提供的设备、材料等不能按时进场，发包人不能及时提供设计变更或工程变更等，导致工期拖延，施工企业不能按计划施工，不能按计划进行下一道工序的施工等，均可形成垫资施工。

3. 垫资的原因及其存在的合理性

首先，垫资施工是市场经济发展的内在需要。实际上，工程垫资是我国建设项目在结束了长达几十年的由国家全额投资的计划体制以后，最先由市场主体自主选择的一种市场行为，是承发包双方根据市场经济“双向选择”的原则确定合作对象的一种方式。在目前市场条件下，承包方相对于发包方是弱势，所以工程垫资对承包商而言有点无奈，但仍然是在承认现实的基础上，双方自愿达成的约定。只要它充分反映了当事人的真实意愿，是双方当事人共同自愿实施的行为，就应当予以充分的尊重。正常情况下，只要工程完工、结算、验收合格后，发包方将剩余工程款拨付给承包方，对承包方也没有什么影响。有资料显示，在国外垫资施工早已成为惯例，但是并没有出现严重的拖欠款问题，企业也有一整套防范垫资演变为拖欠款的机制，所以可以大胆地垫资。在我国，企业近年来垫资施工的比例也越来越高，之所以引起政府及各方的重视，是因为有些工程由“垫资”演变为“拖欠”再演变为“纠纷”，影响企业发展，不利于建设和谐社会。

其次，垫资施工不违反现行法律的禁止性规定，垫资并不在法律禁止的范围内。关于垫资合法性及约定垫资条款合同的效力问题，2004 年 10 月 25 日发布的《最高人民法院关于审理建设工程施工合同纠纷案件适用法律问题的解释》，对已经形成纠纷的施工合同在法律上给予认可，属于法律范畴。

4. 相关风险分析

（1）引起法律纠纷

因垫资以及款项支付而引起承包商与雇主、分包商、材料商、施工工人之间的法律诉讼，往往影响工程的顺利施工甚至停工，致使相关损失不断扩大。

（2）导致承包商收益下降

为保证资金的流动性，承包商垫付的大部分资金一般通过融资解决，并承担相应的融资成本。如果逾期不能还贷，承包商还要承担逾期罚息。而利息、罚息本身就导致承包商收益的降低。如果在一定的时期内由于市场环境因素、利率调整因素以及政策环境有较大的调整，如大幅度地提高银行贷款利率，则承包商的银行利息及逾期罚息还会加大，或者由于结算货币的大幅贬值，导致承包商实际收益的大幅缩水甚至亏损。

（3）影响承包商的正常生产经营

雇主由于各种原因长期拖欠工程款项，致使承包商的流动资金长期被占用，形成承包商资产负债表上的呆账、坏账，影响承包商的正常资金周转和经营业绩，情况恶劣时，将会降低承包商在银行的资信评级，进而影响承包商的正常生产运营。因此，如果工程建成之后，承包商仍未能收回工程款，会面对来自银行、公司主管部门等内外部的强大压力。

5. 对策与建议

从上述分析可知，垫资本身并不是问题，问题在于市场机制和企业体制。要真正解决拖欠款和由此带来的一系列问题，就要解决好机制和体制问题，建立完善的企业管理制度和建设资金监督管理机制。

（1）有关部门在审批建设工程立项时，应严把资金关。资金不到位，坚决不能办理相关手续。从源头上把好关，才是解决问题的关键。

（2）政府要更新观念，多树立法制意识，少一点官僚思想。政府是为企业服务的，不是高高在上的权力机关。禁止“工程垫资”本来就是政府所倡导的，所以政府应该起带头作用。如果政府的工程不用施工企业“垫资施工”，相信没有其他发包方会让施工企业“垫资施工”“拖欠工程款”，即使有，施工企业也会通过各种办法去解决。

（3）提高法律意识，增强自我保护意识。首先，在维权意识方面，许多施工企业不认为“垫资施工”是一件很严重的事情，宁可相信传统的个人承诺，反而不重视合同的签订和司法机关的权威性。自我保护意识不强，甚至出了问题，也不愿意通过法律途径解决，觉得上法院是一个“不讲究、不够朋友”的做法，怕以后不好揽工程。再比如像政府工程，企业根本就不想也不敢走法律途径。近年来企业改制以后，情况有所好转，因为政府干预的少了，企业也就有了更多的自主权。

（4）提高施工企业管理人员素质，积极适应当今多变的社会结构和正在形成的市场经济。面对市场竞争要通过练内功，创品牌以图发展，不是靠拉关系走后门以求生存，不应对发包方过度依赖。

（5）改变用人理念，克服一些老观念，如重工轻文，认为只有技术好的才是人才，而一些懂市场、会经营的人才不受重视。一个企业发展仅有技术是不够的，管理、经营、法律、财务等各方面人才都是不可或缺的。他们和技术人员都是企业发展和进步的重要组成。“垫资施工”这种现象的出现是市场机制、社会环境、法律意识以及经营理念等多种因素综合作用的结果，所以要解决并不能简单采取“堵”的方法，而是要针对市场经济的新特点，依法因势利导，减少由垫资演变为拖欠再演变为纠纷。目前，我国实行的农民工工资预留及安全措施费预留等政策也都在不同程度上减少了由于垫资而拖欠民工工资及安全隐患等问题。随着市场的完善，工程建设中的不合理行为会进一步得到整治。

6. 承包商应对垫资风险措施

（1）严格审查雇主资信状况。工程总承包市场鱼目混珠，各种拖欠情况时有发生。因此，对雇主资信，特别是首度合作的雇主进行严格的资信调查格外重要。承包商应采取多种措施，例如，委托专业资信调查机构等，对包括开发项目的真实性和雇主的注册情况、项目资金的来源以及到位情况、既往经营业绩、履约能力以及社会信誉等各方面情况进行深入了解，并重点审核雇主对延期付款提供什么样的保证。对于雇主付款担保的审核，应该注意是否为无条件的、独立的、见索即付的担保。

（2）充分研究招标文件。招标文件是一种“要约邀请”，其中，很多条款将来就是合约条款，涉及承包人与发包人的权利义务。因此，承包商必须在工程报价、工程质量、项目成本和资金回收等相关方面作可行性分析，充分考虑自己的垫资能力、范围和垫资后收益问题；同时，也要考虑到中标后发包人是否能在承包人履行垫资条款义务后，拨付后期资金；如果拨付不了或不能按约拨付，应当启动何种救济渠道和手段。承包商应避免盲目上马项目，对信誉不可靠、风险大于效益、技术上无把握的项目宁可放弃也不贸然行事，切实搞好经济评价和风险分析，做好合同的评审工作，选择可靠性高、风险隐患少、风险程度低的投标对象。

（3）审核合同价款的分段支付是否合理。承包商应注重对合同价款支付方式的审核。通常，预付款应该不低于10%（在雇主要求竣工后付款等情况下，应力争提高预付款的比例），质保金（或称“尾款”）应该为5%、或者不高于10%，里程碑付款（即按工程进度支付的工程款）的分期划分及支付时间应该保证工程按进度用款，以免承包商垫资过多，既增加风险，又增加利息负担。要防止业主将里程碑付款过度押后延付的倾向。还要注意，合同的生效，或者开工令的生效，必须以承包商收到业主的全部预付款为前提，否则承包商承担的风险极大。

（4）争取在合同条款中约定雇主提供工程款支付保证。承包商应尽可能地要求雇主提供支付担保，约束业主按合同支付工程款，并积极采取工程项目抵押、第三人提供保证、留置等方式保证工程款及垫资款支付。这个条款虽然难以争取，但是并非不可能，而一旦争取到该条款对承包商垫资款的回收是极其有利的。此外，合同条款中应该争取对业主拖延付款规定罚息，并且对业主拖延付款造成的后果规定违约责任，切实保证承包商的利益。与当地实力企业进行适当合作，当地企业熟悉和了解当地的商业运行规则，且在当地具有各种深厚的社会关系。与当地实力企业合作，能够帮助承包商较快理顺工程施工外围关系，分担合同风险，当拖欠工程款发生时，能够运用各种关系加快工程款的回收。

（5）向分包商（材料商）转移风险。向分包商（材料商）转移风险是国际承包商常用的转移风险方式，总承包商要善于合理地利用分包商（材料商）的资源和力量。在分包合同中，要求分包商（材料商）接受雇主合同文件中的各项合同条款，特别是付款进度安排，使总承包商对分包商（材料商）的付款进度与雇主的付款进度相一致，从而使部分垫资风险由分包商（材料商）承担。

（6）向保险公司投保。承包商应充分利用国家鼓励机电产品、成套设备出口以及拓展国际工程总承包市场的有关优惠政策和措施。目前，中国出口信用保险公司的特定合同保险产品对于买方无力偿还、故意拖欠工程款以及拒收工程等商业风险、买方所在国的政治风险引起的直接损失进行承保。虽然，采用这种方法要支付一定的保险费用，但对于风险损失而言则是个很小的部分，而且承包商可以将保险费计入工程成本。因此，向保险公司投保是一种有效的风险防范措施。

（7）加强工程进度款的中间结算。建设工程的建设周期较长，造价的争议常导致拖欠款债权不落实，使承包商诉讼无据。因此，在施工阶段，承包商要严格按照规范、设计及合同要求进行施工，收集并整理好原始凭据，认真做好工序验交、签证以及月度形象进度报表确认工作。加强工程进度款的中间结算，不给拖欠工程款留下借口，为竣工结算创造条件。承包商应千方百计地保证工程质量和工期，因为质量和工期，在一般情况下是有效维护自身权益的两个非常重要的前提。

在目前的情况下，参与建设的各方主体应该注意：垫资承包施工不被禁止，不可避免，垫资施工已成常态；不能把是否垫资承包施工以及垫资的数额和方式作为要价或排他性的竞争手段；承揽工程过程中应注意把握好“情、理、法”的关系，而在施工过程中要把握好“法、理、情”的关系；约定俗成的交易和结算习惯不一定被法律和行政法规所保护，所以应保留被保护的交易和结算习惯，并对不被保护的交易和结算习惯用法律认可的形式约定下来。因为特定的建设工程施工合同是发、承包双方签订的，其履行后所建成的建筑产品的特殊性和建设过程的复杂性，极难被复制和再描述清楚；发、承包双方应以书面的形式就垫资承包施工的有关事项，如垫资数额、时间、利息、返还方式等明确约定。在施工中形成垫资施工应针对具体情况采取具体应对策略；承包人应全面、客观、科学地评判是否垫资承包施工。

7.1.10 案例

（一）沙角B电厂建设项目

这是中国最早的一个有限追索的项目融资案例，也是事实上中国第一次使用BOT融资概念兴建的项目融资案例。沙角B电厂的融资安排本身也比较合理，是亚洲发展中国家采用BOT方式兴建项目的典型。

1. 项目背景介绍：

沙角发电厂是中国华南地区最大的火力发电基地，总装机容量达到了388万千瓦。发电厂坐落于珠江入海口的东岸，即深圳湾附近。发电厂由相互毗邻的A，B，C三座分厂组合而成。本文讨论分析的沙角B电厂是其中唯一一家，同时也是我国第一例采用BOT合作模式建成的发电厂。

2. 项目投资结构：

项目投资总额：42亿港币（按1986年汇率，折合5.396亿美元）。

项目贷款组成：日本进出口银行固定利率日元出口信贷2.614亿美元；

国际贷款银团的欧洲日元贷款0.556亿美元；

国际贷款银团的港币贷款0.75亿美元；

中方深圳特区电力开发公司的人民币贷款0.924亿美元。

融资模式：包括股本资金、从属性贷款、项目贷款三种形式，详见以下表格

融资模式 表7-6

股本资金	股本资金/股东从属性贷款	3850万美元（3.0亿港币）
	人民币延期贷款	1670万美元（5334万人民币）
从属性贷款	中方人民币贷款	9240万美元（2.95亿人民币）
项目贷款	固定利率日元出口信贷	26140万美元（4.96兆日元）
	欧洲日元贷款	5560万美元（105.61亿日元）
	欧洲贷款	7500万美元（5.86亿港币）
资金合计		53960万美元

3. 项目参与者及其关系

甲方与乙方共同组成项目公司“深圳沙角火力发电厂B厂有限公司”，该公司为合作企业法人，其唯一的目的是开发B厂项目。乙方是由五家企业在香港注册的专项有限公司，起特别工具公司（SPY）的作用，其唯一的目的是开发B厂项目。

4. 案例分析

作为BOT运行模式中较为成功的一则案例，沙角B电厂必然有其成功的地方值得我们去思考、学习。在本案例中，沙角B电厂的投资中，中方仅付出了2.5亿元人民币的从属性项目贷款，提供了土地，建材，工人等不存在太大技术含量的资产，换来了香港合和电力公司先进的设备管理，先进的人才管理，先进的生产技术。

BOT项目运营本身就存在较大风险。

（1）项目风险分析

就项目本身的性质来看，火力发电厂属于技术上比较成熟的生产建设项目，在国内外的应用都已经有相当长的时间，技术风险也是比较小的，本项目的生产经营风险不大。

市场风险方面，主要应该解决项目所生产的电力的销售问题，这是项目各方收益以及项目贷款人收回贷款的根本保障。

金融风险方面，因为项目贷款的很大一部分属于由日本进出口银行提供的固定利率的出口信贷，所以在很大程度上降低了利率风险。就汇率风险的问题，中方和外方之间也做了适当的安排。

政治风险方面，中国国内形势稳定，政府不断完善有关投资保护的法律制度。现行法律不允许对外国投资实行国有化，鼓励外商在华投资并予以明确保护，有关外汇、税收、进出口管制等制度正日趋与国际惯例一致。本项目中，广东省政府还为项目的信用保证安排出具了支持信，虽然其不具备法律约束力，但作为地方政府提供的意向性担保，也具有相当分量。因此，本项目的政治风险也很小。

（2）项目融资中的信用保证结构

下面，我们就来分析一下电厂是如何通过信用保证结构在与项目有关的各方之间分配各种风险要素的。

电厂项目的信用保证结构主要由以下六个部分组成：

①中方深圳特区电力开发公司的煤炭供应协议和电力购买协议。

②中方深圳特区电力开发公司为外方合和电力（中国）有限公司提供一个具有“资金缺额担保”性质的贷款协议，同意在一定的条件下，如果项目支出大于项目收入则为外方提供一定数额的贷款。这种协议属于以保证项目正常运行为出发点的资金缺额担保，进一步降低了项目的生产经营风险。

③由广东省国际信托投资公司这个地方性的具有政府背景的非银行金融机构为中方的煤炭供应协议和电力购买协议所提供的担保。

④由广东省政府为上述安排所出具的支持信。这属于项目所在地政府对项目的一种意向性担保，虽然不具有法律约束力，但对于增强项目投资人和贷款人的信心具有相当的作用。

⑤由日本公司所组成的项目设备供应和工程承包财团所提供的项目建设“交钥匙”合同，以及相应的由银行提供的履约担保，这就构成了项目的完工担保，基本排除了项目贷

款人对完工风险的顾虑。

⑥中国人民保险公司为项目的其他一些风险所提供的项目保险。这种保险通常包括对出现意外灾害、资产损害、设备故障等情况以及相应发生的损失的保险。

通过对电厂项目融资案例的分析，可以从中归纳总结出不少经验。在这里尤其需要强调的是以下几点：第一，项目融资中最主要的三种担保形式就是完工担保、资金缺额担保，和以“无论提货与否均需付款”、“提货与付款”、“供货或付款”这样性质的合同为基础的项目担保。这三种担保几乎对于每一个国际项目融资来讲都是必不可少的。第二，项目开发，尤其是基础设施项目的开发，一定需要在事前获得政府的批准或支持，并对有关外汇、管理、项目用地、基础设施等问题作出相应的安排，否则贷款银行难免心存疑虑。第三，设计融资结构时一定要根据项目实际情况灵活加以应用，例如在深圳沙角 B 电厂项目中，就是利用了日本进出口银行的出口信贷资金，并据此与供应设备和建设工程的日本公司所组成的财团达成了“交钥匙”合同，解决了完工风险的问题。

时至今日，沙角 B 电厂早已全权转交给甲方了，从今天的角度来看，甲乙双方确实达到了互利双赢的局面，香港合和电力公司从中获利，深圳市能源集团公司旗下新增了拥有先进科学技术与管理技术的发电厂。

7.2 EPC 总承包模式

7.2.1 EPC 总承包的基本知识

1. 总承包的内涵

工程总承包是指从事工程总承包的企业受业主委托，按照合同约定对工程项目的勘察、设计、采购、施工、试运行（竣工验收）等实行全过程或若干阶段的承包。工程总包企业按照合同约定对工程项目的质量、工期、造价等向业主负责。工程总承包企业可依法将所承包工程中的部分工作发包给具有相应资质的分包企业，分包企业按照分包合同的约定对总承包企业负责。

2. 总承包的方式

工程总承包的具体方式、工作内容和责任等，由业主与工程总承包企业在合同中约定。工程总承包主要有如下方式：

（1）EPC 总承包

又称交钥匙总承包，指工程总承包企业按照合同约定，承担工程项目的设计、采购、施工、试运行服务等工作，并对承包工程的质量、安全、工期、造价全面负责，使业主获得一个现成的工程，由业主“转动钥匙”就可以运行。

（2）设计—施工总承包（Design-Build）

设计—施工总承包是指工程总承包企业按照合同约定，承担工程项目设计和施工，并对承包工程的质量、安全、工期、造价全面负责。因设计由承包商负责，减少了索赔；施工经验能够融入设计过程中，有利于提高可建造性；对投资和完工日期有实质的保障。但是，如果业主提出变更，代价非常大。

（3）设计—管理总承包（Design-Manage）

设计—管理总承包模式通常是指由同一实体向业主提供设计，并进行施工管理服务的工程管理方式。根据工程项目的不同规模、类型和业主要求，工程总承包还可采用设计—采购总承包（E-P）、采购—施工总承包（P-C）等方式。

3. 总承包的优点分析

（1）设计和施工深度交叉，降低了工程造价。

（2）工程总承包方式对建设周期和工程质量产生很大影响。

（3）集工程建设全过程于一体，减少了建设中的管理环节。

（4）有利于优化资源配置。

（5）有利于控制工程造价，提升招标层次。

（6）有利于提高全面履约能力，并确保质量和工期。

（7）有利于推动管理现代化。

（8）总承包制管理较为规范，质量、投资、进度、安全控制集中统一。

（9）总承包制有利于监理制的推行。

4. 项目总承包的应用现状

（1）项目总承包模式

虽然项目管理的起步时间不同，但就其发展阶段和项目管理特点而言，国内外项目管理包括了大致相同的四种形式。

1）通用的承包管理模式。

这种承包管理模式在国际上最为通用，世界银行、亚洲开发银行贷款的工程项目和采用国际咨询工程联合会土木工程施工合同条件的工程项目均采用这种模式。这种模式由发包人委托建筑师和咨询工程师进行前期的各项有关工作，待工程评估立项后再进行设计。在设计阶段进行施工招标文件准备，然后通过招标选择承包商。

2）业主委托承包商承包建设模式，或称为项目总承包商管理模式。

在西方国家，这是20世纪八九十年代项目建设的主流形式。本文所述是其中包含部分项目设计工作内容的项目总承包商管理模式。这种模式在投标时和签订合同时是以总价合同为基础的，设计建造总承包商对整个工程项目的成本负责。承包商自己选择一家咨询设计公司进行设计，然后采用竞争性招标投标方式选择分包商，当然也可以利用本公司的设计和施工力量完成一部分工程。

3）业主聘请管理承包商模式（即PMC方式，Project Management Contractor，项目管理承包商）。该模式是由业主聘请管理承包商作为业主代表或业主的延伸，对项目进行集成化管理。PMC项目管理模式是国际上一些知名工程公司经常采用的工作模式，但就国内建设领域的实践而言还是一个新的管理方式。

4）BOT模式。

（2）项目总承包与平行承包管理比较

虽然项目总承包在国内的实践时间还不长，通过总结，仍然可以看到，项目总承包与平行承包模式相比，有以下几方面的优势：

1）避免了大量的索赔

由于项目的复杂性越来越大，项目设计难度相应增大，而提供给设计方的时间并无相应增加。设计方在高要求、低成本的竞争环境下，出现设计偏差是正常的，因此设计偏差造成的索赔费用相应增加。项目总承包管理将设计控制纳入总承包之中，系统性地降低了索赔。

2）总承包商对工程的整体功能目标负责

业主有大量的管理工作，有许多次招标，作比较精细的计划及控制。由于只有业主才拥有最终决策的权力，承担协调的责任，所以在工程中各种矛盾和问题，最后都要集中到业主处解决，业主的协调工作较多，并非所有业主在工程方面的专业管理能力都满足这些设计、施工难度大的工程项目，因而业主的责任和风险较大。总承包商的出现，减少了业主方的接口，并成为对工程的整体功能目标负责的责任方。

3）总承包商是用科技进步的方式提升产品功能的责任者

总承包商从项目的总体功能性要求出发，通过科技进步获得社会效益和经济效益的最大值。

4）总承包商是项目总体目标的维护者

表 7-7 是项目总承包与平行承包管理比较表。通过对照，可以看到项目总承包在项目管理的各个层面，能够维护项目总目标，最大限度地保证项目总目标的实现。

项目总承包与平行承包管理比较表　　表 7-7

	项目总承包管理	平行承包管理
业主机构	小	大
项目管理专业化	高	低
设计的主导作用	能充分发挥	不能发挥
协调	统一管理、内部协调	分离、外部协调
项目管理经验	专营、经验丰富	一次性
项目管理技术	水平高	水平低
进度控制	能合理交叉	难交叉
费用控制	能控制	难控制
质量控制	全面控制质量	各管各的质量
投资效益	好	差
业主管理	省时、省力、效益好	事繁、效益差
业主承担的风险	较小	较大
选择承包商	较难	较简单

7.2.2　总承包的发展状况与存在的问题

1. 项目总承包在国内国外应用情况

(1) 国外项目总承包的模式发展现状

国际工程项目管理模式就是国际上从事工程建设的大型工程公司或管理公司对项目管理的运作方式。近代项目管理学科起源于 20 世纪 50 年代。20 世纪 70 年代中期在大学开设了与工程管理相关的专业，这时期的项目管理首先应用在业主的工程管理中，而后逐步在承包商、设计方和供货方中得到应用。

20 世纪 80 年代，项目总承包在美国进入快速发展时期。1996 年，美国项目总承包市场份额占到非住宅建筑市场（2860 亿美元）的 24%。2004 年，美国 16%的建筑企业约 40%的合同额来自项目总承包建造模式，5%的建筑企业约 80%的合同额来自总承包建造模式。

(2) 国内项目总承包的模式发展现状

项目管理在国内发展主要经历了以下四个阶段：

1) 新中国成立初期的建设单位自营为主的阶段。

2) 20世纪50～60年代，仿苏联模式，形成了以建设单位为主的甲、乙、丙三方管理制度，仍由建设单位负责工程全过程管理，各项任务由各自政府主管部门来分配。

3) 20世纪60～70年代，工程指挥部阶段。

4) 20世纪80年代，我国开始引进符合国际惯例的建设工程项目管理的概念，世界银行和一些国际金融机构要求接受贷款的业主方应用项目管理的思想、组织、方法和手段组织实施建设工程项目。

目前，在国内的工程承包市场中总承包项目仅为1%左右，我国对外承包工程中总承包仅占不到国际建筑市场总额的1%。

(3) 项目总承包管理在国内运用的实例

以工程建设作为基本任务的项目管理，其具体的目标是在限定的时间内，在限定的资源条件下，以尽可能快的进度、尽可能低的费用圆满完成项目任务。大亚湾核电站引进了先进的法国、英国核电管理方法，同时在土建、机电安装方面引入了合资公司HCCM公司、法马通公司，从这些公司实际管理水平和结果，可以看出国内公司在项目管理方面与国外公司的明显差距。

(4) 完善项目总承包的建议

1) 学习国际先进经验，培养复合型人才。

2) 增强配套协作能力，提升总承包管理水平。

3) 开展项目信息化管理，提高总承包企业竞争力。

2. 项目总承包应用过程中存在的问题

(1) 风险管理方面存在的问题

总承包商对合同中的风险认识深度不够，对风险的分类及相应管理还不充分，因而风险管理效果不够理想。

一般承包商从单纯管理项目施工转变为全面管理整个项目，增加了如方案设计、施工图设计、设备采购安装、单机试车到联动调试等工作，缺少许多工作管理经验。项目风险方面也同样缺少管理经验，面对项目管理过程中可能会发生的风险，不懂得如何进行分类和进一步采取转移、消减、自留或其他方法降低风险。

(2) 质量管理方面存在的问题

目前，一些总承包商缺乏与自身企业和行业特点相结合的质量管理手段，许多质量管理流于形式，不能形成独特的质量文化。

对于项目质量管理，一般承包商缺乏对图纸设计、材料管理、现场管理等进行具体、有效的管理，因而无法保证图纸设计、材料的质量，进而导致质量管理出现失控的现象较多。

(3) 进度管理方面存在的问题

国内许多总承包商存在的进度方面的问题是：

大型项目的进度管理要将现场的实际情况与已经编制好的进度计划动态地进行对比，

尤其要认真观察现场所发生的现象，并从中找到有可能影响进度的因素。目前，进度管理大多数还处于被动地管理，缺乏主动有效的管理方法。

（4）成本管理方面存在的问题

一般承包商对于成本管理的方法还停留在以收入控制支出的被动状态，没有根据项目的不同阶段，采取相应的方法和策略来进行成本管理。一般承包商中标前后，成本管理的方法没有相应调整。成本的控制没有变被动为主动，没有制定工程变更流程和工程变更的确认方式。这些原因造成工程变更处于无序控制状态，对项目的质量、进度、费用控制均造成不利影响。

（5）合同及协调管理方面存在的问题

1）合同管理与合同索赔方面存在的问题

总承包商在合同变更管理上往往会走两个极端，一种为了与业主搞好关系，盲目地实施部分口头指令或电话指令，没有相应的流程去确认，导致由承包商承担的变更由小额累计变大，对项目成本造成不利的影响。另一种，采取低报价中标，以为变更是救命稻草，不遵守合同的规定，在可以有效避免合同索赔或可以采取有效措施减少索赔时，未采取任何措施，违背了合同中条款规定，虽然有索赔的理由，但最终因为理由不合理或不充分，导致索赔失败。

2）协调管理方面存在的问题

协调管理是国内总承包商比较生疏的方面，特别是对与项目相关的利益共同者的范围认识还处于起步阶段，同时缺乏有效信息沟通的管理措施等。

协调管理是一般承包商最不重视的管理工作之一。由于不理解协调工作的重要性和各个项目参与方协调工作的内涵，协调管理工作水平无法有效提高。作为总承包商，没有充分进行协调管理，会导致工程质量、进度、成本方面的控制难度加大。

7.2.3 总承包模式下的设计管理

1. 设计管理概述

在工程项目总承包模式下，设计管理的任务是在满足合同质量要求和业主任务书的前提下，尽可能节省建造费用。

（1）设计管理的重要性

国内外工程界普遍承认，在工程项目总承包模式下，设计是承包商工作的主导，这反映在：

1）设计工作对整个项目的影响

①一个项目80％的造价在方案设计阶段就已经确定下来了，而后继的控制只能影响到其余20％的投资。

②生产率的70％～80％是在设计阶段决定的。

③40％的质量问题起源于不良的设计。

2）设计变更对工程的影响

工程变更的成本随时间推迟呈对数关系上升。类似的研究成果和数字还很多，它们基本上都反映了这样一个事实：虽然设计工作本身所占成本不高，大部分费用由其下游的生产准备、采购和施工过程消耗，但它对整个工程的成本、投入运营的时间以及质量有着巨大的影响。

(2) 传统的设计管理中存在的问题

1) 在设计中很少考虑到采购部门的要求，施工条件的限制；

2) 不同部位、不同专业的设计之间缺乏统一，如建筑和机电设备的位置与尺寸不配套等。

这些问题往往在设计的后继环节实施过程中才表现出来，从而造成大量设计修改，导致了大量的变更，严重影响了工程的成本、工期和质量。

2. 并行工程的原理和运用

(1) 并行工程的定义

目前，人们普遍采用 R. I. Winner 在美国国防分析研究所（Institute of Defence Analysis，即 IDA）的 R-338 报告中给出的定义："并行工程（Concurrent Engineering，CE）是集成地、并行地设计产品及其相关的各种过程（包括制造过程和支撑过程）的系统化方法。这种方法要求产品开发人员在设计一开始就考虑产品整个生命周期中从概念形成到产品报废处理的所有因素，包括质量、成本、进度计划和用户要求。"

(2) CE 在工程总承包项目中的应用

在工程总承包项目的设计管理中使用 CE，可以及早考虑设计的"可建造性"和"可生产性"，减少设计变更，从而达到节约成本、压缩工期、提高质量的目的。

(3) 基于并行工程的组织结构

要提高设计的"可建造性"和"可生产性"并且使设计活动能够与项目中其他各项活动协调起来以及能够并行交叉地进行，最重要的途径就是加强各个部门之间的信息交流和沟通。建立利于 CE 实施的内部和外部组织结构是实施 CE 的基本前提。

1) 承包商内部的组织结构

并行工程首先必须打破传统的按部门划分的组织模式，建成网状项目组织结构，该结构的核心是以项目为对象的跨部门多学科团队（Multi-Disciplinary Team MDT）。MDT 可以有不同的规模级别：任务级、项目级、工程级和企业级。

2) 建立利于 CE 组织实施的协作供应机制

CE 除了承包商内部集成之外，还需协作厂家的代表参与承包商内部的工作，即实现承包商与供应商的集成。这一点对于工程总承包项目尤其重要，因为对于复杂的大型工程来说，设备、材料的采购安装在项目中占很大比重，供应商的协作已成为承包商参与竞争的重要因素。

在此提出一个有利于 CE 组织实施的供应体系的分析模型，如图 7-3 所示。

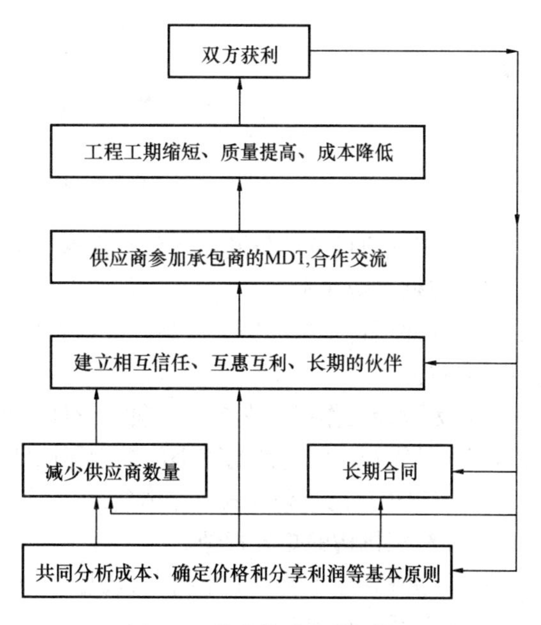

图 7-3 供应体系的分析模型

7.2.4 总承包模式下的采购管理

采购管理是工程项目管理的重要组成部分，是工程项目建设的物质基础。工程项目总承包模式下，由于设计、采购、施工的一体化，因此对采购管理提出了更高的要求。

1. 采购管理概述

对于工业基本建设项目，设备、材料采购的费用约占项目总投资的70%～80%。因此，搞好设备、材料的采购工作，对控制项目造价起重要作用。

(1) 传统采购管理的特点

对传统采购管理的模式（图7-4）进行分析，发现有如下特点：

1) 非信息对称的博弈过程。

2) 无法对供应商进行事前控制。

3) 供需关系的不确定性。

4) 响应用户需求能力迟钝。

5) 低效的商品选择过程。

6) 昂贵的存货成本和采购成本。

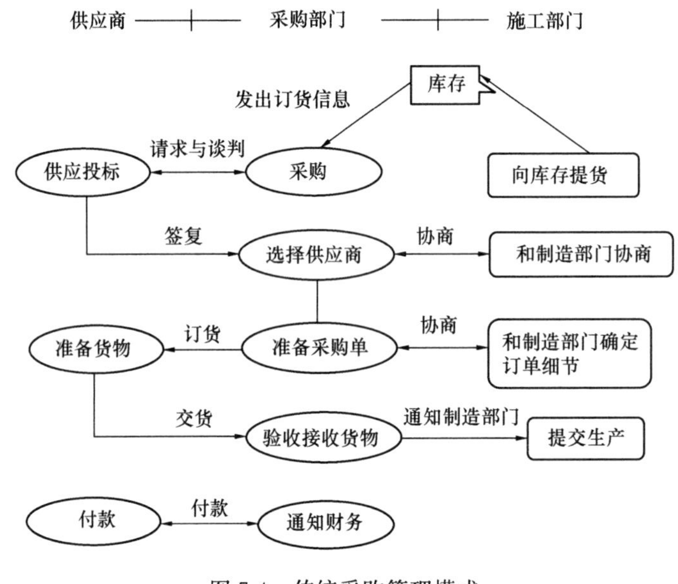

图7-4　传统采购管理模式

(2) 工程项目总承包模式下采购管理的作用

1) 降低采购成本。

2) 确保项目实施的四大控制。采购管理涉及项目实施中工期、成本、质量、安全四大控制过程。

3) 为设计工作提供支持。在项目设计、采购、施工一体化的总承包模式下，采购部的负责人员需加入承包商的跨部门多学科团队，共同指导设计工作。

2. 工程项目总承包模式下采购管理

(1) 组织机构的矩阵管理

所谓矩阵管理，实质上是指在组织机构方面建立项目管理和各职能或专业部室管理之间的矩形关系，见图7-5。

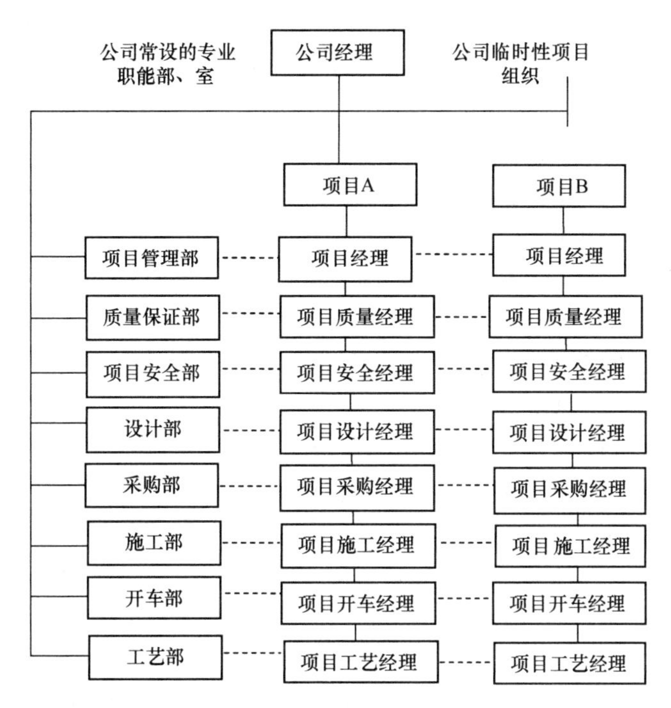

图 7-5　典型的项目与职能或专业部室的矩阵管理图

项目的采购工作既是一种经营性活动，又是一种服务性活动。在项目的实施过程中，要求采购部门在经营活动中创造效益，在服务性活动中追求质量和效果，后者为前者的充分必要条件，在项目组集中管理的条件下，充分发挥工程公司采购部门的整体资源和管理优势，是保证项目执行效果达到预期目标的基础。因此，矩阵管理是工程公司科学的项目管理模式，也是搞好采购工作在管理方式上的保证。

(2) 采购工作程序

将采购纳入设计程序的管理思想是将设计工作与采购工作合理衔接和科学管理。设计部和采购部在项目执行工作中具体的交接内容如下：设计部向采购部提出设备、材料的请购文件，经项目控制部提交采购部，材料的请购文件由项目控制工程师统一汇总后提交采购部，由采购部加上商务文件后，编制成完整的询价文件，向供应商发出询价。

(3) 采购计划的制定和执行

项目实施计划与采购计划是有机的统一，采购计划的确定，一方面考虑纵向，即设备、材料的交货必需周期、采购人力安排，另一方面也要考虑横向，即设计、安装的进度。采购计划虽然是一个动态计划，需要在基础设计（初步设计）阶段不断地调整、修改，但必须尽可能早地固定下来，作为进度控制的目标。

(4) 供应厂商名单的制定

供应厂商的选择正确与否十分重要，它是采购工作能否成功的先决条件，发达国家都对供应厂商的选择予以特别关注。

(5) 询价、报价、技术澄清和商务谈判、评估

1) 认真审阅技术规格和数据表、图纸和资料，如有疑问或发现差错应立即反馈设计部。

2）询价时的技术规格除常用的工艺参数、技术指标外，项目内规定的材质、焊接、防爆、防腐等要求均应提请。在报价方有疑义时，要及时组织有关方（如设计、业主）与报价方技术澄清。

3）提请报价方案时，按询价书要求的内容报价。

4）采购经理应参加重要设备、批量设备及大宗材料的报价评估，包括会同设计人员对报价书的技术部分是否符合项目要求进行评审。

（6）采购合同（采购单）的签订

采购合同是买卖双方的行动准则，是有效法律文件。

1）在合同正式签订时，所有技术、商务条款买卖双方均应确认无疑，不允许有含糊不清的条款或遗漏应该说明的问题。

2）普通设备、材料的采购合同文本要规范化，按规定制定几种标准合同，供项目内普通设备、材料订购选用。现货购买的设备、材料也必须在合同统计中登记编号。

（7）质量、进度跟踪

采购合同签订后，应立即制定质量、进度跟踪节点表，采购员按节点表跟踪设备、材料进展；采购经理按节点表检查和督促采购员实施采购合同。

（8）加强采购文件管理

工程建设过程中的工作步骤经科学的划分，每一步的成果皆形成文字资料，经业主认可后作为下一步工作的依据。

3. 建立供应链中的合作伙伴关系

（1）供应链概述

现实生产中供应链的形式可以依据各企业所处的环境不同而呈现出各种不同的形式。但在建筑业中，就任何一个具体的工程项目来说，参与者无外乎业主、承包商、监理和供应商四个方面。他们之间的关系在某种方式下可以简单地表示出来，如图 7-6 所示。

图 7-6　建筑施工中的一般供应链

（2）承包商与供应商的合作

在工程总承包项目中，由于设计、采购、施工的一体性，要求供应商参与设计与施工的各个过程。承包商和供应商共同分析成本、确定价格和分享利润等互利的基本原则是整个供应链的基础。在此基础上，形成长期合同，减少供应商数量，从而再形成相互信任、互惠互利、长期合作的伙伴关系，有利于供应商参与承包商的合作，交流信息，最终使得工程工期短、质量高、成本低，从而实现双方获利，而双方获利反过来又会进一步加强这种基本准则和伙伴关系。

7.2.5　总承包模式下的施工管理

施工管理在工程总承包项目管理中有着不可忽视的重要地位，它的主要职责是对总承包项目实行全过程管理，是“进度、成本、质量、安全”四大控制目标实施过程中的最终检验者，是实现项目管理目标的重要保证。下面分别阐述在工程总承包项目中如何进行这四个方面的管理。

1. 进度管理

（1）进度计划的分级编制

进度计划的编制是项目完成的根本点，是进度计划管理系统的关键。国际工程合同形式要求承包商对此高度地重视并具有相当的水平。基本上，总承包的计划可以分为如下三级来编制：

1）总控制概要进度计划（一级进度计划）

这是根据总承包合同要求及合同外单独书面要求的阶段日期或里程碑而编制的主要项目（如施工部分仅到分部工程）的计划，包括设计、采购和施工的阶段性的硬性要求。

2）总体实施进度计划（二级进度计划）

这是总承包商根据总控制概要进度计划和分包的详细的进度计划，协调、分析而作出的用于指导施工和作为项目实施进度基准的全面进度计划。

该进度计划可以以横道图表示，也可以以网络图来表示。如果在合同的特殊条款中没有对进度报告的周期作特殊规定，总承包商会每月将进度跟踪、进度分析、进度趋势和预测以详细的进度报告形式呈交给雇主（或雇主代表）或工程师。

3）详细进度计划（三级进度计划）

该进度计划又称操作层计划，它是对二级计划的进一步细化，是项目计划管理的最低一级。其一般是由项目操作层负责监督和控制，这个进度计划可以用横道图、也可以用网络图表示。这个进度计划随总体进度计划的改变而改变，并不作为任何关于工期纠纷的依据。

（2）进度计划的比较

1）进度的测量

进度的测量有以下几种方法：

①增加里程碑法

当一项工作的完成包含有一个明确的众所周知的次序，截止到某一形象进度所需时间和费用（通常据要求）又有一个公认尺度时，就使用里程碑法。例如，在厂房里安装吊车。现场安装的里程碑完成百分比可以如下记录：

设备到场检查合格 20％；

吊车安装 30％；

组装完成 50％；

雇主或工程师验收通过 100％。

设计和采购进度的测量也可采用这种方法。

②单位完成法

当一个工作项目是高重复性，而且每次重复中包含大致相同的资源消耗时，就使用单位完成法作为一种测量法。这在施工阶段经常采用。如结构的模板工程、装修工程等。

③其他办法

当工作是由消耗不同资源的特殊工序所构成时，管理人员可以商定采用何种百分比来规定工作的完成量。确定一项工作完成的百分比是进度控制过程中重要的一步。当工作的百分比进度确定后，才有可能将项目某一刻和基准状态进行比较评价。

2）实际进度与计划进度的比较

在项目进度控制过程中，要经常将实际进度和计划进度相比较，以发现进度偏差并及时采取措施纠偏。

实际进度与计划进度比较的方法有横道图比较法、S形曲线比较法、“香蕉”曲线比较法和网络图前锋线比较法。

3）进度执行情况的评价

在总承包项目中，进度执行情况的评价是经常性的一种动态控制技术工作，在评价中除了应用前面的以工作量为标准的比较、评价标准外，还应用了对进度/费用综合控制的赢得值技术。

对进度/费用控制状态评价的第一步是计算评价日已完成工作的赢得值。一项工作的赢得值，计算式如下：

$$赢得值 = 完成百分比 \times 预算 \tag{7-27}$$

完成百分比可以依据前面所述的进度测量方法来计算。赢得工时和费用可以表述如下：

$$完成百分比 = 赢得工时 / 预算工时 = 赢得费用 / 预算费用 \tag{7-28}$$

执行中的检查如下：

比较预算工时和赢得工时。如果后者超过前者，那么进度拖延，需要加快进度。

比较预算费用和实际费用。如果后者超过前者，就表示付款付超了。

（3）进度计划的预测

1）预测的内容

对于项目进度计划主要进行以下几个方面的预测：

①对于已经开始但还没有完成的工作，预测其完成工期。

②对于还没有开始的工作，预测其开工时间。

③预测整个项目的完成日期。

④基于项目未完成工作量，预测资源的需求。

⑤对于那些未按计划执行的工作，预测其延误对项目进度计划造成的影响。

2）预测方法

进度计划的预测是利用进度计划跟踪中所收集的有关项目实际进度资料及绘制的相关进度曲线，采取如下方法对上述内容进行预测：

①采取工效分析和与执行人员讨论相结合的方法，对已经开始的工作预测其完成日期。

②采取网络分析及与执行人员讨论的方法，对还未开始的工作预测其开始日期。

③预测延误工作对整个项目完成日期的影响及项目的完成日期，可采取网络分析和进度曲线趋势分析相结合的办法。

④根据动态的赢得值计算，可以对项目的完成日期进行预测。

（4）阶段及整体计划进度报告

在国际总承包项目的实施过程中，据合同要求总承包商会定期报送雇主（或雇主代表）或工程师阶段或整体的进度报告。完备的进度报告应包括项目进度的分析、趋势及预测。

2. 成本管理

工程总承包项目大都采用总价合同，承包商承担了成本上的风险。搞好成本管理，防止项目失控，是承包商又一项重要的工作。

（1）制定项目的目标成本

制定项目目标成本应遵循以下几点基本原则，即：成本最低化原则；全面成本管理原则；成本责任制原则；成本管理有效化原则；成本管理科学化原则。

（2）目标成本的分解与确立

目标成本的分解，在横向和纵向两个方面同时进行目标成本控制，把分解的目标成本落实到每个最小的可控制的单位甚至个人，是目标成本管理的前提条件。具体做法：根据项目成本目标、工程进度计划对预算中各项指标进行分解，授权相关人员及部门对质量、成本、进度进行事前控制，即合理安排工期、合理利用资金、合理降低成本、保证工程质量。

（3）实施项目的目标成本

此阶段中，执行项目成本计划，实现各项措施和计划。

1）根据不同情况，签订目标责任状（或合同），并由各责任人提出保证目标成本计划完成的具体措施，确保责任目标的完成。

2）根据签订的责任状，每个部门及每个工种的负责人对本部门成本进行全面控制。

3）技术负责人对整个项目的施工质量、成本、进度负责，并把责任划分到每个现场施工管理人员，现场施工管理人员对本人所辖单项工程质量、成本、进度负责。

（4）检查项目的目标成本

项目经理负责全面监督检查，安排人员考察目标成本的执行情况，并及时编制书面报告，说明目标成本的实现情况，反映其中存在的问题。这个阶段是目标成本管理控制体系中的重要环节，目标成本计划的实施是否落实，必须通过检查才能了解；同时也是成本分析、评价考核的依据。

（5）分析项目的目标成本

根据检查报告的具体情况，项目部组织考核评比，做到及时反馈、修改、调整目标成本。在这个阶段，从以下几个方面进行处理。

1）对检查报告中的内容进行分析，并编制月成本控制曲线图，了解成本变化情况，分析成本偏差。

2）分析成本偏差产生的原因，提出改进的方案，另一方面根据分析的原因和评议结果，结合责任状，进行奖惩。

3）根据以上分析情况，进行目标成本管理控制的计划调整。

3. 质量管理

工程质量是项目管理的重要目标之一，它综合反映了项目组织的工作业绩，总承包单位的施工管理水平。

（1）选择一流的分包施工队伍。

（2）执行施工要领书制度。

（3）材料、设备申报认可制度。

（4）先样板、后施工的原则。

4. 安全管理

做到进度、质量、费用和安全的有效控制，是工程总承包单位的最终目标。如果安全管理失去控制，就谈不上工程进度、费用和质量的控制。因此，安全管理不仅是施工分包单位的头等大事，也是总承包单位的首要任务。

（1）建立安全管理组织机构

建立、健全以总承包项目经理为首的项目安全管理组织机构，有组织、有计划、有层次地开展项目的安全管理活动。目前，国际上工程公司将安全管理工作提到了一个较高的层次。如发现在施工活动中，有安全事故隐患存在，便可以立即下达停工令，直至消除了安全事故隐患，并经确认后方可重新开展施工活动。

（2）落实责任制

总承包项目经理是安全管理的第一责任人。项目确立后，在项目经理的直接参与下，组建安全组织机构，成立安全办公室，任命专职安全经理，配备安全工程师。

（3）人员安全教育、培训

在项目建设的过程中，项目安全机构组织对参与项目的全体人员进行系统的安全教育和培训，使全体人员的安全意识得到提高。

（4）安全监督检查

施工现场的安全检查是发现不安全行为和不安全状态的重要途径，是排除事故隐患、落实整改措施、防止事故发生、改善施工条件的重要方法。

7.2.6 总承包模式下的风险管理

在工程总承包项目中，总承包商除了承担施工风险外，还承担了工程设计及采购等更多风险，和以往承包工程相比，总承包的风险要大得多。因此，有必要对总承包项目的风险进行管理。

1. 工程总承包风险管理的特点

工程总承包风险管理具有以下特点：

（1）不确定性

工程总承包有多种模式，总承包商介入的阶段和承包范围各有不同，因此业主和承包商面临的风险不尽相同，具有不确定性。

（2）风险识别是重点

总承包项目风险管理需处理的风险要比设计或施工等单项承包复杂得多、大得多，要识别众多阶段的风险，涉及范围广，预测时限长，可能产生的变化大，因此，风险识别的难度大，是工程总承包风险管理的难点和重点。

（3）社会性

工程总承包项目风险管理所涉及的社会成员（利益相关者）多，关系复杂，国际工程项目的风险管理尤甚。

（4）全局性

工程总承包项目风险管理是从设计、施工全过程的观点出发，进行全局性的综合管理，而不是把设计或施工过程分割开来进行的风险管理。

2. 工程总承包风险管理的过程

工程总承包风险管理的基本程序包括：制定项目风险管理计划、项目风险识别、项目定性风险分析与定量风险分析、制定项目风险应对方案、项目风险监控与应对的过程。

（1）风险计划

工程总承包项目各参与方的项目经理负责组织编制项目管理计划时，应将项目风险管理的目标、组织、内容、要求等纳入项目管理计划之中。

（2）风险识别与分析

1）业主方风险识别与分析

FDIC合同条件对“业主的风险”给出了明确界定。

此外，根据工程总承包模式的自身特点，总结出业主在以下三个阶段面临的主要风险：

①前期决策风险

工程总承包商的前期介入肯定会对工程的决策产生影响，带来决策风险；同时，也可能对工程承发包的结果产生影响，若对工程承发包的公平性、公正性产生影响，工程的实施费用、质量、工期等都可能存在更大的风险。

②招投标阶段风险

在工程总承包招标阶段，业主通过功能描述书提出的往往是一些基础性、概念性的要求，难免存在各种各样的疏漏，而且在工程实施过程中往往产生一些约定中并没有考虑到的工程量，容易引起工程变更，造成总承包商的索赔。

③合同履行阶段风险

业主与总承包商签订工程总承包合同后，项目进入实施阶段，这时工程大部分工作和风险都由总承包商承担，业主的主要工作集中在对承包商的管理和外部协调，因此业主风险主要包括人员管理能力风险、工程款支付能力风险以及合同索赔风险。

2）承包商风险识别与分析

工程总承包模式下，承包商面临各种各样的风险，从不同角度得出的风险要素不同，采用三维空间结构方法全面识别和分析承包商面临的风险，三个维度分别为：时间维度、结果维度和原因维度。

（3）风险应对与控制

应对措施应包括风险的防范与处理两方面。项目管理团队应针对风险的实际情况，根据自身的经济状况、风险管理水平，考虑风险应对措施的可行性，以及风险管理的成本和效用，科学选定项目风险防范与处理办法。项目风险应对措施包括四种方法：回避风险、缓解风险、转移风险和接受风险。

1）回避风险

工程总承包项目的风险管理应在项目的初始阶段开始进行，对项目实施过程中可能发生的风险，应争取在招投标阶段和合同谈判阶段加以解决。针对不同阶段、不同诱因的风险，应制定有针对性的方案，防止风险发生。

2）缓解风险

风险缓解措施的选择应当进行多方案的技术经济分析和比较，并应当形成一个周密、完整的计划系统，该计划系统通常包括预防计划、灾难计划和应急计划。

3）转移风险

转移风险是设法将某风险的结果连同对风险进行应对的权利转移给第三方，转移风险只是将管理风险的责任转移给另一方，它不能消除风险。

4）接受风险

风险接受可分为主动接受和被动接受两种。

值得一提的是，风险管理是一个动态、反复的过程，项目各参与方应通过持续地识别和评估项目中的风险，区分风险等级，并执行风险应对措施，监控、分析和应对项目管理过程中的风险，把正面事件的影响概率扩展到最大，把负面事件的影响概率减少到最小。

7.2.7 EPC总承包的基本概念

项目管理模式大致有两大类：业主自行管理和业主委托总承包商管理（或委托项目管理承包公司管理）。在EPC项目中，总承包商承包合同范围涵盖了设计、采购、施工、试运行等阶段，总体策划并组织实施整个建设工程的具体工作，可以有效地解决设计、采购、施工之间存在的信息交流不畅、交叉配合效率低等问题，全面管理项目进度、质量、成本、安全等目标。由于EPC项目往往规模较大，管理内容复杂多样，在实施过程中需要不断创新，有针对性地对项目各方面进行控制。EPC（Engineering Procurement Construction）工程总承包模式是由业主委托总承包方，由总承包方负责完成某一个工程的“设计、采购和施工”工作。总承包商的任务是：遵循双方签订的合同规定，对该项目设计、供货、运输、土建安装和竣工试运行的全部工作负责并完成，最终把工程移交给业主正常使用。业主只需与总承包方进行联系、沟通即可，可以不与其他任何分包商联系。与传统的承包模式相比，设计、采购和施工工作都是由总承包商完成的。这种方式下，业主只需向总承包商明确提出工程成本与技术要求即可，其他的工作都交给总承包商实施，业主的工作负担会极大地减轻，其承担的风险也会降至最低。

因为所有的分包商都是与总承包商对接联系的，总承包商还要承担起设计、工程质量、施工进度等各个方面的责任，绝大部分的风险都集中在总承包商身上。

在工程项目组织实施过程中，EPC总承包模式对工程项目各个阶段的管理主体作了新的划分。和传统的承包模式相比，这种新的模式总承包方负责管理整个项目，这样在某种程度上对总承包商来说是一种激励，总承包商会有动力尽可能推进各项工作的完成。一方面实现了项目参与方的利益最大化，使工程项目目标更加容易实现；另一方面，通过专业化的管理对项目目标节点的达成进行了有效控制，不失为一次重大变革。EPC模式并非是一种简单的商务经营，它是将设计、采购、施工结合为一体的管理活动，业主与总承包商需承担的各项责任、可行使的相关权利及其需履行的义务都在合同条款中作了明确的约定，这对参与双方都是至关重要的，很好地考验了双方的管理水平与专业知识。

在EPC模式下，业主只需概略地将待建工程的相关要求与条件明确地提供给总承包商即可，诸如工程的具体设计、采购、施工、竣工移交这一系列的工作则都是总承包商单独进行的，最后总承包商再向业主交付一个完全达标的工程项目。总承包商的工作范围非常广泛，概括如下：

（1）设计Engineering，具体涉及诸如设计图纸等多项业主提出的设计工作，以及“业主要求”明确罗列出来的与工程相配套的其他设计工作。

（2）采购Procurement，总承包商必须按照业主提供的相关技术文件来制定其采购策略，采购设备材料，然后再将所采购的设备物资运至施工现场。

（3）施工Construction。EPC项目的施工管理由总承包商全面负责，如施工计划、施工质量和施工安全等；业主则只需直接与总承包商联系即可；与传统的承包模式相比，在EPC模式下总承包商承担的风险和责任更大。

1. EPC工程总承包管理模式的特点

（1）优点

1）由于总承包商完成设计、采购、施工等一系列的工作，使业主的合同关系变得更加简单，由总承包商承担整个项目责任，对业主管理工程项目非常有利。

2）在EPC模式下，双方签订的总承包项目合同的总价是固定不变的，项目实施时不管出现什么风险，业主的自身成本将不会再增加，这对业主也是一种非常稳妥的模式。

3）在EPC模式下，总承包商可综合考虑并结合自身情况，对项目进行转包或者分包，通过分包的模式进行招标，签订分包合同再把工程任务分包给不同的分包商，由此来缩短施工周期。

4）在EPC模式下，总承包商可以通过项目总体安排的方式，把设计、采购和施工结合起来，可降低项目建造成本，从而达到提升经济效益的目的。

5）项目的风险几乎都集中到了总承包商身上，业主本身只需承担较小的风险。

（2）缺点

1）由于总承包商承担了绝大部分的项目风险，其项目经验与自身实力都面临着严峻的考验，这直接决定了总承包商的收益和工程的建设质量。

2）由于EPC模式的不确定风险因素较多，可能会引起工程的成本超出预算，如总承包商管控不好风险，可能面临亏损的局面。

2. 国际工程EPC总承包项目管理的特点

国际EPC总承包项目管理具有如下的特点：

（1）国际EPC工程中，项目的参与各方来自不同的国家或地区，并按国际上通行的项目管理模式来进行工程的管理。合同条款一般以FIDIC合同条款为准。

（2）国际EPC工程总承包项目除了具有一般工程项目的特点外，另具有复杂性、不确定性和由此产生的高风险性等。国际工程项目高风险的特点主要来自包括地理环境不同、语言沟通障碍、文化差异、社会环境、政治条件、法律法规等的不同。

（3）国际EPC工程总承包项目管理强调项目策划的重要性并对策划进行动态管理。项目策划属项目初始阶段的工作，包括项目管理计划的编制和项目实施计划的编制。项目策划应针对项目的实际情况，依据合同要求，明确项目目标、范围，分析项目的风险以及采取的应对措施，确定项目管理的各项原则要求、措施和进程。

（4）国际EPC工程总承包项目管理中设计占了很大的功能和作用，优化设计，降低企业工程施工、采购成本，使企业总体成本降低，是能够中标的保障，也是企业工程质量、工程效益的保障。

（5）国际EPC工程总承包项目管理中EPC总承包项目采购管理需要加强。EPC项目承包商的设备采购费用一般占整个项目成本的50%～60%左右。因此，物资采购的价格是企业中标并盈利的关键。总承包商在签订EPC总承包合同后，尤其是主体设计已经确定后，整个项目能否迅速完工很大程度上取决于采购和货运的效率，采购在整个EPC项目管理模式中起着承上启下的核心作用。

（6）国际工程EPC总承包项目管理的重点是做好协调管理工作，国际EPC工程是一个较复杂的工程，需要总承包商应用系统论的方法与原理来管理项目，建立合适的项目管理机构和协调机制来做好协调管理工作，降低部门、参与方之间的交易成本，利用信息化手段，将施工、设计、采购有机地整合起来。

3. 国际工程EPC总承包项目风险

风险存在于各个行业。尤其对于国际工程EPC项目，由于其绝大部分的环节都是在海外进行，项目建设周期相对较长，此外，如果对施工当地的环境和政治经济情况不熟悉，设计上又存在变更以及由于技术更新等因素，会给国际工程EPC总承包项目带来很多风险。在考虑项目风险时，需注意以下几点：

(1) 国际EPC项目的参与方众多，各项目主体所关注的目标也各不相同。业主要求在确保质量的前提下用最少的成本实现利益的最大化，要求达到低成本、高质量的目标。事实上，对于总承包商来说，低成本很难达到高质量的要求，要想保证项目质量，难免会出现成本超支的风险。

(2) 国际EPC项目的工期一般都比较长。相比国内项目，国际EPC项目的工期会更长。工期越长，就面临越多的不确定性，以至于项目原定目标发生变化，由此产生不同的风险。任何一个工程项目基本上都可划分成项目投标、合同签订、项目执行这3个不同的阶段，这3个阶段都面临各种各样的风险。例如：在投标阶段，若合同工程款以美元支付，总承包商应考虑美元兑换成人民币的汇率风险，结合当时的汇率走势，充分利用合理的金融手段来锁定汇率，使汇率风险降至最低。许多风险都可以在项目前期运用合理的措施来规避，从而规避这些风险发生后给企业带来的直接经济损失，但如果处理不当，会有损公司的总体形象。可见，对于项目前期而言，研究规避控制风险非常重要。

(3) 可从工程质量、工程进度、工程安全和工程费用这4个方面着手来管理EPC项目。上述4个方面都需作为重点管理来抓，这4个方面的目标虽然各不相同，但彼此存在密切的关联。若单纯要求项目的高质量，却不考虑成本预算，就会存在项目无法盈利的问题；若只要求用最少的费用、最短的时间进行施工，却对工程质量不作要求，很可能会成为豆腐渣工程。由于EPC项目的规模都较大，任何阶段及环节发生风险，其后果都会给日后的工作带来一定的影响。所以，必须事先为每一个阶段做好风险评估工作。

4. EPC工程总承包项目管理

EPC总承包项目的设计、采购、施工一体化，一方面有利于提高总承包方压缩成本的动力，另一方面，三者集成为一家，会减少三者之间的沟通和错误成本，可以更准确地按照计划实施，从而达到降低成本的目的。

在EPC总承包的主要部门之中，设计部门一般是从参与或完成项目设计总策划、建筑方案、初步设计和施工图设计的各专业人员中抽调组成，从设计阶段开始负责项目成本、进度、质量和安全等目标实现工作，在施工和采购阶段承担设计内容的协调和解释工作。由于设计阶段工作对后续阶段的目标实现有着基础性的影响，因此一般EPC项目都会选择由设计部门牵头实施，逐渐向施工主导倾斜的工作思路。

设计阶段为了实现各个目标，需要采取一些工具方法。其中，在投资控制过程中，设计人员利用价值工程原理，将能够满足业主要求的功能按照严格的设计标准和设备标准进行设计，进而降低工程总造价。在质量和安全方面，由于设计主要是围绕建筑产品进行描述，因此保证图纸的准确度以及与业主功能要求的契合度是关键，一般需要反复与业主沟通确认设计意图、内容，注重合同条款和设计规范的规定，采取有效措施帮助缺乏专业经验的业主理解，同时严格审查自身设计质量，以保证建设周期下游阶段减少因返工造成的质量及安全的负面影响，也一定程度上降低变更成本。进度方面，EPC 合同模式不是设计完成后再进行施工和采购的连续建设模式，而是在主体设计方案确定以后，就可以根据设计进展程度选择对已完成设计的部分进行施工和设备采购工作，这种“边设计边施工”的模式能够充分利用项目各阶段的合理搭接时间以缩短项目从设计到竣工的周期。

项目采购阶段，一般由采买、催交、检验、运输及保管等环节构成，以适时、适量、适质、适地、适价为原则制定采购计划。在成本控制方面，根据合同文件和设计文件要求对设备、材料实施选型、选材工作，以满足生产和使用设计规范要求为标准，然后进行市场行情调查，一般就近采购，选用最经济的运输方式，合理确定进货批量与批次，尽可能降低材料储备。在质量和进度控制方面，加强对设备材料生产运输、移交过程的控制，并且在施工阶段按照制定的工作程序、规定和主要控制点对物资进行管理，严格按控制程序和规定的要求开展工作，在施工准备以及实施过程中保证进度要求。

施工阶段是在设计和采购工作的基础上对建筑产品进行生产制造的过程，这个阶段占据着建设周期的大部分成本、进度、质量和安全的工作。其中，在进度控制方面，因为 EPC 工程总承包模式需要严格保证甚至压缩工期才能实现利润目标，因此 EPC 总承包项目对进度的要求很高，需要进行施工计划和进展的测量、分析以及预测，利用项目经理、技术负责人等人员的经验和先进的分析工具进行项目进度计划的制定和监控，当发现影响进度的因素时，及时采取纠正措施对其进行调整。在成本控制方面，总承包商主要通过对工程进展进行测量、各个分包商工程款的结算控制，实现对工程的施工预算、形象进度、工程量统计的同步情况审查对比以及施工预算、目标成本、实际成本的三算对比等。在施工质量控制方面，实施办法主要包括对项目的各道工序，对检验批、分部分项工程、单位工程的分步检查验收，对质量进行确认；在设计人员的参与下，及时组织设计交底等工作，帮助各个施工管理人员、施工班组理解设计意图，提醒注意特殊节点施工工艺，进而减少施工错误；过程中做好对发生的质量隐患、事故的记录，分析其产生的原因，监督质量隐患或事故的整改。在施工安全管理方面，制定总体安全管理计划，并要求各专业分包和劳务分包制定专项安全管理措施方案，对具有重大危险源的工程按照规范要求实施审查以及专家论证等工作；施工过程中采取现场安全监督、实行危险区域动火许可证制度、临时用电检查、对安全隐患整改等措施。

在 EPC 总承包模式中，管理方需要对工程进行设计—施工—采购一体化管理，对分包进行统一性管理，通过统一的标准和流程促进采购、设计和施工三者间的整体优化、深度交叉和内部协调，以及时解决传统模式中存在的因设计、采购、施工等阶段信息不连贯而造成的矛盾和冲突。在工程施工阶段，EPC 总承包管理方利用自身的技术优势和管理优势，实现管理过程信息透明化、公开化，高层管理者介入的手段也有助于及时解决实施中出现的问题，从而避免了设计、施工之间的长期相互扯皮现象。但是，在整个总承包模式下，涉及业主、专业分包、劳务分包、供应商、政府等众多主体，主体之间的协调工作较为复杂。

与传统的施工建设相比，EPC 总承包方需要有对整个建设项目的沟通力、协调力和领悟力。项目管理班子要具有工程设计、施工、采购及其他方面的综合协调管理能力，通过制定统一的标准和制度，减小管理过程中的障碍。

综上所述，与传统的建筑工程承发包模式相比，EPC 工程总承包将设计、采购和施工有机结合，充分发挥设计、采购、施工一体化的优势：

（1）EPC 工程总承包由具有设计功能的承包商承担时，由于设计者对工程产品的内容了解，能够比较准确地表达业主要求，发挥设计在此方面的主导作用，有利于妥善处理业主、设备供货商、施工分包商之间的关系，尤其是改善项目设计与施工的关系。

（2）EPC 工程总承包模式可以实现设计、采购、施工进度上的深入交叉，帮助施工、采购在设计过程中开展工作，避免了传统模式中先设计后施工所造成的时间拖延，这样可以有效地压缩工期。同时，该模式通过合理衔接三个阶段，在强有力的领导团队的领导下，可以避免设计、采购、施工相互制约和相互脱节的现象，通过有效的沟通和协调机制实现成本和质量控制目标，这样有利于总承包商获得较好的投资效益。

EPC 工程总承包单位往往具有较强的人才技术储备以及现代化的计算机和信息技术优势，这从一定程度上为设计、采购、施工三阶段的协同工作提供了基础，高效率的处理方法和工具帮助各部门为工程质量、成本、安全、进度目标共同努力工作。

EPC 工程总承包具备优化设计方案的动力，通过不断优化设计方案，可以避免资源的无故浪费，施工人员在设计的协助下制定施工方案，有利于降低采购、施工阶段的成本，而采购与施工之间的进度协调也有利于达到既满足技术要求又节省投资的目的，并且最大限度地控制进度。

5. EPC 工程总承包项目管理的难点

通过紧密协同设计、施工、采购，缩短三者之间的交接时间，同时不用等待设计全部完成再实施采购和施工，而是在设计达到一定要求后就可以组织施工和采购，进而有利于压缩工期，降低成本。但是在此模式下，也存在一定的弊端，包括总承包商的内部协调工作量大，对项目管理人员素质要求高，管理工具负荷大，需要从组织、经济、技术、管理等方面来总体制定管理规划。

（1）项目成本控制难度大。因为总承包模式下总承包商需要控制设计、采购和施工三个阶段的工作，而且 EPC 项目周期较长，相对于传统的工程建设模式，项目材料、设备、人工等价格波动风险较大，自然会增加成本外部因素控制难度。同时，在大多数情况下成本管理仅限于采购阶段，在设计阶段的成本控制理念不够，主要是因为传统管理模式中成本管理主要集中在采购管理及施工管理阶段。

（2）协调工作量大及难度大。EPC 工程总承包项目往往较为庞大，参与的单位较多，对内有专业分包、材料供应商、劳务分包等，对外有监理、业主方、政府单位等，而 EPC 总承包方作为总负责方，需要协调内外部各方，以达到充分调动各方资源的目的。但是在大型 EPC 总承包项目中，承包商对于工程各方面的控制深度有限，虽然业主聘请监理监督，如果没有成熟的管理机制，总承包商很难对工程中存在的所有质量、安全问题进行系统的处理，不仅增加了领导班子的压力，还容易造成各个部门的管理混乱。而分包商能力的参差不齐也会增加总承包商在总体进度控制上的压力，因此选择信誉度高、技术实力强的分包商是保证项目成功的重要因素之一。

（3）工程的设计控制能力有所降低。虽然在 EPC 总承包项目中，设计的优势比较明显，但是由于设计部门无法全程跟踪项目实施，另外在合同实施过程中，受限于设计人员数量，对于承包商的设计已符合合同规定的标准之下，提高设计质量的成本会增加，而当面临业主变更以及多个分包对合同不符的部分提出修改时，设计承担着较大的图纸变更压力，从而降低了设计对项目施工、采购过程的参与度，如果设计单位的定位不当，会降低设计的牵头作用。

(4) 总承包商承担了绝大部分项目风险。EPC工程总承包合同往往是总价合同，因此大部分风险转移到了承包商。EPC总承包项目具有项目周期长、主体众多、投资相对较大的特点，同时业主将主要风险全部转移到总承包身上，导致总承包管理环境要比设计或施工等单项承包复杂得多，风险较大。

6. EPC工程总承包项目管理优化方法

(1) 注重EPC工程总承包项目的策划

EPC项目参与的各方较多，因此项目开始时的策划对于项目运行过程中的管理至关重要。只有参与建设各方及每个人都理解项目质量、进度、安全的要求，才能提高建设的效率，保证项目按照既定的目标运行。高质量的项目策划是项目成功的开端。

为了更好地促进项目的有效运转，项目部需要编制总体策划方案，主要包括承包范围及内容、主要目标、实施要点和要求、采购标段划分、主要岗位的设置、设计采购施工进度计划（里程碑进度）。

承包范围及内容包括承包的范围、工程和工作内容的分界，主要描述项目部、业主方及分包方的责任关系，明确项目部的承包范围及与业主方各项工作的分界，同时明确项目部与分包方的权责关系，使项目部在后期运行时能清晰地履行职责及权利。

主要目标是确定项目的成本目标、进度目标、质量目标、职业健康安全目标、环境目标、保密及廉政建设目标、档案目标等。

项目部结合前期施工经验，针对本项目的难点重点认真分析，从建筑自身及施工过程管理方面采取措施，保证项目按照正常的轨道运行。

采购标段划分需要充分考虑各建筑单体情况、设计及施工进度安排情况、采购包的类型及数量等因素，做到采购包数量合理，便于招标采购，便于合同及供货管理等。专业分包将对专业性较强，确实需要专业队伍实施的内容进行采购。甲供材料设备将对重要的材料设备进行采购；部分服务工作将进行服务采购。根据以上要求，列清采购清单。

根据项目需求配置相关的管理人员，同时明确公司的各归口部门及单位的权责，保证项目的协调能力。

设计、采购、施工进度计划：编制总体计划，EPC项目总体计划包括设计、采购、施工，从总体工期需求，合理编制总体计划，编制计划时邀请所在企业中的设计、采购、施工领域的专家进行编制及审批。

(2) 发挥EPC工程总承包项目的设计优势

由于EPC项目中相关方众多，即使项目经理也不容易及时了解和调度各方需求，而设计作为项目产品的描述者，可以围绕着建筑产品展开总体进度、成本方面策划的优势，通过建立标准化的设计管理文件，涵盖涉及施工、采购等方面的信息。加强现场设计人员的利用，通过现场各专业设计对各个单体进行综合管线的协同处理，及时解决现场施工问题，可以有效地提高施工质量，加快进度，进而降低了施工成本。另外，采用先进的信息技术，提高设计向施工、采购阶段的信息传递，降低信息孤岛的负面影响，整体调度设计、施工、采购之间的管理程序，设定信息流向，进而实现多方之间协同。

EPC 工程总承包项目通常是设计牵头，设计对项目的进度、质量、成本等产生重要的影响。设计部门主动与施工部门沟通施工顺序及施工方法，为了保证进度，根据难易程度、风险大小和施工顺序，合理计划各分部分项或单位工程的设计顺序，促进设计与施工的深入交叉，以提高总体进度按时完成的可能性。

施工图纸公司内部审核及委托第三方进行审图，重点审查与规范、法律法规等有无违背，以保证图纸足够详细准确，减少后期不必要的返工及签证。

项目部实行限额设计，以成本估算值作为施工图初步方案设计的控制上限，将初步设计方案概算作为施工图设计的成本控制上限，最后采购和施工招标以施工图预算作为决策依据。注重设计方案优化，把握宏观，注重细节，建立设计经济责任制。同时，在施工阶段发生变更时，设计也应充分考虑成本控制理念，尤其是内部发生变更时需按要求审批完成后才能发生变更。

（3）强化 EPC 工程总承包项目采购的控制

由于能够从设计开始追踪成本信息，让各方围绕成本进行协同，因此可以全过程控制成本。在设计阶段审查设计方案是否达到成本目标要求，若达不到再进行优化。在采购及施工阶段，通过审查一系列的费用文件，及时对发生费用偏差的事项采取措施，如控制设计变更、签证等情况，对项目的总体成本状况比较了解，进而能够较大范围地有效压低材料设备价格，降低成本。

在采购策划方案的编制中，需要根据总体策划的采购包划分进行投资预算分析，选择合理的招标方式。然后结合设计、施工、材料设备生产加工等进度计划情况编制采购计划，使采购与施工合理搭接，保证总体建设进度按计划执行。根据公司供方库情况，结合项目部所在地、所需资质、工期、质量等原因综合选择供方单位。编制招标文件，确定详细的招标范围，明确投资（尤其是工程量，防止漏项），同时与设计部门充分对接，对技术要求部分给予明确，保证项目的质量。在完成评标工作后，按照要求确定中标单位及签订合同。在实施阶段，按照要求催缴材料设备、按合同执行建设内容及要求。

采购管理需全员参与，不能单纯地由采购部门负责，在采购及招标时，设计部门、施工部门及企业相关方要给予充足的支持，保证招标或询价文件能满足进度、质量、安全、成本要求。在实施阶段也需所有部门充分对接，如专业分包的定标后主体转移至施工部门，但合同管理、成本管理还需采购部门进行支持，保证分包方按合同执行；材料设备的供货需设计、采购、施工部门进行认可，确认是否满足相关要求。

采购管理是实施阶段成本控制的关键环节，采购完成后合同价即为各分包的成本，合理高效地确定各采购包的投资控制目标。采购进度往往决定项目的建设进度，因此采购计划与施工计划的合理搭接将是项目总进度计划的关键，采购计划必须满足项目进度计划需求。

（4）深入 EPC 工程总承包项目施工的管理

EPC 工程总承包项目施工阶段协调的任务重大，面对的各方面关系较为复杂，首先要保证项目的进度、质量、安全、成本按照既定目标运行，同时需协调业主方、监理方、分包方、政府部门等的关系，因此施工阶段的管理将决定项目能否顺利完工。

EPC 项目需制定安全管理程序、质量管理程序、进度管理程序等一系列程序，以保证施工阶段的各项目标。在编制相关的管理程序时需结合企业自身的管理体系、最新的法律法规、EPC模式的规定，综合考虑设计、采购、施工各个阶段，注重各个阶段的相互搭接及串联，保证项目安全、质量、进度及成本处于稳固高效状态。

为了保证项目高效运转，EPC工程总承包项目的协调管理机制至关重要，因此需专门设置协调委员会，协调委员会组长需由项目经理兼任，同时建立长效的管理协调机制及管理体系。由于EPC工程总承包项目往往较为庞大，需要协调的任务量较大，项目经理的协调范围有限，为了保证项目协调更加高效，可设置企业高管作为项目资源协调者，协助项目经理协调各方关系，通过企业顶层提高协调的力度。

为了更加高效地解决问题，可以调动EPC项目的优势资源集中解决某个单体项目中的难点，从而为项目实施进度、质量保驾护航。同时，可以将具有共性的问题总结汇总，完成组织过程资产的更新，进而提高项目部及企业的经验应用价值。

在施工阶段也不能施工部门孤军奋战，要注重与设计、采购部门的对接，转变设计部门仅仅作为一个设计者的身份的观念，引导设计人员全程参与项目建设，敦促设计部门及时发现问题、解决问题，才能体现EPC总承包项目的优越性。

7.3 项 目 代 建

7.3.1 项目代建的概述

1. 起源

项目代建制最早起源于美国的建设经理制（CM制）。CM制是业主委托称为建设经理的人来负责整个工程项目的管理，包括可行性研究、设计、采购、施工、竣工试运行等工作，但不承包工程费用。建设经理作为业主的代理人，在业主委托的业务范围内以业主名义开展工作，如有权自主选择设计师和承包商，业主则对建设经理的一切行为负责。

2. 项目代建的含义

我们现在所说的代建制则是指政府投资主管部门对政府投资基本建设项目，按照建设（使用）单位提出的使用与功能要求，采用招投标方式选定专业工程项目单位（代建人），委托其进行项目建设，建成竣工验收后移交给建设（使用）单位的项目管理制度。与CM制相比，无论是在代理人的定义上还是在选择程序上，现代代建制都更具科学性和先进性。

3. 与工程总承包和工程项目委托管理的区别

代建制与以上两者的突出区别在于：代建单位具有项目建设阶段的法人地位，拥有法人权利（包括在业主监督下对建设资金的支配权），同时承担相应的责任（包括投资保值责任）。而不论总承包商，还是项目管理企业都不具备项目法人地位，从而无法行使全部权利并承担相应责任，因而，项目使用单位无法从项目建设中超脱出来。

4. 项目代建制的作用

在我国目前的环境下，对非经营性（公益性）政府投资建设项目实行“代建制”管理，与现行政府投资项目管理体制相比具有明显的优势。

（1）项目决策更加科学深入

实行代建制，使用单位将前期工作委托代建单位，通过选择专业咨询机构完成，而非自己决策。可行性研究等工作不仅需达到国家规定的深度要求，更重要的是必须满足项目后续工作的需要。前期决策阶段所确定的建设内容、规模、标准及投资，一经确定，便不得随意改动，使得前期工作的重要性和科学性得到切实体现。同时，在代建制下，政府需根据合同约定，按照项目进度拨付工程款，因此，政府必须比以往更加重视项目资金的筹措和使用计划，排出项目重要性顺序，循序渐进，量力而为。这将改变当前因政府实施项目过多而产生的负债建设、拖欠工程款等不良现状。

（2）项目管理水平和工作效率大幅提高

代建制下，通过招标选择的代建单位往往是专业从事项目投资建设管理的咨询机构。拥有大批专业人员，具有丰富的项目建设管理知识和经验，熟悉整个建设流程。委托这样的机构代行业主职能，对项目进行管理，能够在项目建设中发挥重要的主导作用。通过制定全程项目实施计划，设计风险预案，协调参建单位关系，合理安排工作，能极大地提升项目管理水平和工作效率。而使用单位也可从盲目、烦琐的项目管理业务中超脱出来，将精力更多地放到本职工作上去。

（3）项目控制得到真正落实

代建制为政府投资项目引入严格的以合同管理为核心的法制建设机制，在满足项目功能的前提下，项目的投资、质量和进度要求在使用单位与代建单位的委托合同中一经确定，便不得随意改动。代建单位将全心全意做好项目控制工作，使用单位则侧重于监督合同的执行和代建单位的工作情况，对项目的实施一般不能无故干涉。

（4）竞争机制发挥充分作用

竞争是激发活力和创新的源泉。代建制采用多道环节的招标采购，竞争充分，无论是投标代建的单位还是投标前期咨询、施工或设备材料供应的单位，必然会尽其所能，以合理的报价提供最优的技术方案、服务和产品。这不仅有利于降低项目总成本，还能起到优化项目的作用。

（5）有利于遏制腐败

代建制的实行将打破现行政府投资体制中“投资、建设、管理、使用”四位一体的模式，使各环节彼此分离、互相制约。使用单位不再介入项目前期服务、建设施工及材料设备采购等环节的招标定标活动，代建单位在透明的环境下进行招标，公开、公平、公正地定标，这将有利于遏制政府投资项目建设过程中的腐败事件发生。

（6）政府对项目的监管更加规范有力

代建制将增强项目建设各方的责任意识。通过职责分工，项目建设各方之间产生互相监督工作的关系。特别是使用单位，在提出项目功能和建设要求后，其主要工作就是对代建单位的监督，有利于自觉规范投资管理行为。

7.3.2 我国代建制的基本模式

对于政府投资建设项目代建制在我国的实践，现有的观点基于各自对代建制本质内容的不同认识，对其相应进行了模式化。根据代建制在我国的实践地域标准，可以将其分为上海、深圳、北京三种模式。

1. 上海模式

上海市政府投资工程管理体制的改革于2001年启动。在上海市建设交通系统做了试点，期间重点做的有：

（1）调整政府有关投资管理职能。将包括水务局、市政局、绿化局、环卫局、交通局、住宅局在内的一批政府局的有关投资管理职能移交政府性投资公司。

（2）完善政府性投资公司职能。政府对公共项目投资的职能，主要通过投资公司的运作加以履行；政府对公共项目的管理，主要通过投资公司和社会中介组织（工程管理公司）行使。

（3）培育与发展一批工程管理公司。承担政府直接项目的技术储备、项目投资、工程管理的企业，原则上均应通过公开竞争比选后择优确定。在改革后的体制中，投资公司被赋予了更大的责任，确立了投资主体的地位。由其负责实施的工程项目可采取“总承包”和“代建制”两种建设方式。在采用“代建制”建设方式下的政府投资建设项目中，工程管理公司作为业主的代表，接受业主委托，对工程建设项目进行专业化管理。

上海市政府投资工程管理模式架构图如图 7-7 所示。

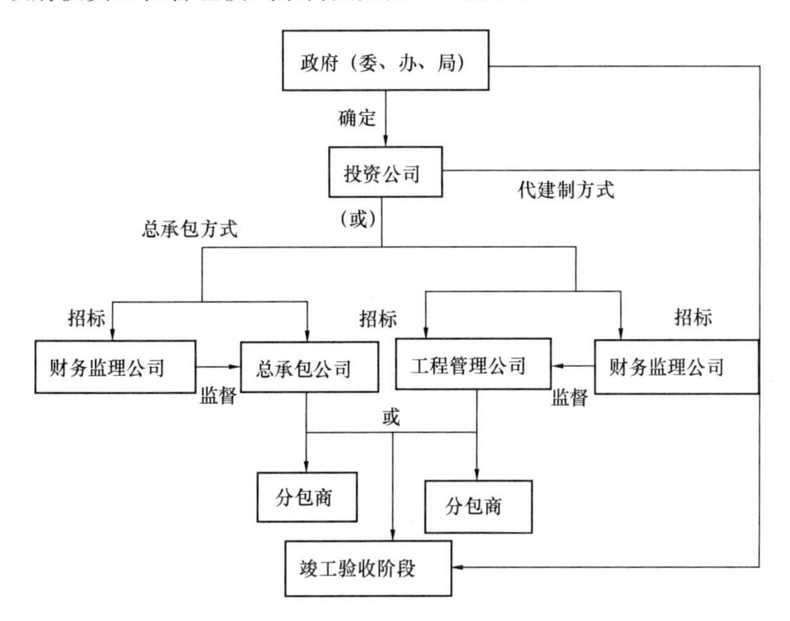

图 7-7　代建制“上海模式”流程图

在上海代建制模式中，代建制已经不局限于政府投资工程，而推广到社会投资的基础设施工程。上海的代建制管理模式确定为“政府—政府所属投资公司—工程管理公司”的三级管理模式，实现了政府投资职能、投资管理职能、工程管理职能的分离。

2. 深圳模式

深圳充分借鉴香港环境运输及工务局的运作模式。从 20 世纪 80 年代末期到 2004 年，深圳市原建筑工务局升格为正局级事业单位建筑工务署，历经多次改革。建筑工务署建立政府投资管理责任制，统一负责当地除公路、水务以外由政府投资的所有工程的建设，将其他一些职能局的基建办职能统一归口管理，大大精简了原先基建办人员的规模。深圳市建筑工务署相当于代建制方式下政府委托的“代建方”，由它对政府投资建设项目进行管理，实质上是代建制的一种集中代建模式。深圳市建筑工务署代替政府行使业主权力，对工程前期工作、设计委托、施工、监理单位的确定以及工程竣工验收等全方位、全过程负责，一律实行“交钥匙”工程。深圳政府投资非经营性公共项目集中代建模式如图 7-8 所示。

深圳模式中建筑工务署没有为项目筹集资金、拨付资金和还贷的职责，其职能界定仅

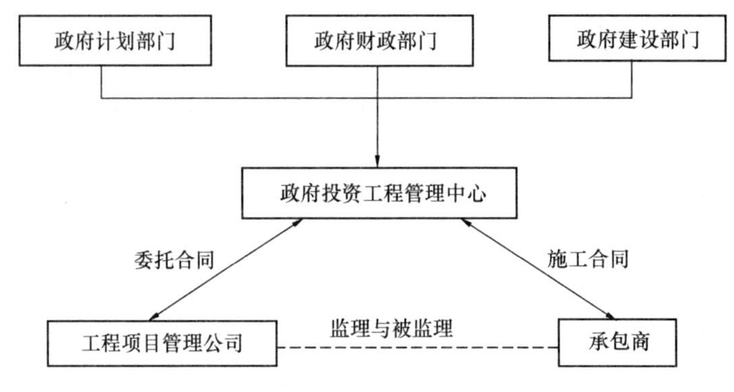

图 7-8　代建制“深圳模式”流程图

限于负责工程建设的组织实施。这种模式解决的主要是委托代理的难题，即将对政府投资工程的监督由分散的监督变为集中的监督，同时也解决了专业化问题，但不是通过市场化的方式解决，令深圳模式有行政性垄断之嫌。

3. 北京模式

以厦门和北京为代表的政府投资代建制模式，简称为北京模式。代建制模式源于厦门。从 1993 年开始，厦门市在深化工程建设管理体制改革的过程中，通过采用招标或直接委托等方式，将一些基础设施和社会公益性的政府投资建设项目委托给一些有实力的专业公司，由这些专业公司对项目实施建设，并在改革中不断对这种方式加以完善，逐步发展成为现在的项目代建制度。

从 2002 年起，北京市发改委在回龙观医院、残疾人职业培训和体育锻炼中心、疾病预防控制中心等项目中实行了代建制试点，取得了良好的效果。

2004 年 3 月，北京市发布《北京市政府投资建设项目代建制管理办法（试行）》，并自发布之日起实施。要求代建单位必须是具有相应资质并能够独立承担履约责任的法人。北京市政府“三方代建合同”管理模式架构图如图 7-9 所示。

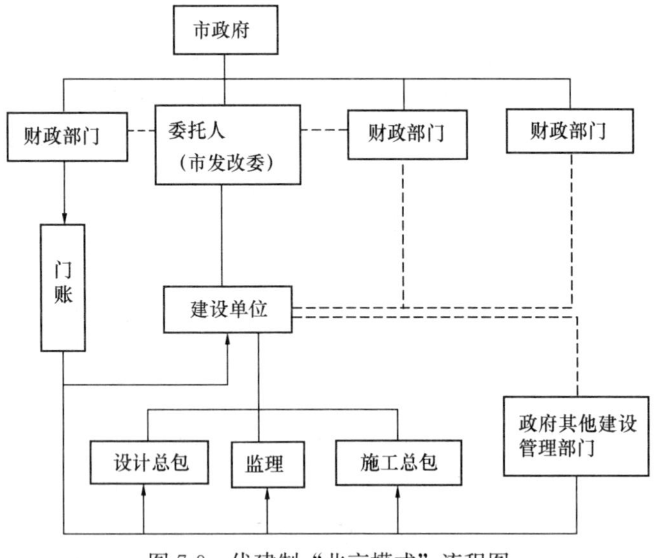

图 7-9　代建制“北京模式”流程图

以北京和厦门为代表的代建制模式主要是通过市场化方式解决专业化问题。对实施代建的项目性质有比较清晰的界定，即按照项目的投资属性、经济属性将其限定为市级财政性投融资的社会公益性项目（即非经营性项目）。该模式对代建范围的资格规定比较宽泛，没有专门设定代建类的资质，有利于形成承接项目代建任务的竞争机制。在对项目投资的控制上，该模式约定了明确的奖惩规则，有利于控制投资规模。

上海、深圳、北京三地的典型政府投资建设项目代建制的管理模式对比，见表 7-8 所示。

典型政府投资建设项目代建制的管理模式对比　　表 7-8

	上海模式	深圳模式	北京模式
模式类型	政府专业代建公司模式	政府专业管理机构模式	市场竞争待建模式
运作模式	由政府组成或指定若干家具备较强经济和技术实力的国有建设公司、投资公司或项目管理公司，对指定项目实行代理建设，按照企业经营管理	由政府成立具有较强经济、技术实力的代建管理机构（如建筑工务署等），按照事业单位管理，对所有政府投资建设项目实行代理建设	由政府设立准入条件，按照市场竞争原则，批准若干家具有较强经济和技术实力、有良好建设管理业绩并可承担投资风险的项目管理公司参与项目代建的竞争，由政府选择较好条件的公司承担代建任务
优点	政府意愿可以较好地通过项目代建单位实现，代建单位积极性高	以政府部门机构的身份出现，方便协调建设中的各种问题，政府对该机构也方便监督与管理，一些合理的变革易于实现，代建收费可以相对较低	可以引入竞争，避免审批部门指定做法的不科学性，并可进一步降低投资
缺点	由于具有垄断性，如果政府部门把关不严，容易和使用单位串通，造成概算的不科学，同时也会造成代建单位内部管理效益降低，特别是项目较多的情况下，管理力度和水平会下降	要新设机构，并且政府管理机构无法承担超概算责任；权力过分集中，形成行政性垄断，挫伤使用单位积极性；没有进行公平招标，难以有效抑制项目中腐败现象	政府主管部门必须具有较强的专业性能力，方可以与专业公司进行代建谈判等事宜，避免代建公司的索赔和追加，政府部门工作量较大，一些使用单位合理的变更通过行政审批手段难以实现

7.3.3　代建人的选择及项目取费

1. 代建人的选择模式

由于目前各地“代建制”操作模式各不相同，以管理架构为标准大致可分为竞争选择代建人和指定代建人两类。

（1）竞争选择代建人模式

竞争选择代建人是指由政府主管部门设立基本的准入条件，采用招标方式通过市场竞争择优选定代建人，并实行合同管理。

（2）指定代建人模式

在该模式下，政府成立专业代建管理机构，按行政或事业单位管理，由其对所有政府投资项目实行代理建设。例如：河北省投资总额 500 万元以上的社会公益项目，由省社会公益项目建设管理中心作为建设期间的项目法人组织建设，实行“交钥匙”工程。

（3）“代建制”操作模式的选择

合理的代建模式应是充分发挥竞争优势及形成多方制衡格局的模式，代建人向投资人负责的竞争选择代建单位模式基本符合这一标准。但是，应用这种模式要求政府相关部门积极培育并形成充分竞争的代建市场，引导和鼓励具有工程管理经验的企业参与到政府投资项目的建设中来。

2. 代建人的资质选择

目前，我国可作为代建人候选对象的单位有：工程投资评估公司、工程设计单位、工程监理单位、工程造价咨询公司和工程总承包公司等，其作为代建人的优劣势对比见表7-9。

候选代建人优劣势对比　　表 7-9

对比项目	工程投资评估公司	工程勘察设计公司	工程监理公司	工程造价咨询公司	工程总承包公司
主体业务	建设项目可行性研究和项目规划	建设项目可行性研究、规划和设计，部分兼建设监理	工程招标服务、设计、施工监督的监理，部分兼营工程造价咨询	工程造价服务、工程建设造价咨询工作	工程实施阶段的采购、施工承包
优势项目	熟悉项目建设程序	综合技术和管理能力强，有资金实力	有较强的施工阶段管理能力	具有建设项目造价控制优势	施工阶段管理与服务能力强，资金实力雄厚
劣势项目	工程技术和管理能力弱	施工阶段工程管理能力较弱	设计技术和管理能力弱	工程技术和管理能力弱	设计阶段技术和管理能力不强
适应能力	除少数大型咨询公司外，一般难以胜任代建人职责	有可能成为代建人的主体	综合能力和资金实力强的监理公司可以作为代建人	难以胜任代建人职责	有较强的适应能力，但因其建设与管理同为一体，在我国不宜作为代建人

3. 代建人的综合素质

要选择能力强的代建人，不仅要求代建单位具有相应资质，还应对代建机构的综合素质进行考察。世界银行在选择咨询机构时主要基于三个权重因素：公司的总体经验、他们的工作计划、他们的关键人员。其中，关键人员所占权重最大。而咨询费用和咨询机构的资产规模并没有作为选择咨询机构的重要指标。在选择代建人时也可参考世界银行选择咨询机构的方法，关键是政府业主要将三方面的内容进行细化，并分别确定权重。

7.3.4 政府投资建设项目基本建设程序

（1）使用单位提出项目需求，编制项目建议书，按规定程序报发展改革部门审批。

（2）发展改革部门批复项目建议书，并在项目建议书批复中确定该项目实行代建制，明确具体代建方式。

（3）发展改革部门委托具有相应资质的社会招标代理机构，按照国家和地方有关规定，通过招标确定具备条件的前期工作代理单位，发展改革部门与前期工作代理单位、使用单位三方签订书面《前期工作委托合同》。

（4）前期工作代理单位遵照国家和地方有关规定，对项目勘察、设计进行公开招投标，并按照《前期工作委托合同》开展前期工作，前期工作深度必须达到国家有关规定，如果报审的初步设计概算投资超过可行性研究报告批准估算投资一定比例（如3%）或建筑面积超过批准面积一定比例（如5%），需修改初步设计或重新编制可行性研究报告，并按规定程序报原审批部门审批。

（5）发展改革部门会同规划、住房城乡建设等部门，对政府投资代建项目的初步设计及概算投资进行审核批复。

（6）发展改革部门委托具有相应资质的招标代理机构，依据批准的项目初步设计及概算投资编制招标文件，并组织建设实施代建单位的招投标。

（7）发展改革部门与建设实施代建单位、使用单位三方签订书面《项目代建合同》，建设实施代建单位按照合同约定在建设实施阶段代行使用单位职责，《项目代建合同》生效前，建设实施代建单位应提供工程概算投资10%～30%的银行履约保函。具体保函金额，根据项目行业特点，在项目招标文件中确定。

（8）建设实施代建单位按照国家和地方有关规定，对项目施工、监理和重要设备材料采购进行公开招标，并严格按照批准的建设规模、建设内容、建设标准和概算投资，进行施工组织管理，严格控制项目预算，确保工程质量，按期交付使用。

政府投资代建制项目建成后，必须按国家有关规定和《项目代建合同》约定进行严格的竣工验收，办理政府投资财务决算审批手续，工程验收合格后，方可交付使用。

7.3.5 代建项目施工进度与质量控制

1. 代建项目施工进度控制

政府投资项目一旦立项以后，一般对工期要求都比较紧。在保证质量的前提下，科学合理组织施工、适当加快施工进度是十分必要的。为此，要按照工程的施工进度计划，建立目标责任制，并与施工单位签订施工进度责任书，同时也可在合同的条款中附加进度保证奖惩条款。其次，要搞好相关单位的配合协调工作，土建、安装、装饰、消防等众多施工单位一起参与施工，搞不好就会互相干扰，影响工期，这就需要加强现场的协调和调度工作，确保交叉作业有条不紊地开展。再次，要科学合理安排原材料、设备进货时间，不因原材料、设备进货不及时而耽误工期。最后，还应采用网络计划控制原理，对关键线路加强监控，确保进度计划的具体落实。

2. 代建项目质量控制

建设工程质量控制的内涵，就是通过有效的质量控制工作和具体的质量控制措施，在满足投资和进度的前提下，实现工程预期的质量目标。工程质量是工程建设的永恒主题，是项目建设的核心，是决定“代建制”工程成败的关键。

3. 正确处理施工进度和质量之间的关系

抓好质量并不是说慢工出细活，在保证质量的前提下，加快进度的方法很多。从施工单位看，最关键的是施工计划安排是否合理，工序之间的衔接是否适当，人员、设备的调配是否有效。

7.3.6 代建项目竣工验收及决算

1. 代建项目竣工验收

(1) 竣工验收工作的条件

在符合以下条件后，才能申报竣工验收工作。

1) 完成工程设计和施工合同的内容。

2) 施工单位在工程完工后，对工程质量进行检查，确认工程质量符合有关法律、法规和工程建设强制性标准，符合设计文件和合同要求，并提出竣工报告。

3) 监理单位对工程进行质量评估，具有完整的监理资料，并提出工程质量评估报告。

4) 勘察、设计单位对勘察、设计文件及施工过程中设计单位签署的设计变更通知书进行检查，并提供质量检测报告。

5) 有完整的技术档案和施工管理资料。

6) 有过程使用的主要建筑材料、构配件和设备的进场试验报告。

7) 有施工单位签署的工程质量保修书。

8) 规划部门对工程是否符合规划条件进行检查，并提供认可文件。

9) 有公安、消防、环保等部门提供的认可文件。

10) 质监站等部门要求整改的内容全部整改完毕。

(2) 代建项目竣工验收的程序

1) 施工单位完成设计图纸和合同约定的全部内容后，先进行自检，按国家有关技术标准的自评质量等级，编制竣工报告，由单位法定代表人和技术负责人签字并加盖单位公章后，提交给监理单位（未委托监理的工程，直接提交代建单位）。竣工报告应该包括：已完工情况，技术档案和施工管理资料情况，建筑设备安全调试情况以及工程质量评定情况等内容。

2) 监理单位核查竣工报告，对工程质量等级作出评定。竣工报告经监理工程师、监理单位法定代表人签字并加盖监理单位公章后，由施工单位向代建单位申请竣工验收。

3) 代建单位提请规划、消防、环保、质量技术监督、城建档案、燃气和民防等有关部门进行专项验收（专项验收程序由有关部门自定），并按专项验收部门提出的意见整改完毕，取得合格证明文件或准许使用文件。

4) 代建单位审查竣工报告，并组织设计、施工和监理等单位进行竣工验收。

5) 代建单位编制建筑工程竣工验收报告或市政工程竣工验收报告。

(3) 代建项目竣工验收文件

1) 施工许可证。

2) 施工图设计文件审查意见。

3) 工程竣工报告、工程质量评估报告、质量检测报告等文件。

4) 验收组人员签署的工程竣工验收意见。

5) 市政基础设施工程应附有质量检测和功能性试验资料。

6) 施工单位签署的工程质量保修书。

7) 法规、规章规定的其他有关文件。

2. 代建项目竣工决算

(1) 项目竣工决算编制的依据

1）建设工程项目任务计划书和有关文件。

2）建设工程项目总概算和单项工程综合概算书。

3）建设工程项目设计图纸及说明书。

4）设计交底、图纸会审概要。

5）招标标底、工程合同。

6）工程项目竣工结算书。

7）各种设计变更、经济签证。

8）设备、材料调价文件及记录。

9）工程竣工文件档案资料。

10）历年项目基建资料，财务结算及批复。

11）国家、地方主管部门颁发的项目竣工结算文件等。

（2）项目竣工决算的内容

代建项目竣工决算应综合、全面地反映已竣工代建项目建设成果和财务状况，采用货币作指标、实物数量、建设工期和各种技术经济指标，综合、全面地反映代建项目自开始建设到竣工为止的全部建设成果和财务状况。是办理竣工验收报告的重要组成部分，也是分析和检查设计概算的执行情况、考核投资效果的依据。

代建项目竣工决算包括以下内容：①项目竣工财务决算说明书；②项目竣工财务决策报表；③建设工程竣工图；④建设工程造价分析资料表。

7.3.7　代建项目后评价

1. 代建项目后评价的内容

（1）目标评价

目标评价是通过项目实际产生的一些经济、技术指标与项目审批决策时确定的目标进行比较，检查项目是否达到了预期的目标，从而判断项目是否成功。

（2）效益评价

效益评价包括项目的财务评价和国民经济评价。

在后评价中也应考虑各种主要因素变化对项目的影响程度，即不确定性分析。

（3）影响评价

影响评价是指项目对其周边地区在经济、环境和社会三个方面所产生的作用和影响。项目的影响评价应站在国家的宏观立场上，重点分析项目与整个社会发展的关系。

项目的经济影响评价包括：①分配效果，主要是指项目效益在各个利益主体（中央、地方、公众等）之间的分配比例是否合理。②技术进步，项目对技术进步的影响分析。③产业结构，是评价项目建立对国家、地方的生产力布局、结构调整和产业结构合理化的影响。

项目的环境影响评价包括：污染控制、对地区环境质量的影响、自然资源的保护和利用、对生态平衡的影响等。

项目的社会影响评价包括：就业影响，居民生活条件和生活质量的影响，项目对当地基础设施和未来发展的影响等。

（4）过程评价

项目的过程评价是根据项目的结果和作用，对项目周期的各个环节进行回顾和检查，对项目的实施效率作出评价。过程评价的内容包括：立项决策评价、勘测设计评价、施工评价、生产运营评价等。

2. 代建项目后评价的流程

目前，国内已履行的非经营性公共工程政府投资代建项目管理后评价主要流程如下：

（1）代建主管部门制定项目后评价总体计划，研究确定年度开展后评价工作的项目名单。

（2）列入年度后评价代建项目的使用单位和代建单位编制项目自我总结评价报告。

（3）代建主管部门委托具备相应资质的工程咨询机构承担代建后评价任务。

（4）承担项目后评价任务的工程咨询机构根据国家和行业颁布的评价方法、工作流程、质量保证要求和执业行为规范组建满足专业评价要求的工作组，在现场调查和资料收集的基础上，结合项目自我总结评价报告，对照项目可行性研究报告及初步设计审批文件的相关内容，独立开展项目后评价工作，对项目进行全面系统的分析评价，提出合格的代建后评价报告。

7.4 建设项目全过程咨询

随着我国经济的持续发展，我国现代化建设的步伐日益加快，工程咨询业在我国各类工程建设、特别是重大工程建设中的作用正越来越明显。以国际视野来看，工程咨询业也在市场化程度较高的国家受到高度的重视。经济全球化时代，中国工程咨询业如何积极应对新的外部环境挑战，如何与国际工程咨询业的规则和水平进一步接轨，如何在国民经济的持续健康发展中继续发挥积极的“智力服务”作用，是目前社会各界、特别是全国工程建设领域人士普遍关心的问题。

2018年，住房城乡建设部网站发布《关于推进全过程工程咨询服务发展的指导意见（征求意见稿）》（以下简称《指导意见》）和《建设工程咨询服务合同示范文本（征求意见稿）》。《指导意见》主要目标为：培育一批具有国际水平的全过程工程咨询企业，基本形成统一开放、竞争有序的全过程工程咨询服务市场，建立与市场相适应的全过程工程咨询服务管理体系；逐步建立健全与全过程工程咨询相适应的项目审批和监管制度，建立全过程工程咨询诚信评价体系；实施人才发展战略，培养与行业发展相适应的人才队伍。培育全过程工程咨询市场方面，《指导意见》提出全过程工程咨询服务可采用多种组织方式，为项目决策、实施和运营持续提供局部或整体解决方案。

建立全过程工程咨询管理机制方面，《指导意见》提出全过程工程咨询服务可由一家具有综合能力的工程咨询企业实施，或可由多家具有不同专业特长的工程咨询企业联合实施，也可以根据建设单位的需求，依据全过程工程咨询企业自身的条件和能力，为工程建设全过程中的几个阶段提供不同层面的组织、管理、经济和技术服务。由多家工程咨询企业联合实施全过程工程咨询的，应明确牵头单位，并明确各单位的权利、义务和责任。全过程工程咨询服务费应在工程概算中列支。建设单位在项目筹划阶段选择具有相应工程勘察、设计或监理资质的企业开展全过程工程咨询服务，可不再另行委托勘察、设计或监理。同一项目的工程咨询企业不得与工程总承包企业、施工企业具有利益关系。发挥行业协会组织作用方面，《指导意见》提出行业协会应当充分发挥政府与企业间的桥梁纽带作用，积极反映企业诉求，协助政府开展相关政策研究，引导企业提升全过程工程咨询服务能力；通过市场调研及综合评估发布全过程工程咨询服务酬金或人员薪酬等信息，加强行业诚信自律体系建设，规范企业和从业人员的市场行为；开展团体标准研究，为全过程工程咨询服务规范化和科学化提供依据。

所谓全过程工程咨询服务，也可称为全过程一体化项目管理服务，其属于业主方项目管理范畴，即由具有较高建设工程勘察、设计、施工、咨询、管理和监理专业知识和实践经验的专业人员组成的工程项目管理公司（也可称为工程咨询公司），接受建设单位（业主）委托，组织和负责工程的全过程工程咨询，包括但不限于勘察、设计、造价咨询、招标代理、材料设备采购和合约管理以及实施阶段的施工管理和工程监理等全过程一体化管理，在合理和约定工期内，把一个完整的、符合建设单位意图和要求的工程项目交给建设单位，并实现安全、质量、经济、进度、绿色环保和使用功能的六统一。

所谓全过程工程咨询服务，如果用三维坐标系加以描述，则全过程首先体现在 x（时间）轴上，即咨询服务的时间起点。一般起点为项目的立项阶段，即项目建议书阶段。整个全过程可分为立项、策划、决策、设计、施工前准备、施工、竣工验收和保修七个阶段。其次体现在 y 轴和 z 轴，即咨询服务业务种类、单位以及具体服务内容，构成一个三维空间服务体系的概念，如加上其他要素和指标，还可以扩展成四维和多维空间概念。

推行全过程工程咨询服务，旨在充分发挥市场对资源配置的决定作用，深化建设工程组织管理方式改革，促进建筑业持续健康发展，加快工程咨询服务企业供给侧结构性改革，增强综合实力和核心竞争力，推动工程咨询服务企业加快与国际工程管理方式接轨，培养具有国际竞争力的咨询服务企业。

7.4.1 全过程工程咨询制度分析

1994～2017 年期间，国家部委及部分地市相继颁布了许多与全过程工程咨询相关的制度文件，进行对比分析之后可以发现一些共性规律和政策转折，尤其是以住房城乡建设部和发改委两大部委为代表的执政思路变化和相互之间的差异，从而揭示出全过程工程咨询的制度发展历程。通过对制度文件中涉及的与全过程工程咨询相关的主要关键词分析不难发现，在长达二十多年的改革发展过程中，由于行政管理体制、机制原因，工程咨询行业的制度发展呈现出行政化、差异化、概念化特征。总体来看，工程咨询和项目管理分别在两个独立的行政体系内单独运行，概念、内涵、定位等各个方面均差异较大。另外，来自不同系统的政策文件相互之间交叉出现工程咨询和项目管理这两大核心概念，并且都没有对其进行详细的定义，文件中还有许多与工程咨询业务相关的具体概念，相互之间、前后之间缺乏有效的传承和延续，没有统一解释，造成理解上的冲突和困惑，不利于行业规范发展。这种行政管理上的割裂应当通过部门联动、横向沟通、政策衔接等方式进行整合。

通过梳理近几年的研究文献可以发现，工程咨询理论研究成果比较丰富，研究内容比较广泛，涉及国内外工程咨询行业的发展历程、组织管理、行政监管、市场竞争、对比分析等多个方面，尤其是对适合中国国情的工程咨询行业发展的探讨一直没有中断过，为全过程工程咨询的实施提供了很好的理论铺垫。张中等人在《工程咨询、工程项目管理以及工程监理三者的关系》一文中系统地对国内主流的工程咨询相关概念用简明扼要的方式进行对比分析，很多观点比较客观，指出了工程咨询、项目管理之间的异同，并从多个方面进行了对比分析。文中提到，按照国际惯例，工程项目管理是工程咨询的一部分，其服务范围不包括设计，但包括设计过程的项目管理。当然，国外也有部分项目委托一家设计单位同时提供设计服务和施工阶段的项目管理服务。

徐志浩在《适应市场发展需求探索全过程咨询业务》一文中对全过程咨询服务的内涵进行多方位分析，对于理解全过程工程咨询也有一定的启发。文中提到，虽然国内多数勘察设计企业实现了“一业为主、两头延伸”，但是在主要功能、程序方法和管理模式方面，还没有完全摆脱各阶段业务“各自为战”的状况。全过程工程咨询业务并不是分头分段地完成建设项目的全过程，也不是各阶段业务的简单叠加，它作为一种管理理念不仅体现在项目建设的全过程，也体现在建设项目的各个阶段。因此，全过程工程咨询并不能简单地理解成将传统的建设阶段或碎片化咨询服务进行叠加，或者将原来由市场中不同企业分别实施的模式改为交由一家企业内部的不同部门或子公司实施。全过程工程咨询的本质在于咨询服务标准、能力、理念的全面提升，是工程咨询行业高度市场化、国际化的产物，其核心在于将各阶段的业务能力整合到一起，着眼于建设项目的总体价值，对项目建设的各个阶段或整个过程进行系统优化。除此之外，全过程工程咨询的理念还要融入到每一个单独的建设阶段当中。

此外，工程咨询是一个比较宽泛的概念，向甲方提供的除施工承包、物资供应以外的都可以归入工程咨询的范畴，因此，勘察设计也属于工程咨询。而所谓的项目管理主要是指业主方通过委托专业项目管理单位实施项目管理咨询的模式。因此，工程咨询是行业称谓或所有咨询服务活动的统称，而项目管理则是一种具体的工程咨询业务名称，项目管理应当也属于工程咨询的范畴，是一种新型的工程咨询业务类型，是对传统碎片化咨询服务内容的整合，两者之间是隶属和包含的关系。

为培育全过程工程咨询，住房城乡建设部在全国范围内选择了40家工程咨询企业开展全过程工程咨询试点，旨在健全全过程工程咨询管理制度，完善工程建设组织模式，为全面开展全过程工程咨询积累经验。因此，通过对这40家具有一定代表性的试点企业的企业资质、业务范围、国际化发展等方面进行分析，可以从中总结出中国工程咨询实践发展的一些特征。

经统计，40家试点企业中，设计企业约26家，占比为65%，咨询企业约14家，占比为35%。由此可见，设计企业的整体实力在整个工程咨询类企业中占据明显优势。另外，设计企业中同时开展工程监理等其他咨询服务的约15家，占整个设计类企业的57%，即大约半数设计企业在拓展其他咨询服务，向综合型工程咨询企业靠拢，另外半数选择拓展承包领域，向工程公司靠拢。咨询类企业中虽然也有部分企业通过联合、兼并等方式拓展设计业务，但规模、数量尤其是设计业务的竞争力均不足以与设计类企业相提并论，从事施工承包的更少，绝大多数工程咨询企业选择在工程咨询领域进行多样化发展。

有必要说明的是，以美国的AECOM、瑞典的SWECO、荷兰的ARCADIS等为代表的国际航母级工程咨询企业一般不涉足工程承包领域，而是选择以设计为龙头，向前后进行业务延伸，在工程咨询领域内做强、做大，提供咨询服务的一站式综合解决方案。因此，不可否认的是，设计管理能力是全过程工程咨询服务企业应当具备的重要技术能力之一，这也为设计类企业开拓全过程工程咨询业务提供了便利条件。

通过制度、理论、实践三个维度的全面分析可以发现，中国工程咨询行业的规范发展还需要继续关注理论研究、行政监管、市场培育等基础性工作。其中，明确全过程工程咨询的概念是当务之急，在此基础上再制定科学合理的实施策略，积极稳妥地推进全过程工程咨询改革。

全过程工程咨询是中国咨询业升级换代的突破口，是走向国际市场、提高咨询水平的重要举措，其核心是中国工程咨询行业核心竞争力的不断增长。培育全过程工程咨询的前提是要准确定义其内涵。全过程工程咨询的内涵涉及多个不同的维度，需要分别进行阐述，然后进行集成。从项目角度来看，全过程工程咨询强调服务范围需要不断向前延伸。根据建设项目的投资曲线，前期阶段对项目投资的影响非常大。因此，全过程工程咨询不能仅仅关注项目立项之后，确定建设意图到立项之前的策划研究具有较高知识含量和专业水准，应当引起高度重视。另外，全过程工程咨询服务强调服务理念的全过程化，任何一项咨询服务都应当以全过程工程咨询的理论体系和知识经验为基础，不能就事论事，人为碎片化、阶段化。从企业角度来看，一批工程咨询企业应当具备全过程工程咨询能力，能够根据市场需求提供一站式系统解决方案。这种能力的建立除了兼并、重组、联合之外，企业内部的知识、结构、人员、技能、制度、共同价值观等各个方面都要与其相匹配。另外，企业面向市场提供的咨询服务内容要体现知识含量和专业深度，不能简单局限于经验性、程序性服务，要有专业上的建树和权威，不断提高企业的品牌价值和知识沉淀。从业主角度来看，应当通过政府工程的示范引领作用，培育全过程工程咨询的市场需求，针对建设项目的复杂性和特殊性，业主应当全过程委托工程咨询服务，充分发挥专业人士的知识、经验优势，也符合加强政府投资事中事后监管和提高项目决策的科学性、项目管理的专业性和项目实施的有效性的改革要求。另外，还应当减少人为原因造成的咨询服务碎片化和压价竞争。

7.4.2 全过程工程咨询与工程总承包的区别

（1）从提供工作成果的性质而言，全过程工程咨询“包服务”，工程总承包“包工程”。从全过程工程咨询和工程总承包的概念不难看出，全过程工程咨询属于工程咨询的范畴，不涉及有形产品的生产制造，其提供的工作成果是标准、规范、流程等无形的智力成果，本质上是提供配合、协调、管理、控制、咨询等能够产生收益但不产生“所有权”的服务，因此相对应，全过程工程咨询收取的报酬是服务费，这种服务费主要组成为“成本＋酬金”。而工程总承包是“包工程”，是将无形的智力成果与有形的、分散的材料、机械设备相融合并最终物化为建筑产品、形成固定资产的行为，工程总承包最终提供的是有形的工程，不同的工程总承包模式下，计取的费用略有不同，以 EPC 工程总承包模式为例，其所计取的费用不仅包含设计等咨询服务类费用，还包括材料设备工器具购置款、建筑安装工程费、试运行费用等。

（2）从融资角度而言，全过程咨询通常不涉及融资，工程总承包常与融资相关联并存在相应的法律风险。国际上，由于工程总承包项目通常会涉及能源、电力、公路、铁路等大型基础设施项目，该类项目不仅仅是技术密集型产业，同时也是资本密集型，即使项目建设单位自身的资金实力可以满足项目需求，从提升资金使用效率的角度而言，也往往更倾向于借助外部融资的方式去实施项目开发，这就很大程度上令工程总承包与融资相关联，衍生了“EPC＋Finance”模式。

近年国内项目的承包也越来越多地与融资关联，虽然“政府投资项目一律不得以建筑业企业带资承包的方式进行建设，不得将建筑业企业带资承包作为招投标条件”，但鉴于我国公有制经济为主体的经济体制，客观上决定了基础设施投融资领域的资金、技术、人才资源主要集中于政府、国有企业等公共部门，因此为了推动社会资本尤其是民营资本参与基础设施建设，提高公共服务供给的质量和效率，公私合作（PPP）经营模式在地方上得到了广泛的推行和发展，受该模式下有关特许经营期和融资安排的影响，产生了“PPP＋EPC”这类附带融资安排的工程总承包模式。

鉴于工程总承包与融资关联的属性，工程总承包商在参与项目过程中将可能受制于一些金融机构为降低其融资风险而制定的游戏规则，例如放弃优先受偿权、要求提供“承包商融资配合和承诺”，或者面临“介入权”条款（Step-inRight）等重大法律隐患。而全过程工程咨询在融资角度则显得更加单纯，全过程工程咨询单位往往不直接参与项目融资，而是协助建设单位为项目投融资提供投融资规划、项目投融资咨询等服务。

（3）从行业发展角度而言，全过程工程咨询的发展关系到工程咨询资源整合利用和咨询行业的转型升级。大力发展全过程工程咨询的模式，鼓励并倡导勘察、设计、造价、监理等企业通过并购重组、联合等方式发展全过程工程咨询服务，逐步形成建设工程项目全生命周期的一体化工程咨询服务体系，培育一批智力密集型、技术复合型、管理集约型的大型工程建设咨询服务企业。

7.4.3 全过程工程咨询与工程总承包的联系

（1）从法律关系上而言，全过程工程咨询与工程总承包单位之间存在管理与被管理的关系。一般情况下，全过程工程咨询单位受建设单位委托，按照具体的委托内容对工程提供项目建议、前期策划、勘察设计、监理、招标代理、造价咨询、项目竣工后评价及运营等多元化的咨询服务，并在授权范围内代表建设单位对工程总承包单位进行监督和管理。

（2）两者均体现对设计、施工资质的要求。工程总承包商需要具备与工程相适应的设计或施工资质。而关于全过程工程咨询，因涉及多项咨询行业相关资质，虽暂无统一规定，但通常要求具备勘察设计、监理、造价咨询等多项资质，且上海、广东两地明确允许施工资质也可承接全过程工程咨询，可见全过程工程咨询与工程总承包均体现了设计、施工的资质要求。

（3）两者均指向工程建设的全过程或若干阶段，且均着重强调“设计”的关键性和全局性。全过程工程咨询虽涉及建筑咨询多个行业的重大变革，但落实到现阶段的具体实践中，核心在于对建筑师执业权利的扩大和相应执业责任的提升。以目前推行的建筑师负责制为例，从以往设计、造价、招标、监理等离散的咨询服务模式下建筑师仅基于委托提供阶段性设计工作，逐步发展为从设计阶段开始由建筑师负责统筹协调各专业设计、咨询及设备供应商的咨询管理服务，在此基础上逐步向规划、策划、施工、运维、改造、拆除等方面拓展建筑师服务内容，加强设计与造价之间的衔接，协助建设单位提升项目管理能力。

同样，工程总承包也包含了项目设计、采购、施工和试运行的全过程或若干阶段，但从控制工程质量与费用、缩短建设周期的意义而言，将较大程度依赖于工程勘察设计的先导优势，在设计阶段即提供拓展覆盖项目采购、施工、试运行等阶段的技术支持，形成设计、采购与施工的深度交叉融合，降低工程建设过程中多环节工作协调造成的内耗损失。

（4）推行全过程工程咨询和工程总承包有利于提高工程管理的质量与效率，并有助于政府投资工程进行造价控制，两者均为政府投资工程所鼓励的管理模式。

目前，我国建筑业仍处于“大而不强”阶段，企业核心竞争力不强、工人技能素质偏低等问题较为突出，开展全过程工程咨询和工程总承包有助于重新整合与分配市场资源，促进行业转型升级，培育企业核心竞争力；此外，推行全过程工程咨询和工程总承包有助于提升建筑设计水平和加快建筑业“走出去”，推动品牌创新，加快国内建设标准国际化，提升中国建设标准在国际上的地位和对外承包能力，培养国内企业实施海外 EPC 项目、打造“中国建造”品牌。

全过程工程咨询服务和工程总承包在根源上同属于建设单位进行的工程建设项目组织方式，建设单位可以根据项目具体特点和所处阶段，组合不同类型的工程咨询与工程总承包模式，在保证效率和使用需求的前提下，达到控制工期、造价、质量、安全的建设目的。但基于现阶段国内建筑市场管理需要及建筑市场资质准入的要求，建筑市场参与主体在开展全过程工程咨询和工程总承包业务时，仍应对有关概念和内涵进行深刻分析与清晰界定。

7.4.4 全过程工程咨询实施策略

（1）组织模式创新

国际上，全过程工程咨询主要有两种组织模式，主要区别体现在工程设计和项目管理是否交由一方共同实施，可以简称为 A 模式（设计和项目管理交由一方实施）、B 模式（设计交由一方实施，项目管理交由另一方实施）。A 模式中，由一方与业主签订全过程工程咨询服务合同，包揽设计业务和项目管理业务。而在 B 模式中，设计工作由一家单位和业主签订工程项目设计合同，项目管理工作则由另一家单位与业主签订项目管理咨询服务合同，双方独立开展工作，形成专业上的协作与制衡，避免运动员、裁判员一体化。目前，浙江、江苏、上海等地出台的文件中，都明确规定具有设计资质的单位承接工程项目管理或全过程工程咨询时，不能同时承接同一工程的设计工作。

因此，两种模式究竟如何取舍需要深入研究其背后的理论依据和社会环境，结合建筑业发展的实际情况，形成可操作性强、针对性强的全过程工程咨询服务的组织模式。

（2）传统工程咨询业务整合

全过程工程咨询的实施某种程度上就是要对碎片化的咨询服务内容进行整合。从企业角度，鼓励具备条件的企业通过并购、重组、联合等方式进行整合，提高整体咨询服务能力，但同时也应当鼓励部分企业做精、做强某一项或某几项工程咨询业务，形成核心竞争力和企业特色。从专业角度，应当继续深化注册执业改革，取消不必要的执业资格认证，合并相近的执业资格，减少执业资格类型、扩大资格证书的执业范围，为传统工程咨询业务的整合创造条件。从行业角度，在充分尊重传统工程咨询业务碎片化的基础上，形成逐渐过渡的良性改革机制，循序渐进地进行业务整合，在市场机制作用下，鉴于碎片化存在的诸多弊端，有必要推行全过程项目管理，对其他传统咨询服务进行整合，形成全过程项目管理咨询服务能力（整合 A）。但是，这种整合通过项目管理的介入解决了咨询服务的专业整合问题，却依然没有彻底解决碎片化问题，建设单位依然需要签署数量众多的咨询服务合同。全过程工程咨询则是在上述基础上从专业、能力、企业等多个维度进行全过程、全方位的深度整合（整合B），即策划、可研、监理、造价咨询、招标代理、项目管理等工程咨询服务内容可以交由具备相应资质和能力的一家单位或联合体统一实施，由市场根据供求情况作出选择。

第 8 章　PPP 投融资模式

8.1　PPP 模式分类及特点

8.1.1　PPP 模式的含义

PPP（Public-Private-Partnership）模式，即公私伙伴关系，是指政府与私人组织之间，为了满足某种公共物品和服务需求，以特许权协议为基础，彼此之间形成一种伙伴式的合作关系，并通过签署合同来明确双方的权利和义务，以确保合作的顺利完成，最终使合作各方达到比预期单独行动更为有利的结果。

8.1.2　PPP 模式的分类

PPP 模式是一个较为广泛的概念，包含的实际形式较多，受制度和环境的影响，加上分类标准的差异，不同国家和国际组织对 PPP 模式有不同的划分，世界银行、欧盟等均对 PPP 模式有具体的分类和研究。

美国政府会计处（US Government Accounting Office）将 PPP 划分为十二种模式，包括建设—开发—经营（BDO）、建设—经营—移交（BOT）、建设—拥有—经营（BOO）、购买—建设—经营（BBO）、设计—建设（DB）、设计—建设—融资—经营（DBFO）、设计—建设—维护（DBM）、设计—建设—经营（DBO）、开发—融资（DF）、经营—维护（O&M）、免税契约（Duty-freeContract）、全包式交易（Whole-Transaction）等。

PPP 国家委员会（TheNational Councilfor Public-Private Partnerships）根据建设和设计阶段的伙伴关系，将 PPP 项目分为十八种模式，具体包括：O&M、经营—维护—管理（OMM）、（DB、DBM、DBO）、设计—建设—经营—维护（DBOM）、设计—建设—融资—经营—维护（DBFOM）、BOO、BBO、DF、售后回租（Sale/Leaseback）、免税租用（Tax—ExemptLease）、租赁—开发—经营/租赁—建设—经营（LDO/LBO）、租赁购买（Lease/Purchase）、交钥匙（Turnkey）、BOT 等。

世界银行将 PPP 分为六大模式，分别是：服务外包（Service Contract）、管理外包（Management Contract）、租赁（Lease）、特许经营（Concession）、BOT 和资产剥离（Divestiture）。

结合中国的国情，在研究 PPP 模式时，一般将其分为三类：外包类、特许经营类及私有化类，下面将针对每一种模式作具体介绍。

1. 外包类

外包类 PPP 项目一般是由政府投资，私人组织承包整个项目的一项或几项职能，例如只负责工程建设，或者受政府之托代为管理维护设施或提供部分公共服务，并通过政府付费实现收益。在外包类 PPP 项目中，私人组织承担的风险相对较小。

通常，外包类 PPP 项目包含模块式外包和整体式外包两种主要类型。其中，模块式外包又划分为服务外包和管理外包两种形式；整体式外包分为设计—建设（DB）、设计—建设—主要维护（DBMM）、经营与维护（O&M）、设计—建设—经营（DBO，俗称交钥匙）等多种形式。

2. 特许经营类

特许经营类 PPP 模式是当前中国轨道产业中，讨论得最为广泛的一种模式。特许经营类项目需要私人参与部分或全部投资，并通过一定的合作机制与公共部分分担项目风险、共享项目收益。作为一种风险共担、利益共享的模式，该模式下，政府能控制轨道交通这种准公益项目的所有权，又能提高服务水平，因此，受到政府和私营部门的极大关注。

有专家认为，在特许经营类 PPP 模式下，根据项目的实际收益情况，公共部门可能会向特许经营公司收取一定的特许经营费或给予一定的补偿，这就需要公共部门协调好私人部门的利润和项目的公益性两者之间的平衡关系，因而特许经营类项目能否成功在很大程度上取决于政府相关部门的管理水平。通过建立有效的监管机制，特许经营类项目能充分发挥双方各自的优势，节约整个项目的建设和经营成本，同时还能提高公共服务的质量。项目的资产最终由公共部门保留，因此一般存在使用权和所有权的移交过程，即合同结束后要求私人部门将项目的使用权和所有权移交给公共部门。

特许经营类 PPP 主要有 TOT 及 BOT 两种实现形式，另外，可以与 DB 模式相结合，因此特许经营类 PPP 还包括 DBTO、DBFO 等几种类型。根据不同的实现途径，在 TOT 模式中，还可以分为 PUOT 和 LUOT 两种类型。在 BOT 模式中，可以分为 BLOT 和 BOOT 两种途径类型。两者的区别是，在建设完成后是通过租赁还是通过特许拥许的方式获取项目经营权。

3. 私有化类

顾名思义，私有化类 PPP 是公共部门与私人部门通过一定的契约关系，使公共项目按照一定的方式最终转化为私人部门的一种 PPP 模式。私有化类 PPP 项目需要私人部门负责项目的全部投资，在政府的监督下，通过向用户收费收回投资实现利润。由于私有化类 PPP 项目的所有权永久归私人拥有，并且不具备有限追索的特性，因此私人部门在这类 PPP 项目中承担的风险最大。

在私有化类 PPP 模式中，根据私有化程度不同可以分为完全私有化和部分私有化两种。根据实现途径的不同，完全私有化可以通过 PUO 和 BOO 两种途径实现；而部分私有化则通过股权转让等方式显示私有化程序。

8.1.3 不同 PPP 模式的主要特点

1. 外包类特点

结合上文所述，外包类模式可以细分为六种模式，下面将具体介绍每一种的主要特征。

（1）服务外包

服务外包的合同期限通常为 1～3 年。在这种模式下，政府以一定费用委托私人部门代为提供某项公共服务，例如设备维修、卫生保洁等。

（2）管理外包

管理外包的合同期限通常为3～5年。此种模式是政府以一定费用委托私人部门代为管理某公共设施或服务，例如轨道交通的运营等。

（3）DB

DB模式即设计—建设模式，由私人部门按照公共部门规定的性能指标，以事先约定好的固定价格设计并建造基础设施，同时承担工程延期和费用超支的风险。因此，私人部门必须通过提高其管理水平和专业技能来满足规定的性能指标要求。

（4）DBMM

DBMM模式即设计—建设—主要维护模式，由公共部门承担DB模式中提供的基础设施的经营责任，但主要的维修功能交给私人部门。

（5）O&M

O&M模式即经营与维护模式，由私人部门与公共部门签订协议，代为经营和维护公共部门拥有的基础设施，政府向私人部门支付一定费用，例如城市自来水供应、垃圾处理等。

（6）DBO

DBO模式即为设计—建设—经营模式，也就是俗称的“交钥匙”。在这种模式下，私人部门除了承担DB和DBMM中的所有职能外，还负责经营该基础设施，但整个过程中资产的所有权仍由公共部门保留。

2. 特许经营类

特许经营类PPP模式可以有诸多实现形式，根据不同的实现形式，政府及私人部门需要承担不一样的责任与义务，与此相对，各种类型的模式也因此有了不一样的优缺点。

（1）BOT模式

BOT模式又可以细分为BLOT模式和BOOT模式。BLOT（建设—租赁—经营—转让）模式合同期限通常为25～30年，私人部门先与公共部门签订长期租赁合同，由私人部门在公共土地上投资、建设基础设施，并在租赁期内经营该设施，通过向用户收费而收回投资实现利润，合同结束后将该设施交还给公共部门。BOOT（建设—拥有—经营—转让）模式合同年限通常也是25～30年，由私人部门在获得公共部门授予的特许权后，投资、建设基础设施，并通过向用户收费而收回投资实现利润，在特许期内私人部门拥有该设施的所有权，特许期结束后还给公共部门。

BOT模式能使得私人部门获得长时间的经营收益，因此，对私人部门来说具有极强的吸引力，而且项目的成本相对稳定，更多的风险转移大大刺激了私人部门采用全项目生命周期的成本计算方法，因此，对于轨道交通有诸多优势。但不可否认的是，该模式也有显而易见的劣势，如，BOT模式有可能与规划及环境的要求相冲突；设施可能在经营和管理的成本上涨时，转让给政府；政府可能丧失对资本建设和运营的控制权；与其他模式相比，结构更为复杂，合同的达成需要更多时间；该模式要求建立合同管理及项目运营监管体系；如运营者运营不利，公共部门需要重新介入项目运营，增加了成本等。

（2）TOT模式

TOT模式又可以细分为LUOT模式和PUOT模式。LUOT（租赁—更新—经营—转让）模式，是由私人部门租赁已有的公共基础设施，经过一定程度的更新、扩建后经营该设施，租赁期结束后移交给公共部门；PUOT（购买—更新—经营—转让）模式，私人部门购买已有的公共基础设施，经过一定程度的更新、扩建后经营该设施，在经营期间私人部门拥有该设施的所有权，合同结束后将该设施的使用权和所有权移交给公共部门。

由于该模式是针对老旧公共设施，因此在将来的城市轨道升级改造过程中具有很重要的参考价值。在 TOT 模式下，政府不用为公共设施的扩建和更新提供资金上的投入，节省了政府的开支并使得公共项目的建设速度和效益得到了提升。但该模式的劣势也不得不引起政府的关注：首先是，由于再次更新的实施不包括在契约中，这便为新添加设施的建设和运营带来困难；其次是变更契约可能增加成本和费用；第三是政府需要比较复杂的契约管理程序。

（3）DBTO 模式

DBTO 模式即设计—建造—转让—经营模式，是由私人部门先垫资建设基础设施，完工后以约定好的价格移交给公共部门。公共部门再将该设施以一定的费用回租给私人部门，由私人部门经营该设施。私人部门这样做的目的，是为了避免由于拥有资产的所有权而带来的各种责任和其他复杂问题。

（4）DBFO 模式

DBFO 模式即设计—建造—投资—经营模式。DBFO 是英国最常采用的模式，在该模式中，私人部门投资建设公共设施，通常也拥有该设施的所有权。公共部门根据合同约定，向私人部门支付一定费用并使用该设施，同时提供与该设施相关的核心服务，而私人部门只提供该设施的辅助性服务。例如，私人部门投资建设轨道交通的各种建筑物，公共部门向私人部门支付一定费用使用建设好的交通设施，并提供运营等主要公共服务，而私人部门负责提供维修、清洁等保证该设施正常运转的辅助性服务。

3. 私有化类

（1）完全私有化

完全私有化又可分为 PUO 和 BOO 模式。PUO（购买—更新—经营）的合同期限永久，其主要特征是私人部门购买现有的基础设施，经过更新扩建后经营该设施，并永久拥有该设施的产权，在与公共部门签订的购买合同中注明保证公益性的约束条款，受政府的管理和监督。BOO（建设—拥有—经营）模式的合同期限也为永久，由私人部门投资、建设并永久拥有和经营某基础设施，在与公共部门签订的原始合同中注明保证公益性的约束条款，受政府管理和监督。

（2）部分私有化

部分私有化可分为股权转让和合资兴建。股权转让合同期限永久，公共部门将现有设施的一部分所有权转让给私人部门，但公共部门一般仍然处于控股地位，公共部门与私人部门共同承担各种风险。合资兴建合同期限永久，主要特征是公共部门和私人部门共同出资兴建公共设施，私人部门通过持股方式拥有设施，并通过选举董事会成员对设施进行管理，公共部门一般处于控股地位，与私人部门一起承担风险。

8.1.4 不同 PPP 模式的交易特征归纳

PPP 项目本质上属于公私关系的产权制度安排，需要在政府和私人部门之间分配公共项目的所有权和经营权。所有权是指对 PPP 项目资产的占有权、使用权、收益权和处分权。项目融资的基础主要是项目未来的收益权，所有权的合理配置将有助于提高 PPP 项目融资的成功率。经营权是指对 PPP 项目运营管理的权利，经营权的分配将影响到公共产品和服务的供给方式和质量。所有权和经营权的配置是开展 PPP 项目其他管理活动的基础。因此，在选择 PPP 具体模式时，必须针对项目特点，事先确定所有权和经营权的归属，保证政府和私人部门可以形成良好的伙伴关系。

1. 不同 PPP 模式的所有权特征

多数情况下，PPP 项目所有权归属在项目寿命期内会发生变化。政府将项目所有权转移给私人部门，相当于从私人部门融资；私人部门将所有权转移给政府，政府便可获得项目资产。总之，发生所有权转移对于政府和私人部门来说都将带来效益。根据 PPP 模式各种类的运作特点，可以归纳出 PPP 项目所有权转移的四种方式，分别是：所有权属于政府而不转移、私人→政府、政府→私人→政府、政府→私人。

（1）所有权属于政府而不转移。外包类 PPP 模式的所有权一直归属于政府而不转移，私人部门承担部分或全部的设计、融资、建设、运营等责任。

（2）私人→政府。在特许经营类的 BOT 模式中，政府特许私人部门融资建设项目设施并在运营期拥有所有权，特许期结束时私人部门将项目所有权转移给政府。政府回购具有相同的所有权转移方式，例如租赁购买模式，由私人部门融资建设项目设施并拥有所有权，然后将设施租赁给政府，在运营期结束时，政府回购设施。

（3）政府→私人→政府。特许经营类中的 TOT 模式，以及回租回购类的政府回租模式，都是政府先将项目设施出售给私人部门并转移所有权，在运营期结束后，私人部门将所有权再移交给政府。

（4）政府→私人。私有化的 PPP 模式是政府将项目设施的所有权部分或者全部转移给私人部门，运营期结束后私人部门拥有项目资产的永久性所有权。

PPP 项目所有权转移过程中，要综合考虑所有权的最终归属而获得的效益，以及所有权转移过程中交易成本的损失。交易成本的损失与转移的次数、项目的复杂程度有关，还与政府提供公共产品过程中获取和处理市场信息的费用、发生每一笔交易的谈判和签约费用、监督管理成本等有关。据此，从政府角度来看，对项目所有权转移的综合效益从小到大排序如下：政府→私人、政府→私人→政府、私人→政府、所有权属于政府而不转移。

2. 不同 PPP 模式的经营权特征

PPP 模式的经营权归属主要有三种方式，分别是：经营权属于私人部门、政府和私人部门共同经营、经营权属于政府。外包类中的整体外包模式和特许经营类中的 BOT、TOT 模式，以及私有化类中的完全私有化模式都是政府特许私人部门负责项目的运营管理，经营权属于私人部门。经营外包模式是政府将部分经营管理任务转移给私人部门，政府还承担项目的主要经营责任；部分私有化模式是政府将项目资产的部分所有权转移给私人部门，私人部门也获得相应的经营权。因此，经营外包和部分私有化两种模式都是政府和私人部门共同经营项目。建设外包模式只是将设计、建设任务转移给私人部门，政府完全负责项目经营；在政府回租和政府回购模式中，政府都要通过租赁获得项目资产的经营权。按照政府对经营权控制程度的大小，可将 PPP 模式的三种经营权分配方式从小到大排序如下：经营权属于私人部门、政府和私人共同经营、经营权属于政府。

8.2 经济新常态下的PPP模式的发展

8.2.1 经济新常态的概念及特点

1. 经济新常态概念

经济新常态就是在经济结构对称态基础上的经济可持续发展，包括经济可持续稳增长。经济新常态是强调“调结构稳增长”的经济，而不是总量经济，着眼于经济结构的对称态及在对称态基础上的可持续发展，而不仅仅是GDP、人均GDP增长与经济规模最大化。因此，经济新常态就是用增长促发展，用发展促增长。

经济新常态的三个特点是：“速度——从高速增长转为中高速增长；结构——经济结构不断优化升级，第三产业消费需求逐步成为主体，城乡区域差距逐步缩小，居民收入占比上升，发展成果惠及更广大民众；动力——从要素驱动、投资驱动转向创新驱动”。

2. 经济新常态特点

（1）经济结构变化方面：高品质消费主导的新需求结构和提质增效升级的供给结构调整正在形成。具体表现：第一，投资结构呈现出总占比结构减少而内部结构升级的变化。在新常态下，投资对经济发展的关键作用在中长期不会改变，只不过投资导向由非民生性向民生性投资转变，即投资需求结构从重化工业、一般性基础设施和房地产转向现代农业、新型城镇化和棚户区改造等重大民生工程，更加注重高新技术研发创新和应用。第二，消费结构呈现出总占比结构增加的同时内部结构升级的变化。随着城乡居民人均实际收入增长和中等收入人群倍增，我国居民消费需求结构不断提升，显现出从低收入、低支出、低品质需求向相对的高收入、高支出、高品质需求转型，个性化、智能化、多样化消费将成为主流。第三，产业结构呈现出由劳动密集型产业向资金密集型和知识密集型产业转换。随着劳动力成本的上升、资金丰裕程度的提高和中国科技水平的进步，资金密集型和知识密集型产业成为新的增长点。第四，城乡和区域结构呈现出从失衡到趋于合理的变化。第五，外需结构呈现出总占比结构下降的变化。

（2）经济增长速度方面：增速下降成为必然。我国人口老龄化带来的劳动力投入的减少、资本投资效益的下降，以及受资源环境、技术水平以及劳动力等生产要素的制约，近年来经济增长率下降将成必然趋势，中国正在经历从旧常态下的“经济增长奇迹”到新常态下的“常规发展”的转变，未来经济增长速度将从原来10%左右的高速增长水平下降到7%左右的中高速水平，由原来的粗放型发展转向高质量、高效率的发展，把发展质量放首位，发展速度相对放缓。

（3）经济增长动力方面：创新驱动是关键。尽管在经济发展过程中仍然存在着新型城镇化及与此相关的工业化、信息化和农业现代化的红利，改革创新的红利，技术创新的红利，人才红利，经济全球化的红利五大动力，但创新驱动成为决定中国经济成败的关键已经得到普遍共识。创新驱动的本质是依靠技术创新，充分发挥技术创新对经济社会持续发展的引领作用，进而提升全球竞争力，改善生产结构和质量。随着我国科技水平越来越接近世界科技前沿，学习和模仿的可能性越来越低，要想技术进步，就不得不更多地依靠自主创新，依靠高素质的人力资本和自主研发投入。

（4）应对新常态的宏观调控方面：积极探索宏观调控新思维。具体表现在：第一，不同主体预期的调低。政府要调低对经济增长的预期，减少对 GDP 的依赖，为改革和结构调整预留空间，减轻资源环境的压力。企业要调低生产盈利的预期，不能简单地以规模扩张来实现盈利，而是强调技术进步的核心动力。而民众则要调低对投资收益的预期。第二，宏观政策体系的调整。注重需求管理与供给管理的统一是经济新常态下宏观调控的重要原则。第三，体制机制的创新。宏观调控的内涵绝不仅仅局限在总量的收放，还要通过体制机制的创新，推动经济转型升级。

8.2.2 经济新常态 PPP 模式的发展现状

自改革开放以来，PPP 模式在国内得到大量推广。从时间维度上看，PPP 模式的发展历程可分为探索、试点、推进、反复和推广五个阶段。

为转变经济增长方式、化解地方政府债务风险、治理环境问题等，近年来国务院及相关部委陆续出台一系列政策文件，大力推广 PPP 模式，地方政府也积极推介各种 PPP 项目。在未来很长一段时期内，PPP 模式将在我国基础设施和公共服务供给等领域占主导地位。

在经济新常态的大环境下，新常态为 PPP 模式进行投融资项目开发注入了“新血液”。新常态下中国经济结构正在发生深刻变化，以新的思维调动市场经济，优化现代环境，来激发企业与社会的能动性。近年来，全国各地开展的 PPP 项目，覆盖了体育、社会保障、医疗卫生、生态建设和环境保护、水利建设、片区开发、文化、教育、科技、保障性安居工程、旅游、市政工程、养老、林业、农业、能源、交通运输、政府基础设施和其他行业等。PPP 模式在基础公共设施建设的投资中发挥着重要的作用。具体数据见图 8-1。该数据来源于全国 PPP 综合信息平台。

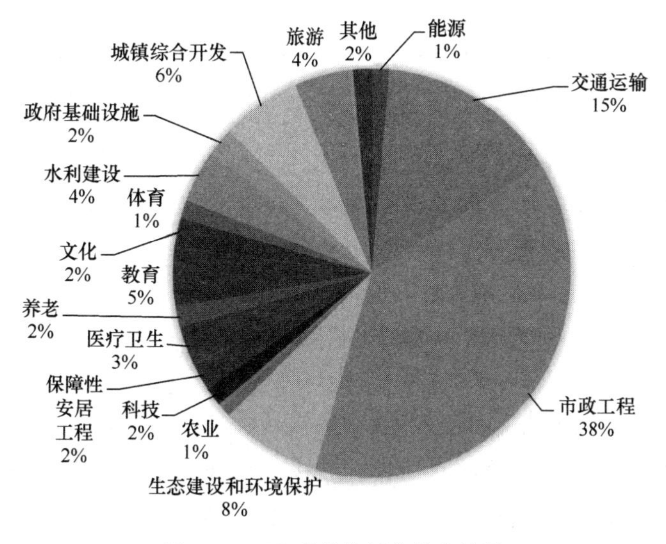

图 8-1 PPP 项目数行业分布情况

按地域分布统计，贵州、湖南、云南、四川、山东居项目投资金额前五名；山东、贵州、湖南、河南、四川居项目数前五名。从投资额和 PPP 项目数上看，边远地区和经济次发达省份更加重视 PPP 模式的项目融资；相反，在经济较发达、财政资金宽裕的地区，PPP 项目较少。具体数据见图 8-2、图 8-3。该数据同样来源于全国 PPP 综合信息平台。

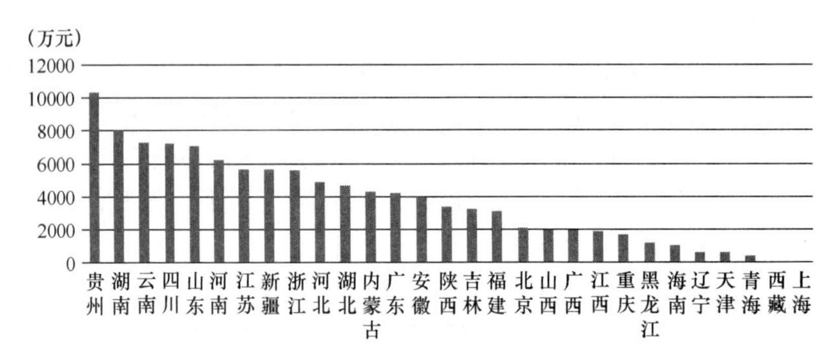

图 8-2　PPP 项目投资地域分布情况

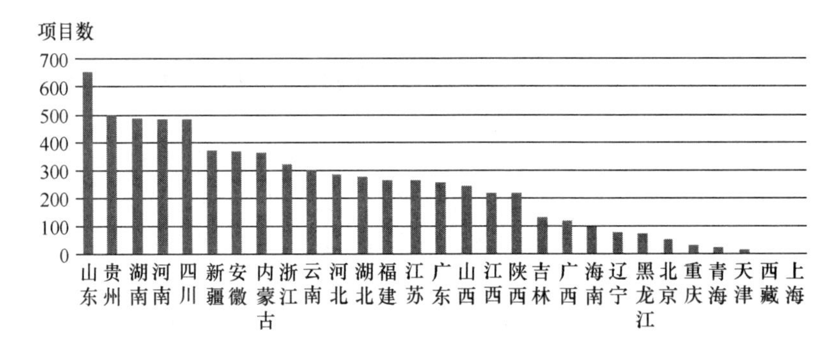

图 8-3　PPP 项目数地域分布情况

8.2.3　新常态下 PPP 模式的发展机遇

按照相关文件，PPP 模式（Private-Public-Partnership），是公共服务供给机制的重大创新，即政府采取竞争性方式择优选择具有投资、运营管理能力的社会资本，双方按照平等协商原则订立合同，明确责权利关系，由社会资本提供公共服务，政府依据公共服务绩效评价结果向社会资本支付相应对价，保证社会资本获得合理收益。在今天中国经济社会发展进入新常态的大环境下，有必要认准机遇、把握机遇，更好地运用 PPP 模式推进新型城镇化，为促进经济社会全面协调可持续发展发挥更大作用。

1. 新常态为 PPP 模式进行投融资开发注入了新动力

新常态不是不要发展，而是要实现健康、持续、中高速的发展。全国仅新型城镇化建设就需要大量资金支持。多年来，中国地方政府主要通过成立融资平台等方式进行市政建设，这种模式的弊端是债务规模较高，目前宏观形势下政府财力已难以为继。新常态要创新宏观调控思路和方式，以改革开路，充分发挥市场的决定性作用，激发企业和社会活力。为此，通过 PPP 模式，吸引社会资本参与城镇化建设，将有助于形成多元化、可持续的资金投入机制，减缓地方政府的财政压力，使政府在实施项目与平衡财政预算方面更加游刃有余，大幅增强其投融资能力。

2. 新常态为 PPP 模式进入公共产品和服务领域创造了条件

近年来，中国出台了一系列政策如定向降准、结构性减税、扩大信息体育文化消费等，以及在基础设施领域推出一批鼓励社会资本参与的项目，这些都将为改变长期以来中国公共服务供给存在的“两多两少”创造新动力。“两多两少”即自上而下的指令多，自下而上、反映城市居民生活需求的公共服务提供少；基础设施建设类公共产品多，民生保障类公共产品少。PPP 模式具有很多优点，包括：有利于提高效率和降低工程造价，消除项目完工风险和资金风险；能够将地方政府的战略制定、社会管理、市场监管等职责与社会资本的管理能力、运营效率、技术创新等优势有机结合起来；由于政府也承担了一部分风险，使风险分配更合理，减少了在建商与投资商风险；有利于发挥市场在资源配置中的决定性作用，降低公共服务成本，提升公共服务效率，增强公共服务供给与居民需求的匹配性。因此，PPP 模式受到地方政府的广泛重视。

3. 新常态将为 PPP 模式分散公共产品和服务供给的各类风险发挥作用

伴随着经济增速下降，各类隐性风险逐渐显性化，如何有效地管控、化解风险，成为地方政府的当务之急。同样，企业等社会经济组织在可能的风险面前，也希望有类似政府这样稳定、可靠的合作伙伴。PPP 模式通过科学的风险分担机制，可以将公共产品供给过程中出现的不同风险分配给最有能力承受此风险的一方，从而分散和降低整体风险。

4. 新常态将催化 PPP 模式作为政府治理方式转变“助力器”的角色

在新常态下，中国政府全面深化改革，大力简政放权，市场活力将进一步释放。改革要求放开政府“有形的手”，用好市场“无形的手”。政府治理方式转变，从根本上说就是向改革要动力，向结构调整增助力，向民生改善增潜力，就是要政府回归其提供公共服务等本来职能；同时，大幅度减少审批事项，减少对微观经济活动的直接干预，让政府和市场各司其职，让市场主体真正自主发挥作用。面对这样一种形势，在推广 PPP 模式的过程中，一方面地方政府应树立“一次承诺、分期兑现、定期调整”等理念；另一方面要形成与社会资本的良性互动合作机制，政府由运动员兼裁判员转变为专注裁判员角色，减少政府对微观事务的管控，最大限度地退出经济利益环节，减少个别公职人员权力寻租的空间和机会，以利于提高政府的公共治理水平，建立廉洁高效的政府形象，构筑新型的政企关系和政民关系。

8.2.4 新常态下 PPP 模式发展存在的问题

PPP 模式是一种公共部门与社会资本合作的模式，它可以缓解基础设施建设资金紧张现象，是一种双赢或多赢的合作模式。推进 PPP 模式在我国的应用需要具备一定的内外部条件，如强有力的政府支持和监管、清晰完善的法律法规体系、健全的信用体系和财务制度、专业化的机构和人才的支持等。综合考虑这些因素，我们从公共部门和社会资本两个角度来分析我国推进 PPP 模式存在的问题及原因。

1. 公共部门

(1) PPP 模式应用法律体系不完善

从国外 PPP 模式实践来看，PPP 模式的有效运行需要一个良好的社会法制环境来保障。目前，我国 PPP 模式的运作缺乏国家法律法规层面的支持，PPP 法律的制定仍在进行中。目前 PPP 项目的管理仍参照《中华人民共和国政府采购法》《中华人民共和国招标投标法》等，但这些法律没有全面地涉及 PPP 项目建设中可能发生的各种问题。PPP 模式主要应用在公共基础设施建设方面，公共基础设施由于自身的非排他性和自然垄断性，决定了其“非市场性”特征，因此公共基础设施建设应由政府介入，以满足公众和社会发展的需要。需要国家出台规范全面的法律政策，明确规定政府和私人部门的权利和义务，以确保合作双方的利益。同时，PPP 项目的运作需要清晰、完善的法律和法规制度予以保障，需要在项目设计、融资、运营、管理和维护等各个阶段对政府部门和企业各自需承担的责任、义务和风险进行明确界定，保护合作双方的利益，提供优质的公共服务。

（2）契约精神薄弱

PPP 项目的全过程都是通过合约对项目进行约束，因此 PPP 项目的顺利完成需要在整个建设周期注重契约精神。但政府部门一直处于主导地位、权威地位，对于契约精神认识不足。在传统的基础设施建设过程中，我国各级政府面临地方债务压力较大、信用环境差等问题，尤其是面临政府换届、重大政策调整时。

（3）公共利益受损

PPP 模式下，由于有些政府官员缺乏必要的专业知识、技能和科学的评估方法，或沿用老的管理方法来管理，容易出现决策失误，使国有资产直接流失，或者由于过低的估价和决策失误而间接流失。另外，政府与社会资本合作过程中也会使国有资产损失，包括政府财政直接损失和国有企业亏损。PPP 模式中，政府部门更加关注自身的财政压力与投资方向，会尽可能甩掉自身所需承担的责任，导致政府部门在某些领域的责任缺失，造成政府角色的缺位和错位，侵蚀公共利益。

（4）PPP 项目价格形成机制不合理

近年来，PPP 模式在我国应用不断探索前进，虽然有效克服了政府部门垄断供给下的一些缺陷，但在运营过程中，价格形成机制存在很大问题。由于公用事业及其基础设施和服务具有非排他性、正外部性、非竞争性及自然垄断等特点，只靠市场无法形成合理的价格，必须由市场和政府共同决定。成本定价法和投资回报率法是两种传统的定价法，存在很大的局限，成本利润率和投资回报率的标准难以确定、信息不对称、风险分担不公平以及价格构成中政府收费和税费混淆，使得政府监管不便，更为涨价创造条件。政府在选择社会资本合作时，通常没有进行公开招标，或者招标时没有明确标准的标底，由承担合作的社会资本进行定价，此时的价格是个别企业成本价格而不是行业的平均成本价格。

（5）政府监管力度把握不准

目前，我国是市场机制的过渡时期，市场准入控制不足，使得某些公共服务项目参与经营的社会资本数量过多、竞争混乱、服务水平参差不齐。由于政府的监管力度不够或者由于腐败现象滋生，使得政府部门对公共服务价格和服务监管不足，导致乱收费和高收费，致使某些私营部门获取大额利润，最终损害公众利益。与此同时，在一些公共服务领域，政府在投资方面的监管过多，造成权力寻租活动猖獗，经济活动成本被人为加大，而政府各部门和各层级之间职责界定及分工的模糊使得在某些公共服务项目上的监管活动较为混乱，增加了社会资本投资的风险。

2. 社会资本

（1）法律法规不完善

依据我国目前 PPP 项目的现状，社会资本进入城镇基础设施投资缺乏完善的法律保障。由于我国没有清晰和完善的关于 PPP 模式的具体法律条文，使得目前存在股权转让与特许经营管理条例的矛盾。投资收益率没有明确法律规定或指导意见，造成投资商面临投资法律风险。同时，法律与政策法规之间的一致性问题、中央政府政策法规与地方政府政策法规的一致性问题制约社会资本参与 PPP 模式。比如，现行的《招标投标法》基于工程采购的特性而设立，禁止对标书上的条款、条件等作出实质性的修改，同时也禁止评标完成之后任何形式的谈判和协商，灵活性的缺乏使得 PPP 结构的优势不能发挥和利用。

（2）政府违约风险存在

城镇基础设施特许经营项目投资资金量大、投资利润较低、投资回报渠道比较单一、投资回报周期长，企业的大部分或全部投资回报资金来源于政府财政支付，一旦政府出现支付违约，企业便无法支持，陷入困境，特别是中小型企业，很容易出现资金链断裂的严重危机。由于中国长期以来的官本位思想严重，政府部门一直处于绝对领导的地位，虽然 PPP 模式作为市场化的运作模式引进社会资本，但是政府在其中的作用仍然很明显。在社会资本看来，与政府部门的合作，社会资本仍处于弱势地位，难以保障其自主经营的权利。特别是部分政府官员主要强调企业的社会责任和义务，而忽略企业盈利的重要性，违背了社会发展的市场规律。用政治需要代替发展规律，以行政命令代替经济合同，严重脱离市场发展规律，使社会资本难以遵循市场经济规律作出决策。

（3）市场准入障碍

由于长期以来的政府因素影响，城镇基础设施行业壁垒尚未打破，城镇道路、水利等还是以财政投资为主，民间资本准入制度严格，行业进入阻力大。特别是轨道交通领域，民营资本相对规模小、融资能力差，缺乏相应的运营经验和运营实力，缺乏竞争力，短期内难以进入。在城镇基础设施建设方面引入 PPP 模式，对社会资本开放基础设施建设领域，但能够获得进入资格的企业都是在政府部门有良好的合作经验的企业，基础设施建设领域的市场准入障碍还是无形的存在。

（4）审批程序复杂

PPP 项目的立项必须面对复杂而耗时的许可和审批过程，在这个过程中牵涉到不同层级的多个政府部门，投资者需要与众多的政府部门官员交涉、磋商甚至谈判。但是长期以来，政府部门的办事效率都不高，存在较多的不确定因素，影响到审批程序的办理。由于不同政府部门对项目审批的要求不同，社会资本要获得 PPP 项目的审批将耗费大量的时间和精力，降低项目的运行效率，不能实现理想化的高效运作。

（5）专业化机构和专业人才缺乏

PPP 模式的运作是采用项目特许经营权方式来进行项目融资，它需要复杂的法律、财务和金融等方面的知识。一方面要求政策制定参与方制定标准化、规范化的 PPP 交易流程，对项目的运作提供技术指导和相关政策支持；另一方面需要专业化的融资服务机构提供具体专业化的服务。由于 PPP 模式在中国应用比较晚，很多条件都不成熟，特别是在一些二、三线城市，许多政府和企业对 PPP 模式认识不足。PPP 项目是一种新型的公共基础设施建设模式，更谈不上有专业机构和专业人才来促使 PPP 项目有效运行，在许多 PPP 项目建设中明显感觉到经验不足和相关知识的匮乏。

（6）风险共担原则缺乏

PPP 项目能否成功运作的关键因素是风险的预测、管理和合理的风险分担机制。每一个 PPP 项目都面临一系列系统性风险及临时性风险，如政策法规及法律的频繁调整和变动、经济结构的调整等因素，使得企业预测 PPP 项目的风险更加困难。由于 PPP 模式在中国的应用尚未成熟，仍有许多不足之处，特别在风险预测与管理方面，对风险缺乏事前充分的认识、论证以及风险管理经验的缺乏和合同中的责任不清，很容易使 PPP 项目陷入困境。同时，在风险分担方面，政府习惯把某一项目授权给私人投资者时连同政府的责任一同推卸掉，而风险分配的不均衡导致私人投资者的总体风险增加，并最终导致成本增加。

（7）融资困难

就目前中国的情况而言，基础设施与社会公共服务领域投资规模大、期限长，使PPP项目对中长期融资需求强烈。但是，金融机构对提供中长期贷款兴致不高，特别是随着利率市场化的深入，金融机构对中长期贷款的风险进行规避，不愿意为PPP项目提供中长期融资。虽然金融机构有兴趣参与PPP项目建设，但由于PPP项目风险大、周期长，因此对于PPP项目的中长期融资约束条件更多，导致PPP项目融资难问题进一步凸显。

8.2.5 新常态下PPP模式发展对策建议

在新常态下推动PPP模式，既有机遇也有挑战，总的来看是机遇大于挑战。怎样正视问题，把握机遇，更好地发挥PPP模式在地方经济社会现代化进程中的作用，需要分析研究新的对策。

1. 建立契约制度强化政府部门的契约精神

通过建立完善的契约制度，对政府部门的职责进行明确规定，并且明确规定政府部门违约行为的判定依据，制定不同程度的违约惩罚，惩罚措施直接影响到相关政府部门及负责人。这是对政府部门和政府工作人员的鞭策和监督。此外，将政府部门的违约情况纳入政府部门的年度工作情况考核，由上级政府部门对其进行管理，政府部门的契约精神将成为政府部门的考核指标之一。同时，政府部门定期将PPP项目进展情况向社会公众报告，由社会公众对其进行监督。

2. 完善具体可操作的PPP投融资管理法律法规

PPP模式是一种合同式的项目投融资和管理方式，它的有效运作需要一套完善的法律条文和政策作为依据来确保项目参与各方的谈判有章可循，政府建立和完善相关的法律法规能促使PPP项目更好地与国际接轨。PPP投融资管理法律法规应在保障政府权力的同时增加投资方资金投入的信心并降低PPP项目的风险和成本。因此，PPP项目管理条例的颁布非常必要。PPP项目管理条例基本框架应包括：PPP模式的适用范围、设立程序、招投标和评标程序、特许权协议、风险分担、权利与义务、监督与管理以及争议解决方式和适用法律等，最关键的在于具体操作方面应明确规范。

3. 转化角色制定标准化的PPP项目审批程序

PPP模式离不开政府的积极推动，其中政府角色转化和简化PPP项目审批程序是PPP模式能否广泛推广应用的关键因素。PPP投融资模式与传统模式相比，政府应该由过去在公共基础设施建设中的主导角色，变为与私人部门一起合作并监督项目完成的角色。在这个过程中，政府应对公共基础设施建设的投融资体制进行改革，对管理制度进行创新，以便更好地发挥监督、指导及合作者的作用。政府通过制定有效的政策和措施，促进国内外投资者参加我国基础设施的投资，并形成利用共享和风险共担的政府和私人资本的合作模式。随着政府角色的转变，政府将成为PPP项目的组织者和促进者。同时，应简化PPP项目的审批程序，吸引社会资本参与。建议由中央政府的监管机构建立公私合作制项目的审批程序和操作程序，各地方PPP项目的开发参照这一程序，这些标准程序应通过项目经济状况、投资效益指标等来评估其合理性和可行性。一旦建立了标准程序，每个公私合作制项目都必须遵从这些程序，任何未通过此程序或是未采用程序中所要求标准的项目都不应获得批准。

4. 加大对社会资本的政策支持

在目前的经济环境下，无论是从基础设施的发展阶段还是从地方政府融资平台出现的问题考虑，引进社会资本都是非常必要的，这就需要政府加大对社会资本的政策支持。第一，在融资方面给予社会资本的政策支持。调整银行的信贷评价体系，使私营企业与国有企业具有一样的平等地位；对于参与 PPP 项目的企业，政府可以给予贴息、担保及其他措施，提高社会资本的融资能力；鼓励银行对 PPP 项目实行贷款开放，银行建立和完善为社会资本服务的金融组织体系及提供社会资本的融资协调服务等。第二，地方政府在同等条件下优先选择社会资本。政府在加强监管的同时，应有意识地引入社会资本，选择综合实力较强的企业。第三，政府在征地、税收方面给予社会资本优惠政策等一系列措施。只有加大对社会资本的政策支持，才能充分调动社会资本的积极性。第四，政府设立专项资金用于支持和鼓励 PPP 项目的开展，运用财政资金的引导作用，通过财政资金支持撬动大规模的社会资本，吸引社会资本积极参加 PPP 项目。

5. 加强识别 PPP 项目融资风险和制定风险分担机制

英国等国家成功经验表明，PPP 项目的核心是风险分担机制。在 PPP 项目中，对于投资者而言，他们最关心的问题是如何规避风险，只有具备合理的风险分担机制才能吸引足够的资金参与到基础设施建设中来。PPP 项目面临着许多的风险，包括不可抗力风险和一般风险。要保证 PPP 项目的顺利实施，要求我们在具体项目中加强对风险的识别，并确定风险分担机制，以确保 PPP 项目的顺利进行。根据国内外 BOT、BOO 等项目建设的经验，结合 PPP 模式的特征，对 PPP 模式运行过程中可能面临的风险进行总结，并深入分析风险产生的原因，制定 PPP 模式的风险对照表，为政府和社会资本在进行 PPP 项目时提供参考，强化风险识别能力。根据承担风险的能力分配风险，政府对于政策变化的把握和掌控能力强，则应承担政策风险；社会资本具有较强的经营管理能力，则应承担运营风险；而对于不可抗力的风险，则应根据风险发生的实际情况由政府和社会资本共同承担。虽然 PPP 项目合同条款对风险承担进行分配，但仍需谨记政府是基础设施的最终所有者也是风险的最终承担者。同时，政府与社会资本合作组建项目公司，政府作为公司的股东，项目的实施状况直接影响到政府的利益，在遇到困难时将会主动帮助企业协调解决，有效为企业分担一定的风险。

6. 创建科学的价格形成和财政补贴机制

价格制定既要尽可能减少政府的财政支出，又要保证社会资本的收益，经过政府和社会资本双方的博弈最终确定恰当的价格。因此，在制定价格时，各级政府和有关部门应通过建立定期审价制度等方式，加强成本监控，健全公共服务价格调整机制，完善价格决策听证制度。既形成社会资本长期稳定的投资回报预期，又坚决维护公共利益。对社会效益较好，但经济效益较差、难以维持成本支出的项目，在综合考虑产品或服务价格、建造成本、运营管理费用、财政中长期承受能力等因素的基础上，合理提供财政补贴，并探索建立动态补贴机制，以保证财政支出的稳定。

7. 成立创新性融资平台解决融资难问题

目前，融资难问题是 PPP 项目实施的重大障碍之一。政府可建立创新性融资平台，联合各级政府拓宽融资渠道，吸引社会资本，引导非财政资金投入，降低融资成本，优化债务结构。“PPP＋P2G”这一模式则是有效的解决方式。“PPP＋P2G”是指将政府与社会资本合作与互联网金融模式中的P2G结合起来。P2G是通过搭建中间桥梁将民间资本与政府基建项目联系起来，提供高效率、低成本的资产撮合交易。“PPP＋P2G”将PPP项目设计成P2G产品，充分发挥PPP项目运作过程中规范透明、风险控制措施严格、收益稳定等优势，吸引投资高风险P2P产品的民间资金进入。“PPP＋P2G”既能有效地解决政府融资难的问题，又能有效防控网络借贷行业的风险，并且还能使民众分享政府基建所带来的长期稳定的投资收益。

8. 设立PPP项目专业管理机构并提供技术支持

PPP项目一般复杂耗时，市场不稳定，这就要求政府设置一个专门负责PPP项目设计、开发、监督和管理的机构。它在减少PPP项目风险的同时也提高资金使用效率并保证PPP项目的有效运作，而且也是政府保证社会资本提供的公共服务和产品的质量和价格的手段。但这样一个机构的设置需要政府基础设施建设的主管部门、相关部门以及行业主管部门之间的相互沟通和协调，并且保证该管理机构的持续有效运行，发挥其监督和管理作用，进一步降低政府信用风险的产生。为确保PPP项目的完成，需要相关的技术支持。在技术支持上，一方面中央政府应建立和完善PPP项目的操作程序及实施细则，另一方面需要加强项目的可行性研究和项目评估，对可行性研究报告及项目评估报告提出规范化的标准，严格规定项目评估内容，这是项目风险防范的重要措施。同时，管理机构可运用大数据的优势，对PPP项目进行全程的网络化监管，并建立专业的网络平台，提供项目信息及披露在建项目的情况。

9. 加快培养PPP项目投融资专业人才

由于PPP项目的运作比较复杂，涉及法律、金融、财务和管理等方面知识，需要培养专业的PPP项目管理人才。应采取PPP相关专业知识的培训、实际案例考察等手段培养政府所需要的PPP官员及人才。同时，制定规范化、标准化的PPP操作流程并对项目的运作提供技术指导和相关政策支持，建立专业化的中介机构。PPP模式的实施是一个理论与实践相结合的过程，它的操作复杂，涉及招标、谈判、融资、管理等许多程序，这就需要有专业性强的人才。懂得金融、财务、合同管理、法律和专业技术方面的人才是确保PPP项目顺利建设和实施的关键，所以我们要加强复合型人才的培养，增加投资者的投资信心，确保项目高效完成。一方面，可以派遣优秀人才去国外学习先进理论和成功经验，提高我国PPP模式的研究和发展水平；另一方面，要积极加强教育和培养，提高我国本土人才的数量和质量。

8.3 PPP模式与实践要点

8.3.1 PPP模式在中国的实践

自2014年以来，国家有关部门和各级地方政府陆续出台了上百个文件，在交通、环保、医疗、养老等公共服务领域大力推广政府和社会资本合作（PPP）模式。PPP模式在我国受到了前所未有的关注。

国家新型城镇化战略全面推动了城乡相关产业的发展，产生了巨大的产业需求和市场机会。新城的开发建设，往往可以直接或间接拉动30多个相关产业的发展，因此也带来对居住、商务、办公、医疗、环保、交通、基础设施等资源的巨大市场需求，这为PPP模式提供了广阔的市场拓展空间。在推进新型城镇化过程中，地方政府诉求主要集中于新城开发、经济发展、产业引进和升级、增加就业和税收、满足公众对公共产品需求等公共领域。而社会资本的能力则聚焦于区域整体规划与开发能力、产业整合与招商能力、大规模资本运作能力、高品质的质量管理输出能力等市场化运作能力。

本节内容选取了在中国实施的PPP项目中具有代表性、示范性的28个典型案例，同时列出了这些项目成功或失败的主要原因，表8-1为这些案例的基本情况，这些项目主要来自我国实行PPP模式的主流领域，包括了供水、污水处理、高速公路、隧道、桥梁和电厂等。

中国实施的PPP模式典型案例及结果分析 **表8-1**

项目名称	项目失败/成功主要原因	结果
泉州刺桐大桥项目	政府契约不完备，出现竞争性项目，风险分担不合理，缺乏有效的价格调整机制	政府回购
延安东路隧道复线	法律政策不完善，风险分配不合理，城市建设附加费征收高，致使项目公司财政负担过重	政府回购
深圳梧桐山隧道	稳定经济政治环境，交通量拥挤，收费标准过高	未实现VFM
鑫源闽江四桥	政府信用低，项目规划不合理、唯一性无法保证，后续的市场收益不足	政府回购
广州西朗污水处理厂项目	政府信誉好，严格监管实施过程，投融资结构新颖合理，管理能力强	项目顺利运营
华山服务区项目	缺乏有效监管机制，项目公司经营管理能力薄弱，提供项目质量不达标，公众反对	政府回购
长春汇津污水处理厂项目	政府信用风险，排水公司拖欠合作公司污水处理费	政府回购
杭州湾跨海大桥项目	项目公司财务能力差，资本金不到位，通车后项目收益不足，还款压力巨大	转移管理及人事
北京第十水厂	审批延长，政府决策冗长，公众利益受损引起反对	主要投资者撤资
渭河三号大桥	PPP模式的适用性差，服务质量并没有达到预先的标准，交通堵塞引起民众的反对	政府回购
国家体育场PPP项目	资金缺乏，股东间存在产权争执，民众质疑其公益性，经营管理不善，项目盈利性减低	未实现VFM
北京地铁4号线项目	政府监管合理，合适的PPP投融资结构与运作方式，合理收益动态分配及调整机制	项目顺利运营
合肥市王小郢污水处理厂	政府规范运作，项目结构及合同条款合理，投资者践行契约精神	项目顺利运营
南京长江隧道	交通量不足，收费过高，公众不满	政府回购
上海老港生活垃圾处理场扩建工程	政府监管合理，风险合理分担，项目公司和政府建立了较好的合作机制	项目顺利运营

续表

项目名称	项目失败/成功主要原因	结果
苏州市静脉园垃圾焚烧发电项目	政府体制健全、监管合理、资金扶持到位，合作企业具有较强的项目实施能力	项目顺利运营
青岛威立雅污水处理厂	政府决策过程冗长，政府失信、频繁转变态度，企业因追求利益危害了公众用水安全	限于困境
张家界杨家溪污水处理厂	政府和社会资本合作稳妥推进，社会资本提前介入，合理的风险分担机制和收益分享机制	项目顺利运营
重庆涪陵至丰都高速公路	项目采用 PPP 模式的适用性好，PPP 投融资结构与运作方式选择合理	项目顺利运营
酒泉热电联产集中供热项目	政府制度健全，讲信用、合作过程公开透明，项目唯一性、定价合理、合理分担风险	项目顺利运营
江西峡江水利枢纽工程项目	投资主体能力强，合理的管理机制，资金有保障，合同规范、明确权责利关系	项目顺利运营
深圳大运中心项目	政府监管合理、财政支持，合作企业专业性强、管理能力好，运营考核机制完善	项目顺利运营
天津市北水公司部分股权转让项目	政府协调能力和管理能力较强，项目公开透明，保障各方利益，提高效率	项目顺利运营
天津于家堡金融区供冷中心项目	政府监管合理、对项目资金扶持力度大，合作的外企实力强，规划合理	项目顺利运营
深圳市龙珠八路保障性廉租房项目	政府支持力度大，合作单位财务状况良好，有较强的管理技术和管理水平	项目顺利运营
池州污水厂网一体项目	政府信用高、监管严格，投资人采购标准严格，回报机制合理	项目顺利运营
安庆市外环北路工程项目	政府监管合理，政府与合作企业能够履行契约，回报机制合理	项目顺利运营
济青高铁项目	政府信用好，PPP 模式的适用性好，风险分担合理，良好的收益动态分配及调整机制	项目顺利运营

通过对表 8-1 中 28 个案例成功或失败原因的汇总分析发现，一个项目的成功或失败是多个影响因素综合作用的结果。因此，通过对前述案例的深入分析，并结合国内外学术文献资料，下面将归纳 PPP 模式的实践要点。

8.3.2 PPP 模式的实践要点

1. 成熟的制度环境与体制

PPP 模式相比传统建设模式复杂性更高，涉及财政、招投标、投融资管理和公共服务等多方面的工作，无论是 PPP 模式的投融资结构，还是参与者在融资结构中的地位、权利、责任及义务都是通过一系列法律文件规定的，需要有针对 PPP 模式的专门规定和相互协调的政策规章进行指导。因此，成熟的制度环境与体制对 PPP 项目的实施起到关键作用。首先，较为完善的法律政策环境对增强国内外投资者的信心至关重要。然而，包括中国在内的许多发展中国家针对 PPP 模式的相关政策法律不完善、不连续，不仅缺乏国家层面的立法，而且地方和部门制定的法规大多法律效力较低，可实施性差，使得投资者面临潜在威胁。延安东路隧道复线项目被提前回购，正是因为有关交通基础设施 PPP 项目法律法规的缺失。其次，PPP 项目的准备及招投标阶段的监管极为重要，而我国目前还缺乏有效的监管机制，监管主体繁多，监管权力分散，缺少协调性，监管人员也缺乏与 PPP 项目相关的知识和技能。华山服务区项目因缺乏有效监管，使得被吊销营业执照的投资方也能参与 PPP 项目，致使出现项目质量不合格、引起公众反对等问题，最终由政府接管。而广州西朗污水处理厂项目、北京地铁 4 号线项目、上海老港生活垃圾处理场扩建工程、苏州市静脉园垃圾焚烧发电项目及深圳大运中心项目等项目之所以成功，与当地政府的有效监管是密不可分的。最后，鉴于 PPP 项目合同的长期性，政府建立完善的定价与调价机制也是 PPP 项目运作成功必不可少的，确保企业与公众的共同满意。泉州刺桐大桥项目正是由于缺乏有效的价格调整机制，高额投资回报率与政府和社会公众的利益形成了矛盾，最终导致政府回购。而北京地铁 4 号线、张家界杨家溪污水处理厂和济青高铁等成功项目，都有着良好的收益动态分配及调整机制。

2. 健全的金融体系

在 PPP 模式运作过程中，健全的金融体系起到十分关键的作用。国际上通行的 PPP 模式融资方式是项目融资，与传统公司融资不同，它是以项目未来收益作为贷款偿还的主要资金来源，项目发起人只承担有限追索权。对项目融资者来说，灵活巧妙地安排资金构成比例、选择适当的资金形式及投资退出渠道有重要意义。而我国现行的融资体系尚存在诸多无法匹配 PPP 项目融资需求的问题，包括：一是缺乏项目融资支持。在我国只有较少的金融机构能为项目提供贷款，且与项目融资相适应的保险、担保等支持政策也欠缺。二是项目融资缺乏多样化手段。由于我国金融市场发育还不充分、资产运作水平有限和较严的金融管制等，目前我国 PPP 项目通过战略投资者入股、发行股票和成立私募基金等权益性融资方式筹集资金的比例不高，主要依靠银行贷款。三是 PPP 项目建设周期长、投资回收慢，融资所需的中长期资金来源不多。四是投资的退出渠道不能满足社会投资者适时退出投资的需求。我国当前 PPP 项目投资退出缺乏完整、规范的制度，致使审批周期长，加之受多种因素影响，相关退出平台发展滞后，一定程度上制约了 PPP 项目投资者参与的积极性。

3. 政府及合作企业的信用

PPP 模式的成功很大程度上取决于法治政府、诚信政府的建设。政府失信是社会资本最大的不确定性来源，给 PPP 项目带来直接或间接的危害。有调研发现，在以往 PPP 项目执行过程中，有的地方政府以财政困难、换届或规划变更等为理由不履行合同约定的现象较普遍；也有的地方政府因经验欠缺，签署的合同条款不合理，事后发现无法履行而被迫违约。对待地方政府的不诚信行为，尽管企业依据合同和相关法律法规可以提起诉讼，但大多考虑到未来的合作或法律程序冗长而放弃。例如，长春汇津污水处理厂项目，由于代表政府的长春市排水公司在项目运营 3 年后停止向合作企业支付污水处理费，在走法律程序未果的情况下，项目以长春市政府回购而结束。鑫源闽江四桥、青岛威立雅污水处理厂的失败，也与当地政府信用低有很大的关系。而池州污水厂网一体项目、济青高铁项目和广州西朗污水处理厂项目等之所以成功，主要原因之一是政府信用高，有很强的契约精神。

因此，政府应建立PPP项目监管体系。首先，建立科学的综合评价体系，各级政府要建立政府、公众共同参与的综合性评价体系，尤其要重视第三方评估的力量。有关部门要加强PPP项目质量监管，提高公共产品和公共服务供给能力与效率。建立公开、公平、公正的PPP项目信息发布机制，保证PPP项目信息的及时性和准确性。其次，建立绩效管理机制。要建立全面的项目生命周期绩效管理机制，包括项目前绩效目标设定、项目中绩效跟踪和项目后绩效评价，将政府付费、使用者付费与绩效评价挂钩，并将评价结果作为调价的重要依据之一，以维护公共利益。再者，建立监督评价机制，要积极调动社会公众、新闻媒体、新媒体等社会力量对PPP项目进行监督与评价，提高政府对PPP项目信息获取的准确性，形成政府、市场和社会共同参与PPP项目监管的局面。最后，建立财政补贴机制。在PPP项目实施过程中，社会资本承担的风险要有上限，一旦超过上限，政府要立即启动补贴或调节（调价）机制。对收入不能覆盖成本和收益，但社会效益较好的PPP项目，政府可根据项目收益和市场需求给予适当补贴，以保证PPP项目运营的后续收益。财政补贴要以项目运营绩效评价结果为主要依据，综合考虑产品价值或服务质量、建造成本、运营费用、实际收益率、财政中长期承受能力等因素。

合作企业良好的信誉对严格履行PPP项目合同条款，提供保障公众利益、符合公众需求的基础设施产品至关重要。由于PPP项目涉及公共服务，地方政府无法承担项目中断的后果，在与合作企业的博弈中处于被动地位。通过调查发现，部分项目的合作企业尤其是民营企业为了达到中标目的，往往在PPP项目招标中以超低的价格参与项目的竞标，中标后，为了获得较高报酬再以各种理由提价或偷工减料，致使项目质量无法保证，甚至在预期目标不能实现的情况下，以拖延施工或干脆退出相威胁。因此，合作企业信用高也是确保PPP项目成功的关键因素之一，如安庆市外环北路工程项目、合肥市王小郢污水处理厂项目的成功，都离不开合作企业较高的信用。

4. 合理的投融资结构

由于不同项目的特点、建设成本、运营收入等因素存在差异，创造性地选择最合适的PPP投融资结构与运作方式，是确保PPP项目运作成功的关键。目前，收购股权或收购资产、投融资建设、经营管理和按需求提供服务是我国PPP模式下社会资本的4种常见投入类型，不同社会资本投入类型意味着参与PPP的深度不同，进而对项目产权的拥有程度及参与运作的方式也不相同。运作方式归纳为股权方式、分工合作方式、特许经营方式和购买公共服务方式4种，不同运作方式的起源、政策支持与使用范围也不同。目前研究发现，相当一部分难以防范的项目风险与具体运作方式选择高度相关，其相关性体现为随着私有化程度的提高，民间实体承担的风险在逐渐增大，且随着运作方式选择的不同，风险转移的时机和程度也有差异。广州西朗污水处理厂项目、北京地铁4号线项目、重庆涪陵至丰都高速公路项目之所以成功，主要原因之一是都选择了合适的PPP投融资结构与运作方式。

5. 合理的风险分担机制

PPP项目各参与主体应依据对风险的控制力，承担相应的责任，不将风险过度转移至合作方。私营部门主要承担投融资、建设、运营和技术风险，应努力规避因自身经营管理能力不足所引发的项目风险，并承担大部分甚至全部管理职责。公共部门主要承担政策法规、标准调整变化的风险，尽可能大地承担自己有优势进行管控的伴生风险。禁止政府为项目固定回报及市场风险提供担保，防范将项目风险转换为政府债务风险。双方共同承担不可抗力风险，通过建立和完善正常、规范的风险管控和退出机制，发挥各自优势，加强风险管理，降低项目整体风险，确保项目成功。

PPP 项目必须以各方达成的平等合同作为基础进行运作。不需要公共部门和私营部门直接签订合同的项目运作模式，不属于 PPP 模式。PPP 项目合同中需要明确界定公共部门和私营部门之间的职能和责任，并以合理的方式明确各自的利益和风险。强调公共部门和私营部门之间要平等参与、诚实守信，按照合同办事。一切权利和义务均需要以合同或协议的方式予以呈现，使得 PPP 项目的合同谈判及签署显得尤为重要。根据项目特点，遵循“风险谁最有能力承担就由谁承担”的原则，设计合理的风险分配与分担机制是 PPP 项目投融资决策成功必不可少的因素。一般的 PPP 项目中，政府适合承担因法律、公共政策变更等带来的风险，而项目融资、建设、经营和技术等风险则适合社会资本承担。政府若为吸引社会资本承担过多的风险，会使私营部门获得无风险回报而增加政府支出压力，无法有效激励私营部门实现应用 PPP 的初衷；反之，政府若将过多的风险转嫁给私营部门致使超出其风险承受能力范围，则不利于公私双方合作关系的维系与可持续发展。例如，泉州刺桐大桥项目与延安东路隧道复线项目之所以失败，主要原因之一是缺乏合理的风险分担机制。

8.3.3 PPP 模式实践案例

1. 北京地铁 4 号线项目

(1) 项目概况

北京地铁 4 号线是北京市轨道交通路网中的主干线之一，南起丰台区南四环公益西桥，途经西城区，北至海淀区安河桥北，线路全长 28.2km，车站总数 24 座。4 号线工程概算总投资 153 亿元，于 2004 年 8 月正式开工，2009 年 9 月 28 日通车试运营，目前日均客流量已超过 100 万人次。

北京地铁 4 号线是我国城市轨道交通领域的首个 PPP 项目，该项目由北京市基础设施投资有限公司（简称“京投公司”）具体实施。2011 年，北京金准咨询有限责任公司和天津理工大学按国家发改委和北京市发改委要求，组成课题组对项目实施效果进行了专题评价研究。评价认为，北京地铁 4 号线项目顺应国家投资体制改革方向，在我国城市轨道交通领域首次探索和实施市场化 PPP 融资模式，有效缓解了当时北京市政府投资压力，实现了北京市轨道交通行业投资和运营主体多元化突破，形成同业激励的格局，促进了技术进步和管理水平、服务水平提升。从实际情况分析，4 号线应用 PPP 模式进行投资建设已取得阶段性成功，项目实施效果良好。

(2) 运作模式

1) 具体模式

4 号线工程投资建设分为 A、B 两个相对独立的部分：A 部分为洞体、车站等土建工程，投资额约为 107 亿元，约占项目总投资的 70%，由北京市政府国有独资企业京投公司成立的全资子公司 4 号线公司负责；B 部分为车辆、信号等设备部分，投资额约为 46 亿元，约占项目总投资的 30%，由 PPP 项目公司北京京港地铁有限公司（简称“京港地铁”）负责。京港地铁是由京投公司、香港地铁公司和首创集团按 2∶49∶49 的出资比例组建的。北京地铁 4 号线 PPP 模式如图 8-4 所示。

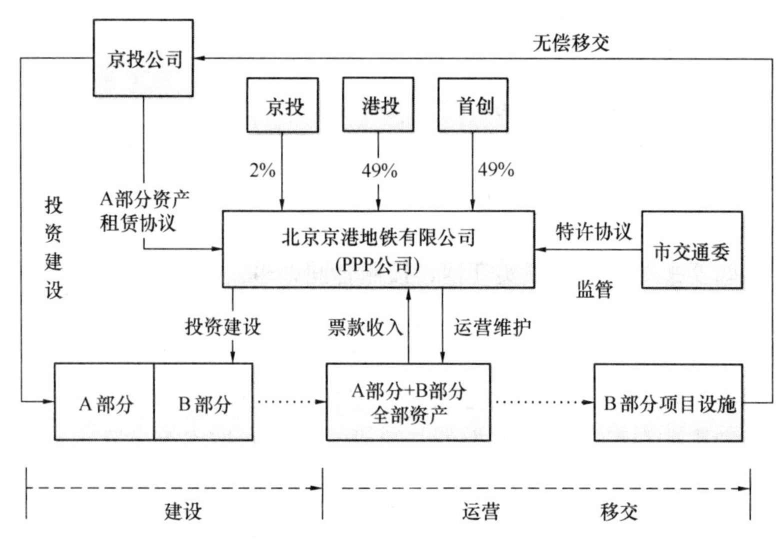

图 8-4 北京地铁 4 号线的 PPP 模式

4 号线项目竣工验收后，京港地铁通过租赁取得 4 号线公司的 A 部分资产的使用权。京港地铁负责 4 号线的运营管理、全部设施（包括 A 和 B 两部分）的维护和除洞体外的资产更新以及站内的商业经营，通过地铁票款收入及站内商业经营收入回收投资并获得合理投资收益。

30 年特许经营期结束后，京港地铁将 B 部分项目设施完好、无偿地移交给市政府指定部门，将 A 部分项目设施归还给 4 号线公司。

2）实施流程

4 号线 PPP 项目实施过程大致可分为两个阶段，第一阶段为由北京市发改委主导的实施方案编制和审批阶段；第二阶段为由北京市交通委主导的投资人竞争性谈判比选阶段。

经市政府批准，北京市交通委与京港地铁于 2006 年 4 月 12 日正式签署了《特许经营协议》。

3）协议体系

4 号线 PPP 项目的参与方较多，特许经营协议是 PPP 项目的核心，为 PPP 项目投资建设和运营管理提供了明确的依据和坚实的法律保障。4 号线项目特许经营协议由主协议、16 个附件协议以及后续的补充协议共同构成，涵盖了投资、建设、试运营、运营、移交各个阶段，形成了一个完整的合同体系。

4）主要权利义务的约定

① 北京市政府

北京市政府及其职能部门的权利义务主要包括：

建设阶段。负责项目 A 部分的建设和 B 部分质量的监管，主要包括制定项目建设标准（包括设计、施工和验收标准），对工程的建设进度、质量进行监督和检查，以及项目的试运行和竣工验收，审批竣工验收报告等。

运营阶段。负责对项目进行监管，包括制定运营和票价标准并监督京港地铁执行，在发生紧急事件时，统一调度或临时接管项目设施；协调京港地铁和其他线路的运营商建立相应的收入分配分账机制及相关配套办法。

此外，因政府要求或法律变更导致京港地铁建设或运营成本增加时，政府方负责给予其合理补偿。

② 京港地铁

京港地铁公司作为项目 B 部分的投资建设责任主体，负责项目资金筹措、建设管理和运营。为方便 A、B 两部分的施工衔接，协议要求京港地铁将 B 部分的建设管理任务委托给 A 部分的建设管理单位。

运营阶段：京港地铁在特许经营期内利用 4 号线项目设施自主经营，提供客运服务并获得票款收入。协议要求，京港地铁公司须保持充分的客运服务能力和高效的客运服务质量，同时，须遵照《北京市城市轨道交通安全运营管理办法》的规定，建立安全管理系统，制定和实施安全演习计划以及应急处理预案等措施，保证项目安全运营。

在遵守相关法律法规，特别是运营安全规定的前提下，京港地铁公司可以利用项目设施从事广告、通信等商业经营并取得相关收益。

（3）借鉴价值

1）建立有力的政策保障体系

北京地铁 4 号线 PPP 项目的成功实施，得益于政府方的积极协调，为项目推进提供了全方位保障。

在整个项目实施过程中，政府由以往的领导者转变成了全程参与者和全力保障者，并为项目配套出台了《关于本市深化城市基础设施投融资体制改革的实施意见》等相关政策。为推动项目有效实施，政府成立了由市政府副秘书长牵头的招商领导小组；发改委主导完成了 4 号线 PPP 项目实施方案；交通委主导谈判；京投公司在这一过程中负责具体操作和研究。

2）构建合理的收益分配及风险分担机制

北京地铁 4 号线 PPP 项目中政府方和社会投资人的顺畅合作，得益于项目具有合理的收益分配机制以及有效的风险分担机制。该项目通过票价机制和客流机制的巧妙设计，在社会投资人的经济利益和政府方的公共利益之间找到了有效平衡点，在为社会投资人带来合理预期收益的同时，提高了北京市轨道交通领域的管理和服务效率。

① 票价机制

4 号线运营票价实行政府定价管理，实际平均人次票价不能完全反映地铁线路本身的运行成本和合理收益等财务特征。因此，项目采用“测算票价”作为确定投资方运营收入的依据，同时建立了测算票价的调整机制。

以测算票价为基础，特许经营协议中约定了相应的票价差额补偿和收益分享机制，构建了票价风险的分担机制。如果实际票价收入水平低于测算票价收入水平，市政府需就其差额给予特许经营公司补偿，即票价收入部分风险由政府承担。如果实际票价收入水平高于测算票价收入水平，特许经营公司应将其差额的 70％返还给市政府。

② 客流机制

票款是 4 号线实现盈利的主要收入来源，由于采用政府定价，客流量成为影响项目收益的主要因素。客流量既受特许公司服务质量的影响，也受市政府城市规划等因素的影响，因此，需要建立一种风险共担、收益共享的客流机制。

4号线项目的客流机制为：当客流量连续三年低于预测客流的80%，特许经营公司可申请补偿，或者放弃项目；当客流量超过预测客流时，政府分享超出预测客流量10%以内票款收入的50%、超出客流量10%以上的票款收入的60%。

4号线项目的客流机制充分考虑了市场因素和政策因素，其共担客流风险、共享客流收益的机制符合轨道交通行业特点和PPP模式要求。

3）建立完备的PPP项目监管体系

北京地铁4号线PPP项目的持续运转，得益于项目具有相对完备的监管体系。清晰确定政府与市场的边界、详细设计相应监管机制是PPP模式下做好政府监管工作的关键。

4号线项目中，政府的监督主要体现在文件、计划、申请的审批，建设、试运营的验收、备案，运营过程和服务质量的监督检查三个方面，既体现了不同阶段的控制，同时也体现了事前、事中、事后的全过程控制。

4号线的监管体系在监管范围上，包括投资、建设、运营的全过程；在监督时序上，包括事前监管、事中监管和事后监管；在监管标准上，结合具体内容，遵守了能量化的尽量量化，不能量化的尽量细化的原则。

2. 天津市北水业公司部分股权转让项目

（1）项目概况

天津市自来水集团有限公司是天津市属国有独资有限责任公司，注册资本119951万元，为国有资产授权经营单位。公司集自来水生产、供应维护、营销服务于一体，主要经营水务、市政及管道施工、管材制造及附属配套等三大板块。

天津市北水业公司于2005年注册成立，是天津市自来水集团有限公司的全资子公司，注册资本126582万元，经营范围为集中式供水，以工业用水为主。以2007年3月31日为评估基准日，资产评估值为20.42亿元，负债6.19亿元。

天津市自来水集团有限公司对天津市北水业有限公司的49%国有股权向社会进行公开转让，以吸引社会资本参与天津市政公用设施投资建设。天津市北水业公司49%股权评估值约6.98亿元，挂牌价为9亿元。

（2）运作模式

1）引资方式

天津自来水集团通过向合格的社会投资者转让所持有的天津市北水业公司49%股权，与股权受让方组建产权多元化的有限责任公司（称“合营公司”）。合营公司在完成工商登记变更设立后，天津市政府（或其授权机构）与合营公司签署特许经营协议，授予合营公司在营业区域内经营自来水业务的特许经营权，期限30年。期满后，合营公司原有供水区域内的全部资产无偿移交给政府或政府指定机构，并确保资产完好、满足正常供水要求。

天津自来水集团报经天津市国资委批准，根据天津市北水业公司资产评估结果，以评估后的天津市北水业公司净资产价值乘以转让股权的比例，并考虑合理溢价，确定转让基准价为人民币9亿元。

2）职工安置方案

为帮助扩大就业，进入合营公司的员工增加至900人，即在天津市北水业公司原有680人的基础上，由天津自来水集团公司根据合营公司生产经营管理工作需要，适时安排220人进入合营公司。

① 对于同意进入合营公司的在岗职工，经双方协商一致，与合营公司签订劳动合同，并且原在天津自来水集团的工作年限与合营公司的工作年限连续计算；对于不同意进入合营公司的在岗职工，采取办理自谋职业、重新安排工作岗位、回天津自来水集团待岗三种方式。

② 天津市北水业公司原不在岗职工与在岗职工采取相同的办法，与合营公司签订新的劳动合同，并享受原待遇。

③ 合营公司成立前已办理正式退休的人员，由天津自来水集团负责管理；合营公司成立后正式退休的人员由合营公司负责管理。

④ 工伤职工按照相关规定妥善安置。

3）债权债务处理方案

合营公司承继天津市北水业公司的全部债权债务（包括或有负债和责任），及因天津市北水业公司正常经营活动本身发生的且依法应当由天津市北水业公司承担的任何债务和责任。

4）引入社会资本的实施过程

第一阶段：前期准备工作。包括四个环节：

① 内部决策

引资方天津自来水集团制定天津市北水业公司股权转让方案，并载明改制后的企业组织形式、企业资产和债权债务处理方案、股权变动方案、改制的操作程序、资产评估和财务审计等中介机构的选聘等；按照天津自来水集团内部决策程序，召开董事会进行审议，形成书面决议；听取企业职工代表大会意见，对职工安置等事项经职工代表大会审议通过。

② 专业机构确认

引资方组织对引资标的企业天津市北水业公司进行清产核资，并委托会计师事务所进行全面审计，包括企业法人代表的离任审计；聘请资产评估机构进行资产评估，评估结果报市国资委备案，并确定挂牌底价；聘请律师事务所，对引资方和引资标的企业的主体资格、国有资产产权登记情况、股权转让方案的内部决策程序与决策结果、保护职工权益和债权人利益的措施、维护国有产权转让收益的措施等，进行合法性判定，并出具《法律意见书》，确保转让部分存量国有股权引入社会资本的行为合法有效。

③ 股权转让引资方案报批

引资所制定的《股权转让方案》及其他相关文件经政府相关主管部门（市公用事业办公室、建设管理委员会、国资委、发改委、财政局、国土局、劳动和社会保障局等）审核批准。

④ 提供专业引资咨询服务

为提高引资工作效率，满足转让部分国有股权实现政府和社会资本合作项目的专业性、合规性要求，咨询机构在项目实施早期提前介入，牵头组织相关专业机构为引资方提供全方位的专业化引资招商、国有股权转让以及财务、法律等咨询服务。

第二阶段：引资标的挂牌交易及招标。

本项目股权转让引资标的于 2007 年 6 月 26 日在天津产权交易中心公开挂牌，2007 年 7 月 23 日挂牌时间截止。挂牌后，咨询机构协助天津自来水集团进行全球招商，并对意向投资人进行必要的调查，帮助引资方深入了解意向投资人信誉、实力和经验以及其投资意愿等，便于天津自来水集团公司制定对策、完善引资方案。同时，咨询机构还根据意向投资人的投资意愿，安排其对引资标的进行必要的尽职调查，以便于意向投资人充分了解引资项目情况，以利于其作出科学的投资决策，提高引资工作效率。

在挂牌期间，共有三家意向投资人在天津产权交易中心申请办理意向受让登记手续，并经天津产权交易中心正式受理。分别是：香港中华煤气有限公司、中法控股（香港）有限公司、威立雅水务—通用水务公司。在通过挂牌征集到合格意向社会投资人后，咨询机构着手编制引资招标系列文件，包括《招标文件》《特许经营协议》《股权转让协议》《产权交易合同》《合资合同》及《公司章程》等。挂牌截止后，及时向三家意向投资人发出投标邀请书，发售招标文件，并对引资招标文件进行澄清和答疑。

股权转让引资招标项目的评标委员会成员由招标人代表和从专家库中随机抽取的技术、经济、法律等方面的专家共 9 人组成。评标专家对投标人文件进行分析，认为三家投标公司均是国际知名大型企业，均具有丰富管理经验、国际一流的供水生产和管理技术以及良好信誉，符合本项目拟引入的社会投资人要求，特别是威立雅水务—通用水务公司在中国和世界范围拥有较突出的水务业绩。

经过评标专家综合评审和打分，威立雅水务—通用水务公司最大限度地响应了引资招标文件的要求，报价最高，商务和技术评标最优。评标委员会一致推荐综合评标最优的威立雅水务—通用水务公司为本股权转让引资项目的中标人。

第三阶段：组织谈判并签署合同。

本次股权转让引资项目在《中标通知书》发出 4 个工作日内，天津市北水业公司与威立雅水务—通用水务公司完成所有合同的谈判工作，并于 2007 年 9 月 5 日举行签字仪式，双方签署《股权转让协议》《产权交易合同》《合资合同》及《公司章程》等。《合资合同》约定，天津自来水集团与威立雅水务—通用水务公司以 51％：49％的股份设立合资公司。天津市政府通过天津自来水集团实现政府和社会资本合作，总计利用社会资本总金额达 30.9 亿元（其中 49％的股权转让价款为 21.8 亿元），为天津供水事业的发展提供了必要的资金，也为天津乃至全国通过转让存量国有资产引入社会投资人进行政府和社会资本合作提供了一个成功经验。

（3）项目运作特点

1）以企业为主体运作水务项目

本次股权转让引资项目是天津自来水集团代表政府机构，作为运作主体，在政府有关部门的指导下进行。在项目操作模式上，形成以咨询机构为核心，各专业咨询顾问（产权、法律、财务）配合的模式，对股权转让引资方案进行全面论证，充分发挥各方优势。

2）建立项目财务模型

本次股权转让引资项目实施过程中，牵头咨询机构建立针对性较强的财务模型对标的资产进行价格估算。应用此模型，一方面，可以与资产评估机构的评估结果进行比较，二者相互校核，找出差异并分析原因；另一方面，财务模型的建立可用来校核投资人的报价，从而分析其对项目的期望，如对未来水价、水量的预期和运营期的投资计划，从而了解投资方的运营管理能力，找出其不合理的假设和前提，并在后续谈判中加以纠正，掌握谈判的主动权。

3）招标文件中公布所有引资合同文本，提高引资谈判效率，保障了双方利益

在招标阶段拟订并公布股权转让引资所涉及的主要合同文本条款，并将对于合同条款的接受和响应程度作为选择意向投资人的标准之一。由于在拟订合同文本时做了扎实的工作，招投标双方均充分理解各自的权利和责任。从实际情况来看，中标人对相关合同内容全部接受，因而极大地提高了后续引资合同的谈判效率，最大程度上维护了政府和社会投资人的利益。

4）设定科学的边界条件

股权转让引资项目的边界条件，包括出让股权比例、合营期限和特许经营期限、期满后资产处置、财务安排等，均是项目核心内容。设计合理的边界条件能够保障公共安全，维护公众利益。在发布招商引资公告的同时公布边界条件，要求投资人必须响应边界条件，并作出不得进行实质性变更的承诺。进入合同谈判阶段时，边界条件条款自然转为不可谈判条款。

5）科学制定评标办法

股权转让引资项目本着提高城市供水服务效率、运营能力和服务城市发展的目标选择投资人。因此，评标办法不应仅以投标报价作为唯一因素，而应采用综合评价法，包括合同价款支付时间，对合营公司可持续发展的支持，投资人对合同文本的响应程度，投资人的技术、运营能力以及资金实力和信誉等因素都应在评标办法中体现。

（4）借鉴价值

本次股权转让引资项目在2007年即通过向社会资本转让国有公司部分股权的方式实现了政府和社会资本合作，不仅有利于国有企业改制，实现国有企业产权多元化，发展混合所有制经济，提升了国有经济的实力和控制力，而且对存量国有资产采取PPP模式引进社会资本，推进了市政公用事业体制改革。

1）实现股权多元化

天津市北水业公司通过转让部分股权，实现了企业股权多元化，这有助于按照现代企业制度，推进企业不断完善法人治理结构，并在体制、机制上不断创新，形成适应市场经济的高效管理模式。

2）拓宽融资渠道

供水行业存在风险小、利润稳等优点，已成为社会资本青睐的投资领域，这给企业盘活存量资产、融通资金提供了良好机遇。本项目的成功运作，为天津自来水集团在水厂建设、管网铺设、二次供水改造等项目拓宽了融资渠道、提供了建设资金，有效促进了天津供水事业持续发展。

3）促进集团化发展

天津自来水集团发展规划中提出要“逐步向控股公司过渡”“以区域供水为战略布局，根据供水发展的实际需要，组建多个区域型水务公司。集团公司保持对区域型水务公司的控股地位”。本项目将市北及津滨水厂经营区域内的产供销等具体生产经营职能从天津自来水集团分离出来，为集团以后向以产权管理、战略决策、资本运作、考核评价为主要职

能的控股公司过渡创造了有利条件。

4）提高供水质量

通过引进跨国公司参与投资，可引进国外先进技术，促进企业提升管理水平和运行效率，推动企业在提高供水水质、保证供水压力、改造老旧管网、减少水量漏失等方面实现新的突破和跨越。

5）最大限度地维护公共利益

本项目合作双方明确约定，合营公司在服务价格即水价方面，严格遵循《中华人民共和国价格法》相关规定，实行全市统一定价，即同一产品相同价格，不针对合资公司单独定价或调价。合资公司只拥有天津市某一区域的特许经营权，即使其提出调价要求，也只能遵循规定程序按天津全市成本水平综合考虑，从而避免社会资本“高溢价中标、马上调水价”的现象，最大限度地维护了公众利益。

3. 江西峡江水利枢纽工程项目

（1）项目概况

1）项目背景

江西峡江水利枢纽工程位于赣江中游峡江县，控制流域面积约 62710km^2，是赣江干流上一座以防洪、发电、航运为主，兼有灌溉等综合利用的水利枢纽工程。水库正常蓄水位 46.0m，防洪高水位 49.0m，总库容 11.87 亿 m^3，防洪库容 6.0 亿 m^3，电站装机 36 万 kW，船闸设计为 1000 吨级。工程建成后，南昌市的防洪标准可由 100 年一遇提高到 200 年一遇，赣东大堤防洪标准可由 50 年一遇提高到 100 年一遇，每年可增加 11.4 亿 kW·h 清洁电能，改善枢纽上游 77km 航运条件，并为下游 33 万亩农田提供可靠的灌溉水源。

2）项目进展

江西峡江水利枢纽工程概算总投资 992216 万元，其中，中央预算内投资定额补助 288000 万元，江西省省级财政负责安排 113700 万元，其他渠道落实资金 590516 万元。该工程于 2009 年开始施工准备，2010 年枢纽主体工程开工。2013 年，顺利通过了一期下闸蓄水阶段验收，首台（9 号机）水轮发电机组具备发电条件，如期实现了工程控制性节点目标。2014 年，三期围堰完成拆除施工，18 孔泄水闸全部投入度汛过流。目前，9 台发电机组全部并网发电，累计发电量超过 4.8 亿 kW·h，发挥了防洪、发电、航运等综合效益。

（2）项目运作模式

1）建设管理体制

2003 年，江西省人民政府委托江西省水利厅负责组建峡江水利枢纽工程项目法人。2008 年，江西省人民政府成立了江西省峡江水利枢纽工程领导小组。2009 年，江西省水利厅在江西省峡江水利枢纽工程管理局的基础上组建江西省峡江水利枢纽工程建设总指挥部，作为项目法人，负责工程建设管理。

2）合作机制

为了解决资金缺口问题，经江西省政府同意，将水电站从枢纽工程中剥离出来，通过出让水电站经营权为整个工程项目筹措建设资金。2009 年，江西省水利厅制定了《江西省峡江水利枢纽工程水电站出让方案》，出让水电站经营权 50 年。

江西省峡江水利枢纽工程水电站出让采用邀请招标方式。江西省水利厅同时向江西省投资集团公司、中国电力投资集团公司、中国华能集团公司、中国葛洲坝集团股份有限公司、大唐国际发电有限责任公司、新华水利水电投资有限公司、华润电力控股有限公司、中国国电集团公司等8家有投资意向的发电企业发出了《江西省峡江水利枢纽工程水电站出让洽谈邀请函》，邀请上述投资商与江西省水利厅就峡江水利枢纽水电站出让进行投资洽谈。中国电力投资集团公司以最高报价39.16亿元获得水电站经营权。

2010年，经江西省政府授权，江西省水利厅与中国电力投资集团公司江西分公司、江西省水利投资集团公司签署《江西省峡江水利枢纽工程水电站出受让合同》，出让水电站经营权50年，受让方出资39.16亿元在工程建设期内支付。受让方依法成立项目公司——江西中电投峡江发电有限公司，其股东单位包括：①中国电力投资集团公司江西分公司，持有项目公司80%的股权；②江西省水利投资集团公司，持有项目公司20%的股权。项目法人与项目公司按照机组投产时间逐台签署《机组交接书》，负责收取水电站出让款和水电站资产移交事宜；项目公司与江西电力公司签署《购售电合同》，负责结算售电收入。

（3）借鉴意义

1）以工程经营性功能和设施积极吸引社会资本

水利工程往往兼具公益性和经营性，为促进社会资本获得合理投资回报，可充分利用工程的经营性功能和设施，积极吸引社会资本投入，弥补整个工程建设的资金缺口。本工程通过将经营性较强的电站经营权部分剥离出来，科学确定了社会资本的参与范围，有助于更好吸引社会资本参与工程建设运营。

2）采用特许经营方式筹集项目建设资金

出让水电站经营权的方式对社会资本具有较强的吸引力，与政府作为项目法人贷款融资方式相比，这一融资模式不仅能够较好解决峡江水利枢纽工程建设资金不足问题，同时也大大减轻了政府在偿还建设期贷款利息、财政贴息等方面的支出压力。

3）通过邀请招标择优选择社会投资主体

选择好项目投资主体是建立政府与社会资本合作（PPP）机制的关键。江西省水利厅在招标过程中，向多家有投资意向的发电企业发出邀请函，通过投资洽谈、竞争性报价等方式选择中标企业，体现了高效、经济、公平的特点。

4）签订多项合同文本明确权责利关系

规范、严谨的合同文本是规范双方权利义务、建立激励约束机制的有效形式。该项目在推进过程中，有关利益主体之间签订了水电站出受让合同、发电机组交接书、购售电合同书等多项合同，明确了利益主体间的权责利关系，有助于项目的顺利实施和运营。

4. 固安工业园区新型城镇化项目

（1）项目概况

1）项目背景

固安工业园区地处河北省廊坊市固安县，与北京大兴区隔永定河相望，距天安门正南50km，园区总面积34.68km^2，是经国家公告（2006年）的省级工业园区。

2002年，固安县政府决定采用市场机制引入战略合作者，投资、开发、建设、运营固安工业园区。同年6月，通过公开竞标，固安县人民政府与华夏幸福基业股份有限公司

（简称“华夏幸福公司”）签订协议，正式确立了政府和社会资本（PPP）合作模式。按照工业园区建设和新型城镇化的总体要求，采取“政府主导、企业运作、合作共赢”的市场化运作方式，倾力打造“产业高度聚集、城市功能完善、生态环境优美”的产业新城。且双方合作范围已拓展至固安新兴产业示范区和温泉休闲商务产业园区。

2）建设内容与规模

固安工业园区 PPP 新型城镇化项目，是固安县政府采购华夏幸福在产业新城内提供设计、投资、建设、运营一体化服务。

① 土地整理服务。配合以政府有关部门为主体进行的集体土地征转以及形成建设用地的相关工作。2008～2013 年，华夏幸福累计完成土地整理 29047.6 亩，累计投资 103.8 亿元。

② 基础设施建设。包括道路、供水、供电、供暖、排水设施等基础设施投资建设。截至 2014 年已完成全长 170km 新城路网、4 座供水厂、3 座热源厂、6 座变电站、1 座污水处理厂等相关配套设施建设。

③ 公共设施建设及运营服务。包括公园、绿地、广场、规划展馆、教育、医疗、文体等公益设施建设，并负责相关市政设施运营维护。园区内已经建成中央公园、大湖公园、400 亩公园、带状公园等大型景观公园 4 处，总投资额为 2.54 亿元。由北京八中、固安县政府、华夏幸福公司合作办学项目北京八中固安分校已正式开学。

④ 产业发展服务。包括招商引资、企业服务等。截至 2014 年底，固安工业园区累计引进签约项目 482 家，投资额达 638.19 亿元，形成了航空航天、生物医药、电子信息、汽车零部件、高端装备制造等五大产业集群。

⑤ 规划咨询服务。包括开发区域的概念规划、空间规划、产业规划及控制性详规编制等规划咨询服务，规划文件报政府审批后实施。

（2）运作模式

1）基本特征

固安工业园区在方案设计上充分借鉴了英国道克兰港口新城和韩国松岛新城等国际经典 PPP 合作案例的主要经验，把平等、契约、诚信、共赢等公私合作理念融入固安县政府与华夏幸福公司的协作开发和建设运营之中。

2）政企合作

固安县政府与华夏幸福公司签订排他性的特许经营协议，设立三浦威特园区建设发展有限公司（简称三浦威特）作为双方合作的项目公司（SPV），华夏幸福公司向项目公司投入注册资本金与项目开发资金。项目公司作为投资及开发主体，负责固安工业园区的设计、投资、建设、运营、维护一体化市场运作，着力打造区域品牌；固安工业园区管委会履行政府职能，负责决策重大事项、制定规范标准、提供政策支持，以及基础设施及公共服务价格和质量的监管等，以保证公共利益最大化。

3）特许经营

通过特许协议，固安县政府将特许经营权授予三浦威特，双方形成了长期稳定的合作关系。三浦威特作为华夏幸福公司的全资公司，负责固安工业园区的项目融资，并通过资本市场运作等方式筹集、垫付初期投入资金。此外，三浦威特与多家金融机构建立融资协调机制，进一步拓宽了融资渠道。

4）提供公共产品和服务

基于政府的特许经营权，华夏幸福公司为固安工业园区投资、建设、开发、运营提供一揽子公共产品和服务，包括土地整理、基础设施建设、公共设施建设、产业发展服务，以及咨询、运营服务等。

5）收益回报机制

双方合作的收益回报模式是使用者付费和政府付费相结合。固安县政府对华夏幸福公司的基础设施建设和土地开发投资按成本加成方式给予110%补偿；对于提供的外包服务，按约定比例支付相应费用。两项费用作为企业回报，上限不高于园区财政收入增量的企业分享部分。若财政收入不增加，则企业无利润回报，不形成政府债务。

6）风险分担机制

社会资本利润回报以固安工业园区增量财政收入为基础，县政府不承担债务和经营风险。华夏幸福公司通过市场化融资，以固安工业园区整体经营效果回收成本，获取企业盈利，同时承担政策、经营和债务等风险。

（3）主要创新点

固安工业园区新型城镇化PPP模式属于在基础设施和公用设施建设基础上的整体式外包合作方式，形成了“产城融合”的整体开发建设机制，提供了工业园区开发建设和区域经济发展的综合解决方案。

1）整体式外包

在政企双方合作过程中，固安县政府实际上是购买了华夏幸福公司提供的一揽子建设和外包服务。这种操作模式避免了因投资主体众多而增加的投资、建设、运营成本，而且减少了分散投资的违约风险，形成规模经济效应和委托代理避险效应。

2）“产城融合”整体开发机制

在“产城融合”整体开发机制下，政府和社会资本有效地构建了互信平台，从“一事一议”变为以PPP机制为核心的协商制度，减少了操作成本，提高了城市建设与公共服务的质量和效率。

3）工业园区和区域经济发展综合解决方案

政企双方坚持以“产业高度聚集、城市功能完善、生态环境优美”作为共同发展目标，以市场化运作机制破解园区建设资金筹措难题、以专业化招商破解区域经济发展难题、以构建全链条创新生态体系破解开发区转型升级难题，使兼备产业基地和城市功能的工业园区成为新型城镇化的重要载体和平台。

（4）实施效果

经过十多年的建设，固安工业园区实现了华丽蝶变，有效促进了当地经济社会发展。

1）经济发展：带动区域发展水平迈上新台阶

从2002年合作至今，固安工业园区已成为全省发展速度最快的省级开发区。受益于固安工业园区新型城镇化，固安县从一个经济发展水平相对落后的县，成为各项指标在全省领先的县。政企合作十多年，固安县人均GDP增长了4倍，财政收入增长了24倍。

2）城市建设：构建了中等城市框架和服务配套设施

华夏幸福公司在园区内投入大量前期开发资金，高质量推进路、水、电、气、信等基础设施，实现了“十通一平”。同时，积极引进优势资源，建设了中央公园、水系生态景观、创业大厦、商务酒店、人才家园等一批高端配套设施，构建了以城市客厅、大湖商业区、中央大道金融街区为主体的“智能城市”核心区。作为城市主干道之一的锦绣大道（大广高速至永和路段）总投资额为4.13亿元，连接廊涿路与106国道，2012年竣工通车，为产业集聚和居民住行提供了便利条件。

3）民生保障：坚持“以人为本”建设幸福城市

园区建设促进了公共资源配置均等化，当地居民和外来人员享受同等的教育和医疗等公共资源和服务，并带动固安县民生投入不断加大，促进了全县民生保障体系的完善，在全省率先实施县级社保“一卡通”，在廊坊市率先建立了《低保对象医前医疗救助制度》。

（5）借鉴价值

固安工业园区新型城镇化在整体推进过程中较好地解决了园区建设中的一些难题，这种PPP模式正在固安县新兴产业示范区和其他县市区复制，具有较高的借鉴推广价值。

采用区域整体开发模式，实现公益性与经营性项目的统筹平衡。传统的单一PPP项目，对于一些没有收益或收益较低的项目，社会资本参与意愿不强，项目建设主要依靠政府投入。固安工业园区新型城镇化采用综合开发模式，对整个区域进行整体规划，统筹考虑基础设施和公共服务设施建设，统筹建设民生项目、商业项目和产业项目，既防止纯公益项目不被社会资本问津，也克服了盈利项目被社会资本过度追逐的弊端，从而推动区域经济社会实现可持续发展。

利用专业团队建设运营园区，实现产城融合发展。为提高固安工业园区核心竞争力，固安县政府让专业的人做专业的事，华夏幸福公司配备专业团队，政府和社会资本构建起平等、契约、诚信、共赢的机制，保证了园区建设运营的良性运转。固安县政府在推进新型城镇化的同时，统筹考虑城乡结合问题，加快新农村建设，进行产业链优化配置，实现了产城融合发展。

第9章 现代信息技术与管理方法

9.1 基于大数据的项目成本分析与控制

9.1.1 大数据的概念

大数据（Big Data），指无法在一定时间范围内用常规软件工具进行捕捉、管理和处理的数据集合，是需要经过新处理模式才能具有更强的决策力、洞察发现力和流程优化能力的海量、高增长率和多样化的信息资产。

大数据时代，建筑行业无可回避。“大数据”的标签已经开始引领建筑业。大数据是一个庞大而复杂的数据集的集合，管理数据的能力成为关键。许多建筑公司开始为业务和技术进行大数据定义，将大数据与BIM结合，管理与BIM相关的数据和其他协作流程。大数据技术的战略意义在于借助于专业软件，对这些含有意义的数据进行专业化处理，提高对数据的“加工能力”，通过“加工”实现数据的“增值”。建筑行业是数据最多的行业，但也是数据最不透明的行业。建筑行业中，掌握数据能力强的企业，必然产生极大的竞争优势，并形成核心的竞争能力。

一个建设项目全过程会产生大量数据，例如企业数据、人员数据、项目数据、材料设备数据、资金数据等。基于越来越多数据的共享和开放，建筑行业政府主管部门采用了一系列的大数据应用，为能更好地进行宏观决策、行业监管以及建立服务型政府提供数据支撑。以工程建设项目为例，通过分析一定周期内的海量项目数据，可以发现很多经济运行的内在规律，例如，可以判断出一定时期内全国各个区域的投资热度变化，便于政府部门作宏观决策以及经济预测，并可以有效检验政府的各类政策在市场中的适用性。同时，还能提供很多行业发展的预测和分析，例如，招标项目数量、招标金额预测、招标节约率异常分析等。

9.1.2 项目成本分析与控制和大数据的结合

基于大数据的项目成本分析与控制信息技术，是利用项目成本管理信息化和大数据技术，更科学和有效地提升工程项目成本管理水平和管控能力的技术。通过建立大数据分析模型，充分利用项目成本管理信息系统积累的海量业务数据，按业务板块、地区、重大工程等维度进行分类、汇总，对“工、料、机”等核心成本要素进行分析，挖掘出关键成本管控指标并利用其进行成本控制，从而实现工程项目成本管理的过程管控和风险预警。因为传统的施工项目成本分析与控制存在许多问题，所以基于大数据的项目成本分析与控制是一种优化的分析方法与创新性的进步。

现阶段传统施工项目成本控制存在的问题主要包括：

（1）成本数据收集效率低。在传统的成本数据收集过程中，成本构件计算以累加统计方式预估，而成本实际支出是按阶段、分包商分别支出的，有时还会有额外增加的实际成本支出。如果想统计出工程实体构件的预计成本、实际成本和两者之差，则通常需要专门进行计算，或靠经验数据估算。

(2) 成本数据收集滞后。在施工过程中，与成本管理密切相关的成本数据持续不断产生，而以目前的成本控制方法很难实时收集与处理，容易导致在施工过程中无法精确控制完成实体工作所需资源量，难以实现在施工过程中多种资源的协调与管理优化。

(3) 成本数据简单共享。对于多数的施工企业，对项目成本的概念还是停留在工程特定的节点。成本数据的应用只是通过简单拆分和分析数据后的表格，以供其他人员或其他部门共享。

(4) 数据不及时更新和维护。随着科技的发展，施工企业可以逐步建立内部的成本数据库，但是随着时间的延迟和市场的变化，这些成本数据会跟着"落后"，以至于参考性降低甚至无法使用。

与此同时，基于大数据的建设成本分析与控制的优势主要包括：

(1) 自动化算量。传统方法算量需在二维图中明确工程属性，匹配和操作过程费时易错，而基于大数据的信息化模型可视化强，且计算规则已融入相关计算软件，可根据立体实际模型计算，结果客观、准确。

(2) 精确计划。在传统的成本控制过程中，资源计划的制定缺乏数据支持，决策中存在"经验主义"现象，但大数据技术的应用使管理人员可快速准确获取所需要的数据，由此来制定合理的资源计划，控制资源消耗，减少资源浪费。

(3) 优化方案。基于大数据信息化模型，在设计阶段便可进行空间冲突检查，减少设计变更。在施工方案中，可利用可视化特点合理编制施工组织设计，动态模拟施工，进行方案比选优化。

(4) 虚拟施工。大数据信息模型在3D基础上，可以直观展示施工计划和进度，使项目各参与方了解施工过程，并结合施工组织、现场模拟和监控等减少工程质量和安全问题，降低成本。

(5) 加快结算。利用信息化的大数据技术，可以提高设计方案质量，减少设计变更，且数据清晰，可减少施工过程结算数据的争议，加快过程中工程款结算和竣工结算。

大数据技术作为最能推动建设管理方式改革的理念，针对目前成本管理存在的问题，有较好的应用前景，也能够有效地改进成本管理中存在的问题。其主要内容包括：

(1) 快速精确的成本核算。将BIM软件与大数据技术结合，BIM是一个强大的工程信息数据库。进行BIM建模所完成的模型包含二维图纸中所有的位置长度等信息，并包含了二维图纸中不包含的材料等信息，而这些的背后是强大的数据库支撑。因此，计算机通过识别模型中的不同构件及模型的几何和物理信息，对各种构件的数量进行汇总统计。这种基于BIM的算量方法，将算量工作大幅度简化，减少了因人为原因造成的计算错误，大量节约了人力的工作量和花费时间。

(2) 虚拟施工及碰撞检查减少设计错误。基于大数据的BIM模型有一个重要的应用点就是建模完成后的碰撞检查。通常在一般工程中，在建筑、结构、水暖电等各专业二维图纸设计汇总后，各方及总图工程师人工会审发现和解决不协调问题，该过程花费大量时间与成本并且不能保证完全无失误。未发现的错误设备管线碰撞等引起的拆装、返工和浪费是成本大量花费的重要原因。而大数据验算下的BIM技术中整合建筑、结构和设备水暖电等模型信息，减少额外的修正成本，避免成本的增加。另外，施工人员可以利用碰撞优化后的设计方案，进行施工交底、施工模拟，业主能够更真实地了解设计方案，提高了与业主沟通的效率，进一步节约建设成本。

（3）设计优化与变更成本管理、造价信息实时追踪。在传统的成本核算方法下，一旦发生设计优化或者变更，变更需要进行审批、流转，造价工程师需要手动检查设计变更，更改工程造价，这样的过程不仅缓慢，而且可靠性不强。基于大数据的建筑信息模型依靠强大的工程信息数据库，实现了二维施工图与材料、造价等各模块的有效整合与关联变动，使得设计变更和材料价格变动可以在BIM模型中进行实时更新。变更各环节之间的时间被缩短，效率提高，实现了成本的节约与控制，同时更加及时准确地将数据提交给工程各参与方，以便各方作出有效的应对和调整。BIM通过信息化的终端和BIM数据后台将整个工程的造价相关信息顺畅地流通起来，从企业级的管理人员到每个数据的提供者都可以监测，保证了各种信息数据及时准确地调用、查阅、核对。

建筑施工企业基础项目数据主要包括施工企业在施工全过程中产生的资料，将其电子信息化后产生的数据就可以成为基础数据。而基础数据包括预算数据，建筑施工模型，企业定额库、企业指标库、企业知识经验库。其中，企业定额库是企业独特的，通过设计阶段的建筑实物模型得到的计划量，各个企业的管理水平和技术力量不同，资源实际的消耗量也不一样。施工过程中发生的人、材、机、税、费、技术、消耗量、价格等，都属于施工企业的基础数据中的预算数据。对于施工企业来讲，最核心的基础数据就是企业定额。通过收集、分析、归纳、反馈、再收集这一循环来制定一个企业的基础数据库。施工企业的基础数据有很多种类：工程数据、企业消耗量指标、价格库、构件库等。只有工程项目本身的数据来源于设计，其他的数据另有解决方案来收集、处理、共享、应用。项目成本基础数据构建的基本条件包括如下几点：

（1）共同平台，相同规范。上下层级协同归集，基于云端大数据的技术优势，创建一个共同开发的平台。拥有一个和清单计价规范一样的整体分类，使得建筑企业基础数据在云端大数据平台发挥使用价值。同时，需要整合成大家认可的企业定额库、指标库，所以平台的构建是关键，一定要由懂得施工流程与控制的相关专业人员和专业系统软件建立数据库。

（2）需求出发，部门配合。首先要从需求出发，再分析自己的需求应该来源于哪些数据。由对应的各部门提供相关数据，并由专门部门管理，大数据基础数据库要开发对应的应用程序，让数据流动起来，切实应用于成本的核算分析控制。

（3）做好规划，管理先行。做好大数据规划、信息细度的划分等数据管理规范是基础数据库的基石。在管理手段上提出符合专业数据的要求；在技术手段上和云、BIM等先进系统软件结合；在理念上基础数据需要精细化分类与整合；在技术保障上推广BIM等手段。

不同的建筑数据来源必定对应不同的管理出处和管理目标，整合是关键，但还要进行必要的区分和归类。基础数据协同、共享的基础是数据的结构化，建筑业的目标是将项目流程化，模块化，规范化。这样整理出的大数据，才能为行业所用，建筑过程中发生的所有数据，都要能自动化、低成本、高效率收集起来，并能将数据尽可能结构化，与行业业务系统对接，可随时再利用，并可分享给全行业。基于大数据的项目成本管理信息化主要技术内容包括如下几点：

（1）项目成本管理信息化技术是要建设包含收入管理、成本管理、资金管理和报表分析等功能模块的项目成本管理信息系统。

（2）收入管理模块应包括业主合同、验工计价、完成产值和变更索赔管理等功能，实现业主合同收入、验工收入、实际完成产值和变更索赔收入等数据的采集。

（3）成本管理模块应包括价格库、责任成本预算、劳务分包、专业分包、机械设备、物资管理、其他成本和现场经费管理等功能，具有按总控数量对“工、料、机”的业务发生数量进行限制，按各机构、片区和项目限价对“工、料、机”采购价格进行管控的能力，能够编制预算成本和采集劳务、物资、机械、其他现场经费等实际成本数据。

（4）资金管理模块应包括债务支付集中审批、支付比例变更、财务凭证管理等功能，具有对项目部资金支付的金额和对象进行管控的能力，实现应付和实付资金数据的采集。

（5）报表分析应包括“工、料、机”等各类业务台账和常规业务报表，并具备对劳务、物资、机械和周转材料的核算功能，能够实时反映施工项目的总体经营状态。

未来大数据应用将不断延伸，例如：项目现场材料采购众筹、交易中心招投标行为分析、施工企业竞争分析、企业精准营销 DSP（Demand-Side Platform）、销售员分包销售等。毫无疑问，未来大数据将驱动建筑产业发生重大变革。基于大数据的项目成本业务分析技术的主要技术内容包括如下几点：

（1）建立项目成本关键指标关联分析模型。

（2）实现对“工、料、机”等工程项目成本业务数据按业务板块、地理区域、组织架构和重大工程项目等分类的汇总和对比分析，找出工程项目成本管理的薄弱环节。

（3）实现工程项目成本管理价格、数量、变更索赔等关键要素的趋势分析和预警。

（4）采用数据挖掘技术形成成本管理的“量、价、费”等关键指标，通过对关键指标的控制，实现成本的过程管控和风险预警。

（5）应具备与其他系统进行集成的能力。

基于大数据的项目分析技术指标主要包括：

（1）采用大数据采集技术，建立项目成本数据采集模型，收集成本管理系统中存储的海量成本业务数据。

（2）采用数据挖掘技术，建立价格指标关联分析模型，以地区、业务板块和业务发生时点为主要维度，结合政策调整、价格变化等相关社会经济指标，对劳务、物资和机械等成本价格进行挖掘，提取适合各项目的劳务分包单价、物资采购价格、机械租赁单价等数据，并输出到成本管理系统中作为项目成本的控制指标。

（3）采用可视化分析技术，建立项目成本分析模型，从收入与产值、预算成本与实际成本、预计利润与实际利润等多个角度对项目成本进行对比分析，对成本指标进行趋势分析和预警。

（4）采用分布式系统架构设计，降低并发量提高系统可用性和稳定性。采用 B/S 和 C/S 模式相结合的技术，Web 端实现业务单据的流转审批，使用离线客户端实现数据的便捷、快速处理。

（5）通过系统的权限控制体系限定用户的操作权限和可访问的对象。系统应具备身份鉴别、访问控制、会话安全、数据安全、资源控制、日志与审计等功能，防止信息在传输过程中被抓包篡改。

基于大数据的建筑信息模型技术正在引领建筑业的变革，以软件和信息为载体，基于大数据形成完整的工程数据库，改变项目参与各方的协作方式，提高项目整合度。在工程成本管理中的应用可以很大程度上解决管理低效、体系混乱等问题，更高效地进行项目全过程成本管理。建设工程成本管理需要从技术变革、人才培养等多个方面进行转变，才能实现真正的基于大数据的信息化成本分析与控制。

9.2 基于云计算的电子商务采购管理

9.2.1 云计算与电子商务的概念

云计算（Cloud Computing）是基于互联网的相关服务的增加、使用和交付模式。云是网络、互联网的一种比喻说法。过去在图中往往用云来表示电信网，后来也用来表示互联网和底层基础设施的抽象。

云计算可以认为包括以下几个层次的服务：基础设施即服务、平台即服务和软件即服务。基础设施即服务是云计算供应商向用户提供同颗粒度的可度量的计算、存储、网络和单机操作系统等基础资源，用户可以在之上部署或运行各种软件，包括客户操作系统和应用业务。平台即服务是云计算供应商将业务软件的开发环境、运行环境作为一种服务，通过互联网提供给用户，用户可以在云计算供应商提供的开发环境下创建自己业务应用，而且可以直接在云平台的运行环境中运营自己的业务。软件即服务是云计算运营商通过互联网，向用户提供软件服务的一种软件应用模式，用户无需购买软件，而是向提供商租用基于 Web 的软件来管理企业经营活动。

电子商务是在互联网上以电子交易的方式进行一些交易活动和相关服务的行为，是将传统商业活动的各个环节变得电子化、网络化和信息化。在电子商务的发展浪潮中，基于云计算的电子商务采购是一种新兴的商业服务模式。在这种模式中，用户可以采用按需的自助模式，通过访问无处不在的网络，获得来自于与地理位置无关的资源池中的资源，并按实际使用情况付费。云计算强大的计算及存储能力能够为 BIM 应用提供支撑。通过调用云计算服务，现有的 BIM 专业软件能够获得更为灵活、高效、智能的数据处理能力。

9.2.2 建筑业的电子商务采购与云计算

传统的建筑材料采购方式主要有两种，一种是分散采购，由法人单位分派给下级单位或者采购小组，这种采购模式流程简单、条理清晰，并且节约时间，又灵活多变，受其他不利影响较小，对市场的变化能够快速反应，能够尽快地达到采买的要求，尤其在一些特殊需求上面。另一种则是集中采购模式，是由集团的领导层主持，建立一个专门的采购单位，对需要采购的物资进行统一的采购和调配，它能在最大程度上节约资金，并且降低采买时的风险，还能节约人力和物力，减少管理，把时间、资金和物流都统一地结合起来。但是，传统的采购方法存在明显的缺点：分散采购所涉及部门太多，管理复杂，且监督机制较弱。分散采购对材料的价格和质量不占据优势。

所以，电子商务采购的优势便会十分明显。采购物品可以随用随进。电子化的采购平台可以合理高效地利用现代物流和仓储设备实时对建筑材料的需求进行补给。从材料的运输到入库储存全程电子化监控，并由专人进行管理，不会出现材料长期堆压导致质量下降或者无法使用等情况。电商平台的使用使集中采购模式的弊病被解决，在材料的分发问题上，可以做到专人专项，把任务准确地分派到每一个人的身上，使任务透明化、清晰化，并且能够实时沟通，项目进程非常清晰。在资金的问题上，由于材料不是一次性地使用完成，通常建筑所需材料要分多次购入，并且用量不等，一个建筑项目往往要用一年甚至几年才能完成，所以项目的资金供应链会很长。采购方和供应商都对对方的信誉有所担忧，但由于有了中间商的参与，加入了第三方的监督机制，这会对双方都起到一个很好的保障作用。与此同时，由于所有的资金流动都是在网上进行，信息会非常公开化，不仅有利于有关部门的审查监督，也有利于企业的管理。

云计算使"网络就是计算机"和"服务无处不在"的设想成为现实，云计算激活了商业的创新，为中小企业开展电子商务活动提供了新的舞台。基于云计算的电子商务将给企业带来经营管理、市场营销和决策支持等多方面的巨大变革。

建筑信息模型与云计算的电子商务采购集成主要包括以下 3 个方面：

（1）利用云计算实现基于建筑信息模型的协同。用户将专业软件所创建的业务数据保存到云端，从而能够随时随地访问到相应的业务数据，实现多人协同工作。

（2）利用云计算实现基于建筑信息模型的复杂计算工作。专业建筑信息软件所涉及的一些复杂计算过程（如模型渲染、结构分析、工程量计算等）可以从本地计算机转移到云端服务器进行，大幅度提升计算效率，减少用户等待时间。在工程用量方面为电子商务采购提供合理的数据。

（3）利用云计算提供的大规模数据存储和处理能力。BIM 专业软件能够高效访问庞大且实时更新的数据，进而提升 BIM 集成应用功能的准确程度和智能程度，增加电子商务采购的精确性。

基于云计算的电子商务采购技术是指通过云计算技术与电子商务模式的结合，搭建基于云服务的电子商务采购平台，针对工程项目的采购寻源业务，统一采购资源，实现企业集约化、电子化采购，创新工程采购的商业模式。

平台功能主要包括：采购计划管理、互联网采购寻源、材料电子商城、订单送货管理、供应商管理、采购数据中心等。通过平台应用，可聚合项目采购需求，优化采购流程，提高采购效率，降低工程采购成本，实现阳光采购，提高企业经济效益。其技术内容主要包括：

（1）采购计划管理。系统可根据各项目提交的采购计划，实现自动统计和汇总，下发形成采购任务。

（2）互联网采购寻源。采购方可通过聚合多项目采购需求，自动发布需求公告，并获取多家报价进行优选，供应商可进行在线报名响应。

（3）材料电子商城。采购方可以针对项目大宗材料、设备进行分类查询，并直接下单。供应商可通过移动终端设备获取订单信息，进行供货。

（4）订单送货管理。供应商可根据物资送货要求，进行物流发货，并可以通过移动端记录物流情况。采购方可通过移动端实时查询到货情况。

（5）供应商管理。提供合格供应商的审核和注册功能，并对企业基本信息、产品信息及价格信息进行维护。采购方可根据供货行为对供应商进行评价，形成供应商评价记录。

（6）采购数据中心。提供材料设备基本信息库、市场价格信息库、供应商评价信息库等的查询服务。通过采购业务数据的积累，对以上各信息库进行实时自动更新。

云技术提供的服务能力可根据使用者实际需求规模的变化而弹性伸缩，从而避免电子商务采购应用时大规模资金投入的问题。使用过程中，专业运维团队能够确保电子商务采购服务的安全可靠性，及时解决发生的事故故障。同时，云计算在大规模数据存储和管理方面的优势，将有助于使用者聚焦于数据价值的发挥，而不受安全等因素的困扰。综上所述，云计算的出现大大推进了电子商务采购技术在建筑业中的应用进程，具有广阔的应用前景。云计算可以提供构件的空间信息、工程属性信息，如材料类别、施工工艺等。借助这些信息，计算机可以快速对各种构件进行统计分析，给出合理的电子商务采购方案。

基于云计算的电子商务采购管理相关技术指标有如下几点：

(1) 通过搭建云基础服务平台，实现采购系统信息互通、数据同步及资源弹性调度等机制。

(2) 具备符合要求的安全认证、权限管理等功能，同时提供工作流引擎，实现流程的可配置化及与表单的可集成化。

(3) 应提供规范统一的材料设备分类与编码体系、供应商编码体系和供应商评价体系。

(4) 可通过统一信用代码校验及手机号码校验，确认企业及用户信息的一致性和真实性。云平台需通过数字签名系统验证用户登录信息，对用户账户信息及投标价格信息进行加密存储，通过系统日志自动记录采购行为，以提高系统安全性及法律保障。

(5) 应支持移动终端设备实现供应商查询、在线下单、采购订单跟踪查询等应用。

(6) 应实现与项目管理系统需求计划、采购合同的对接，以及与企业 OA 系统的采购审批流程对接。还应提供与其他相关业务系统的标准数据接口。

在电子商务采购管理的相关阶段中，投标报价的确定主要包括工程量计算和组价两项工作，这其中涉及大量的信息收集和大规模的数据处理，云计算的计算优势与建筑信息模型的工程信息富集性有机融合，巧妙地解决了信息收集和数据处理问题。运用以上技术，承包商对外可以“预留”利润，对内可以进行成本测算，制定最优的投标报价策略。

在电子商务采购管理方面，云计算主要有如下运用：

(1) 工程量计算与检查。对算量模型设置相应的计算规则，即可开始工程量的计算。借助于云计算强大的计算能力，将计算工作从本地转移至云端，由原来的串行计算改为并行计算大大提升计算效率。通过在云端建立的包含规范、图集、规则和专家经验等知识的庞大算量知识库，对工程算量结果进行检查校验，确保工程量清单的完整与精准。具体流程如下：将用算量软件计算得出的计算结果同步至云端，设置相应的检查规则（建模遗漏、属性设置不合理或计算结果不合理等），即可对工程量计算结果进行快速的智能检查。智能检查完成后，待处理问题以列表等方式汇总展示。根据可靠程度不同，待处理问题可分为确定问题、疑似问题和提醒等几个类别。预算采购部门根据需要对问题进行过滤，并查看问题的详细信息，依据工程量的相关需求进行相关采购。

(2) 组价工作。工程量清单计价模式下，综合单价的确定需要大量的外部信息支撑，如人工、材料、机械设备的价格以及相应的定额消耗指标等。传统模式下，以上相关信息主要由政府机构发布，资料来源少，更新滞后，无法准确反映市场真实环境下的价格。基于云计算和大数据技术，将能够从海量互联网资源和以往工程案例中采集相关数据，在经过数据清洗和转换后存储到数据仓库中。通过数学建模和数据挖掘，分析提炼出真实准确的价格信息和定额指标，为组价工作提供准确及时的信息支撑。

（3）指标分析检查。基于云计算的造价指标分析系统，主要功能在于检查算量及组价过程中的错误和不合理的地方。主要应用：一是快速指标分析，在云端设计专业的指标分析模板，造价指标分系统可快速生成工程的造价指标；二是区间审查，将上述指标结果推送至相似度较高的工程指标参考区间进行对比，找出其差异与潜在的问题，实现工程量和造价的快速审查；三是指标数据积累，将分析过的指标数据分类保存，扩充企业的造价指标数据库，为数据价值的深度挖掘创造条件。

（4）造价控制。借助于云计算中强大的统计分析能力，可查询识别出各阶段、各工段的资金和资源需求，为资金和资源安排提供科学依据。通过提取云端信息模型中各构件的时间信息、工序信息、区域位置信息等，可快速高效拆分汇总实物量和造价的预算数据，实现时间维、工序维和区域维的多算对比，为进行成本管控提供数据支撑。

云计算应用在电子商务采购管理上的优势在于可以帮助采购人实现硬件资源集约化利用，甚至可随采购人需求弹性增减，单位能耗进一步降低。虽然需要大规模采购硬件软件支撑，但是通过规模化的采购本身价格相对较低，分配到具体的用户身上成本更低。云计算实现了资源集约利用，有效推动了节能减排。云计算服务不断地创新信息处理方式和服务模式，促进了软硬件的深度融合，在助力信息建设上更是节省了建筑信息化的成本。

云计算可实现降低 BIM 技术的应用门槛，提升承包商使用意愿。BIM 技术与云计算在投标中的集成应用，将有效提升承包商的竞标优势，提升电子商务采购管理的效率，促进施工企业信息化发展，扩大市场份额。同时，二者与生俱来的信息化特征，将会彻底颠覆传统信息交换和数据处理方式，为工程项目电子商务采购管理的改革与创新开辟新途径。

9.3 基于互联网的项目多方协同管理

9.3.1 项目协同管理的概念

项目协同管理，即 PCM（Project Cycle Management），是对多个相关且有并行情况项目的管理模式，它是帮助实现工程项目与企业战略相结合的有效理论和工具。项目协同管理的关键是让项目经理与企业高层管理者之间能紧密合作，并且能保证多个项目之间的紧密协作，充分利用资源。资源的有效利用是项目协同管理的核心，这些资源不仅指人、财和物，还指项目中产生的知识。

9.3.2 项目多方协同管理与互联网

1. 基于互联网的项目多方协同管理

基于互联网的项目多方协同管理技术是以计算机支持协同工作（CSCW）理论为基础，以云计算、大数据、移动互联网和 BIM 等技术为支撑，构建的多方参与的协同工作信息化管理平台。以 Internet 为通信工具，以现代计算机技术、大型服务器和数据库技术、存储技术为支撑，以协同管理理念为基础，以协同管理平台为手段，将工程项目实施的多个参与方（投资、建设、管理、施工等各方）、多个阶段（规划、审批、招投标、施工、分包、验收、运营等）、多个管理要素（人、财、物、技术、资料等）进行集成管理的技术。通过工作任务协同管理、质量和安全协同管理、图档协同管理、项目成果物的在线移交和验收管理、在线沟通服务，解决项目图档混乱、数据管理标准不统一等问题，实现项目各参与方之间信息共享、实时沟通，提高项目多方协同管理水平。

（1）基于互联网的项目多方协同管理的技术内容主要包括：

1）工作任务协同。在项目实施过程中，在互联网“云端”将总包方发布的任务清单及工作任务完成情况的统计分析结果实时分享给投资方、分包方、监理方等项目相关参与方，实现多参与方对项目施工任务的协同管理和实时监控。工程竣工图编制采用在设计院原蓝图的电子版上进行修改补充，每份变更单都向设计院索取或自绘成电子版，然后做成电子索引，在作竣工图的过程中十分便利。

2）质量和安全管理协同。其核心是以“互联网”的方法来改进工程各系统组织和岗位人员信息交流的方式，提高沟通的明确性、效率、灵活性和响应速度，从而提高施工现场安全管理水平，杜绝各种违规操作和不文明施工行为，降低事故发生频率，保证建筑工程质量。其能够实现总包方对质量、安全的动态管理和限期整改问题自动提醒。利用大数据进行缺陷事件分析，通过订阅和推送的方式为多参与方提供服务。

3）项目图档协同。项目各参与方基于统一的平台进行图档审批、修订、分发、借阅，施工图纸文件与相应 BIM 构件进行关联，实现可视化管理。对图档文件进行版本管理，项目相关人员通过移动终端设备可以随时随地查看最新的图档。图档数据库积累了大量的技术资料和相关图库，经过整理归类，编制电子索引，使工程的施工组织设计编制工作量大幅度降低，质量也大幅度提高，同时也可借鉴以前类似工程中发生过的问题，在以后的工程建设与管理中予以杜绝。

4）项目成果物的在线移交和验收。各参与方在项目设计、采购、实施、运营等阶段通过协同平台进行成果物的在线编辑、移交和验收，并自动归档，同时结合建设项目在主机上架立 FTP 服务器，设立项目领导和各部门用户群，由于项目内部的部分文件保密，所以不同用户有不同的密码，对各目录拥有的权限也不同。并且用户名与项目规定的 IP 地址挂钩，进一步加强了保密管理及规范化。另外，服务器会生成建设与管理日志以供检索。

5）在线沟通服务。利用即时通信工具，增强各参与方沟通能力。通过互联网协同办公系统可以打破组织边界与地理位置边界，施工组织人员可以通过即时通信的多种方式进行沟通，并且以这些沟通方式为手段把信息推送给云端管理中心，沟通形式更加丰富，效率更高。全面整合孤立数据，节约时间，提高决策效率，在一个统一的界面上展现来自各个系统各种数据库的数据，可以看到工程项目的关系、管理系统的最新进展状况，同时可以看到生产系统的生产计划及生产情况，打开协同办公管理软件，所有内容统一展现在管理人员面前，同时还可以把互联网信息及时调取，便于监督交流施工进度与施工质量。

（2）基于互联网的项目多方协同管理的技术指标主要包括：

1）采用云模式及分布式架构部署协同管理平台。支持基于互联网的移动应用，实现项目文档快速上传和下载。通过对工程管理人员设置不同的权限，控制各部门项目管理人员所能使用的资源权限。

2）应具备即时通信功能。统一身份认证与访问控制体系，实现多组织、多用户的统一管理和权限控制，提供海量文档加密存储和管理能力。如建立基于互联网的“结构体系”的标准化构件族库，各个构件模型充分考虑相对应的构件生产信息、构件装配信息，易于构件工厂生产、易于现场装配，实现基于BIM模型的设计信息、加工信息、装配信息一体化。

3）针对工程项目的图纸、文档等进行图形、文字、声音、照片和视频的标注。如采用二维码对工程构件进行编制，同时二维码有了足够的空间存储信息，引入了纠错机制和加密位，可大大提高可靠性和信息安全性。基于互联网的二维码数据库应用于建筑工程项目管理是从原材料信息开始规范管理，包括构件编号、型号规格、原材料产品信息、工厂加工信息、出厂合格证信息以及现场焊接和吊装时需要的一些信息等，利用二维码软件或者是二维码网站进行生成，将打印的二维码贴在对应的构件上，做到“一物一码”，一份材料样品、一堆材料加工半成品、一根柱子、一根梁、一块板，都有其产品身份证、质量验收合格证以及其他所需信息，通过二维码赋予其特殊的身份证明。而物资管理人员只需要利用智能手机和网络信息平台便可及时检查与使用。

4）应提供流程管理服务，符合业务流程与标注（BPMN）2.0标准。以现代通信和网络技术构建的硬件平台为支撑，以建筑工程从原材料供应到竣工验收的施工信息为基础，通过完整有效的工程档案建设和参建者（包括供应商、承包商、监理、业主）信息整合，运用互联网识别技术，实现工程管理者的网络互联、信息共享，构建工程质量追溯系统。这样整个工程建设全过程的身份信息、环境信息、产品信息、生产信息和质量信息等关键信息都记录到互联网数据库中，同时也可通过网络上传到同步网盘中建立档案。然后将收集的资料整理，工程管理者就可以随时通过智能移动终端识别工程质量的标签信息，也可以直接链接上网查询工程产品的详细信息，高效快捷有据地行使其管理职责。

5）应提供任务编排功能，支持协同任务设计，方便逐级分解和分配任务，支持任务推送和自动提醒。基于互联网的施工BIM模型，动态分配各种施工资源和设备，输出相应的材料、设备需求信息，并与材料、设备实际消耗信息进行比对，实现施工过程中材料、设备的有效控制。

6）应提供大数据分析功能。支持质量、安全缺陷事件的分析，防范质量、安全风险。对工程质量、安全关键控制点进行模拟仿真以及方案优化。利用移动设备对现场工程质量、安全进行检查与验收，实现质量、安全管理的动态跟踪与记录。

7）应具备与其他系统进行集成的能力。结合施工工序、工艺等要求，进行施工过程的可视化模拟，并对方案进行分析和优化，提高方案审核的准确性，实现施工方案的可视化交底。

2. 文档及流程管理

工程管理中，在文档及流程管理方面存在四点问题。一是文档分散存储，容易丢失；二是文档权限控制不明，容易泄密；三是文档无法有效协作共享；四是项目员工工作调动频繁，交接不全，相关经验知识无法延续。若工程项目在云平台中创建各大型项目协同管理平台，可以实现在管理平台中基于BIM模型、项目各任务流程对项目各参与方、项目各部门以及部门内部进行协同管理。

（1）项目云平台工作流程

1）在云平台上通过创建项目空间到创建组织及成员，再分为文档、任务两条主线进行文档、任务流程管理。

2）根据公司总承包项目组织架构特点，建立项目总承包方、业主方、设计方、监理方等项目参建方以及总承包方各部门的云平台组织结构，并在各参建方、各部门添加云平台成员，完成项目云平台组织及成员的创建。

3）在项目云空间中将信息进行分类，按组织、专业、项目生命周期阶段或者其他类别分类创建文件夹进行文档管理，实现了文档创建→修改→版本控制→审批程序→发布→存储→查询→反复使用→终止使用，整个生命周期的管理，并实现工作流与文档管理无缝结合，保证了总包部和各参建方信息交流的高效化、透明化。

4）项目文档建立完成后，为了实现项目信息的流通与管理，需要将项目各参建方、各部门所整理的信息进行梳理。各部门根据业务需求，将所分类出的信息梳理为两大类：可公开信息和不可公开信息。可公开信息将作为公开权限处理，由各部门上传至云平台，供其他部门使用。不可公开信息，将根据部门单独设置权限，由部门上传后仅部门内部及指定人员可查看、下载。具体权限分配见表 9-1。

项目云平台权限分配表 **表 9-1**

访问：A 储存：B 修改：C 上传：D 创建：E 公开：F 删除：G					
协同内容	总包方	业主方	设计院	监理方	分包方
各阶段 BIM 模型	ABCDEFG	ABDEF	AB	AB	ABCDF
施工图纸	AB	ABDEFG	ABCD	AB	AB
深化设计图纸	ABCDEFG	ABDEF	AB	AB	ABCDF
设计变更	ABCDEFG	ABDEF	AB	AB	ABCDF
施工组织文件	ABCDEFG	ABDEF	A	AB	ABCDF
方案措施文件	ABCDEFG	ABDEF	AB	AB	ABCDF
施工记录	ABCDEFG	ABDEF	A	AB	ABCDF
试验检验文件	ABCDEFG	ABDEF	A	AB	ABCDF
过程文件	ABCDEFG	ABDEF	A	AB	ABCDF
会议文件	ABCDEFG	ABDEF	A	AB	ABCDF
竣工文件	ABCDEFG	ABDEF	AB	AB	ABCDF

5）项目各参建方平台管理人员上传资料文档到云平台上，公司领导层、项目领导班子、项目管理人员无需安装 Revit、Navisworks 等大型软件，即可对各版本文档在线浏览。摆脱了 BIM 电脑高配置的局限性，让 BIM 工作走向大众化。

6）在 BIM 云平台上采用工作任务跟踪处理的方式推进项目工作，落实工作任务阶段责任人，对任务完成情况进行反馈，对目前项目工作任务增强可控性和追溯性。经过初步分类，云平台流程协同应用主要分为三类：一是部门内部工作协同；二是跨部门工作协同；三是项目各参建方工作协同。

（2）图纸及变更协同管理

工程管理中，在图纸及变更管理方面存在着三点问题：一是项目图纸、变更数量庞大，海量图文档版本混杂使用，有限的人工管理方式，频频出问题；二是人工方式和普通个人电脑存储，查找图纸缓慢，效率低下；三是工程过程中图纸版本多、变更多，难以整合和统一管理，发生因使用错误版本而导致现场施工返工的问题。借助 BIM5D 平台来实现项目图纸及变更协同管理，项目只需要安排一名图纸管理员，进行图纸、变更的录入、关联、更新等工作。项目管理人员在各自电脑上安装 BIM5D 软件即可通过模型查看到最新图纸、变更单，把二维图纸与三维模型进行对比分析。

（3）进度计划协同管理

基于互联网云计算分析，借助 BIM5D 平台实现现场施工进度与进度计划的协调管理，及时反馈现场施工进度偏差，初步分析施工进度延误原因。根据现场总平面布置情况，对项目进行合理的流水分区，并将各个分区的墙柱、梁板等构件关联。将项目周、月、年度 3 级计划与模型墙柱、梁板等构件精细关联，另外录入各项任务实际时间，对任务完成情况做到统计分析，能对下一步各项计划工作的完成状态进行预警。通过进度计划与现场施工时间同时与 BIM 模型的关联处理后，能够对现场任务进行统计分析，并能得到任务状态统计图。找出进度延迟完成的位置，分析其前置计划、后置计划的情况。追溯工期延迟原因，制定新的调整措施。

（4）质量安全协同管理

现场的质量安全协同管理主要从三个方面进行：一是移动端实时采集现场质量安全问题；二是 PC 端提供模型定位与问题管理；三是 Web 端提供多视角统计分析。主要包括以下几点：

1）现场数据采集与关联。工长、安全员发现现场问题，在安装了 BIM5D 软件的手机上找到相对应的模型位置，通过文字、照片、语音等形式记录问题并关联模型，现场问题所属专业、类别、责任人同时录入，以便后期问题的处理。

2）现场问题追踪与处理。现场的质量安全问题同步到了 BIM5D 平台后，管理人员（特别是该项问题的责任人）登录平台即可立即发现问题，对该问题进行整改。

3）过程问题归纳与总结。将近期收到的现场质量安全问题进行归纳总结，为每周生产协调会提供数据支持。

4）质安问题统计分析。现场质量、安全问题通过 BIM5D 平台同步到云端，可形成直观的数据分析流线图等形式供管理人员使用；同时，公司领导在网页端根据自己的账号随时随地对公司试点项目的情况进行查询，让领导层对试点项目的施工情况深入了解，方便决策者作出更准确的决策。

（5）商务管理协同应用

1）工程量计算与统计。通过 Revit 创建土建模型并导入土建算量软件中，精确计算混凝土工程量，体现 BIM 模型从技术到商务的传递。通过钢筋算量软件，准确计算钢筋工程量。并且，将土建模型与钢筋模型整合到 BIM5D，实现混凝土与钢筋工程量的集成化管理。

2）资源协同动态管理。在 BIM5D 上查看进度计划中各个时间段的资源需求，对不同时间段的资源需求量作出预判，提前做好资源调控准备。在 BIM5D 平台中通过查看资源工程量、构件工程量，可以了解不同种类的资源量统计及情况，并精确查看每个构件的工程量，从而实现现场资源配置精细把控。

3）现场资金协同动态管理。将项目的合同清单、成本清单导入 BIM5D 里面关联模型，分析出项目每个月、每一周、累计各月的资金计划，以及实际资金与计划资金的对比曲线图，并得出资金分析表；有助于管理人员对现场资金把控，减小资金风险，实行资金的最优利用。在BIM5D中通过三算对比，比较项目中标价、预算成本与实际成本的盈亏与节超情况，从而做到对项目成本的精确把控。

3. 成效

通过基于互联网的BIM云协同平台，在项目协同管理方面基本实现了工程项目管理由传统的点对点的沟通交流方式到多方随时随地沟通交流的云协同，提高了项目管理效率。主要体现在以下四个方面：

（1）项目管理人员的工作质量和效率提升较大，项目各参建方、各部门初步实现了协同工作。

（2）现场的质量、安全、进度等问题的处理效率得到大幅提升，使项目管控更加有力。

（3）项目的成本与计划得到关联，实时反映项目资金使用情况，增强了对项目的成本管控。

（4）BIM云协同平台对现场数据实时收集，逐渐积累数据库，在大数据库模式下整合多种项目、多地区项目有效数据，形成企业数据宝藏，为新项目提供支持与帮助。

9.4 基于移动互联网的项目动态管理

9.4.1 项目动态管理的概念

项目管理是指自项目开始至项目完成，通过项目策划和项目控制，以使项目的费用目标、进度目标和质量目标得以实现。项目管理的实质就是项目目标的制定、管理与控制的过程。在项目管理的过程中，各种要素的变化是绝对的，不变是相对的，所以项目管理与控制的过程是动态的。项目管理的特点由以下七个方面构成：

（1）一次性的特点是与其他重复性项目最本质的差别；

（2）项目管理的服务对象是项目；

（3）每一个项目都具有其独特性；

（4）项目管理在组织实施方面是专门的，这个组织具有临时性和开放性的特点，有助于项目管理的实时安排；

（5）项目管理必须有一个确定的目标，比如成果目标、时间目标和约束目标等，可以允许目标的小幅变动，但是一旦目标出现方向性的变动，那么也就形成了另外的一个项目；

（6）项目管理需要整体性，组织的缺少或者多余都会影响项目的实施效果；

（7）项目管理成果具有不可挽回性，不同于工厂生产产品，允许残次品返工，一旦成果产生，不论成功或失败，该项目将不能再次进行。

9.4.2 项目动态管理与移动互联网技术

传统工程项目施工管理模式是在信息技术不发达的时期逐渐形成的，在当今信息技术发达的背景下，可以明显地感到这种传统模式信息传递的低效率、信息的滞后性及信息的可追溯性差等不足。随着移动互联网技术的发展，随时随地都可以互联互通，移动终端的便捷性和定位性，使得把施工现场搬进办公室这一突破传统模式的想法可以变为现实。由此极大地增加了项目施工管理的可视性，延伸出了现场专家视频会议、远程生产监控、检查验收同步监督等各种新型管理方式。云技术使得大数据信息的存储、处理以及共享成为现实。

基于移动互联网的项目动态管理信息技术是指综合运用移动互联网技术、全球卫星定位技术、视频监控技术、计算机网络技术，对施工现场的设备调度、计划管理、安全质量监控等环节进行信息即时采集、记录和共享，满足现场多方协同需要，通过数据的整合分析实现项目动态实时管理，规避项目过程各类风险。

（1）基于移动互联网的项目动态管理主要技术内容

1）设备调度。运用移动互联网技术，通过对施工现场车辆运行轨迹、频率、卸点位置、物料类别等信息的采集，完成路径优化，实现智能调度管理。项目参与方可以通过4D/5D建筑施工过程管理系统进行项目施工计划、进度管理、施工现场布置、资源优化配置，这主要归因于系统提供了项目进行的模型管理操作工具层，通过信息管理系统可以将施工现场可视化模拟、将施工进展可视化演示，实现了资源的动态优化管理与配置，也可以对项目的实时施工状态进行有效管理与控制。

2）计划管理。根据施工现场的实际情况，对施工任务进行细化分解，并监控任务进度完成情况，实现工作任务合理在线分配及施工进度的控制与管理。形成4D建筑施工模型之后，对于施工进度的管理更加方便透明化，参与方可以通过系统软件操作界面中的进度管理工具对工程实施进度进行管理，当然也可以通过管理界面对项目进行过程中出现问题导致进度改变的信息进行输入微调，只要管理系统的信息发生改变，4D模型也就会相应作出调整，它的变动显现模式可以是网络图也可以是虚拟的三维动态图。通过BIM技术的植入，可以随时查看任意时间，搜索每个节点工序的进程，而且思维模型上还会清晰地显示已完工和未完工的工程。参与方还可以实时查看工程组成的属性信息，例如施工工艺、承揽单位等。

3）安全质量管理。利用移动终端设备，对质量、安全巡查中发现的质量问题和安全隐患进行影音数据采集和自动上传，整改通知、整改回复自动推送到责任人员，实现闭环管理。如对工人的动态管理可实现：工人定位、动态点名、区域准入权限管理、工时检测等。

4）数据管理。通过信息平台准确生成和汇总施工各阶段工程量、物资消耗等数据，实现数据自动归集、汇总、查询，为成本分析提供及时、准确数据。在基于互联网的环境下，用户如果对某一处施工情况需要了解，只需要在系统输入所搜索的施工对象以及具体施工时间，就可以在界面看到系统自动调出的三维建筑施工图像，而且是动态图像，就是说不仅能够显示某一个时间点的施工状况，还能够显示某一点时间的动态流程，全部都是建筑的模拟图像。不仅如此，客户还可以获得在此时间段内耗费的劳动力、施工材料、工程量等建筑资源的准确信息。这也就实现了对工程项目的动态实时监测。

（2）互联网技术与BIM及RFID技术对项目的动态管理

RFID是非接触式的自动识别的一项技术，一般是由电子标签、阅读器、中间件、软件系统这四部分构成。这项技术的基本特点是电子标签与阅读器并不需要直接接触，而是通过空间磁场或者是电磁场耦合来进行信息交换。RFID技术的优点是可以非接触式的读取信息，不受任何覆盖遮挡物的影响（但金属材质可能会产生一定影响），具有穿透性好、抗污染能力强和耐久性好、可重复使用的优点，另外阅读器也可以同时接收多个电子标签的信息，不受任何限制。

RFID技术能够很好地实现建筑信息即时的收集、传递和反馈；BIM技术能够实现建筑可视化，提供了三维地图的基础作用。融合RFID和BIM技术，能够综合发挥二者优势，实现建筑信息的即时收集，并在BIM模型中进行可视化表示。综合考虑BIM和RFID技术的特点以及工程实际情况，整合BIM与RFID功能，可以实现优化的项目动态管理。

1）在构件管理方面，建筑构件入场时，经常会出现找不到构件或者找错构件的情况，应用RFID、BIM技术有效配合，便可以随时对构件进行追踪和监控。

2）在工程量统计及进度成本动态控制方面，BIM相关软件可以精准地统计出模型中各个构件的工程量，不用花费大量时间进行人工统计。此外，将施工3D模型与时间、成本相联系，建立4D及5D可视化模型，实时跟踪施工进度和施工成本，及时找出实际施工过程中存在的问题，并尽快进行工期优化、资金调整等。

3）在工程安全管理方面，安全管理模块的主要功能为安全提醒及事故预警。根据施工现场的实际情况以及高处坠落、高空坠物、物体打击等主要工程事故的发生区域，预先划分安全提示区域。并根据易发事故的类型设置安全语音提示和警示灯安全提示，当建筑工人佩戴贴有RFID标签的安全帽进入施工现场时，安置在各区域关键位置的RFID阅读器读取到RFID标签信息后，根据不同的事故易发区域类型，声光报警器发出相应的提示语音，同时警示灯闪烁预警，提示该名工人已进入事故易发区域，从而实现安全提醒及事故预警功能。

4）在建筑工人及工时实时监测方面，系统分析记录每个工人在有效工作区域内的大致位置信息，将所有工作区域内的工人位置情况汇总至BIM模型中，实现建筑工人的智能定位功能，并同时在模型中生成当前工人的劳动力分布情况。管理人员在系统中录入工人电子名单，系统将识别到的工人基本信息和位置信息并与电子名单相匹配，实现对建筑工人的动态点名。当工人进入特定区域时，系统会自动判断该名建筑工人是否具有该区域的准入权限，若该工人具有相应权限，则允许该名工人进入该施工区域，反之，声光报警器发出警报，提示其进入了错误的施工区域。同时，系统后台记录该名工人的相关信息，并进行数据汇总，从而实现建筑工人区域准入权限管理功能，系统统计建筑工人在指定工作区域内的持续时间，计算出工人的有效工时，实现工时监测功能。

5）在工程施工动态管理方面，云技术使得大数据信息的存储、处理以及共享成为现实。工程项目施工管理将由传统的层次管理模式转变成一种同步管理模式，信息的传递将是放射式的直达方式，而不再是逐级传递，将极大地消除信息的丢失、失真和滞后，这将大幅度提高管理效率。这种基于移动互联网的新型项目施工管理模式，将深刻地改变现有的管理行为方式以及组织架构。通过高性能监视器或移动终端高速视频信息传输，千里之外就能够同步看清楚现场细节，甚至比现场人员看得更全面更细致，形成场内场外的同步互动。在这种新型模式下，检查验收将不仅仅有数据资料，还有直观的带有时间和定位信息的视频资料，大大增加检查验收的可信度和可追溯性。

（3）基于移动互联网的项目动态管理主要技术指标

1）应用移动互联网技术，实现在移动端对施工现场设备进行安全、高效的统一调配和管理。随着移动终端设备的迅速发展，在建筑行业，移动IT也逐渐渗透着其优势。目前，已有众多专业建筑工程软件开发了移动端应用，用户可以通过移动设备进行数据访问甚至进行数据编辑。建筑业相关的信息技术解决方案，包括专业软件和同步硬件设备的类型也开始多样化。

移动终端硬件技术成熟，可用开放接口多样，为实时进度信息管理提供各种技术支持。目前，智能移动终端多样，例如智能手机、智能手表、智能手环、智能眼镜等，其中包含各式功能：通信、拍照、录音、录像、蓝牙传输、NFC 传输、GPS 定位、指纹识别等。利用这些功能完全可以实现项目现场进度信息的采集、筛选、传递、加工、存储、读取，形成完整的信息流回路，实现进度信息实时高效管理。

2）结合 LBS 技术对移动轨迹采集和定位。位置服务是通过通信网络获取移动终端用户的位置信息（经纬度坐标），在电子地图平台的支持下，为用户提供相应位置服务的一种新型业务。在建筑工程项目的动态管理运用中，在互联网的技术支持下，实现移动端自动采集现场设备工作轨迹和工作状态。

3）建立协同工作平台，实现多专业数据共享，实现安全质量标准化管理与动态成本实时管理。在基于互联网的项目动态管理模式中，采用 BIM 技术进行成本管理的环节中，施工单位要有效地控制成本，以最小的成本实现最大化的收益。BIM 技术采用后，完善了可视化和信息化的管理，有效地节约了管理的成本，通过动态化的管理方式，可以完善成本的运转，对工程量进行分析，帮助施工单位控制工程的实施，有效地提升施工资源的利用率，确保施工顺利进行。

4）具备与其他管理系统进行数据集成共享的功能。所有项目相关信息应统一放在一个平台上管理使用。设计规范、任务书、图纸、文字说明等文件应当能够被有权限的项目参与人方便调用。在人员管理上，要做到每个项目的参与人登录协同平台时都应进行身份认证，这个身份与其权限、操作记录等挂钩。通过协同平台，管理者应能够方便地控制每个项目参与者的权力和职责，监控其正在进行的操作，并可查看其操作的历史记录。从而实现对项目参与者的实时管控，保障工程项目的顺利实施。

（4）基于移动互联网的辅助实时管理系统

1）即时会议系统。项目管理系统内嵌会议系统，可随时进行各个部门、各个层级的语音及视频会议；可进行全天候的施工进度督查、施工质量、项目造价、施工安全等问题报送及回馈。

2）即时定位考勤系统。使用移动互联网技术，可对各项目参与人员进行全时段、全方位的考勤。可有效杜绝传统项目管理中出现的项目经理挂证，项目经理、监理工程师、跟踪审计人员擅自离岗、缺岗等问题。

3）即时拍照报送系统。使用移动互联网技术，各项目参与人员可向系统及各项目管理模块随时报送项目现场图片，及时反映项目当下的进度、质量等情况，各管理模块可及时作出反应，保证项目高效有序地推进。

4）文件共享及流转系统。使用移动互联网技术，各项目参与单位可及时高效地流转各类项目文件，节省大量时间的同时也杜绝了责任推脱与混乱，责任划分清晰明确。

基于移动互联网的工程现场实时管理，包括了功能框架结构以及定位模块和地图展示等关键技术的实现方案，为现场管理提供有效的、及时的监督手段，对工程项目的进度、质量和安全进行把关，确保工程顺利实施。在移动互联网盛行的时代，更加需要利用移动终端便携设备做好现场的管理工作，进一步完善现场视频监控和现场情况即时反馈的实时项目管理等功能。

第 10 章　BIM 与项目信息化管理

10.1　BIM 的产生与发展

10.1.1　BIM 的产生

BIM 的英文全称为 Building Information Modeling，国内较为一致地将其翻译为建筑信息模型。BIM 一词由耶鲁大学建筑系教授 Phil Bernstein 提出，后由另一位学者 Jerry Laiserin 将其推广成为建筑项目以数字化方式展示其建造时期各阶段的代名词。

1986 年，美国学者 Aish & Noakes 提出了“Building Modeling”的概念。从 20 世纪 70 年代一直到 90 年代初，受限于计算机 16 位 CPU 内存的不足，以及绘图运算处理效能低等因素，当时全球主要绘图工作站研发制造商 DEC、SGI、SUN、HP、IBM 致力于硬件上开发建筑计算机辅助绘图、设计与仿真系统，但碍于硬件成本过高及软件功能不足，全球建筑产业使用计算机仿真大楼建造只能用于实验室研究。

1989 年，以 Autodesk R10 绘图软件绘制 2D 图，再以 3D 软件进行仿真渲染，平均仿真产生 3D 模型需要 8～24 小时以上运算时间，如此低的执行效率，是当时商业化的障碍。进入 21 世纪后，软硬件高速发展，专业的绘图芯片引擎与多核处理器飞速发展。直到 2002 年由 Autodesk 公司提出建筑信息模型（Building Information Modeling，BIM），计算机辅助设计创新得以大突破。直至现在，BIM 已经成为产业中解决实际问题的生产力工具。

从 BIM 设计过程的资源、行为、交付三个基本维度，BIM（建筑信息模型）不仅仅是简单地将数字信息进行集成，而是一种数字信息的应用，并可以用于设计、建造、管理的数字化方法。这种方法支持建筑工程的集成管理环境，同时可以使建筑工程在其整个进程中显著提升效率、大量减少风险。BIM 就是利用创建好的 BIM 模型提升设计质量，减少设计错误，获取、分析工程量成本数据，并为施工建造全过程提供技术支撑，为项目参建各方提供基于 BIM 的协同平台，有效提升协同效率，确保建筑在全生命周期中能够按时、保质、绿色、节约完成，并且具备责任可追溯性。

BIM 的定义有多种版本，美国国家 BIM 标准（Annex &Rules 2015）对 BIM 的含义有四个层面完整的解释：

（1）一个设施（建筑项目）物理和功能特性的数字化表达。

（2）一个共享的知识资源。

（3）分享有关这个设施的信息，为该设施从概念设计开始的全生命周期的所有决策提供可靠、可依据的流程。

（4）在项目不同阶段、各个专业方，依托 BIM 模型中新增、获取、更新和修改信息，以支持和解决其各自职责的协同作业。

10.1.2 BIM的概述

建筑信息模型是一个完备的信息模型，能够将工程项目在全生命周期中各个不同阶段的工程信息、过程和资源集成在一个模型中，方便被工程各参与方使用。通过三维数字技术模拟建筑物所具有的真实信息，为工程设计和施工提供相互协调、内部一致的信息模型，使该模型达到设计施工的一体化，各专业协同工作，从而降低了工程生产成本，保障工程按时、保质保量地完成。

BIM是一个概念，整合建筑物从规划设计时间开始至运营维护阶段全生命周期的建筑物信息于统一模型，以数据库形式及参数式组件的概念区别于传统的2D平面绘图。BIM改变了现今建筑产业的普遍做法，增进团队之间的协同作业，更纳入不同领域的信息整合。其改变还包含了在设计过程中不再以线条的组成、建筑项目的空间关系、平面图上所表示的符号来代表建筑组件，取而代之的是以建筑组件为单位，例如墙组件、楼板组件、柱组件等。绘制墙面时则选择墙组件直接绘制其所在位置，每个组件的内涵参数都可供用户调整其参数内容，如组成材质、尺寸等。

BIM具有单一工程数据源，可解决分布式、不同工程数据之间的一致性和全局共享问题，支持建设项目生命期中动态的工程信息创建、管理和共享。建筑信息模型同时又是一种应用于设计、建造、管理的数字化方法，这种方法支持建筑工程的集成管理环境，可以使建筑工程在其整个进程中显著提高效率和大量减少风险。BIM一般具有以下特征：

（1）模型信息的完备性。除了对工程对象进行3D几何信息和拓扑关系的描述，还包括完整的工程信息描述，如对象名称、结构类型、建筑材料、工程性能等设计信息，施工工序、进度、成本、质量以及人力、机械、材料资源等施工信息，工程安全性能、材料耐久性能等维护信息，以及对象之间的工程逻辑关系等。

（2）模型信息的关联性。信息模型中的对象是可识别且相互关联的，系统能够对模型的信息进行统计和分析，并生成相应的图形和文档。如果模型中的某个对象发生变化，与之关联的所有对象都会随之更新，以保持模型的完整性与平衡性。

（3）模型信息的一致性。在建筑全生命周期的不同阶段模型信息是一致的，同一信息无需重复输入，而且信息模型能够自动演化，模型对象在不同阶段可以简单地进行修改和扩展而无需重新创建，避免了信息不一致的错误与冗余。

BIM技术是我国建筑行业发展的必然选择，其优势有以下几个方面：

（1）可视化。BIM软件建立的3D空间模型可以通过各种平面、立面、空间建筑图以及3D动画完成，各个图纸都来自于同一个模型，所以各图纸之间是存在关联互动性的，任何一个图纸的参数发生改变，其他图纸的参数也会发生相应的改变，从而将建筑的整体变化直观展现出来，便于设计者工作。BIM提供了可视化的思路，将以往的线条式的构件形成一种三维的立体实物图形展示在人们的面前。建筑业也曾有过设计效果图，但是这种效果图是分包给专业的效果图制作团队识读线条式信息设计，从而制作出来的，并不是通过构件的信息自动生成的，缺少了同构件之间的互动性和反馈性。而BIM提到的可视化是一种能够使同构件之间形成互动性和反馈性的可视效果，在BIM中，由于整个过程都是可视化的，所以可视化的结果不仅可以用于效果图的展示及报表的生成，更重要的是在项目设计、建造、运营过程中的沟通、讨论、决策都在可视化的状态下进行。

（2）模拟性。BIM技术更大的价值是体现在对数据信息的分析上。这些数据经过

BIM 平台的处理与传递，会发挥出更大的价值，将信息数据模型和管理行为模型进行匹配，使整个建造过程管理理念及方法发生了根本变化，促进了管理模式的变革。BIM 的数据模拟性并不是只能模拟设计出建筑物模型，还可以模拟不能够在真实世界中进行操作的事物。在设计阶段，BIM 可以对设计上需要模拟的一些东西进行模拟试验，例如：节能模拟、紧急疏散模拟、日照模拟、热能传导模拟等；在招投标和施工阶段可以进行 4D 模拟（三维模型加项目的发展时间），也就是根据施工的组织设计来模拟实际施工状况，从而确定合理的施工方案用以指导施工。同时，还可以进行 5D 模拟（基于 3D 模型的造价控制），从而实现成本控制；后期运营阶段可以模拟日常紧急情况的处理方式，例如地震时人员逃生模拟及消防人员疏散模拟等。

（3）协调性。BIM 技术还可以实现工程人员的协调与沟通，以建筑信息模型为基础的网络为工程人员的交流与沟通提供了快捷便利的平台。这个方面是建筑业中的重点内容，不管是施工单位还是业主及设计单位，协调及相互配合是工作的重中之重。一旦项目在实施过程中遇到了问题，就要组织人员开会协调，寻找各施工问题发生的原因及解决办法，再采取相应补救措施解决问题。但是在设计时，往往由于各专业设计师之间的沟通不到位，出现各种专业之间的碰撞问题，例如暖通等专业中的管道在进行布置时，由于施工图纸是各自绘制的，真正施工过程中，可能在布置管线时正好在此处有结构设计梁等构件妨碍管线的布置，这种就是施工中常遇到的碰撞问题。BIM 的协调性服务就可以帮助处理这种问题，即 BIM 建筑信息模型可在建筑物建造前期对各专业的碰撞问题进行协调，生成协调数据并提供解决方案。BIM 的协调作用也并不是只能解决各专业间的碰撞问题，它还可以解决其他方面的协调问题，例如：电梯井布置与其他设计布置及净空要求之协调，防火分区与其他设计布置之协调，地下排水布置与其他设计布置之协调等。

（4）优化性。事实上，整个设计、施工、运营的过程就是一个不断优化的过程，当然优化和 BIM 也不存在实质性的必然联系，但在 BIM 的基础上可以做更好的优化。优化受三种因素的制约：信息、复杂程度和时间。没有准确的信息做不出合理的优化结果，BIM 模型提供了建筑物实际存在的信息，包括几何信息、物理信息、规则信息，还提供了建筑物变化以后的实际存在信息。复杂程度高到一定水平，参与人员本身的能力无法掌握所有的信息，必须借助一定的科学技术和设备的帮助。现代建筑物的复杂程度大多超过参与人员本身的能力极限，BIM 及与其配套的各种优化工具提供了对复杂项目进行优化的可能。基于 BIM 的优化可以做如下的工作：

1）项目方案优化。把项目设计和投资回报分析结合起来，设计变化对投资回报的影响可以实时计算出来。这样业主对设计方案的选择就不会主要停留在对形状的评价上，可以使业主更加明确地知道哪种项目设计方案更有利于自身的需求。

2）特殊项目的设计优化。例如幕墙、屋顶、大空间等到处可以看到的异形设计，这些内容看起来占整个建筑的比例不大，但是占投资和工作量的比例和前者相比却往往要大得多，而且通常也是施工难度比较大和施工问题比较多的地方，对这些内容的设计施工方案进行优化，可以带来显著的工期和造价改进。

BIM 技术应用的最大价值在于打通建筑的全生命周期。随着三维建筑信息模型数据从规划、设计到施工、运营维护各个阶段不断地完整、丰富、整合与升级，其核心价值如可持续设计、海量数据管理、数据共享、工作协同、碰撞检查、造价管控等也不断地得到发挥。

目前在国内，对于 BIM 技术应用的案例和应用软件都主要在设计阶段，这给人以比较片面的理解，认为 BIM 仅为某款软件。事实上，BIM 技术的应用是由不同性能和不同阶段的软件组成，BIM 的应用在设计、施工、运营维护的不同阶段都有着优于传统管理的方面，但是其数据核心都是应用三维数据模型等具有关联性的建筑信息模型。

由于建设项目全生命周期中参与单位众多，信息传递过程长，由此造成的信息丢失也较多，从而导致工程造价的提高。通过 BIM 技术，可以将建设全生命周期中各阶段的数据进行高度的集成，保证上一阶段的信息能传递到以后的各个阶段，使建设各方的各专业工程师能获取相应的数据，及时对项目进行管理，从而达到协同设计、协同管理、协同交流的目的。使得大型公建项目中的各产业单位能协同管理，达到协同建设的目的，并最终体现在运营管理中。同时，能在运营管理阶段，有效维护建筑物的各使用功能，有效延长大型公建的使用寿命。与传统模式相比，BIM 的优势明显，因为建筑模型的数据在建筑信息模型中的存在是以多种数字技术为依托，从而以这个数字信息模型作为各个建筑项目的基础进行各相关工作。建筑工程相关的工作都可以从这个建筑信息模型中获取各自需要的信息，既可指导相应的工作又能将相应工作的信息反馈到模型中。同时，BIM 可以四维模拟实际施工，便于在早期设计阶段就发现后期真正施工阶段可能会出现的各种问题，并进行提前处理，为后期实际施工打下坚实的基础，在后期施工时能作为施工的实际指导，也能作为可行性指导，以提供合理的施工方案及人员、材料使用的合理配置，在一定范围内最大化实现资源合理运用。

BIM 技术的特点概括而言即为一种应用于设计、建造、管理的数字化方法，这种方法支持建筑工程的集成管理环境，可以使建筑工程在其整个进程中显著提高效率和大量减少风险。由于建筑信息模型需要支持建筑工程全生命周期的集成管理环境，因此建筑信息模型的结构是一个包含有数据模型和行为模型的复合结构。它除了包含与几何图形及数据有关的数据模型外，还包含与管理有关的行为模型，通过关联为数据赋予意义。因而可用于模拟真实世界的行为，例如模拟建筑的结构应力状况、围护结构的传热状况等，所以行为的模拟与信息的质量是密切相关的。

应用建筑信息模型可以支持项目各种信息的连续应用及实时应用，这些信息质量高、可靠性强、集成程度高。如果可以多方协调，将大大提高设计乃至整个工程的质量和效率，显著降低成本。应用建筑信息模型，可使建筑工程更快、更省、更精确，各工种配合得更好和减少图纸的出错风险，其优点不仅体现在设计和施工阶段，同时将惠及建筑物的运作、维护和设施管理，并实现可持续地节省费用等经济目的。

10.1.3 BIM 的发展

电子信息科技的进步与发展给人们的生活工作带来了很大便利，BIM 技术也要结合先进的通信技术和计算机技术进行不断的优化更新，未来 BIM 的发展会有以下五大趋势。

（1）移动终端的应用。随着互联网和移动智能终端的普及，人们现在可以在任何地点和任何时间获取信息，以移动技术来获取数据。而在建筑设计领域，将会看到很多承包商，为自己的工作人员配备这些移动设备，在工作现场就可以在 BIM 平台上进行设计。在建筑项目建设方面，设计者可以通过移动设备在 BIM 上对现场施工进行指导、修改与完善。

（2）数据的暴露。现在可以把监控器和传感器放置在建筑物内，针对建筑内的温度、空气质量、湿度等各项指标与实况进行监测，在 BIM 上汇总供热、供水等其他信息并提供给工程师，工程师将这些信息汇总之后就可以对建筑的现状有一个全面充分的了解。同时，根据反馈的信息全面了解建筑物的现状，从而有助于建筑方案的设计。

（3）云端科技。即无限计算，不管是耗能还是结构分析，云计算强大的计算能力都能够对这些信息进行快速准确的分析与处理。甚至在渲染和分析过程中可以达到实时计算。云计算结合 BIM，可以为设计者对各个方案的比较提供数据，从而选择出更加科学合理的设计方案。

（4）可更替式建模。设计方可以根据不同用户的需求，构建不同的建筑模型。同时，用户可以根据自己的喜好及要求在 BIM 上进行改进优化。这样，就可以保证一次性满足客户的需求，避免了二次修改带来的不便。

（5）协作式项目交付。通过协作将设计师、工程师、承包商、业主的合作变成扁平化的管理方式，汇聚所有参建方参与其中，保证了设计师、承包商和业主之间的实时合作，实现协调工作进度的同时还可以保证工程质量。BIM 改变了传统的设计方式，也改变了整个项目的执行方法。

（6）数字化现实捕捉。这种技术是通过一种激光的扫描，可以对桥梁、道路、铁路等进行扫描，以获得早期的数据。现在，不断有新的算法，把激光所产生的点集中成平面或者表面，然后放在一个建模的环境当中。因此，可以利用这样的技术为客户在 BIM 平台上建立可视化的效果。未来设计师可以在一个 3D 空间中使用这种进入式的方式来进行工作，直观地展示产品开发的未来。

10.2 BIM 与建筑业信息化

10.2.1 建筑业信息化的发展

建筑业信息化是指运用信息技术，特别是计算机技术、网络技术、通信技术、控制技术、系统集成技术和信息安全技术等全面分析造价指标，进行质控、估算，全方面管理造价大数据，来改造和提升建筑业技术手段和生产组织方式，提高建筑企业经营管理水平和核心竞争能力，提高建筑业主管部门的管理、决策和服务水平。

建筑业信息化在设计领域和施工领域均已得到发展。从总体上看，无论是哪一领域，迄今为止，信息化都起到了提供生产和管理工具的作用，但在两个领域中侧重有所不同。在设计领域，以计算机辅助设计为代表，信息化提供的工具更侧重于生产方面，同时一些设计单位已经采用信息系统对设计过程进行管理，信息化也为设计领域提供了管理工具。按照信息技术的应用特征，我国设计领域信息化可以分为 3 个阶段：

第一阶段为 20 世纪 60 年代至 80 年代中期，其特征为计算机在结构分析中开始得到应用并逐步得到普及。

第二阶段为 20 世纪 80 年代中期至 21 世纪初期，其特征为计算机在设计和绘图中开始得到应用并逐步得到普及。

第三阶段为 21 世纪初期至今，其特征为信息技术在协同设计和设计管理中开始得到应用，并逐步走向普及。

设计领域信息化的各个发展阶段彼此不是相互割裂的，而是共同形成一个逐步递进、不断发展的过程。目前，在一些信息化工作领先的设计企业，在结构分析、设计和制图、设计管理以及系统设计各方面，信息技术应用已经达到很高的水平，计算机已经成为必不可少的有力工具。对于设计领域信息化，特别值得强调的是，通过上述 3 个阶段，我国建筑工程设计应用软件已经迅速发展。经过了 20 多年的努力，国产应用软件在满足市场需求的同时，技术水平也不断提高。专业软件的开发应用不仅较好地满足了我国的建筑工程设计需要，也降低了设计单位使用软件的成本。

对施工领域信息化进行阶段划分时，可以从管理方面和生产方面分别考察。在管理方面，可以借用美国学者诺兰的 6 阶段模型。根据该模型，企业实施信息化时一般经历 6 个阶段，即：初始阶段、传播阶段、控制阶段、集成阶段、数据管理阶段和成熟阶段。在初始阶段，企业的一个部门或者一个项目中开始应用计算机；在传播阶段，企业的其他部门看到了应用计算机的益处，也开始效仿；在控制阶段，因为企业发现部门之间的各自为政，开始对信息化进行协调、控制，以求得更好的应用效果；在集成阶段，企业看到仅仅是控制还不够，需要寻找一种更好的发展方法，这就是集成化系统发展；在数据管理阶段，随着企业中的各类重要数据增多，企业认识到，数据才是企业管理的重要资源，需要用信息化的手段对数据进行合理管理，促进其在决策过程中发挥作用；在成熟阶段，企业把信息化作为一种商业上的战略手段来加以应用。

我国的建筑业正处于飞速发展的阶段，而传统的项目管理模式已难以满足当今建筑行业的要求。随着"智能建筑""绿色建筑""装配式建筑"这些名词在建筑业的不断涌现，建筑业的信息化要求也提出了一个新的高度。BIM 建筑信息模型的建立，是建筑领域的一次革命，其将成为项目管理强有力的工具。建筑信息模型适用于项目建设的各阶段。它应用于项目全寿命周期的不同领域。掌握 BIM 技术，才能在建筑行业更好地发展。麦格劳一希尔将 BIM 定义为"创建并利用数字模型对项目进行设计、建造及运营管理的过程"。BIM 基于最先进的三维数字设计解决方案所构建的"可视化"的数字建筑模型，为设计师、建筑师、水电暖铺设工程师、开发商乃至最终用户等各环节人员提供"模拟和分析"的科学协作平台，帮助他们利用三维数字模型对项目进行设计、建造及运营管理。

2016 年 9 月，住房城乡建设部印发《2016—2020 年建筑业信息化发展纲要》，其中对勘察设计类、施工类、工程总承包类企业作了具体部署，积极探索"互联网＋"推进建筑行业的转型升级。纲要指出，建筑业信息化是建筑业发展战略的重要组成部分，也是建筑业转变发展方式、提质增效、节能减排的必然要求，对建筑业绿色发展、提高人民生活品质具有重要意义。

10.2.2 BIM 发展助力建筑信息化

近年来，我国建筑业掀起了一场基于信息化变革的热潮，BIM 技术在其中扮演了尤为重要的角色。它不仅可以从技术上实现碰撞检查、虚拟施工等项目可视化应用，又可以从经济上实现合约规划、短周期多算对比等关联信息库应用。BIM 技术作为建筑业革命性技术的功绩不可磨灭，它对传统的工作方式进行优化，对低下的工作效率进行提升，对粗放的生产方式进行精细化改造，真正实现基于 BIM 的信息化设计改进。BIM 在一体化工作流中根据各阶段的相应要求，按照一定的标准和规范进行元素重构，使 BIM 应用主体在建筑信息化方面发挥巨大的实质性价值。当前，中国建筑业正在经历着信息化的快速变革，由政府牵头的多项建筑业信息化领域的项目得到大力的发展。同时，许多建筑业的相关企业也希望利用信息化技术改变企业落后的管理方式，提升企业竞争力。

BIM 技术的价值在于解决建筑项目规划、设计、施工以及维护管理各阶段之间的“信息断层”和 AEC/FM 领域中的各应用系统之间的“信息孤岛”问题，实现建设全过程的工程信息共享、集成和管理，减少浪费，提高建筑产业效率，提升管理水平。并通过建筑生命期管理（Building Lifecycle Management，BLM）和建筑性能分析，提高建筑产品质量，节约建设成本，实现建设过程的增值。目前，建筑行业已经进入信息化时代，BIM 应用已经成为建筑行业信息化革命的一个重要标志。

BIM 技术是在建筑设计、施工和运营过程中，通过应用三维或者多维参数化信息模型进行协同设计、协同施工、虚拟仿真、工程量计算、造价管理和设施管理等一系列的信息化基础工具性技术。BIM 技术在国内外建筑行业和学术界受到越来越多的关注和应用，逐步成为建筑行业发展及产业转型升级的关键技术，被普遍认为是建筑业继 CAD 以后的第二次革命，而基于云技术的 BIM 应用已展示了其高效、成本较低和便于协同等优点。

在国际研究领域上，IAI 发布了 BIM 数据标准 IFC，为 BIM 数据表达和交换提供了开放的标准和格式，标志着 BIM 概念的成熟。欧洲一些国家如芬兰、挪威、德国等已经开始普及 BIM 技术，基于 BIM 的应用软件普及率已达到 60％～70％。BIM 在我国的应用从开始的探索研究，经过鲜有项目全过程应用成功的案例，到如今应用落地开花。国内也已出台多种 BIM 相关标准，如《建筑工程信息模型应用统一标准》《建筑工程信息模型存储标准》等。

在过去及未来的发展过程中，BIM 的发展轨迹如下：少数技术的应用；企业决策层逐步认同；行业逐步认同并开始建立相关标准；开始进入工程项目的业务流程。各参与方的相关要求如下。

（1）业主方：越来越多的国内外业主或项目提出明确的 BIM 要求，甚至明确提出需要的 3D 文件格式，对 BIM 的实施及交付成果也有了详细的规定。项目准入门槛提高。

（2）设计方：具有总包资质的工业设计院、大型民建设计院因为市场竞争等需要，先后在 3D 设计方面进行了局部成功应用，促进了整个设计领域的技术进步。BIM 成为继 20 世纪 90 年代“甩图板”工程以来的第二次技术革命，由此设计行业将从过去的“计算机辅助绘图”进入真正的“计算机辅助设计”时代。

（3）施工方：国内几大建设集团公司都开始或已经创建自己的 BIM 团队，在土建、机电安装等方面尝试 3D 深化设计、施工模拟、辅助施工管理等。

BIM 技术应用于建筑信息化的核心能力在于以下三点：一是将工程实体成功创建成一个具有多维度结构化数据库的工程数字模型。这样工程数字模型可在多种维度条件下快速实现创建、计算、分析等，为项目各条线的精细化及时提供准确的数据。二是数据对象粒度可以达到构件级。像钢筋专业甚至可以以一根钢筋为对象，达到更细的精细度。BIM 模型数据精细度够高，可以让分析数据的功能变得更强，能做的分析就更多，这是项目精细化管理的必要条件。三是 BIM 模型同时成为项目工程数据和业务数据的大数据承载平台。正因为 BIM 是多维度（≥3D）结构化数据库，项目管理相关数据放在 BIM 的关联数据库中，借助 BIM 的结构化能力，不但使各种业务数据具备更强的计算分析能力，而且还可以利用 BIM 的可视化能力使所有报表数据不仅随时即得，更符合人性也更能提升协同效率。

实质上BIM就是一个工程项目高细度数据库。BIM将传统2D建造技术（平面工程蓝图、2D报表、纸介质表达）升级到3D的建造技术，本质上大幅提升了项目管理的数据处理能力，即计算能力（创建、计算、管理、共享、协同）。一是在数据获取上，可以随时随地、快速获取最新、最准确、最完整的结构化工程数据库；二是在项目协同上，有了创建、管理、共享数据高效协同平台；三是在数字样品上，通过实现虚拟建造，大大缩小了与制造业的差距，在施工中的大量问题可以在施工前被发现、解决和避免掉。相对以往的项目管理技术手段和IT技术手段，BIM技术的这些能力和价值都是前所未有的。可以判定，BIM技术将给施工企业项目精细化管理、企业集约化管理和企业的信息化管理带来强大的数据支撑和技术支撑，突破以往传统项目管理技术手段的瓶颈，从而带来项目管理、建筑企业甚至是行业管理的革命。

可以预见，BIM技术将成为建筑业的信息化操作系统，越来越多的岗位作业将在基于BIM的系统上完成，工作将变得更高效、质量更高，工作成果可存储、可搜索、可计算分析和共享协同。BIM技术体系将十分庞大，按工程项目的生命周期可分为三大阶段：规划设计、建造施工、运维管理。每一个阶段都能开发出数十项甚至数百项的应用，在进度、技术、投资控制、质量、安全、现场管理各方面都可能延伸出大量的应用，并通过与各种IT技术集成应用，发挥出更大的能力，如与RFID、3D打印、移动设备和穿戴式计算技术相集成，让BIM数据应用和技术应用更加得心应手。正因为BIM技术的内容和应用十分巨大，而各阶段目的不同、专业不同，会产出不同的数百项应用，因此不会出现设计、施工、运维三大阶段一大统的平台，而是各大阶段会有一个优势BIM平台出现。

在建筑信息化的发展方向上，基于云技术的BIM平台不但革新了信息化的概念，同时也在驱动着未来建筑信息化的发展。BIM平台的基本架构一般由访问层、应用层以及基础层组成。

（1）基础层。基础层处于云BIM平台的底层，功能是实现云计算存储、模型数据库管理与虚拟计算，主要负责海量复杂建筑模型信息的存储与处理。整个项目的BIM信息在此汇集，通过集群系统、分布式文件系统和网络计算等技术，从软硬件上支撑了基于项目全生命期的云BIM服务器的信息存储与处理。

（2）应用层。应用层是云BIM平台的中间层次，可以根据不同项目、不同时间节点的具体需求提供类型不同的应用服务，包括模型集成、碰撞检查和版本管理、模型浏览管理、施工方案模拟、图形渲染、权限和安全管理、工作流程管理等。云BIM平台可以与项目管理ERP系统集成，以更好地进行项目资金、物料、质量等管理。

（3）访问层。访问层直接面对项目的各参与方。设计方、施工方、运维方都会将各自的BIM模型存入云BIM平台，包括业主、监理、咨询机构、政府部门等在内的所有参与方拥有不同的访问权限对模型进行浏览和批注。访问的终端可以是普通的PC，也可以是平板、手机等移动设备，真正实现了远程办公和即时办公。

基于云的BIM技术，由于其继承了云技术强大的计算能力和云服务多方共享和协同的特点，具有高性能、安全可靠、通用性好、成本低、可扩展性好等优势。建设工程项目建设是建筑企业业务的核心，具有周期长、资金投入大、项目地点分散、重复修改性差、多专业、多利益相关方、流动性强等特点。通常表现为分散的市场、分散的生产和分散的管理，这就大大增加了整个工程建设项目管理的难度。为了解决这个难题，协同工作应运而生，即指多个主体针对同一目标进行协调一致工作的过程和能力。对于建设工程而言，项目成功与否和协同工作是否顺畅有直接的关系。

同时，BIM 技术降低了各项目参与方之间协同工作的难度，改变了传统的以纸质文件为媒介的“点对点”沟通模式，形成各方针对同一 BIM 模型的“多对点”沟通模式。结合云信息技术，项目管理方将建筑信息模型及相关图形和文档同步保存至云端，不同参与者之间都只通过一个统一的模型和相关联的图档进行沟通，各方对模型的修改和现场施工中反馈的信息都在统一的云 BIM 平台上及时调整，确保了工程信息能够快速、安全、便捷、受控地在各参与方中流通和共享，最大限度地减少了传统信息沟通方式带来的效率较低和准确性不够的问题。随着建筑项目规模日趋增大、过程日益复杂，BIM 应用对系统的基础硬件计算能力、存储能力、协同信息处理和共享能力等提出了更高要求，同时 BIM 软件系统版本的迅速升级也使得后续软件投入不断增加，这些都成为 BIM 技术应用推广的客观障碍。云 BIM 为解决这种困境提供了有效的方法，企业可以针对不同的项目规模和特色，在不同的阶段应用不同的云 BIM，大大降低本地端软件投入，同时，它能扩大企业本地端原有配置下普通计算机或服务器在 BIM 应用中的适用范围，充分利用现有资源，减少硬件投入。

在建筑信息化的发展方面，BIM 的主要应用价值点有以下几点：

（1）数据共享与文件实时批注和修改。基于云的 BIM 可以把模型放在云端，使项目各协作方更方便地进行模型的查看、修改和实时批注。在基于云 BIM 的工程项目管理中，各专业的设计模型可以很容易地通过云平台进行整合、碰撞检查和设计优化。项目各参与方可以对模型内的建筑构件进行标记，文档和任务动态在云平台上即时更新，集成短信平台即时推送信息，使得各参与方对项目的进度、质量等信息可以实时把握。

（2）支持各终端和各参与方实时预览。云 BIM 支持 PC 客户端以及手机、平板等移动终端实时预览，相关 APP 软件均可方便地进行下载和使用。各使用方通过各自设备登录云端，对项目进行相应的预览与批注，可在云端存储和管理项目全生命期的 BIM 模型及相关信息，随时随地访问工程文件。便捷地实现了项目各参与方在规划、设计、招投标、施工和运维等各阶段的信息共享和协作。

（3）利用云端强大的计算能力进行图形渲染、施工模拟等应用。BIM 模型数据量很大，大型项目往往达到几百 Gb 的数据，企业本地服务器往往无法满足运算能力的要求，无法保证 BIM 应用的及时性和效率。利用云端强大的数据处理能力，可以实现大型项目 BIM 模型的渲染和施工仿真等工作的快速完成，可以实现 BIM 模型数据修改的及时整合和显示，使得 BIM4D 和 BIM5D 真正能够应用到项目管理实际。

（4）保障数据安全性。相比于基于企业级及私有级的 BIM 模式，基于云的 BIM 模式显著提高了数据的安全性。私有级以及企业级 BIM 在数据安全方面依赖常规的安全保护，而云 BIM 由于项目的有关数据都保存在云端，并由 BIM 云服务商采用更为专业的安全保护软硬件措施，对其数据安全提供了更大的保障。

随着 BIM 国家标准、行业标准的相继出台，企业也应该相应完善自己的 BIM 企业标准和项目标准。数据存储和交互格式的统一，会促使原有的以文件方式传递 BIM 模型改为以数据方式传递 BIM 模型。这样会大大减少信息失真的现象，使数据模型在各方之间无障碍地流通，同时从整体上降低建模成本。

BIM作为一种全新的理念，涉及从规划、设计理论到施工、维护技术的一系列创新和变革，是建筑业信息化的发展趋势。BIM的研究和应用对于实现建筑生命全周期管理，提高建筑行业设计、施工、运营的科学技术水平，促进建筑业全面信息化和现代化，具有巨大的应用价值和广阔的应用前景。目前，BIM已在我国一些大型工程项目得到应用，这势必对我国建筑业BIM技术的广泛应用起到重要的示范作用。

10.3 基于BIM的项目管理方法与推广应用

10.3.1 基于BIM的项目管理方法

随着工程总承包模式的不断推广和运用，项目的集成化管理成为必然趋势，建立以BIM为载体的项目信息系统，连接建设项目生命全周期不同阶段的数据、过程和资源，可以为建设项目参与各方提供集成管理与协同工作的平台环境。在时间维度上，将项目的目标设计、可行性研究、决策设计、计划供应、实施控制、运行管理等综合起来，形成高效、集约的管理过程；在空间维度上，将项目管理的各项职能，如成本管理、进度管理、质量管理、合同管理、信息管理等综合起来，形成便捷、一目了然的有机整体。BIM技术在项目管理的各阶段运用如下。

（1）BIM技术在项目管理准备阶段的运用。当代建筑业蓬勃发展，综合体、单体建筑形式精巧复杂，承包模式日趋多样，施工方项目管理人员已经从单纯的图纸会审、按图施工，更多地参与到二次深化设计、设计优化的阶段。从项目管理的角度，早期介入建设项目，前期准备越充分，越有利于减少工程运营的风险因素。采用BIM技术，能够较好地做到这一点。

1）专业协同设计、图纸优化。由于二维设计的平面性与不可预见性，设计人员可能疏漏掉一些结构与建筑、建筑与管线、管线与管线间位置等冲突的问题。二维图纸难以全面反映多专业构建的建筑空间系统全貌。利用BIM的可视化功能，可以全系统、多维度地布置、演示，进行各专业的冲突检测，为解决实际问题提供信息参考。如复杂表面幕墙空间形态设计中，采用BIM技术加测量仪器进行测量建模，通过对关键点进行定位，建立与现场相符的结构模型，通过BIM中的明细表功能，得到每一块幕墙的实际加工尺寸，从而起到模拟预拼装的作用，达到高效管理的目的。

2）实现施工部署的前瞻性。协调通风空调、消防、给水排水、土建、装饰、电气等各专业施工、技术人员，利用BIM的可视化功能，多专业主、支管线在空间及时间维度上综合模拟铺装，进行节点冲突检查及关键部位、部件标示，施工方案优化；考虑异形梁底标高、管线及其保温层等剖面尺寸、装饰构造层尺寸，优化标高设置等空间观感效果。

（2）BIM技术在项目管理实施阶段的运用。主要表现在以下六点：

1）控制成本，提升利润空间。传统施工过程中，经常遇到图纸更改、深化设计、现场变更等事项。利用BIM技术，可以在深化设计阶段，充分发掘施工中可能会遇到的不确定性问题，增加施工过程的可控性，减少施工中变更事项。作为建设单位，可以因此较好地控制投资；作为施工单位，能够增加成本的可控性，提升利润空间。

2）“视频”交底与HSE（Health，Safety，Environment）管理。传统交底模式大多

只有文字体现，对于基层劳务队工人，缺乏实质教育的保证。BIM 技术的运用，可以将复杂的施工过程逐一分解、演示，生动形象、直观易懂，激发现场工人“观看”交底的热情与积极性，从而提升各类交底的实质意义。

3）基于 BIM 平台的项目质量管理。在项目质量管理中，应用 BIM 技术建立精确的信息化模型，将模型关键点坐标与大地坐标系统一，从而得到建筑物任意构件的精确坐标，利用 GPS 和全站仪精确定位，从而能够提高放线、验线的精确度和效率，为项目质量管理提供保障。目前，项目质量管理的最小单元为检验批，通过 BIM 建模系统，可以明确标示每一检验批所在位置、构造、材质等质量要求，无论施工单位、建设单位、监理单位，都可以通过 BIM 平台调用所需参数，快速检查核实，避免质量检查中的“蜻蜓点水”“走马观花”等现象。

4）BIM 技术与进度控制。传统的进度控制，例如应用 Project 软件，输入各专业、各工序的相关时间参数，可以自动生成施工进度横道图、网络图等进度计划表，通过优化关键路线等途径，优化工期设置；通过在时标进度网络图中，按周期标示比较前锋线等方法进行进度控制。BIM 技术的介入，模拟整个施工过程，更加直观地确定关键路线、划分施工段，统筹资源调度；并且通过 BIM 系统，实时监控、直观比较已完工程与拟完工程之间的时间差异，从而更加明确、有效地进行进度控制。

5）项目管理中的 BIM 沟通。在项目管理中，企业内部信息传递，企业外部与建设单位、监理单位以及政府监管部门、中介机构等沟通协调，是非常重要的工作。传统的沟通方式，更多地依赖于语言的表述以及各专业的图纸等手段。BIM 技术的引入，通过视频短片等方式进行多方案演示，将为协调与沟通工作带来直观、生动、便捷的元素。

6）基于 BIM 的企业级基础数据平台，提升管理精细化。项目管理过程中，需要生成各类以年、月、周为周期的报表，如生产计划、采购计划、进度报表等。基于 BIM 的企业级基础数据系统建设，会将多个项目的海量基础数据结构化，通过云计算，实现企业级精细统计分析，从而使基础数据集成管理成为可能，达到集约化的采购、提升企业资金运营能力。

BIM 应用于项目的评价也有着十分重要的意义。项目后评价，是指对已经完成项目的目标、执行过程、效益、作用和影响进行系统、客观分析和总结的一种技术经济活动。BIM 技术，在 3D 立体建模基础上增加了时间维度，通过与实际施工部署及过程的比照，更加客观、真实地记录了施工偏差及计划变更情况，从而回顾原因，分析评价。通过直观、便捷的手段，增加了施工各阶段的评价客观性。在这方面，还需要不断地实践与总结。

在项目管理中，基于 BIM 的协同设计是指基于信息技术平台，设计参与各方就同一设计目标进行实时沟通与协作。协同设计的主要目的是提高设计效率，减少或消除设计问题。在设计阶段，利用 BIM3D 技术为协同设计提供必要支持，通过建立信息模型，可为其他专业设计人员提供实时模型数据，实现相互间信息流的高效传输，如图 10-1 所示。

标准化设计是降低建筑产业现代化成本和提高产业集成度的重要手段，在设计阶段建立信息模型的过程中，各专业人员应建立具有标准化的户型、产品、构件等信息库。另一方面，利用 BIM 可扩展性强的特点，在建立信息模型的过程中，还应设置预留接口。根据项目后期需求，可通过 C＋＋等编程语言，实现信息模型的二次利用。在构件深化设计

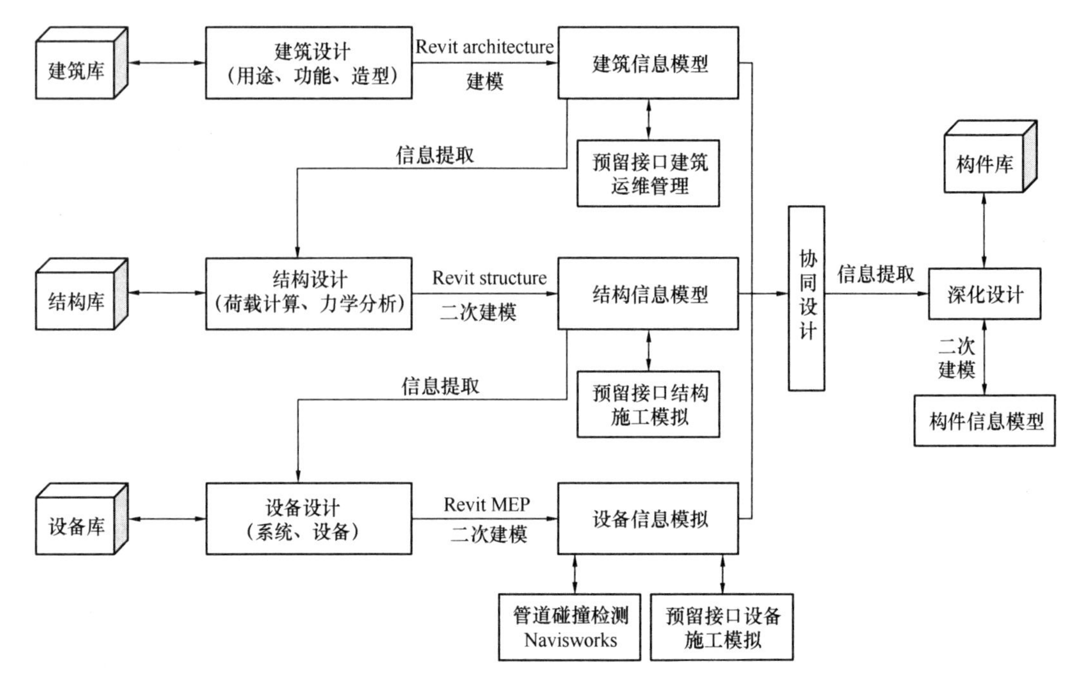

图 10-1　基于 BIM 的协同设计流程

阶段，利用 BIM 可视化技术实现预制构件节点的三维模型，包括连接节点设计、构件信息模型，并且每个构件设有唯一的身份标识，保证模型文件能精确地提取需要的数据。

10.3.2　BIM 技术的推广应用

BIM 的三维技术可以在前期进行检查，快速、全面、准确地检查出设计图纸中的错误和遗漏，减少图纸中平立剖面之间、建筑图与结构图之间、安装与土建之间及安装与安装之间的冲突问题。依托 BIM 技术开展包括能耗、日照、舒适环境、碳排放等在内的建筑性能分析，并根据分析结果进行方案优化设计。大力推广 BIM 技术与装配式建筑、绿色建筑等技术的融合。装配式建筑与建筑信息融合发展，可依托信息技术，打破传统建筑业上下游接线，实现产业链信息共享，推动装配式建筑实现智能升级。BIM 技术的推广应用有如下几个方面：

（1）施工管理阶段 BIM 应用技术的推广

1）虚拟施工技术。虚拟施工思想提倡全方位的施工过程模拟，不仅模拟施工进度，而且模拟施工资源等信息。借助 BIM 技术可以进行项目虚拟场景漫游，在虚拟现实中身临其境地开展方案体验和论证。可以直接了解整个施工环节的时间节点和工序，清晰把握施工过程中的难点和要点，发现影响实际施工的碰撞点。通过优化方案减少设计变更和施工中的返工，提高施工现场的生产率，确保施工方案的安全性。

2）4D 模拟技术。4D 建模是 3D 加上项目进展的时间，用来研究可施工性、施工计划安排以及优化任务和下一层分包商的工作顺序。在施工阶段，可通过 BIM 直观地掌控项目施工进度，在基于 BIM 模型以及工程量清单的平台上完成工程进度计划的编制，对工程进度实际值和计划值进行比较，早期预警工程误期，动态控制整个项目的风险。实现了不同施工方案的灵活比较，及时发现影响工期的潜在风险。当设计变更时，BIM 同时可以迅速更新工程工期。

3）5D模拟技术。工程量统计结合4D的进度控制就是BIM在施工中的5D应用。BIM5D是基于BIM3D的造价控制，工程预算起始于巨量和烦琐的工程量统计，有了BIM模型信息，工程预算将在整个设计、施工的所有变化过程中实现实时和精确。借助BIM5D模型信息，计算机可以快速地对各种构件进行统计分析，进行工程量计算，保证了工程量计算的准确性。在对内成本中可进行核算对比和分包班组工程量核对，还可以作为索赔的支撑。BIM5D模拟为项目部提供更精确灵活的施工方案分析以及优化，BIM可以实现精确管理，实现实际进度与计划进度对比，进度款支付控制，成本与付款分析等应用。

（2）运维阶段BIM应用技术的推广

1）基于BIM技术的运营维护系统。依托BIM竣工交付模型，通过运营维护信息录入和数据的集成，建立基于BIM的运营维护系统。通过该系统对建筑的空间、设备资产进行科学管理，对可能发生的灾害进行预防，降低运营维护成本。通常将BIM模型、运维系统与RFID、移动终端等结合起来应用，最终实现诸如设备运行管理、能源管理、安保系统、租户管理等应用。

2）数据集成与共享。将规划、设计、施工、运维等各阶段包含项目信息、模型信息和构件参数信息的数据全部集中于BIM数据库中，常用的运维管理系统提供信息数据，使得信息相互独立的各个系统达到资源共享和业务协同。

3）运维管理可视化。目前在调试、预防和故障检修时，现场运维管理人员依赖纸质蓝图或其实践经验直觉和辨别力来确定空调系统、电力、燃气以及水管等建筑设备的位置。亟待运用竣工三维BIM模型确定机电、暖通、给水排水和强弱电等建筑设施设备在建筑物中的位置，使得运维现场定位管理成为可能，同时能够传送或显示运维管理的相关内容。

（3）BIM+应用技术的推广

1）BIM+物联网技术。物联网是指通过各种信息传感设备，如射频识别装置（RFID）、红外感应器、全球定位系统（GPS）、激光扫描仪等，按照约定的协议，把任何物品与互联网连接，进行信息交换和通信，以实现智能化识别、定位、跟踪、监控和管理的一种网络。通过装置在各类物体上的电子标签、传感器、二维码等经过接口与无线网络相连，从而赋予物体智能。BIM与物联网技术的结合是建筑产业现代化发展的未来趋势。

RFID是一种非接触的自动识别技术，一般由电子标签、阅读器、中间件、软件系统四部分组成。它的基本特点是电子标签与阅读器不需要直接接触，通过空间磁场或电磁场耦合来进行信息交换。通过BIM结合RFID技术，将构件植入RFID标签，每一个RFID标签内含有对应的构件信息，以便于对构件在物流和仓储管理中实现精益建造中零库存、零缺陷的理想目标。在运维阶段，对照明、消防等各系统和设备进行空间定位，即把原来的编号或者文字表述变成三维图形位置表示，实现三维可视化查看。把原来独立运行并操作的各设备，通过RFID等技术汇总到统一的平台上进行管理和控制，便于对机电设备运行状态进行远程监控。

2）BIM+ Web应用技术。Web技术是Internet的核心技术之一，它实现了客户端输入命令或者信息，Web服务器响应客户端请求，通过功能服务器或者数据库查询，实现客户端用户的请求。BIM与Web的开发主要运用了Web技术中的B/S核心架构。B/S架构对客户端的硬件要求较低，只需在客户端的计算机上安装支持的浏览器，而浏览器的界面都是统一开发的，可以降低客户端用户的操作难度，进而实现更加快捷、方便、高效的人机交互。

3）BIM+地理信息系统。地理信息系统（GIS）着重于宏观与地理空间资讯的相关应用，呈现建筑物外观及其地理位置。而BIM着重于建筑物内部详细信息以及微观空间信息的记录与管理。将GIS与BIM有机融合，则可以将建筑本身信息和外部环境信息（如地形、邻近建筑、管线设施等）有效集成起来，以达到对外提供建筑物信息和对内整合外部信息，以辅助建筑物规划设计所需等目的。

BIM+GIS超大规模协同及分析技术是针对百万平方米以上超大型的园区和城镇设计使用的大规模三维协同技术，包括了市政、道路等公共设施。利用三维模型开展一系列性能化分析（日照、防震、防风、交通、疏散、火灾、防汛、节能、环境影响分析等）的集成应用技术。并通过超大项目群性能模拟仿真分析，在项目施工开始之前就将其最优的规划设计方案遴选出来，使得项目建成后对其周围环境产生的不利影响最小，同时又能实现单体建筑的使用功能最优。

4）BIM+云计算技术。云计算是分布式计算技术的一种新扩展，其最基本的概念是透过网络将庞大的计算处理程序自动分拆成无数个较小的子程序，再交由多部服务器所组成的庞大系统经搜寻计算分析之后将处理结果回传给用户。透过这项技术，网络服务提供者可以在数秒之内达成处理数以千万计甚至亿计的信息，达到和"超级计算机"同样强大效能的网络服务。

BIM与云技术的结合意义深远，但就目前而言，主要有两点作用：第一，减少硬件设备的投入，节约成本，具体实施上，通过使用云计算服务提高约数倍的可视化渲染速度，相当于1台计算机完成了多台计算机的渲染任务；第二，云存储增强了异地跨平台协作的可实施性，通过将图纸、BIM模型、照片、文本等工程资料上传到云空间后，可以通过联网的计算机、手机、平板电脑终端进行快速查阅和批注，无论是设计师、现场施工监理人员还是身在异地的业主都可以实时地查阅分级的工程文件。

以时间的维度为脉络，综合项目管理的各个环节，以BIM为手段的项目集成管理推动了建筑信息化与项目管理的革新。BIM技术的不断推广与改进，与项目管理各环节更好地融合，建筑项目的管理信息化实施有了实质性改变，工作效率、资源、成本等各方面有广阔的优化空间，进而推动着建筑工程项目管理水平的不断提高。随着科学技术的飞速发展，BIM技术和建筑业发展相得益彰，更新建筑理念和工作方法，着眼于更高效的项目管理，提升建筑行业的创新发展。

随着大家对BIM技术的认识和研究，越来越多的应用点会日趋成熟，当然也会越来越符合项目管理的需求，BIM将会遍布整个建设工程的每一个岗位。从企业到项目，从设计到施工，在每一个阶段都会有一套"承上启下"式的BIM标准，从起初的建模，到后期的实施、交付等，这些都将是一个连环的标准体系，而不是割裂的。当然，标准体系的建立也是每个企业流程制度的升级，BIM的应用将会使从项目到企业的各类数据准确清晰，从企业到项目的制度管理合理明确，BIM将集结"ERP"等众多优点，升级成一种最新的管理连接，实现企业管理与项目管理的无缝对接。BIM技术的出现，将大大推动建设工程行业 IT 技术的提升。未来的建设工程行业一定会出现基于 BIM 技术的强大数据处理系统，大家都在这个系统平台上面完成自己的工作，各类数据通过计算机后台运行处理完成，真正实现“小前端，大后台”的集团化、标准化运作。

BIM 技术的应用，也正是符合国家推行智慧城市建造的发展战略，同时 3D 打印机、预制拼装工程等诸多新技术的出现，使数字化城市建设做得更加精细。在未来的工程建设领域，BIM 将成为承载数据的一种新型项目管理手段，实现智慧城市与数字化城市精益建造的宏伟蓝图。

第11章　物联网技术与项目管理

11.1　物联网技术简介

11.1.1　物联网的起源与发展

国外物联网的实践最早可以追溯到1990年施乐公司推出的网络可乐贩售机（Networked Coke Machine，NCM）。这台可乐贩售机在1985年5月就已经联网了，用户可以通过向它发送邮件来获取它的状态。它能够告诉用户贩售机里是否有可乐，还能够分析出可乐贩售机六排储藏架上的可乐哪一排最凉爽，使用户能够买到最凉爽的可乐。

1995年，比尔·盖茨在其《未来之路》一书中已提及物联网的概念。

1999年，在美国召开的移动计算和网络国际会议上，提出了物联网（Internet of Things）这个概念。麻省理工学院自动识别（MIT Auto-ID）中心的Ashton教授在研究射频识别（Radio Frequency Identification，RFID）时，提出了结合物品编码、RFID和互联网技术的解决方案。当时，基于互联网、RFID、产品电子代码标准，在计算机互联网的基础上，利用射频识别技术、无线数据通信技术等，构造了一个实现全球物品信息实时共享的实物互联网"Internet of Things"，这也是在2003年掀起第一轮物联网热潮的基础。

2005年11月17日，在突尼斯举行的信息社会世界峰会（WSIS）上，国际电信联盟（ITU）发布了《ITU互联网报告2005：物联网》，正式提出了"物联网"的概念。物联网的定义和范围已经发生了变化，覆盖范围有了较大的拓展，不再基于射频识别技术的物联网。报告指出，无所不在的"物联网"通信时代即将来临，世界上所有的物体，从轮胎到牙刷、从房屋到纸巾都可以通过物联网主动进行交换。射频识别技术、传感器技术、纳米技术、智能嵌入技术将得到更加广泛的应用。为此，国际电信联盟专门成立了"泛在网络社会（Ubiquitous Network Society）国际专家工作组"，建立了一个在国际上讨论物联网的常设咨询机构。

2013年，欧盟通过了"地平线2020"科研计划，旨在利用科技创新促进增长、增加就业，以塑造欧洲在未来发展的竞争新优势。在"地平线2020"计划中，物联网领域的研发重点集中在传感器、架构、标识、安全和隐私等方面。2013年4月，在汉诺威工业博览会上，德国正式发布了关于实施"工业4.0"战略的建议。工业4.0将软件、传感器和通信系统集于CPS，通过将物联网与服务引入制造业重构全新的生产体系，改变制造业发展范式，形成新的产业革命。

2014年3月，AT&T、思科、通用电气、IBM和英特尔（Intel）成立了工业互联网联盟（Industrial Internet Consortium，IIC），促进物理世界和数字世界的融合，并推动大数据应用。IIC计划提出一系列物联网互操作标准，使设备、传感器和网络终端在确保安全的前提下立即可辨识、可互联网、可互操作，未来工业互联网产品和系统可广泛应用于智能制造、医疗保健、交通等新领域。

我国政府对物联网发展给予了高度重视。早在1999年，中国科学院就开始研究传感网；2006年，我国制定了信息化发展战略，《国家中长期科学和技术发展规划纲要（2006—2020年）》和“新一代宽带移动无线通信网”重大专项中均将传感网列入重点研究领域。射频识别（RFID）技术与应用也被作为先进制造技术领域的重大项目列入国家高技术研究发展计划（863计划）。2013年9月，国家发展和改革委员会、工业和信息化部等部委联合发布《物联网发展专项行动计划（2013—2015年）》，从物联网顶层设计、标准制定、技术研发、应用推广、产业支持、商业模式、安全保障、政府扶持、法律法规、人才培养等方面进行了整体规划布局。2015年政府工作报告中首次提出“互联网＋”行动计划，再次将物联网提高到一个更高的关注层面。

短短几年，物联网已由一个单纯的科学术语变成了活生生的产业现实。其中，比较有代表性的是“感知太湖”和“浦东机场防入侵系统”物联网系统。下面对这两个系统进行简单的介绍。

2010年，国家启动了重大专项课题“面向太湖蓝藻暴发监测的传感器网络研发与应用验证”，利用物联网技术对蓝藻湖泛发生进行感知和智能车船调度，并实现相关业务数据的集中管理，建设一个具有智能感知、智能调度和智能管理能力的一体化综合管理及服务系统。

自2010年起，上海浦东机场成功应用物联网技术搭建机场防入侵系统，能够全天候、全天时地对周界安防进行主动防御。这个利用物联网技术进行协同感知的新一代防入侵系统由前端入侵探测模块、数据传输模块、中央控制模块三个部分组成。当入侵行为发生时，前端入侵探测模块对所采集的信号进行特征提取和目标特性分析，将分析结果通过数据传输模块传输至中央控制模块；中央控制模块通过信息融合进行目标行为识别，并启动相应报警策略。

11.1.2 物联网的定义

物联网是新一代信息技术的重要组成部分，其英文名称是“The Internet of Things”，翻译成中文即是“物物相连的互联网”。普遍认为有两层意思：第一，物联网是在互联网基础上延伸和扩展的网络，它的核心和基础仍然是互联网；第二，其用户端延伸和扩展到任何物品与物品之间进行信息交换和通信。

国际电信联盟（ITU）定义：通过二维码识读设备、射频识别（RFID）装置、红外感应器、全球定位系统和激光扫描器等信息传感设备，按约定的协议，把任何物品与互联网相连接，进行信息交换和通信，以实现智能化识别、定位、跟踪、监控和管理的一种网络。

这个定义是较常用的定义，我国采用这个定义。

欧盟定义：物联网是一个动态的全球网络基础设施，它具有基于标准和互操作通信协议的自组织能力，其中物理的和虚拟的“物”具有身份标识、物理属性、虚拟的特性和智能的接口，并与信息网络无缝整合。物联网将与媒体互联网、服务互联网和企业互联网一起，构成未来互联网。

自组织是指在一个系统内在机制的驱动下，自行从简单向复杂、从粗糙向细致方向发展，不断地提高自身的复杂度和精细度的过程。

由物联网的定义，可以从技术和应用两个方面来进行理解。从技术层面上讲，物联网是物体的信息利用感应装置，经过传输网络，到达指定的信息处理中心，最终实现物与物、人与物的自动化信息交互与处理的智能网络。从应用层面上讲，物联网是把世界上所有的物体都连接到一个网络中，形成物物相连的网络，然后又与现有的互联网相连实现人类社会与物体系统的整合，以更加精细和动态的方式去管理。

其实，所谓物联网就是对所需的环境和状态信息实时化的共享以及智能化的收集、传递、处理、执行，并通过各种可能的网络接入，实现物与物、物与人的泛在连接。在广义上说，当下涉及信息技术的应用，都可以纳入物联网的范畴。

11.1.3 物联网的分类

按照物联网的部署方式分类，有私有物联网、公有物联网、社区物联网和混合物联网。

私有物联网顾名思义就是私人拥有的小型网络。就像互联网中的局域网一样，它主要存在于一些公司企业的内部网络中。这些网络主要完成了公司内部的相关服务，并且公司自己进行维护和实施。

公有物联网的对象是公众或大型用户群体。它基于互联网，涵盖广阔，网络上的信息被大家共有，它提供的服务也就更广泛，主要也是由所属机构自己运营维护。

社区物联网向一个"关联的社区"或机构群体提供服务，可能由两个或两个以上的机构协同运行和维护，主要存在于内网和专网中。内网即是局域网，是指在某一区域内由多台计算机互连成的计算机组。专用网络是指遵守 RFC1918 和 RFC93 规范，使用私有 IP 地址空间的网络。私有 IP 无法直接连接互联网，需要公网 IP 转发。

混合物联网是私有物联网、公有物联网、社区物联网中任意多个网络的组合，在后台统一运行维护。

按照应用领域分，则可根据不同的专业进行分类。例如，医疗行业的叫医学物联网，交通行业的叫交通物联网，生活相关的叫家居物联网等。

医学物联网是将物联网技术应用于医疗、健康管理、老年健康照护等方面，就是把多种传感器嵌入和装备到医疗行业的设备中，这样就可以将物联网与现有的互联网整合起来，实现医院、病人与医疗设备的整合。

医学物联网将改变未来社会的就医模式：在将来的整合超大智能型网络中，存在计算能力超级强大的中心计算机集群，对整个网络内的医生、病人、设备完成实时的管理和调控。

交通物联网就是现在常说的"智能交通"，它是交通的物联化体现。就如在科幻电影中曾幻想的一样，车辆靠自己的智能在道路上自由行驶，公路靠自身的智能将交通流量调整至最佳状态，管理人员可以借助交通物联网对道路、车辆的行踪掌握得一清二楚。

交通物联网将成为未来交通系统的发展方向，它是将先进的信息技术、数据通信传输技术、电子传感技术、控制技术及计算机技术等有效地集成运用于整个地面交通管理系统而建立的一种在大范围内、全方位发挥作用的，实时、准确、高效的综合交通运输管理系统。交通物联网可以有效地利用现有交通设施，减少交通负荷和环境污染，保证交通安全，提高运输效率。

家居物联网习惯性地被叫做“智能家居”，其发展已经相对成熟。它的出现大大方便我们的日常生活：空调会根据温度自动开启，厨房会根据口味自动烹饪，电视可以根据心情自己换台等，这些在现在或不久的将来都会实现。

智能家居是以住宅为平台，利用综合布线技术、网络通信技术、安全防范技术、自动控制技术、音视频技术将家居生活有关的设施集成，构建高效的住宅设施与家庭日程事务的管理系统，提升家居安全性、便利性、舒适性、艺术性，并实现环保节能的居住环境。

11.1.4 核心技术

从物联网的定义及各类技术所起的作用来看，实现物联网的核心技术为无线传感器网络技术、射频识别技术、条码技术、M2M物物数据通信技术、全球定位系统技术、微机电系统技术和两化融合系统等广为人知的成熟技术，如图11-1所示。其中最关键、核心的技术还是无线传感器网络技术，因为它贯穿了物联网的全部三个层次，是其他层面技术的整合应用，对物联网的发展有提纲挈领的作用。

1. 无线传感技术

传感器是获取自然领域中信息的主要途径与手段。作为现代科学的“中枢神经系统”，它日益受到人们的重视。

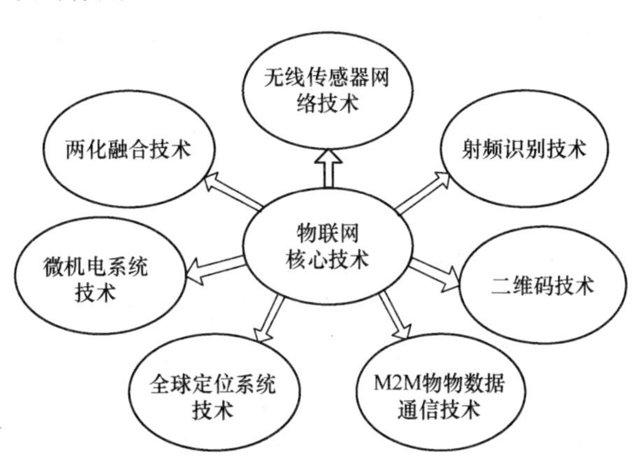

图11-1 物联网核心技术

传感器的定义是：能感受规定的被测量件并按照一定的规律转换成可用信号的器件或装置，通常由敏感元件和转换元件组成。传感器是一种检测装置，能感受到被测量的信息，并能将检测感受到的信息，按一定规律变换成为电信号或其他所需形式的信息输出，以满足信息的传输、处理、存储、显示、记录和控制等要求。它是实现自动检测和自动控制的首要环节。

传感器技术在工业自动化、军事国防和以宇宙开发、海洋开发为代表的尖端科学与工程等重要领域应用广泛。同时，它正以自己的巨大潜力，向与人们生活密切相关的方面渗透。生物工程、医疗卫生、环境保护、安全防范、家用电器等方面的传感器已层出不穷，并在日新月异地发展。

2. 射频识别技术

射频识别技术是20世纪90年代开始兴起的一种自动识别技术，是目前比较先进的一种非接触识别技术。以简单RFID系统为基础，结合EPC标准和已有的网络技术、数据库技术、中间件技术等，构筑一个由大量联网的阅读器和无数移动的标签组成的物联网络。RFID标签中存储着规范而具有互用性的信息，通过无线数据通信网络把它们自动采集到中央信息系统，实现物品（商品）的识别，进而通过开放性的计算机网络实现信息交换和共享，实现对物品的“透明”管理。

自动识别技术就是应用一定的识别装置，通过被识别物品和识别装置之间的接近活动，自动地获取被识别物品的相关信息，并提供给后台的计算机处理系统来完成相关后续处理的一种技术。

自动识别技术近几十年在全球范围内得到了迅猛发展，初步形成了一个包括条码技术、磁卡技术、光学字符识别、声音识别及视觉识别等集计算机、光、磁、物理、机电、通信技术为一体的高新技术学科。

在国内，RFID 已经在身份证、电子收费系统和物流管理等领域有了广泛应用。RFID 技术市场应用成熟，标签成本低廉，但 RFID 一般不具备数据采集功能，多用来进行物品的甄别和属性的存储，且在金属和液体环境下应用受限，RFID 技术属于物联网的信息采集层技术。

3. 条码技术

条形码可分为一维条码和二维条码。一维条码按照应用可分为商品条码和物流条码。商品条码包括 EAN 码和 UPC 码，物流条码包括 128 码、ITF 码、39 码、库德巴码等。

二维条码根据构成原理、结构形状的差异，可分为行排式二维条码（2D Stacked Bar Code）和矩阵式二维条码（2D Matrix Bar Code）。

条形码的最大优势是成本低，其缺点是只读的，且需要对准、一次只能读一个、容易破损、易仿冒。而 RFID 是可擦写的、使用时不需对准、同时可读取多个、不容易损坏、使用寿命长、不易仿冒，可以不用人工操作。从长远看，条形码技术将逐步被 RFID 技术所取代。

4. M2M 物物数据通信技术

从广义上讲，M2M 可代表机器对机器、人对机器、机器对人、移动网络对机器之间的连接与通信，它涵盖了所有实现在人、机器、系统之间建立通信连接的技术和手段。

M2M 是机器对机器通信的简称，是一种理念，也是所有增强机器设备通信和网络能力的技术的总称。人与人之间的沟通很多也是通过机器实现的，例如通过手机、固定电话、计算机、传真机等机器设备之间的通信来实现人与人之间的沟通。另一类技术是专为机器和机器建立通信而设计的。如许多智能化仪器仪表都带有 RS-232 接口和 GPIB（通用接口总线）通信接口，增强了仪器与仪器之间、仪器与计算机之间的通信能力。目前，绝大多数的机器和传感器不具备本地或者远程的通信和联网能力。

5. 全球定位系统技术

全球定位系统（Global Positioning System，GPS），是美国从 20 世纪 70 年代开始研制，于 1994 年全面建成，具有海、陆、空全方位实时三维导航与定位能力的新一代卫星导航与定位系统。GPS 作为移动感知技术，是物联网延伸到移动物体、采集移动物体信息的重要技术，更是物流智能化、智能交通的重要技术。GPS 与现代通信技术相结合，使得测定地球表面三维坐标的方法从静态发展到动态，从数据后处理发展到实时的定位与导航，极大地扩展了它的应用广度和深度。载波相位差分法 GPS 技术可以极大提高相对定位精度，在小范围内可以达到厘米级精度。GPS 技术能够快速、高效、准确地提供点、线、面要素的精确三维坐标及其他相关信息，具有全天候、高精度、自动化、高效益等显著特点，广泛应用于军事民用交通（船舶、飞机、汽车等）导航、大地测量、摄影测量、野外考察探险、土地利用调查、精确农业及日常生活（人员跟踪、休闲娱乐）等不同领域。

6. 微机电系统技术

微机电系统（Micro-Electro-Mechanical-System，MEMS）在日本被称为微机械，在

欧洲被称为微系统，它是指可批量制作的，集微型机构、微型传感器、微型执行器及信号处理和控制电路，直至接口、通信和电源等于一体的微型器件或系统。MEMS是随着半导体集成电路微细加工技术和超精密机械加工技术的发展而发展起来的，目前MEMS加工技术还被广泛应用于微流控芯片与合成生物学等领域，从而进行生物、化学等实验室技术流程的芯片集成化。MEMS是在融合多种微细加工技术，并应用现代信息技术最新成果的基础上发展起来的高科技前沿学科。

11.1.5 物联网的结构

对物联网有一个了解之后，我们再来了解一下物联网的基本框架。目前，国外已提出很多标准，如EPC Global的ONS/PML标准体系、Telematics行业推出的NGTP标准协议及其软件体系架构，以及EDDL、M2MXML、BITXML、OBIX等，传感层的数据格式和模型也有TransducerML、SensorML、IRIG、CBRN、EXDL、TEDS等。目前，对物联网结构的理解主要有两种：三层架构和四层架构。

1. 物联网三层架构模式

物联网的特点总结起来说就是对周围世界实现“可知、可思、可控”。可知就是能够感知，可思就是具有一定智能的判断，可控就是对外产生及时的影响。物联网的这个特点分别对应了物联网结构中的三个层次：感知层、网络层、应用层，如图11-2所示。

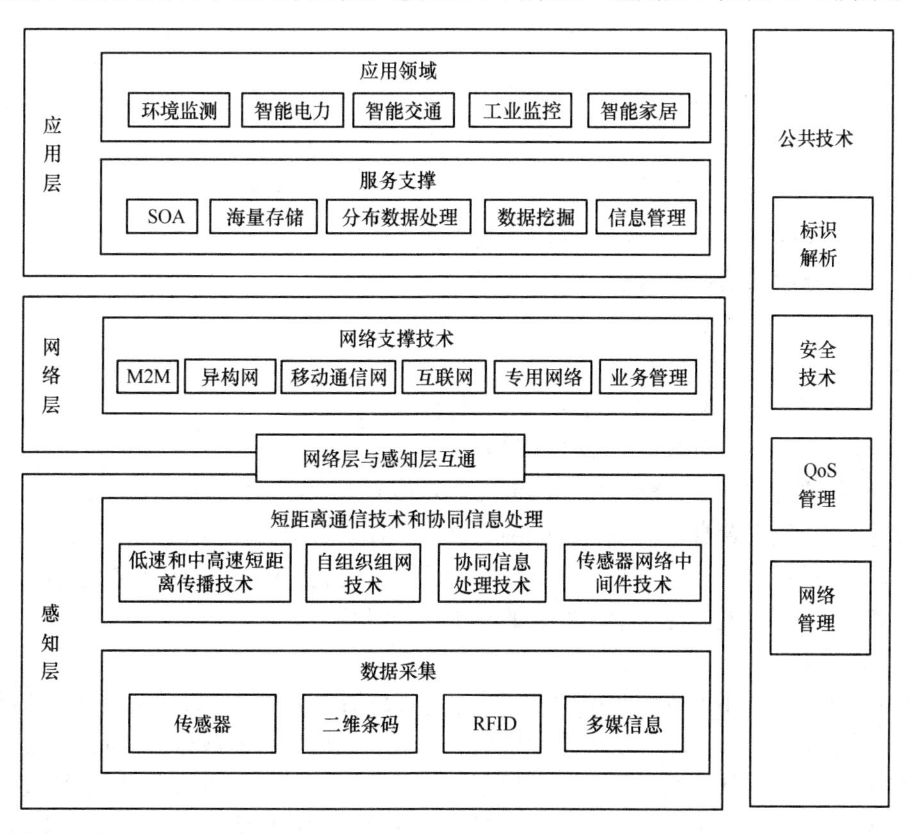

图11-2 物联网三层架构

(1) 感知层

感知层就是对信息进行感知，通过传感器技术、RFID技术、二维码、红外设备、GPS

等实现对物体的信息感知、定位和识别。感知层的作用相当于人的眼、耳、鼻、喉和皮肤等，它是物联网识别物体、采集信息的来源，主要可分为自动识别技术、传感技术、定位技术。

（2）网络层

网络层主要由各种私有网络、互联网、有线和无线通信网、网络管理系统和云计算平台等组成，负责传递和处理感知层获取的信息。网络层主要实现了两端系统之间的数据透明、无障碍、高可靠性、高安全性的传送以及更加广泛的互联功能，具体功能包括寻址，以及路由选择、连接、保持和终止等。

（3）应用层

应用层是物联网和用户（包括人、组织和其他系统）的接口，它与行业需求结合，包含了支撑平台子层和应用服务子层。它由不同行业的应用组成，例如医学上有医学物联网，交通上有智能交通，它实现了跨行业、跨应用、跨系统之间的信息协同、共享和互通，达到了物联网真正的智能应用。

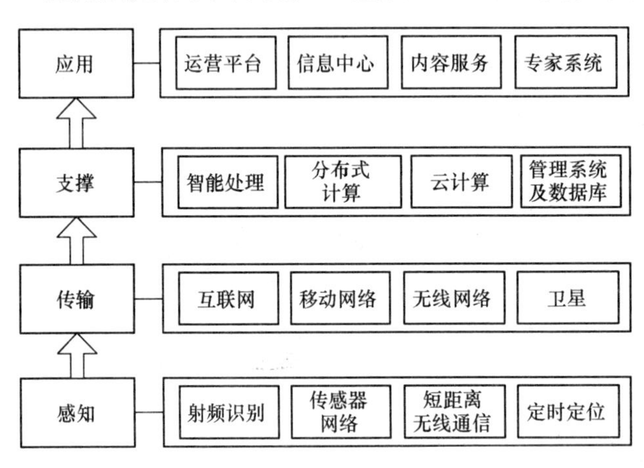

图 11-3　物联网四层架构

2. 物联网四层架构模式

还有一些单位或者机构将物联网结构定义为四层，即感知层、网络层、支撑层、应用层，如图 11-3所示。和三层架构的模式相似，在支撑层中，主要为一些物联网的核心技术。

11.1.6　物联网的技术特征

物联网的技术特征是：

（1）各类终端实现“全面感知”；

（2）电信网、因特网等融合实现“可靠传输”；

（3）云计算等技术对海量数据“智慧处理”。

物联网需要对物体具有全面感知的能力，对信息具有可靠传输的能力，对系统具有智能处理的能力，使人置身于无所不在的网络之中，任何时间、任何地点、任何物品、任何人之间都能够进行通信，达到信息自由交换的目的。物联网最大的优势在于各类资源的“虚拟”和“共享”，这也与通信网发展的扁平化趋势相契合。

1. 全面感知

全面感知是指利用无线射频识别（RFID）、传感器、定位器和二维码等手段随时随地对物体进行信息采集和获取。全面感知解决的是人和物理世界的数据获取问题，这一特征相当于人的五官和皮肤，其主要功能是识别物体、采集信息，其技术手段是利用条码、射频识别、传感器、摄像头等各种感知设备对物品的信息进行采集获取。将各个传感器采集到的信息进行综合分析，科学判定，最终给出一个全面的结论。

在全面感知这一特征中所涉及的技术有物品编码、自动识别和传感器技术。物品编码，即给每个物品一个“身份”，能够唯一地标志该物体，正如公民的身份证。自动识别，即使用识别装置靠近物品，自动获取识别物品的相关信息。传感器技术用于感知物品，通过在物品上植入感应芯片使其智能化，可以采集到物品的温度、湿度、压力等各项信息。

2. 可靠传输

可靠传输，是指通过各种电信网络和因特网融合，对接收到的感知信息进行实时远程传送，实现信息的交互和共享，并进行各种有效的处理。可靠传输相当于物联网的血管和神经系统，其主要功能是信息的接入和传输。

在可靠传输这一过程中，通常需要用到现有的移动通信网络，包括无线网络、有线网络和互联网。无线通信技术通常有 4G、ZigBee、WLAN 等。传感器网络是一个局部的无线网络，无线通信网、4G 网络则是物联网的一个有力支撑。

物联网是互联网的一个延伸，可靠传输就是利用互联网把物品的信息接入网络，让网络感知物品，使网络无处不在。因此，在网络建设上，不但要加强有线网络的发展，更要重视无线网络技术，诸如 Wi-Fi、4G、ZigBee 等。

3. 智慧处理

智慧处理是指利用数据管理、数据处理、云计算、模糊识别等各种智能计算技术，对随时接收到的跨地域、跨行业、跨部门的海量数据和信息进行分析处理，以便整合和分析海量、复杂的数据信息，提升对物理世界、经济社会各种活动和人类生活各种活动和变化的洞察力，实现智能化的决策和控制，以更加系统和全面的方式解决问题。

智慧处理相当于物联网的大脑和神经中枢，包括网络管理中心、信息中心、智能处理中心等，主要功能是对信息和数据的深入分析和有效处理，解决计算、处理和决策问题。

智慧处理可以对获取到的物品的信息进行分析整合，得出相对合理的决策，使得物品变得更加智能。例如，在道路下面安装上传感器节点，当行人通过时，传感网络立刻会将行人信息传递给驾驶中的司机，提前几秒钟的刹车可避免不少交通事故发生。这样的智慧处理方式能够大大改善人类的生产和生活。

物联网的精髓并非将物品和人都连到互联网中去，更重要的意义是交互，以及通过交互衍生出的种种可以应用的特性。因此，智慧处理就成了物联网的核心和灵魂。

11.2 物联网与管理信息集成

11.2.1 物联网技术在项目管理信息化中的应用

利用物联网技术，可以推进施工现场管理、物资管理等方面的信息化应用，实现施工现场能耗、人员、设备、材料的有效监控，实现对工程施工各阶段、各部位的质量、安全的实时监控，实现信息化与工业化的有效融合，推进科技进步。

从建筑企业层面看，物联网平台建设和应用得当，将给企业带来很大的经济效益。一是可以对安全隐患事故有效防范，避免由于发生事故而造成不必要的经济损失；二是可以有效减少或避免施工现场材料和设备的偷盗行为，避免由此引发的经济损失；三是可对各种用能进行监控以达到节能降耗作用；四是可以提高企业现场管理效率，可有效减少人力、财力的投入。

1. 企业物联网平台建设

企业物联网系统功能必须能及时反映工程项目的实时状况，然后作出相应的处理，并具有统计分析功能，以供管理者决策。所以，系统的建立要基于提高决策的制定水平，以达到消除安全隐患、实现安全生产的目的。

2. 系统功能

（1）安全管理定位系统

安全管理定位系统集安全预警、灾后急救、员工考勤、区域定位、日常管理等功能于一体。使管理人员能够随时掌握施工现场人员、设备的分布状况及每个人员和设备的运动轨迹，便于进行更加合理的调度管理以及安全监控管理。

该系统主要以 RFID 技术为核心，由施工人员或工作人员随身携带有源标签，一般装在施工人员的皮带上或安全帽上。卡有双向和单向的：单向的只能发送自身的 ID 号，双向的不但可以给监控中心发信息，监控中心也可以给每个施工人员发信息，并可在遇到危险的情况下按下紧急按钮键，进行紧急呼救。在施工现场安装读卡器，根据每个读卡器的位置进行定位。一般的原则是每隔 150m 安装一个读卡器。由读卡终端将数据信息传到监控室里的电脑定位软件，通过电脑对施工人员进行监控。在监控定位软件中，可查询一个或多个人员及设备的实际位置、活动轨迹；记录有关人员及设备在任一地点的到/离时间和总工作时间等一系列信息，达到真正的动态监控。当事故发生时，救援人员可根据该系统提供的数据、图形，迅速了解有关人员的位置情况，及时采取相应的救援措施，提高应急救援工作的效率，促使安全生产再上新台阶。

（2）工地可视化管理系统

该系统主要通过远程视频监控技术，实现对工地可视化管理。将可以旋转的球式摄像头安装在工地的制高点，诸如塔吊，监控整个工地。也可将固定角度的枪式摄像头，安装在施工工地监控的重点区域，如工地大门口、物料堆场、生活公共区域。

通过该系统，管理者可以远程操控摄像头的角度和焦距，监看整个工地是否有违规操作和安全隐患。监看进出场工程车辆是否超载，有没有跑冒滴漏现象；监看材料堆放是否整齐规范，有没有超过高度限制带来安全隐患，还可以兼顾防盗；监控生活公共区域的环境面貌，也可以在特殊情况下对人员进行管理。由此了解到现场的施工进度，可以远程监控现场的生产操作过程，记录现场材料的管理使用情况，实现项目的远程监管，强化总部对前端的支撑服务。

同时，该系统还可以实现工地现场的远程预览、远程云控制球机转动、远程接收现场报警、远程与现场进行语音对话指挥等功能。除了施工企业可以在公司远程实时监控工地现场作业，掌握工程实时动态，抓拍违章作业行为，方便企业进行自我监管之外，政府部门也可以随时调阅工地视频，了解掌握工程安全生产状况。针对项目施工进度情况，远程了解、远程指挥、远程调度；针对项目重点部位，对作业人员的操作过程、设备安装过程及时进行远程监控和监督；针对高层作业的特点，设置多项监控点，进行实时监控；有针对性地设置现场文明施工、现场安防监控点，进行远程监控。

（3）塔式起重机安全监控管理系统

塔式起重机安全监控管理系统就是在塔吊的吊臂等重点部位安装 6 个实时的数据采集器。由塔吊驾驶室的“黑匣子”进行数据收集与传输，将塔吊工作过程中的相关数据远程高速传输到系统平台上。管理人员就可以在平台上实时查询工地塔吊数量、塔吊回转半径、额定载重、实时载重、作业区的风速、是否违规操作等诸多数据，随时掌握塔吊运行状况。当塔吊存在违章操作时，不但塔吊驾驶室内的“黑匣子”会发出警报声，系统平台还能自动告知相关现场安全管理人员，将事故的安全隐患在第一时间反馈给操作、管理人员，将事故消除在萌芽之中。

(4) 混凝土搅拌车监控管理系统

根据统计调查，导致工程车安全事故的最主要因素就是超速和超载。通过在混凝土搅拌车安装车辆卫星定位终端，即车辆 GPS 设备，可以实时采集车辆的位置、速度、搅拌罐机械状态等信息，从而实现控制车辆超载、控制车辆超速（控制“双超”）的两大功能。

11.2.2 物联网在建筑施工中的应用

1. 高层建筑施工

高层建筑的传统测量技术与 GPS 定位技术相比，存在许多缺陷和不足，所以在高层建筑施工过程中，通常将 GPS 定位技术作为主要的测量方法。该技术具有精度高、效率高等多种明显的优势，从而使 GPS 定位技术越来越广泛地运用在高层建筑施工中。

(1) GPS 定位技术在高层建筑施工中的应用

1) 在变形监测中

GPS 定位技术在变形监测中的应用重点在于 GPS 定位技术的测量结果是否可以应用在变形监测中，测量的准确度是否满足变形监测的需求。目前，我国高层建筑施工的 GPS 定位技术在变形监测方面的应用主要在坐标转换、信息数据的采集、精度和数据传送等方面。变形监测在 GPS 定位技术的应用过程中，对信息数据进行了一系列的处理工作，比如减少粗差、检查平滑滤波等，进而对变形监测的数据资料进行统一处理，对数据文件进行科学合理的加工。传统的测量技术和方法具有一定的局限性，在测量的准确度上很难满足标准需求，所以需要借助 GPS 定位技术开展变形监测工作。通过 GPS 定位技术的应用，可以提高变形监测的精度，使其满足施工需求，为日后变形监测打下良好的基础。

2) 在平面控制和高程控制中

现阶段，我国高层建筑的施工直度在测量过程中很难得到有效控制，且传统的控制方法在操作过程中存在着很多问题，比如操作复杂繁琐、速度慢等，借助 GPS 定位技术可以有效地解决这一问题。GPS 定位技术的不断发展，以及在我国高层建筑施工中的广泛应用，大大地促进了我国测量领域的改革和发展，因此，GPS 定位技术在高层建筑施工中占据十分重要的地位。尤其是在高层建筑施工后续阶段的测量中，充分降低了施工的难度，简化了测量的过程，提高了测量的效率和质量。同时，还可以提高测量的精度和准确性，操作起来更加方便快捷。通过 GPS 定位技术在平面控制和高程控制中的应用，可以有效地避免传统控制方法的复杂性，全面地简化工作流程。

(2) GPS 定位技术在施工中的应用特点

由于高层建筑一般高度较高，体积非常巨大，建筑内部的结构也比较复杂，施工期限较长，因此，GPS 定位技术在高层建筑施工中的应用和普通工程相比较，具有以下几个特点：

1) 在 GPS 定位技术的应用上需要配备功能先进的设备和仪器，在定位和测量过程中，需要因地制宜，灵活多变、科学合理地应用 GPS 定位技术，制定有效合理地安全制度。

2）对 GPS 定位技术相关的设备以及操作要求较高，对高层建筑电梯的安装也提出了很高的专业性要求，在采用 GPS 定位技术时，需要将准确度和精度控制在毫米之内。

3）GPS 定位技术在竖向测量上必须具备较高的准确度和精度，相关的设备仪器和方法一定要符合高层建筑的结构要求、施工现场情况以及施工技术要求。

2. 复杂建筑施工

无线射频识别技术（RFID）是物联网的核心技术之一，是一种非接触式自动识别技术。近年来，随着大规模集成电路、网络通信、信息安全等技术的发展，RFID 技术终于被运用到了民用设施中。同时，由于其耐久性、穿透、记忆容量、覆盖范围等性能的大幅度提升，RFID 技术也开始逐步进入土木工程施工建造这一领域。目前，RFID 技术在施工过程中主要是结合 BIM 进行材料、设备、进度、质量及安全等方面的管理（图 11-4）。

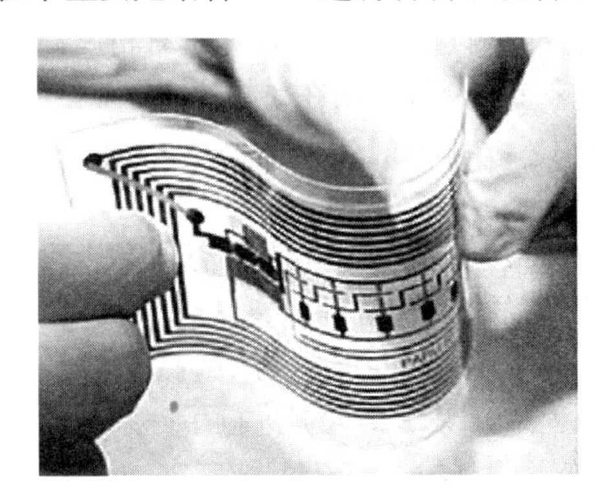

图 11-4　RFID 电子标签及手持读卡器

例如，深圳湾生态科技园“生命塔”项目是以红树果实为设计原型的钢结构，位于深圳湾生态科技园区南北向景观轴线上，总高度达 33.75m。“生命塔”整个构筑物可以拆分成塔身和机械头 2 个部分，其中塔身为钢结构主体，含垂直绿化、雾森系统等，高度 25.2m；机械头含液压系统、机械臂，闭合且直径为 9m，展开直径为 19m，高度 8.55m（图 11-5）。

图 11-5　项目效果图

本项目特征是工期紧、钢构件形式复杂且数量巨大。在一开始的钢构件生产和运输阶段，钢构件制作厂商就面临着大量的各类型的预制构件图纸以及计划、制作、供应的挑战。此外，还要确保预制钢构件的制作精度与相互间的碰撞检查。因此，要确保构件产量能跟上施工进度，构件质量能满足施工要求，安装质量符合规范要求，必须使用一定的新技术来克服以上困难。

鉴于“生命塔”钢构件的制作和拼装施工难度及专业度，“生命塔”项目部决定利用 BIM 系统和 RFID 技术结合提取和标记钢构件的各种信息。钢构件在厂家制造完成后，向其非受力部位植入含有与之相关信息的 RFID 电子标签，此 RFID 标签的编码在本项目中是唯一的，从而有效地解决了因钢构件混淆而导致返工、返厂的问题。对于较特殊和重要的构件，所植入的电子标签一般要预留出可扩展区域，为其他的延展属性预留存储空间。如图 11-6 所示。

（1）生产阶段的管理

本项目利用 RFID 技术辅助钢构件进行生产管理，通过在施工现场建立的 RFID 数据采集系统，实时采集钢构件的进场和施工进度数据，进度数据采集的频率可结合具体需要而不同，在“生命塔”项目中一共设置了 4 个采集时间点，包括钢构件的进场时间、验收时间、施工开始时间和施工结束时间。每个时间点的采集记录都会在数据库内以表格的形式进行储存，然后运用相关软件对原始数据进行处理，得到进度监测报告。采集钢构件的进场时间、施工开始与结束时间，使项目部和制作厂家能准确掌握进场的钢构件的数量和时间，一旦发现钢构件没有按时进场或者数量不足，可立即进行调配和生产。同时，业主和监理方也可在第一时间内获得材料进场的信息，以便安排下一步的进度款支付计划，而且在验收过程中的数据采集可以使施工方获知哪些钢构件是合格的，合格则可以开始施工，而哪些钢构件是需要退回生产厂家的。

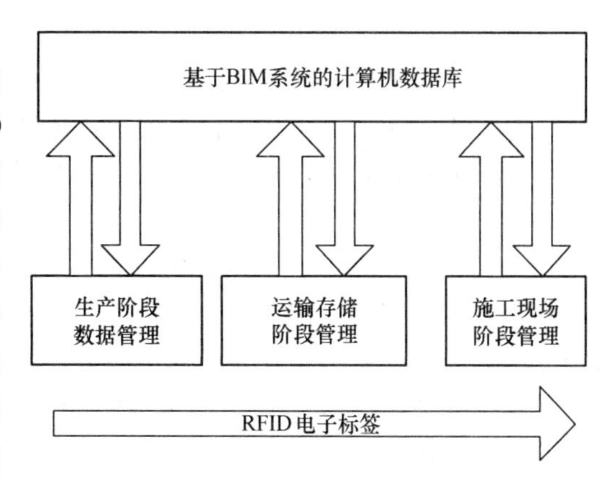

图 11-6　RFID 在复杂构筑物建设项目中的应用

（2）运输与存储的管理

该项目利用 RFID 技术进行运输管理这一方法，主要是通过将 RFID 电子标签中的信息采集到 BIM 软件中进行处理。软件通过自带程序的计算，合理安排施工顺序、规划运输顺序、运输的车次与路线等，从而实现了精细化建设零缺陷、零库存的目标。因为项目现场的实际进度情况能即时反馈到预制构件厂家，工厂可以根据反馈来的现场信息及时调整构件生产计划，使项目现场出现待工待料的概率几乎为零，然后工厂再将调整的计划实时传送给施工项目部，实现系统信息同步，有利于工程项目部根据材料供给量调整搬运机械与人力计划。

（3）进场施工阶段的管理

在施工阶段的管理是当运输钢构件的车辆通过工地门口时，固定式远距离 RFID 数据采集仪迅速识别并读取进入施工现场的构件，然后通过施工现场的无线网把钢构件中电子标签内的信息上传至计算机数据库内，判断是否可以接收与吊装。数据库对该钢构件信息进行接收判断通过后，以短信或者电子邮件的方式通知监理单位进行验收。验收合格后，计算机将合格的钢构件信息输入吊装操作许可数据库内进行存储，并把指令发送给吊装指挥中心。吊装指挥中心根据接收到的许可指令对钢构件组织吊装。

吊装完成后，由专人手持 RFID 数据采集仪阅读、识别吊装后的钢构件，并通过现场的无线网把信息反馈给计算机数据库，数据库核实并对存储数据进行更新。如发生数据漏采的情况，数据采集人员需向数据库管理员提交一份申请表，申请表包含钢构件的电子编码、施工开始和结束时间，管理员收到申请表后，首先核对申请表信息的真实性，然后将这些信息人工录入系统，从而保证采集的信息真实可靠。在施工管理阶段，主要是利用

RFID 技术实时跟踪和监控钢构件的进场和吊装，以工地现场的无线网络为媒介传递和处理各种相关信息。

在深圳湾科技生态园“生命塔”项目中，借助于 BIM 建筑信息化模型和 RFID 技术，使“生命塔”项目的各参与方也都能及时准确地掌控在采购—制造—施工建设全周期内的相关信息，不仅保证了项目的信息完整，加速了信息的传递，减少了潜在的错误，而且提高了施工的质量和效率，减少了人工，降低了成本。同时，在预制钢构件的生产过程中，成功地实现了构件生产标准化、生产进度合理化、产品质量优质化的目标。RFID 技术将 BIM 系统中的每一个“族”与现实中的预制钢构件的生产和安装紧密地联系在一起，实现了数字化的管理，也使每一个钢构件都拥有自己特定的“身份证”。解决了由于钢构件种类繁多，装载、运输和安装易发生混淆这一难题，从而实现了“生命塔”项目施工精细化的目标。从“生命塔”项目 RFID 技术的使用效果来看，其确实有利于提高钢结构施工中的管理水平和质量。

3. 人员监管

建筑行业是事故高发性行业，其发生事故的死亡率是制造行业的 5 倍，发生重大伤害的概率是制造业的 2.5 倍。如何防止事故的发生是目前建筑施工安全管理研究的主要问题。健康与安全管理部门通过总结得出，近 80%的事故是由于人的不安全行为导致的。因此，加强对建筑工地施工人员的监管，对提高施工现场的安全水平有较大的作用。利用 RFID 技术对建筑工地施工人员进行实时监控，能够提升人员行为的安全性，保证施工的安全。

RFID 阅读器可以无线读取标签，且能同时识别到多个标签，这种功能可以提供对固定区域内某个物体位置的辨识。标签体积小，方便人员随身携带。其存储能力强，能写入大量的信息，满足对物体固有属性的记录需求。RFID 技术已经在物流、医疗等方面得到了广泛的应用。我们可以将无线网络技术与 RFID 技术相结合来对事故隐患进行监控和统计，为防止建筑施工现场事故的发生提供预警系统。基于 RFID 技术的建筑施工人员监管方法，以 RFID 技术为基础，分别从人的不安全行为的静态和动态影像因素出发，对人的行为进行监管，防止由于人的不安全行为而导致事故的发生。

（1）RFID 技术对人的行为静态影响因素的管理

建筑施工现场的安全管理主要通过安全检查表法和安全管理人员的管理。管理过程忽视了人员的内在因素及其表现。这些内在因素对不安全行为的产生有着重要的影响，我们可以将这些因素写入 RFID 标签，运用 RFID 管理系统对这些因素进行综合评价，来判断一个人所适用的工作岗位和工作环境，这样可以较好地进行人力资源的分配。与此同时，根据评价的结果可以有针对性地对人员进行教育，并在需要的时候给予适当的帮助。基于 RFID 的门禁系统可以实现对静态信息中是否接受过安全培训以及是否有权限进入施工工地的因素进行管理。经过安全培训后的施工人员都会配备一个 RFID 标识卡，将培训信息写入此卡内。要求工人随身携带标识卡，当工人外出后再次进入工地的时候可以通过 RFID 门禁系统直接识别出工人的信息，判断是否有权限进入工地，记录工人的行踪。当有多个工人通过的时候，该门禁系统可以同时识别，这样大大减少了上班高峰时期管理人员的检查登记工作，避免了施工人员由于排队而浪费时间。该管理方法还有利于资料的保存与查询，方便了对于施工现场人员出入工地信息的管理。

（2）RFID 技术对施工人员所处位置信息的管理

在实际的应用中，可以构建一个基于 RFID 的实时定位系统。每个工人身上都佩戴有 RFID 标识卡，运用 RFID 技术并借助于辅助网络和标签来获得工人的实时位置信息。将施工现场划分为安全（绿色区域）、有一定危险（黄色区域）和危险区域（红色区域）。施工现场的所有人员都可以进入安全区域，当进入有一定危险区域的时候，系统将会由警报器提醒该区域存的危险源；而危险区域，只有具有一定权限的人才能进入。基于 RFID 的实时定位系统可以获知工人是否正在接近或已进入某个区域，管理人员通过监控管理平台实时掌控施工现场工人的情况，从整体上掌握施工现场的安全情况并进行行之有效的管理。该定位系统还可应用于机械设施的定位，当对人和机械的定位同时获取时，可以判断人是否与机械在不断地接近，判断是否存在机械撞击到人的危险。如果机械和人的距离太小，存在一定的安全隐患，那么系统需要对机械操作人员和施工人员同时进行警报提醒，从而防止碰撞事故的发生。

（3）RFID 技术对施工人员个体防护设备佩戴的管理

针对个体防护设备佩戴情况的管理，可以利用 RFID 技术构建一个设备监管系统。将每个人的工种信息和需要佩戴的个体防护用品种类的信息写入工人的 RFID 标识卡中。在工人的个体防护设备上都贴有 RFID 标签并写入所属工人的信息、设备出厂时间、设备报废时间等。该监管系统在每个工人身上佩戴有 RFID 阅读器，该阅读器能够获取工人 RFID 标识卡中的信息以及工人所佩戴的所有个体防护用品的信息。系统在获取信息后对需要佩戴信息和已佩戴防护用品信息进行比对，当有某项缺失时予以报警，从而提醒工人佩戴好个体防护用品。该系统还可以实现对个体防护用品自身的管理，根据 RFID 标签中写入的信息可以判断设备的使用年限，当设备服役期满时予以报警，提醒工人及时更换设备，保证设备防护的有效性。

4. 物料管理

对于传统建筑施工物料，大多采取半人工半自动的管理模式，然而这种方式容易出现人为操作失误等问题，整体管理效率偏低，尤其是遇到恶劣天气时，人工管理模式基本是不可行的。由此可见，采取基于 RFID 技术的物料管理系统是加强物料管理的重要措施。事实上，RFID 技术已被广泛运用，其特点有：①穿透性强，可穿透建材、泥浆等建筑物料；②存储容量大，RFID 标签可存储大量数据信息；③高效识别，能快速识别多种标签；④操作灵活，可进行信息增加、删除、修改等操作；⑤安全性高，标签存储信息有编码保护，不易篡改等。

（1）建筑施工物料管理系统的设计原则

1）确保施工进程，即预防因物料不足导致施工进程耽误。

施工物料管理要确保任何施工环节能持续进行，避免施工进程耽误，因此要有效监控施工物料的计划采购数量和实际使用数量。

2）降低因施工物料过剩产生的经济成本。

就某个建筑工程来讲，物料和设施成本大约是整个工程的 50%左右，而设计费用只占成本的 10%左右。因此，建筑施工物料管理方案的设计要确保物料的充分利用。

3）降低成本费用。

通常来讲，所谓的建筑施工物料管理是对物料采购、保管、清点、领用等各环节进行有效化、智能化管理。因为基于RFID技术的各设施或标签能被反复运用，所以某种程度上降低了人力成本，进而降低了整个建筑成本。

4）提升工程建设效率。

在具体施工时，往往会在寻找、领用物料或设备时消耗大量时间，造成工程建设效率降低。建筑施工物料管理则致力于减少该环节所需时间，提升工程效率。

5）保证施工现场的安全性和稳定性。

建筑施工物料管理方案设计要能改善现场废料乱堆砌的问题，保证物料遵循设计方案进行堆放，从而提升施工现场的安全性和稳定性。

（2）建筑施工物料管理系统功能

1）入库环节：

① 确认物料实际采购量和计划采购量是否相同；

② 物料运输中有关信息核实，确认是否和采购相同；

③ 物料存放位置的确认；

④ 物料入库并将数据传输至物料管理系统之中。

2）物料保管环节：

① 当物料剩余数量低于最小限值时，要及时给予警告提醒；

② 要对物料管理进行安全监控，避免物料丢失问题的出现；

③ 要实时更新上传物料的剩余数量。

3）物料领用环节：

① 施工人员能够自主盘点所需物料，提高整体效率；

② 提升领用物料的准确度，避免物料错领现象；

③ 要实时更新上传物料的领用情况；

④ 监控装运车送至施工点的全过程。

（3）建筑施工物料管理方案的实施

一般而言，建筑施工物料管理方案的实施可分成三个步骤：

1）设计规划。明确工程物料需求→制定建造流程→明确监控物料的类别→明确对应RFID设备→明确设备安装位置。

2）环境构建。RFID设备安装→构建无线网络环境→构建管理系统。

3）准备工作。设备试用→人员技术培训。

第一步骤设计规划环节，管理人员要结合建筑工程规模来确认物料需求，规划物料管理各步骤流程，确认施工物料类别、设备类型和相应的安装位置，该处RFID设备包含读写器、标签、信号接收器等。第二步骤环境构建环节，利用无线路由器实现施工现场网络覆盖，同时还要进行RFID设备和各硬件设备的安装。第三步骤是准备环节，对各安装设备进行试验操作，保证设备的正常运转和环境的稳定；另外，还要对各相关人员进行理论和技能培训。以上三步骤都完成之后，建筑施工物料管理方案才真正进入实施阶段。

基于RFID技术的建筑施工物料管理方案的设计及实施，对施工现场物料监控管理有重要影响。例如，优化建造流程，自动数据收集技术的运用使得建造流程简单化；工作环节公开化，物料管理系统记录现场发生的各环节，并且公开透明化；降低成本费用，

RFID 标签可反复使用，从长远角度来看可降低成本费用等。由此可见，RFID 技术在建筑施工物料管理中的运用有现实价值和长远意义。

11.2.3 物联网在装配式建筑中的应用

1. 在装配式建筑全寿命周期管理中的应用

装配式建筑的推行不但能够解决墙体裂缝、渗漏等质量问题，而且能提高建筑物的整体性、安全性、防火性和耐久性，预制构件通过工厂化生产和现场装配式施工，有助于缩短工期和节约成本，大幅度减少了建筑垃圾和污水的排放，减少了噪声污染及有害气体与粉尘的排放，既提高了建筑物的质量、缩短了工期，又节约了能源、降低了成本。但是，装配式建筑全寿命周期管理也面临着困境：其一是现代建筑行业产业化建造过程涉及的预制构件种类繁多，项目参与方众多，信息分散在不同的参与方手中，在预制、运输、组装的过程中极易发生混淆导致返工。其二是在装配式建筑的施工过程中，各个构件的信息难以及时收集、存档，不易查找，各参与方的信息难以共享及交流，导致对整个工程施工进度把握和管理的难度大大增加。其三是对于已经建好的装配式混凝土建筑，各个构件的信息也难以及时收集和处理，经常出现某一个构件的损坏或者不合格导致整个建筑损失的情况。而将 RFID 技术与 BIM 技术联合应用到装配式建筑全寿命周期管理中，将有助于这些问题的解决。

BIM 和 RFID 技术在预制构件中的创新性应用主要体现在运输阶段、现场施工阶段以及运营维护阶段，具体操作流程如图 11-7 所示。

（1）构件运输阶段

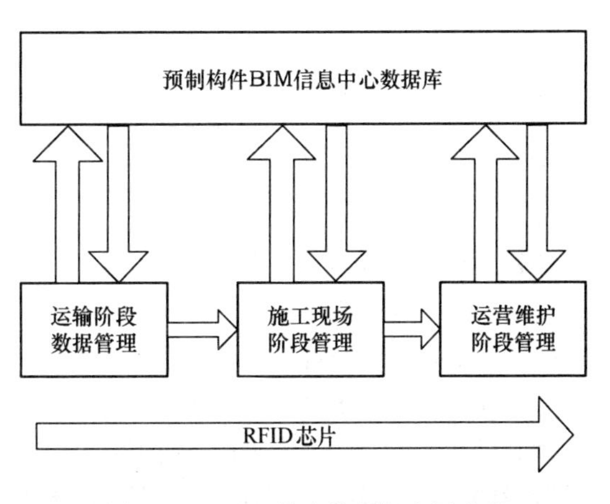

图 11-7　RFID 技术的创新应用流程

预制构件在工厂制造完成后，向其植入特制的含有与之相关各种信息的 RFID 标签，目的是为了方便对预制构件在运输、存储、吊装、运营维护过程中进行管理。首先，RFID 标签编码的原则是唯一性，保证每个构件单元对应代码标识的唯一性，保证每个构件在生产、运输、吊装、运营维护等过程中的信息准确无误，有效地解决了因混淆而导致返工的问题；其次，标签也具有可扩展性，一般要预留出可扩展区域，为可能出现的其他属性信息预留充足的存储空间；再者，标签也有具体含义来保证编码卡的可操作性和简易性，构件的类型和数量全是提前计划好的，且数量不大，使用具有具体含义的编码可以使编码的可阅性得到提高，有利于数据处理。

将 RFID 标签中的信息传输到 BIM 系统中进行判断和处理，并合理安排施工顺序，规划构件运输顺序、运输车次、路线等，对于精益建设中的零缺陷、零库存理想化目标实现非常有利。同时，施工现场的实际进度等相关信息还能即时被反馈到预制构件生产工厂，工厂再根据反馈来的施工现场进度信息调整构件生产计划，使待工待料出现的概率几乎为零，然后工厂再将调整计划的信息传递给施工现场，实现信息共享，有利于工程顺利进行。

（2）现场施工阶段

RFID阅读器迅速识别并读入进入施工场地的构件，然后通过施工场地无线网络把预制构件中的芯片所包含的信息上传至控制中心；控制中心根据BIM系统中的信息指挥构件进入吊装中心进行存储，并把相应的信息发送给吊装中心；吊装中心根据接收到的信息对预制构件进行吊装；然后RFID阅读器阅读并识别吊装后的预制构件并通过无线网络把信息反馈给控制中心，控制中心进行核实并对BIM系统进行更新，如图11-8所示。在此阶段，主要以RFID技术随时追踪和监控预制构件的储存和吊装，以施工现场的无线网络为媒介及时传递相关信息，同时，把RFID与BIM相结合，保证信息完整，加速信息传递，减少了工作人员在录入信息时潜在的错误，可实现零失误。比如，在预制构件进入施工现场接受核查时，不需要人员参与，在入口处安置RFID阅读器即可，只要限制运输车辆进入场地速度，便能采集数据，不仅提高了效率、减少了人工操作，而且降低了成本。

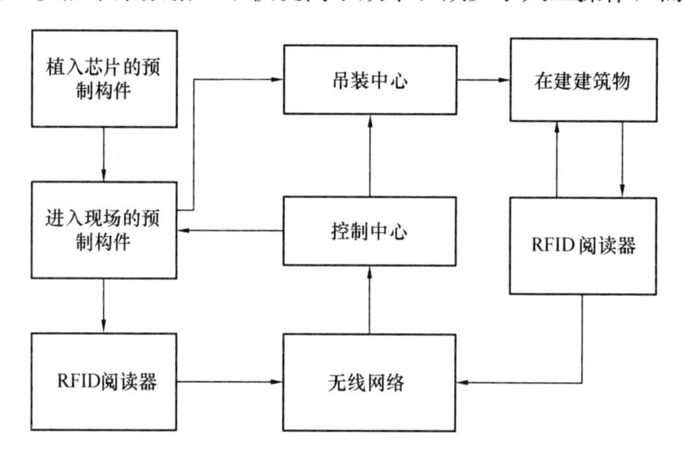

图11-8 BIM和RFID技术在现场施工阶段的应用

（3）运营管理阶段

在运营维护管理过程中，建筑物使用情况、财务状况、容量等所有即时信息均可被BIM物业管理系统随时监测到；还可以将预制构件所包含的所有信息输入并存储到BIM物业管理系统中，这样建筑物中的所有构件和各种设备的运行情况就可以即时被掌握，及时发现和处理损坏或不合格的预制构件。依靠BIM文件来实现建设工程施工阶段与运营维护阶段的无缝衔接，并且提供运营维护管理过程所需全部信息。同时，预制构件的改扩建过程中，应用RFID标签和BIM数据库，可以及时准确地将内隔墙、厨卫设备、管线等预制构件安装到对应的房间中，针对建筑结构的安全性、耐久性进行分析与检测，避免结构损伤；当建筑物寿命期达到预定使用期限时，还可以运用RFID标签和BIM数据库中的各种信息来判定一些预制构件能否循环使用，不仅可以减少材料的使用、能源的消耗、环境的污染，而且可以响应我国可持续发展的战略。

2. 在预制装配式住宅中的应用案例

（1）项目概况

浦江基地保障房工程项目的占地面积为20601m^2，建筑总面积51398.82m^2，其中，地上部分43961.78m^2，地下部分7437.04m^2。框架-剪力墙结构，采用装配式施工，装配的预制构件率为50%～70%。

（2）制造运输阶段

作为一个保障房项目，浦江基地工程项目采用预制装配式技术，在预制构件的生产和运输阶段，生产厂家面临着众多预制构件的图纸存放混乱及计划、生产、供货的挑战。同时，还要保证预制构件相互间的碰撞检查细度要精确到钢筋级别。因此，在预制构件生产过程中，相关生产厂家通过 BIM 模型提取和更新构件制造过程的信息，实现了模具设计自动化、生产计划管理、构件质量控制。同时，借助 BIM 模型，使该项目各参与方也都能及时准确地掌握预制构件全生命周期的信息。通过 RFID 将虚拟的 BIM 模型与现实中的预制构件生产联系在一起，实行集约化管理，也使预制构件有属于自己的“身份证”。解决了该工程项目由于预制构件种类繁多，在装载和运输的过程中易发生混淆的问题，从而实现浦江基地保障房工程项目精益生产的目标。

（3）建造施工阶段

通过 BIM 技术将施工进度数据模型与施工对象相连接，在 3D 模型数据库的基础上产生 4D 可视化模型。同时，利用 RFID 技术，指导施工现场吊装定位、查询构件属性，并把竣工信息录入数据库，以使施工质量记录随时能被追溯。通过 BIM 与 RFID 技术的结合运用，混凝土预制构件从计划、生产、运输、储存、吊装到施工过程的控制状况以三维的形式被充分展示出来，防止找错构件或者找不到构件的情况发生，提高了项目施工过程中的质量管理、安全管理和信息管理，大大缩短了工期。

（4）运营维护阶段

项目建设完工后，将所有预制构件的信息都存储到同一个 BIM 管理系统，把原来的决策系统、离散控制系统和执行系统整合在 BIM 系统管理平台上，使楼宇的自动化系统、物业管理系统、财务系统、资源管理系统等得到有效的控制，方便运营维护管理。

3. 装配式建筑施工过程中的应用

物联网技术应用于装配式建筑的施工现场，是实现信息和通信设备、施工现场资源实时互动，实现有序化施工，提升施工现场安全的有力保障。

（1）现场施工安全控制点分析

装配式建筑因其构件在工厂预先制作完成然后运进场的特点，在安全控制方面有着与一般施工现场不尽相同的安全控制点。除一般施工现场需要注意的细节之外，安全问题主要应围绕预制构件的进场卸载、存放、吊装与施工现场人员四大方面考虑。首先，预制构件自进场开始就应该置于实时被监控管理的状态之下，这不仅是出于对安全的考虑，对施工进度和成本方面的控制也是至关重要的。接着，就是人的因素，事故致因理论指出，人不安全的行为是事故发生的主要原因之一。因此，加强物联网技术应用培训，提高施工现场人员的技能与安全意识是必不可少的。

1）预制构件进场卸载和吊装时的安全控制点

预制构件在进场卸载和吊装时，需要调动专门的机械和专职工作人员，对施工人员的技术水平有很高的要求。由于预制构件体积大、自重大、形状不规则的特点，很容易因为设备磨损或施工人员操作失误导致预制构件失稳砸伤旁边的人员，造成安全事故。为了降低风险，首先要评估施工机械的工作能力，对于老化的设备需要在施工前进行检修；其次，在预制构件进入施工区域以后要有一套完整的支撑体系，防止失稳倾覆；最后，应杜绝无关人员在施工现场周围走动。

2）预制构件存放时的安全控制点

预制构件在存放时，第一，需要安排专门的人员监管，安排好轮班时间，保证构件始终处在被监控的状态下；第二，对存放的地点需要慎重考虑，应便于一次起吊就位，尽量减少二次搬运，这样不仅可以降低发生安全事故的风险，而且对进度、成本的控制也十分重要；第三，应严禁工人非工作原因在存放区长时间逗留、休息。

3）施工现场人员安全控制点

施工现场人员背景不同，受教育程度差异大，因此在工人进场前的安全教育就成为了重要的控制点，必须严格执行。另外，对现场人员的空间位置要做好定位工作，当进行高危作业时，保证无关人员不会进入危险区域。可以在每位工人的安全帽上安装射频识别读写器，实时追踪工人的位置，保证工人的安全。此外，每一位现场的施工人员都必须已经取得相关的资质证书，以保证有能力完成作业，尤其对于专业要求高、危险性大的工序，严禁随意安排人员操作。

（2）物联网技术在装配式建筑施工现场安全管理中的具体应用

装配式建筑施工现场整个安全管理系统可分为：信息采集模块，信息处理模块，系统控制中心以及信息反馈模块（图 11-9）。物联网技术在这四个模块中均有重要作用。利用 RFID 的无线射频信号自动识别目标对象并获取相关数据的功能，采集预制构件与现场人员的空间位置信息，由传感网络技术感知预制构件与现场施工人员所处环境的温度、湿度等条件，通过与预先设计的参数标准比较，来判断周围环境是否属于安全区域；若进入了危险区域，系统可发出警报，由人工控制中心提醒监督并纠正现场人员的不安全行为。

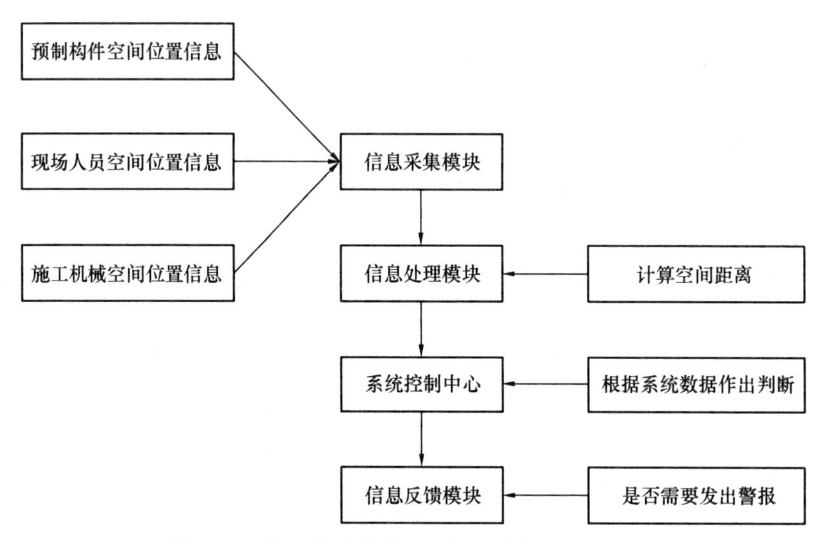

图 11-9　装配式建筑施工现场安全管理系统结构

1）物联网技术在预制构件进场卸载过程中的应用

利用 RFID 技术对预制构件进场后的运行路线以及人员配备进行监控。物联网技术的数据库中存储着施工现场各类人员的信息，当配备的人员能力无法达到技术要求时，系统可以发出警报。除此之外，当运输路线出现障碍，或者由于技术人员操作不当，使得预制构件处于不稳定的状态时，射频识别系统将信息传输给阅读器，人工控制中心可以及时发现潜在危险并提醒工作人员。

2）物联网技术在预制构件存放时的应用

在装配式建筑施工现场的预制构件库存管理工作中，由于预制构件种类多、数量大的特点，导致监管工作比较困难，因此可以引入射频识别技术，采集库存信息。例如，库存地点，预制构件的进库日期，不同时段负责监管的人员信息等，当搜集到的实际信息与预期安排不一致时，系统会提醒人工控制中心的监管人员，以便监管人员及时采取措施。

3）物联网技术在预制构件吊装时的应用

在吊装过程中，可以在施工机械上安装 RFID 读写器，对机械的空间位置信息进行把握，对于进入机械周围危险区域的人员，及时提出警报，以防机械对人造成打击。另外，预制构件上也安装有 RFID 读写器，吊装过程中，可将以预制构件投影为圆心、以人的反应距离为半径的圆形区域作为危险区域，对于进入危险区域的人员提出警报。

11.2.4 物联网在智能家居的应用

目前，通常把智能家居定义为利用计算机、网络和综合布线技术，通过家庭信息管理平台将与家居生活有关的各种子系统有机结合的一个系统。也就是说，首先它们都要在一个家居中建立一个通信网络，为家庭信息提供必要的通路，在家庭网络操作系统的控制下，通过相应的硬件和执行机构，实现对所有家庭网络上家电和设备的控制和监测。其次，它们都要通过一定的媒介平台，构成与外界的通信通道，以实现与家庭以外的世界沟通信息，满足远程控制、监测和交换信息的需求。最后，它们的最终目的都是满足人们对安全、舒适、方便和符合环境保护的需求。

1. 智能家居主要技术需求

基于物联网的智能家居系统由家庭环境感知互动层、网络传输层和应用服务层组成。智能家居系统的主要技术需求包括如下几种：

（1）传感器技术

智能家居系统需要各种信息感知设备实时采集各种家居设施信息。智能家居应用繁多，每一种应用所需感知的信息也有所不同。

（2）网络传输技术

智能家居网络系统包括家庭网关、控制中心、家居设施等主要功能模块。

家庭网关用于管理各类家居设备的网络接入与互联，为家庭用户提供远程查看与远程控制的平台，并为各类家居设备提供信息共享平台。

控制中心是家居设备自动控制模块，对家庭能源的科学管理、家庭设备的日程管理都有十分重要的作用，主要用于解析用户指令，启用与协调不同的家居设备共同工作。

家居设施则各尽其责，完成控制中心下达的指令。

智能家居网络系统需要传输的信息包括两类：

1）控制信息。这些信息的共同特点在于数据信息量小、传输速率低，但实时性和可靠性要求较高；

2）数据信息。包括各种高清视频和音频信息，要求传输速率高，但实时性要求不高。

（3）信息处理技术

在智能家居系统中，无论是生活环境改造、生活行为辅助，还是主人身份识别、主人状态识别与预判都是其必备前提，也是智能家居“智能”两字的核心所在。

2. 基于物联网的智能家居系统

基于物联网的智能家居系统包含智能家居（中央）控制管理系统、家庭安防监控系统、家居照明控制系统、家居布线系统、电器控制系统、背景音乐控制系统、家庭影院与多媒体控制系统和家庭环境控制系统等八大系统。其中，智能家居（中央）控制管理系统、家庭安防监控系统、家居照明控制系统是必备系统；家居布线系统、电器控制系统、背景音乐控制系统、家庭影院与多媒体控制系统和家庭环境控制系统为可选系统。

（1）智能家居（中央）控制管理系统。智能家居（中央）控制管理系统是智能家居的"大脑"，所有的子系统都将接入到这个控制中心。智能家居（中央）控制管理系统通常包含有智能家居管理软件（独立软件或嵌入到主板中），完成设备管理、场景设置、能源管理、日程管理、安防布撤防、安防监控管理、物业管理等管理操作。

（2）家庭安防监控系统。家庭安防监控系统包括如下几个方面的内容：视频监控、门禁一卡通、紧急求助、烟雾检测报警、燃气泄漏报警、碎玻探测报警、红外双鉴探测报警等。

（3）家居照明控制系统。实现对全宅照明的智能管理，可以用遥控等多种智能控制方式实现对全宅电灯的遥控开关、调光、全开全关及"会客、影院"等多种一键式灯光场景效果，并可用定时控制、电话远程控制、计算机本地及互联网远程控制等多种控制方式实现功能，从而达到智能照明节能、环保、舒适、方便的功能。

（4）家居布线系统。住宅小区智能化不应该是一种模式，而是提供一种可能，特别是经济上可以接受和普及的，允许实现全方位办公通信、休闲娱乐的多功能环境，是一种开放的、兼容的"平台"。从智能小区提供的服务种类来看，智能电子系统的信号传输不外乎语言、数据、音频、视频四种，作为智能小区的结构化布线系统，首先应该满足以上四种传输要求。一个能支持语音、数据、多媒体、家庭自动化、安保等多种应用的布线系统，这个系统也就是智能化住宅布线系统。

（5）电器控制系统。电器控制采用弱电控制强电方式，既安全又智能，可以用遥控、定时等多种智能控制方式实现对家里的饮水机、插座、空调、地暖、投影机、新风系统等的智能控制。

（6）背景音乐控制系统。家庭背景音乐控制系统是在公共背景音乐的基本原理基础上，结合家庭生活的特点发展而来的新型背景音乐系统。简单地说，就是在家庭任何一间房子里，将各种视频设备集中安装于隐蔽的地方，系统可以做到让客厅、餐厅、卧室等多个房间的电视机共享家庭影音库，并可以通过遥控器选择自己喜欢的音源进行收听，也让每个房间都能听到美妙的背景音乐。

（7）家庭影院与多媒体控制系统。客厅或者视听室通常是家里休闲娱乐的空间，一套好的智能家庭影院是必不可少的"镇宅之宝"。

（8）家庭环境控制系统。家庭环境控制系统一般包括中央空调系统、中央新风系统、中央除尘系统、中央采暖系统、中央热水系统和中央水处理系统等系统。这些系统均可独立工作，又可以通过智能化集中控制统一协调工作。

11.3　基于物联网的项目管理的新变化

随着互联网技术的不断成熟，建筑工程管理在设计、施工和经营方面充分利用先进的互联网信息技术，提高了建筑工程的信息化、智能化和高效化，促进了建筑业企业的发展。

11.3.1 在建筑施工管理上的应用前景

传感技术与计算机技术、通信技术一起被称为现代信息技术的三大支柱。当前，我国现代信息技术发展迅猛，传感技术的研发和应用力度逐步加大，依托于现代信息技术的新型管理模式正在多个行业快速推进。建筑行业作为传统性较强、技术复杂、从业人员多、危险源多变的国民经济支柱产业，迫切需要加强对现代信息技术的研究和应用实施。

首先，从技术上来看，以传感技术为主的现代信息技术已经能够解决工程项目安全管理所需信息和数据的需求；其次，从数据分析来看，安全传感技术的应用空间广阔，能在项目施工阶段的多个环节实施；再次，随着绿色建筑、智能建筑、BIM 建造、建筑工业化的推进，建筑业对物联网、信息化、智能化、现代通信和网络技术的需求越来越迫切；最后，大量接受现代信息技术教育和实践的高素质人才快速融入建筑业企业和相关管理部门，为现代信息技术的研究、推广和应用奠定了良好的基础。综合来看，安全传感技术具备很好的实施背景和技术积累，可以为工程项目的安全管理工作提供更多支持，应用前景广阔。

在安全传感技术的研发和实施过程中要争取几个方面的保障。一是行业主管部门的政策和资金支持，将其纳入规定的安全投入成本范畴，避免因较低利润导致的投入缺失。二是行业内研究型企业和科研院所、高校等要加强对工程项目传感技术的研发和实施模式探索，以系统化的解决方案来提供支持。三是工程项目各参与方要积极推进现代信息技术的应用，搭建信息共享平台，加强信息、数据的传输与处理。四是行业内从业人员的教育与培训要强化对现代信息技术、专业软件等信息化能力的知识普及和技能训练。最后，还要积极学习国外建筑业及国内其他行业的传感技术应用经验，避免过度依赖单一技术（比如施工现场的视频监控系统）来实现安全管理工作。

11.3.2 在智能家居方面的应用前景

世界上第一幢智能家居于 1984 年在美国建成，随后一些比较发达的国家也提出了智能家居的方案。我国于 20 世纪 90 年代中后期开始建设智能小区。

物联网的技术打破了原始家居的技术难关，让家居能够与网络上的信息进行共享，在网络上找到一个适合的场景应用到目前的状态来，网络与家居的互动就成为了智能家居的核心。2012 年，住房城乡建设部制定了《国家智慧城市试点暂行管理办法》；2013 年 11 月，国家正式发布了《中国智慧城市标准体系研究》。可见，中国目前的智能家居发展十分乐观，智能家居的市场需求量很大。

智能家居具有以下优缺点：

（1）个人隐私与安全。人们对于个人隐私、安全的看重，使得智能家居中智能安防系统的重要性逐渐提高。新兴的生物特征识别方式安保系统，可以做到当有人入侵时，建筑发出自动报警，一方面把信息图像传送到用户的手机上，另一方面通过用户协议把信息图像传送到警察局。

（2）节约能源。智能家居可以根据室内照明的情况控制灯光的开闭或者亮度，达到节能的目的。也可以根据用户目前所在的位置实现自动识别，判断是否可以关闭一些不用的灯具来达到节能的目的。

（3）智能场景识别。智能家居可以通过先进的嵌入式技术做到许多普通家居做不到的事情，未来的技术越发达智能家居所能实现的功能就越多。通过云分析、云计算可以识别用户回家时的场景，根据所识别到的场景，智能家居就会作出相应的反应。通过传感器识别住户的状态，营造合适的气氛，通过计算得到合适的处理方案，智能家居之间的联动使得在执行方案时的速度变得快速而且连贯。

（4）对建筑格局的影响。智能家居的创新使隔断和墙“活”了起来。例如，目前采用的一种叫做真空沉积的技术，使得玻璃的清晰度可以随意调节，这样的玻璃就可以替代传统意义上的墙。用户可以根据需求将其调整为不透明或透明状态，控制它们只需一个按键即可。

（5）智能家居的缺点。目前，智能家居的维护成本过高，智能产品的质量参差不齐，同时智能家居有联动系统，功能复杂，对维护的技术人员也要求较高。过高的产品费用与后期的维修调整使得许多消费者望而却步。智能家居能通过环境对建筑进行分析，会收集大量的私人数据，涉及个人隐私问题。个人隐私的泄露和安防系统的落后容易给黑客入侵提供方便。

智能家居是新时代高新技术的产物，智能家居融入生活替代原始的家居已成为一种必然趋势，对建设一个信息化的社会有重要的意义。在物联网和嵌入式的大力发展下，智能家居也会朝着更“智能”、更方便、更安全的方向发展下去。只有把行业标准、成本控制、安全隐私等问题解决好，才能真正地让智能家居市场全面普及与壮大。

第12章　人工智能与项目管理

12.1　人工智能技术

12.1.1　人工智能的定义

人工智能（Artificial Intelligence，AI）是20世纪50年代中期兴起的一门边缘学科，是计算机科学中涉及研究、设计和应用智能机器的一个分支，是计算机科学、控制论、信息论、自动化、仿生学、生物学、语言学、神经生理学、心理学、数学、医学和哲学等多种学科相互渗透而发展起来的综合性的交叉学科和边缘学科。

随着技术的发展，人工智能得到了进一步的应用。尽管目前人工智能在发展过程中还面临着很多困难和挑战，但人工智能已经创造出了许多智能“制品”，并将在越来越多的领域制造出更多的甚至是超过人类智能的产品，为改善人类的生活作出更大贡献。

1. 像人一样行动：图灵测试的途径

由阿兰·图灵（Alan Turing）（1950）提出的图灵测试（Turing Test）旨在为智能提供一个令人满意的可操作的定义。如果一位人类询问者在提出一些书面问题以后，不能区分书面回答来自人还是来自计算机，那么这台计算机就通过了测试。要注意的是：为计算机编程使之通过严格的测试还有大量的工作要做。计算机还需具有以下能力：

（1）自然语言处理（Natural Language Processing）使之能成功地用语言交流；

（2）知识表示（Knowledge Representation）以存储它知道的或听到的信息；

（3）自动推理（Automated Reasoning）以运用存储的信息来回答问题并推出新结论；

（4）机器学习（Machine Learning）以适应新情况并检测和预测模式；

因为人的物理模拟对智能是不必要的，所以图灵测试有意避免询问者与计算机之间的直接物理交互。然而，所谓的完全图灵测试（Total Turing Test）还包括视频信号以便询问者既可测试对方的感知能力，又有机会“通过舱口”传递物理对象。要通过完全图灵测试，计算机还需具有：

（5）计算机视觉（Computer Vision）以感知物体；

（6）机器人学（Robotics）以操纵和移动对象。

这6个领域构成了AI的大部分内容，并且图灵因设计了一个60年后仍合适的测试而值得称赞。然而AI研究者们并未致力于通过图灵测试，他们认为研究智能的基本原理比复制样本更重要。只有在莱特兄弟和其他人停止模仿鸟并开始使用风洞且开始了解空气动力学后，对“人工飞行”的追求才获得成功。航空工程的教材不会把其领域目标定义为制造“能完全像鸽子一样飞行的机器，以致它们可以骗过其他真鸽子”。

2. 像人一样思考：认知建模的途径

如果我们说某个程序能像人一样思考，那么我们必须具有某种办法来确定人是如何思考的。我们需要领会人脑的实际运用。有三种办法来完成这项任务：通过内省——试图捕获我们自身的思维过程；通过心理实验——观察工作中的一个人；以及通过脑成像——观察工作中的头脑。只有具备人脑的足够精确的理论，我们才能把这样的理论表示成计算机程序。如果该程序的输入输出行为匹配相应的人类行为，这就是程序的某些机制可能也在人脑中运行的证据。例如，设计了 GPS，即“通用问题求解器”（General Problem Solver，GPS）的艾伦·纽厄尔（Allen Newell）和赫伯特·西蒙（Herbert Simon）并不满足于仅让其程序正确地解决问题。他们更关心比较程序推理步骤的轨迹与求解相同问题的人类个体的思维轨迹。认知科学（Cognitive Science，CS）这个交叉学科领域把来自 AI 的计算机模型与来自心理学的实验技术相结合，试图构建一种精确且可测试的人类思维理论。

在 AI 的早期，不同途径之间经常出现混淆：某位作者可能主张一个算法能够很好地完成一项任务，所以它是人类表现的一个好模型，或者反之亦然。现代作者区分这两种主张：这种区分使得 AI 和认知科学都能更快地发展。这两个领域继续相互补充，通过将神经生理学证据吸收到计算模型中，这种相互作用在计算机视觉中体现得最明显。

3. 合理地思考：“思维法则”的途径

古希腊哲学家亚里士多德是首先试图严格定义“正确思考”的人之一，他将其定义为不可反驳的推理过程。其三段论（Syllogisms）为在给定正确前提时总产生正确结论的论证结构提供了模式。例如：“苏格拉底是人，所有人必有一死，所以，苏格拉底必有死。”这些思维法则被认为应当支配着头脑的运行。他们的研究开创了称为逻辑学（Logic）的领域。

19 世纪的逻辑学家为各种对象及对象之间关系的陈述制定了一种精确的表示法（将这种表示法与通常的算术表示法做对比，后者只为关于数的陈述提供表示法）。到了 1965 年，已有程序原则上可以求解用逻辑表示法描述的任何可解问题（虽然如果不存在解，那么程序可能无限循环）。人工智能中所谓的逻辑主义（Logicist）流派希望依靠这样的程序来创建智能系统。

对这条途径存在两个主要的障碍。首先，获取非形式的知识并用逻辑表示法要求的形式术语来陈述是不容易的，特别是在知识不是百分之百肯定时。其次，在“原则上”可解一个问题与实际上解决该问题之间存在巨大的差别。甚至求解只有几百条事实的问题就可耗尽任何计算机的计算资源，除非关于先试哪个推理步骤，计算机具有某种指导。虽然这两个障碍对建造计算推理系统的任何尝试都适用，但是它们最先出现在逻辑主义流派中。

4. 合理地行动：合理 Agent 的途径

Agent 就是能够行动的某种东西（英语的 agent 源于拉丁语的 agere，意为“去做”）。当然，所有计算机程序都做某些事情，但是期望计算机 Agent 做更多的事：自主的操作、感知环境、长期持续、适应变化并能创建与追求目标。合理 Agent（Rational Agent）是一个为了实现最佳结果，或者，当存在不确定性时，为了实现最佳期望结果而行动的Agent。

在对 AI 的“思维法则”的途径中，重点在正确的推理。做出正确的推理有时也是合理 Agent 的部分作用，因为合理行动的一种方法是逻辑地推理出给定行动将实现其目标的结论，然后遵照那个结论行动。另一方面，正确的推理并不是合理性的全部；在某些环境中，不要做可证正确的事情，但是仍然必须做某些事情。还有些合理行动的方法不能被说成涉及推理。例如，从热火炉上退缩是一种反射行为，通常这种行为比仔细考虑后采取的较慢的行为更成功。

图灵测试需要的所有技能也允许一个 Agent 合理地行动。知识表示与推理使 Agent 能够达成好的决定。我们必须能够生成可理解的自然语言句子以便在一个复杂的社会中勉强过得去。我们必须学习，不只是为了博学，而是因为学习可提高我们生成有效行为的能力。

合理 Agent 的途径与其他途径相比有两个优点。首先，它比“思维法则”的途径更一般，因为正确的推理只是实现合理性的几种可能的机制之一。其次，它比其他基于人类行为或人类思维的途径更经得起科学发展的检验。合理性的标准在数学上定义明确且完全通用，并可被“解开并取出”来生成可证实现了合理性的 Agent 设计。另一方面，人类行为可以完全适应特定环境，并且可以很好地定义为人类做的所有事情的总和。

要记住的一个重点是：我们将看到实现完美的合理性——即总做正确的事情在复杂环境中不可行。其计算要求太高。然而，我们将采纳工作假设：完美的合理性对分析是一个好的出发点。这样，既简化了问题，又为该领域中的大多数基本素材提供了恰当的背景。

12.1.2 人工智能的研究领域

人工智能的主要目的是用计算机来模拟人的智能。人工智能的研究领域包括模式识别、问题求解、机器视觉、自然语言理解、自动定理证明、自动程序设计、博弈、专家系统、机器学习、机器人等。

当前，人工智能的研究已取得了一些成果，如自动翻译、战术研究、密码分析、医疗诊断等，但距真正的智能还有很长的路要走。

1. 模式识别

模式识别（Pattern Recognition，PR）是 AI 最早研究的领域之一，主要是指用计算机对物体、图像、语音、字符等信息模式进行自动识别的科学。

“模式”的原意是提供模仿用的完美无缺的标本，“模式识别”就是用计算机来模拟人的各种识别能力，识别出给定的事物和哪一个标本相同或者相似。

模式识别的基本过程包括：对待识别事物进行样本采集、信息的数字化、数据特征的提取、特征空间的压缩以及提供识别的准则等，最后给出识别的结果。在人工智能及其应用识别过程中需要学习过程的参与，这个学习的基本过程是先将已知的模式样本进行数值化，送入计算机，然后将这些数据进行分析，去掉对分类无效的或可能引起混淆的那些特征数据，尽量保留对分类判别有效的数值特征，经过一定的技术处理，制定出错误率最小的判别准则。

当前，模式识别主要集中于图形识别和语音识别。图形识别主要是研究各种图形（如文字、符号、图形、图像和照片等）的分类。例如，识别各种印刷体和某些手写体文字，识别指纹、白血球和癌细胞等。这方面的技术已经进入实用阶段。

语音识别主要研究各种语音信号的分类。语音识别技术近年来发展很快，现已有商品化产品（如汉字语音录入系统）上市。图 12-1 为扫描仪，图 12-2 为苹果公司研发的 Siri 智能语音识别系统。

图 12-1 扫描仪是文字识别的基本工具

图 12-2 苹果公司研发的 Siri 语音识别系统

2. 自动定理证明

自动定理证明（Automatic Theorem Proving，ATP）是指利用计算机证明非数值性的结果，即确定它们的真假值。

在数学领域中对臆测的定理寻求一个证明，一直被认为是一项需要智能才能完成的任务。定理证明时，不仅需要有根据假设进行演绎的能力，而且需要有某种直觉和技巧。

自动定理证明的方法主要有四类：

（1）自然演绎法

自然演绎法的基本思想是依据推理规则，从前提和公理中可以推出许多定理，如果待证的定理恰在其中，则定理得证。

（2）判定法

判定法对一类问题找出统一的计算机上可实现的算法解。在这方面一个著名的成果是我国数学家吴文俊教授于 1977 年提出的初等几何定理证明方法。

（3）定理证明器

定理证明器研究一切可判定问题的证明方法。

（4）计算机辅助证明

计算机辅助证明以计算机为辅助工具，利用机器的高速度和大容量，帮助人完成手工证明中难以完成的大量计算、推理和穷举。

3. 机器视觉

机器感知就是计算机直接“感觉”周围世界。具体来讲，就是计算机像人一样通过“感觉器官”直接从外界获取信息，如通过视觉器官获取图形、图像信息，通过听觉器官获取声音信息。

机器视觉（Machine Vision，MV）研究为完成在复杂的环境中运动和在复杂的场景中识别物体需要哪些视觉信息以及如何从图像中获取这些信息。

4. 专家系统

专家系统（Expert System，ES）是一个能在某特定领域内以人类专家水平去解决该领域中困难问题的计算机应用系统。其特点是拥有大量的专家知识（包括领域知识和经验知识），能模拟专家的思维方式，面对领域中复杂的实际问题，能作出专家水平的决策，像专家一样解决实际问题。这种系统主要用软件实现，能根据形式的和先验的知识推导出结论，并具有综合整理、保存、再现与传播专家知识和经验的功能。

专家系统是人工智能的重要应用领域，诞生于20世纪60年代中期，经过20世纪70年代和80年代的较快发展，现在已广泛应用于医疗诊断、地质探矿、资源配置、金融服务和军事指挥等领域。

5. 机器人

机器人（Robots）是一种可编程序的多功能的操作装置。机器人能认识工作环境、工作对象及其状态，能根据人的指令和“自身”认识外界的结果来独立地决定工作方法，实现任务目标，并能适应工作环境的变化。

随着工业自动化和计算机技术的发展，到20世纪60年代机器人开始进入批量生产和实际应用的阶段。后来由于自动装配、海洋开发、空间探索等实际问题的需要，对机器的智能水平提出了更高的要求。特别是危险环境以及人们难以胜任的场合更迫切需要机器人，从而推动了智能机器的研究。在科学研究上，机器人为人工智能提供了一个综合实验场所，它可以全面地检查人工智能各个领域的技术，并探索这些技术之间的关系。可以，说机器人是人工智能技术的全面体现和综合运用。

6. 自然语言处理

自然语言处理又叫自然语言理解，就是计算机理解人类的自然语言，如汉语、英语等，并包括口头语言和文字语言两种形式。它采用人工智能的理论和技术将设定的自然语言机理用计算机程序表达出来，构造能理解自然语言的系统，通常分为书面语的理解、口语的理解、手写文字的识别三种情况。

自然语言理解的标志为：

（1）计算机能成功地回答输入语料中的有关问题；

（2）在接受一批语料后，能给出摘要的能力。可接受声音指令的计算机语言理解系统，它可与人进行对话交流；

（3）计算机能用不同的词语复述所输入的语料；

（4）有把一种语言转换成另一种语言的能力，即机器翻译功能。

7. 博弈

在经济、政治、军事和生物竞争中，一方总是力图用自己的“智力”击败对手。博弈就是研究对策和斗智。

在人工智能中，大多以下棋为例来研究博弈规律，并研制出了一些很著名的博弈程序。

博弈为人工智能提供了一个很好的试验场所，人工智能中的许多概念和方法都是从博弈中提炼出来的。

8. 人工神经网络

人工神经网络就是由简单单元组成的广泛并行互联的网络。其原理是根据人脑的生理结构和工作机理，实现计算机的智能。

人工神经网络是人工智能中发展较快、十分热门的交叉学科。它采用物理上可实现的器件或现有的计算机来模拟生物神经网络的某些结构与功能，并反过来用于工程或其他领域。人工神经网络的着眼点不是用物理器件去完整地复制生物体的神经细胞网络，而是抽取其主要结构特点，建立简单可行且能实现人们所期望功能的模型。人工神经网络由很多处理单元有机地连接起来，进行并行的工作。人工神经网络的最大特点是具有学习功能。通常的应用是，先用已知数据训练人工神经网络，然后用训练好的网络完成操作。

人的大脑在记忆大量数据和高速、复杂的运算方面远远比不上计算机。以模仿大脑为宗旨的人工神经网络模型，配以高速电子计算机，把人和机器的优势结合起来，有着非常广泛的应用前景。

9. 问题求解

问题求解是指通过搜索的方法寻找问题求解操作的一个合适序列，以满足问题的要求。

这里的问题主要指那些没有算法解，或虽有算法解但在现有机器上无法实施或无法完成的困难问题，例如路径规划、运输调度、电力调度、地质分析、测量数据解释、天气预报、市场预测、股市分析、疾病诊断、故障诊断、军事指挥、机器人行动规划、机器博弈等。

10. 机器学习

机器学习就是机器自己获取知识。如果一个系统能够通过执行某种过程而改变它的性能，那么这个系统就具有学习的能力。机器学习是研究怎样使用计算机模拟或实现人类学习活动的一门科学。具体来讲，机器学习主要有下列三层意思：

（1）对人类已有知识的获取（这类似于人类的书本知识学习）。

（2）对客观规律的发现（这类似于人类的科学发现）。

（3）对自身行为的修正（这类似于人类的技能训练和对环境的适应）。

12.2 人工智能在建设领域的应用与推广

研究者们把人工智能技术与建筑行业各专业领域知识相结合，使得人工智能技术在建筑行业中取得了非常广泛的应用。已有许多专家系统、决策支持系统应用在建筑行业，取得了很好的经济效益和社会效益。下面针对智能建筑、建筑规划和施工、建筑电气等建筑行业中的各专业领域，分别阐述人工智能技术的应用。

12.2.1 人工智能在智能建筑中的应用

1. 智能建筑简介

（1）智能建筑的概念

智能建筑（Intelligent Building，简写为 IB）一般以美国于 1984 年 1 月在康涅狄格州哈特福德市（Hartford）建设的都市大厦（City Palace Building，CPB）为标志。其国际定义为：通过将建筑物的结构、系统、服务和管理四项基本要求以及它们的内在关系进行优化，来提供一种投资合理，具有高效、舒适和便利环境的建筑物。2006 年修订版的国家标准《智能建筑设计标准》（GB/T 50314—2006）对智能的定义为：“以建筑物为平台，兼备信息设施系统、信息化应用系统、建筑设备管理系统、公共安全系统等，集结构、系统、服务、管理及其优化组合为一体，向人们提供安全、高效、便捷、节能、环保、健康的建筑环境。”智能建筑主要是以现代计算机为主的控制管理中心，以建筑为平台，通过建筑自动化设备（BA）、办公自动化（OA）及通信网络系统（CA）等途径，更安全、高效地带给人们更加舒适、便利、智能的生活条件及环境。

（2）智能建筑的发展

20 世纪四五十年代，气动系统在空调控制中得到广泛的推广。20 世纪 50 年代后，电子技术开始出现和迅速发展，同时计算机出现并迅速发展，紧接着半导体集成电路进入计算机，使计算机的可靠性大幅度提高，成本大幅度降低，也使得计算机控制开始在建筑设备自动化中出现。1969 年出现世界上第一个采用计算机监测和控制的建筑，即美国“911”事件中被炸掉的纽约世界贸易中心。20 世纪 70 年代出现的微型计算机和后来陆续出现的单片计算机更为计算机控制的发展开辟了新的天地，也带来了建筑设备控制和管理的计算机应用的飞速发展。近年来，随着科学技术的飞速发展，科技电子产品的种类与功能也日新月异，一些传统的事物在不久的未来必将被新的所替换。电话可能被办公桌上的玻璃屏幕或者幕墙显示屏替换，声音可以从家、办公室的任意位置传递；电视与墙融为一体；笔记本、台式电脑将被虚拟键盘和一面玻璃所替换；家中的所有电子设备，都可以通过一个声音，甚至一个动作所操控。人们的日常工作将被人工智能所充斥，绝大部分的工作将由人工智能所代替，人类只需要作为一个管理者以及监督者。

2. 专家系统在智能建筑中的应用

伴随着我国人工智能领域研究的深入，知识工程和知识库专家系统逐步成了新时期人工智能领域中众多优秀成果中的一种，并且已经逐步开始实现人工智能领域的商品化。而专家系统技术则是在此情况下所诞生的一种人工智能技术，其主要是基于各种有关控制对象及规律的专家知识来负责构造和运行相应系统。在专家系统技术支持下，所形成的人工智能计算机程序系统具备某个领域内专家的专业知识、工作经验以及解决实际问题的能力，或者说专家系统本身就是可以解决某领域专业知识或者问题的计算机智能软件操作系统。结合一个或者多个某领域内专家所提供的专业知识和工作经验，可以借助判断来模拟具体专家在解决相关专业问题方面的具体决策过程，这样就可以完整地形成基于专家专业知识和工作经验的专家操作系统或者控制系统。

比如，BAS（楼宇设备自动化系统）是智能建筑中应用最为广泛的一种智能系统，其主要包括 FA（消防自动化）、SA（安全防范自动化）、强电设备控制自动化等，提供最优决策支持和控制支持等。通过合理设计专家控制系统，可以实现数学模型和知识模型的结合，同时也可以极大地增强控制技术和知识信息处理技术融合质量。另外，通过在智能建筑中引入专家系统技术，可以更好地开展物业管理等相关后勤服务，具体就是可以借助用户管理知识库和数据库的合理设置，来对智能建筑内部人员的出入、业务咨询以及自动缴费等相关管理服务提供智能支持。

3. 人工神经网络在智能建筑中的应用

自进入 21 世纪以来，人工神经网络在建筑系统建模、优化以及学习控制等方面均已经取得了显著成就，并且已经广泛应用于图像处理、语音识别、信息智能化处理、模式识别、复杂控制、最优计算等领域。特别是随着新时期智能建筑的快速发展，传统建筑功能已经无法满足新时期建筑发展需求，现代智能建筑内部所安装的电气设备种类和数目也不断增加，同时设备能耗也持续攀增。为了可以有效地对一幢现代化楼宇进行合理管理，确保所安装各种类型的电气设备运行的经济性、安全性、协调性和可靠性，就必须注意提升建筑设备自动化控制水平、运行管理水平以及快速反应能力。而如果可以在实际的智能建筑中引入具备自适应能力或者自学习能力的人工神经网络来对相关的智能楼宇设备进行监督管理，那么可以有效地增强智能设备运行的稳定性和可靠性，具体可以具备监督和非监督两种训练类型。监督训练主要调节神经元加权系数和输入集合；非监督训练主要包括自组织和分类，有助于为复杂控制提供可能。

实际上，通过在智能建筑中引入人工神经网络这种人工智能技术，可以对不同类型的智能设备原理进行针对性操作和控制，或者可以结合建筑物的实际特性来确定出建筑物的精确模型；可以通过对相关建筑参数进行自动调节来确保其满足建筑需求，尤其是可以检测、控制、保护和调节建筑智能化设备的实时信号。这就是智能建筑设备自动化控制系统，其具有很强的自组织功能、自适应性和自主学习意识。另外，为了更好地对智能建筑进行控制，必须依靠灵敏、精确的适应性系统和精确的建筑仿真模型。考虑到传统控制器无法满足建筑仿真模型的在线运行，影响了建筑模型建设的合理性，此时如果可以引入人工神经网络这种人工智能技术，那么可以降低建筑模型构建的复杂性，降低硬件费用，具体均可以采用硬件方式来实现。该种模式可以应用于民用建筑或者小规模智能建筑中，有助于降低建筑智能控制的成本，更好地监控智能建筑和管理建筑能量，全面增强建筑楼宇的智能化程度，且随着微处理器等信息化技术的快速发展，低造价的智能设备会更多地应用于建筑设计中。

4. 决策支持系统在智能建筑中的应用

智能决策系统的应用随着计算机运算性能、网络技术和数据库技术的发展，基于数据库的控制方式逐步得到认可和推广，尤其是数据仓库技术和分布式数据库应用技术日趋成熟。通过在智能建筑中引入智能决策支持系统，可以大大增强建筑的智能化特性，其融合了管理科学、人工智能技术和计算机技术等多种先进技术，充分融合了控制论、运筹学以及管理科学等专业知识，加之信息技术和计算机技术的合理应用，有助于为智能建筑设计人员制定决策提供必要的数据支持，同时也可以便捷地构建、修改和优化决策模型，从而借助优化、分析、比较和判断各种方案，极大地增强智能建筑决策制定的双重效益。

在高层决策者对相关问题作出决策时，智能决策支持系统为决策者提供了用于进行决策的相关数据资料以及分析情况，使得决策者对于相关问题的认识更加深入。并通过备选方案的提出以及对决策模型的建议与修改过程，优化了决策者的建议，提升了决策的质量，并使决策带来的效益实现了最大化。

12.2.2 人工智能在建筑规划与施工中的应用

1. 人工智能建筑师

建筑的设计与规划凝结着建筑师与规划师的专业知识、智慧和创造力，这不仅是专业问题的解决，同时也是一种艺术上的创作过程。目前，人工智能技术已初步应用于建筑设计选型、建筑风格样式的学习与模仿等方面。

2017 年 5 月 31 号，被称为“世界上第一个人工智能建筑师”的小库 XKool 诞生，它综合了机器学习、大数据与云端智能显示等技术，将多种先进算法融入到最简易的操作中。它是第一款在实际建筑应用层面上实现了人工智能的建筑设计 SaaS 系统，能够帮助建筑师和开发商以极高的效率完成分析、规划和建筑设计前期工作，可以介入整个设计阶段的前 40%，包括拿地强排与概念设计。

2. 智慧工地管理系统

随着科学技术的不断发展，基于人工智能（AI）技术的智慧工地管理系统在项目施工现场的监控管理与应用方面的作用越来越大。它主要体现在能直观地加强对项目现场施工的管理与应用，它的应用使领导和管理部门能随时、随地直观地视察现场的施工生产状况，促进并加强对工程项目施工现场质量、安全与文明施工和环境卫生的管理。

智慧工地管理系统是建立在高度信息化基础上的一种支持对人和物全面感知、施工技术全面智能、工作互通互联、信息协同共享、决策科学分析、风险智慧预控的新型信息化手段。具体来说，主要有以下几大需求：①利用人脸识别技术进行人员管理和区域管控；②利用图像识别技术辅助施工安全管理，如安全帽佩戴、脚手架变形等；③利用后台大数据智能分析代替传统人工记录报表；④利用系统智能辅助实时监管施工现场各项情况。

智慧工地管理系统的功能主要有：进度管理、实名制管理、安全质量管理、视频监控、安全隐患智能预警、环境监测等。

（1）进度管理

进度管理系统是为施工项目经理部提供的用于管控施工进度的信息化软件系统。施工进度管理系统为用户提供了实施计划编制工具、图形化的施工进度展现工具以及工程进度检查工具。项目管理人员可利用这些工具制定施工进度计划，拟订各专业分部、分项工程的进度计划安排；在施工过程中，利用工程进度检查工具对各分部、分项工程进行进度检查，并通过进度管理系统将当前进度及时反馈至施工进度检查系统中。该系统可帮助用户将工程进度管控流程形成闭环，为工程管理人员提供最直观、有效的工程进度展现及管理手段。

（2）实名制管理

人员实名制一卡通是利用射频标签以及人脸识别技术进行现场劳务管理的系统：通过为施工现场工作人员发放劳务实名制卡，依托闸机、手持机、人脸识别相机等硬件设备，实现持卡进场、考勤、参加安全会议等功能。

1）电子标签管理：工人进场，在系统中注册登记，领取人员实名制卡。同时，提供卡挂失、解挂、注销等功能。

2）实名制通道：工地大门安装闸机、LED屏，工人刷卡或者通过人脸识别相机上下班，LED屏实时统计在场上岗人数。管理人员通过手机APP即可查看。

3）考勤管理：依托门禁刷卡记录，实现人员考勤过程的自动化，方便人员的出勤管理。系统能够利用快捷注册设备对访客进行拍照，实现访客的快速识别和登记，对访客进行统一管理和访问控制。系统可将工地划分为不同区域，配合各区域的安保要求，控制访客的活动范围，提高工地安全管理水平。

4）安全交底会议签到：在安全交底会议上，可以依托手持机进行安全培训会议现场刷卡签到。

（3）安全质量管理

安全管理人员在对大型机械、设备器械、人员安全防护用品、危险源、临火临电、起重吊装等检查点进行现场检查的过程中，当发现问题时，现场扫描人员、设备对应的二维码，或者通过安防视频智能分析，录入巡检问题，并即刻上传，以此反馈安全隐患，并通知相关人员整改。

安全及质量管理员可利用手持智能终端在智慧工地APP上记录人员的违规行为、记录分部及分项工程的质量问题，同时可用手机拍照进行现场取证。当有需要时，可向相应的施工队伍下发整改通知，发起整改流程。

当整改工作完成时，施工队伍可通过智慧工地 APP 向管理人员反馈整改情况，可手机拍照对整改情况进行取证，管理人员可通过图片直观查看、对比整改前后的变化。

（4）视频监控

智慧工地视频监控系统是一套远程监控系统，通过网络传输，可将作业场景传送到智慧工地 Web 界面或移动终端 APP、传输网络支持宽带、专线、4G 无线网等。

系统在工地现场的监控网络可采用多种布网方式，在无法布设有线传输线路的情况下，可将各监控点摄像机经现场的 WiFi、4G 蜂窝网络或者微波无线信号接入到互联网。

如需要添加新的监控点，只要在网络上添加新的监控摄像机即可；同时，系统可增加红外、烟感等安防探测器以及声光报警设备，并与视频监控构成报警联动机制。

（5）安全隐患智能预警

智能视频分析技术源自计算机视觉技术，它能够在图像及图像描述之间建立映射关系，从而使计算机能够通过数字图像处理和分析来理解视频画面中的内容。

安全隐患智能分析系统基于智能视频分析技术，辅助视频监控系统对监控图像进行分析、判断、识别，从而自动检测施工项目现场的安全隐患。

（6）环境监测

环境监测系统依托自动化监测传感器对工地现场扬尘及噪声进行实时监测，系统可对 PM2.5、PM10、噪声、风向、风速、温度、湿度、大气压等环境参数进行全天候现场测量。

3. 建筑施工机器人

在建筑施工中，建筑机器人是自动执行建筑工作的机器装置。它既可以接受人类指挥，又可以运行预先编排的程序，也可以根据以人工智能技术制定的原则纲领行动，协助或取代人类在建筑施工中工作。对于建筑机器人而言，其基本组成结构和一般性工业机器人相比并无特殊之处。建筑机器人以其施工安全性、高效性、降低工程造价等优势，成为保障施工人员安全、提升建筑工作品质的必然选择。

（1）建筑机器人类型

建筑机器人的发展和类型的形成受建筑工程施工需要的影响。从理论上来说，建筑工程施工中所有复杂工序都可以由相对应的建筑机器人进行替代或辅助施工，这也是建筑机器人未来的开发潜力和开发方向。

就现有建筑机器人而言，按照具体性能分为坑道作业机器人、主体工程施工机器人和建筑检查机器人。

坑道作业机器人在建筑工程施工中主要用来处理建筑主体工程施工前的场地问题，包括基坑穿孔、凿岩、扩底孔、涵拱合装和混凝土浆喷涂等。全自动液压凿岩机（KM·FU）、涵拱自动合装机器人（KM·MJ）、混凝土浆喷涂机器人（OB·KB）等都属于坑道作业范畴内的建筑机器人。

建筑主体工程是建筑工程中最主要的工程，因此用于主体工程施工的建筑机器人种类最多。主要有焊接作业机器人、挂钩作业机器人、钢筋搬运机器人、配筋作业机器人、耐火材料喷涂机器人、砌砖机器人、混凝土浇筑机器人、混凝土地面磨光机器人、去疵和清扫机器人、刻网纹机器人、顶棚作业机器人、外壁面喷涂机器人和幕墙安装机器人等。

建筑检查机器人主要用于建筑完工后的壁面检查和清洁作业，像瓷砖剥落检查机器人、净化间检查机器人都是用来完成建筑检查作业的。此外，还有桥梁作业机器人和深海作业机器人。可见，目前已有的建筑机器人已经涉及建筑工程中的基础工程、主体工程和装饰装修工程。建筑工程工序繁多，建筑机器人的性能优化和种类开发仍然具有很大潜力。

(2) 建筑机器人使用场景

按照建筑工程施工的工序特点，建筑机器人在建筑施工中主要应用在建筑施工场地的处理、建筑主体工程的施工、建筑装饰装修工程三大方面以及对建筑的检查清洁。

建筑机器人处理施工场地。建筑施工场地处理主要包括测量放线、基坑挖掘、岩石开凿、管道排水、基坑支撑面喷涂和场地平整等，对应工序都开发有相应的机器人进行施工。

建筑机器人运用于主体工程施工。主要的主体工程施工包括混凝土的搅拌浇筑、钢筋的配置、墙体的砌筑等。主体工程工作量大，施工复杂，是建筑工程施工过程中耗时最长、用量最多的程序，建筑机器人的使用能提高施工效益、缩短工期、降低工程造价。

建筑机器人运用于装饰装修。在建筑工程中，装饰装修工程包括地面平整、抹灰、门窗安装、饰面安装等。建筑装饰装修工程对于作业精度要求非常高。使用建筑机器人作业精度高，以抹灰机器人为例，其平整度能达到1%，基本一次完成，避免了返工，从而提高工效。

建筑检查、清洁机器人。高层建筑表面装饰很容易出现开裂、破损，使用建筑自动检查系统能全面精确地发现建筑存在的问题。此外，依靠自动清洁机器人能安全、高效地完成高层建筑外墙清洁工作。

海洋建筑、太空建筑机器人展望。海洋建筑施工与陆地建筑施工截然不同，借助建筑机器人进行施工能避免人工施工环境不适应问题。随着世界人口的膨胀，陆地空间的枯竭，人类将向海洋和太空要空间，很多海上和海底建筑将会出现。此外，随着人类对太空的探索，太空建筑在未来或许成为现实。

12.2.3 人工智能在建筑电气工程上的应用

当前，智能化技术已经被广泛地运用到电气工程的设备检测、故障检测、系统优化等过程中。具体如下：

1. 建筑电气自动化控制中的应用

电气化操作是电气自动化过程中较为复杂的工作，尤其是对于电气设备的操作而言，流程复杂，需要具备较高专业知识的技术人员进行操作，如果操作出现失误，就会造成较大的影响和损失。智能化技术能够很好地解决这个问题。因为自动化技术能够实现精确操作，在电气设备的操作过程中运用较广。

人工智能应用于建筑电气工程，最为关键的一个环节就是电气控制，如果在电气控制环节实现了智能化，就能加快建筑工程施工进度、提升施工效率、降低工作成本。通常而言，电气工程在运行的过程中，需要采取科学合理的措施进行自我保护。主要方法是通过在电气设备里安装相应的定位和感应设备，时时动态地监控电气控制的各种线路，及时对各种问题进行检测和预防。一旦电气设备在运行过程中发生问题，则定位和感应装置就通过智能传送系统对相关问题和情况进行传输和分析，最后实现对问题的预防和控制，保证电气设备的正常运行。

2. 建筑电气工程设备检测和故障检测分析的应用

对于设备检测而言，智能化技术尤为重要。引入智能化分析技术之后，可以快速实现对建筑工程电气设备的检测，及时发现问题并制定相应的方案进行解决。同时，还能准确科学地记录各项检测数据，并对各项数据进行科学的分析，保障电气设备的高效运行。当前，运用得较为广泛的智能化技术主要包括专家系统法、模糊网络法以及神经网络法等。

对于设备故障检测而言，在建筑电气工程当中主要是诊断发动机、发电机、变压器等电气设备，这些电气设备在整个的建筑电气工程中发挥着重要的作用，对其检测必不可少。智能化技术的应用能够快速准确地判断故障的发生之处，并通过神经网络、专家系统以及模糊理论等相关技术来分析问题的原因，并提出相应的解决办法，保证电气工程的稳定和安全运行。

3. 电气设备优化设计中的应用

科技的发展使得电气工程中电气设备的更新换代速度较快，所以对于电气设备的优化设计尤为必要。在传统的电气设备优化中主要是依据人工经验，而通过智能化技术则可以实现自动和准确的优化过程。

对于建筑电气工程电气设备的优化设计，智能化技术主要体现在通过智能化的专家系统和智能化技术的遗传算法来实现。专家系统是一个智能计算机程序系统，其内部含有大量的某个领域专家水平的知识与经验，能够利用人类专家的知识和解决问题的方法来处理该领域问题。遗传算法是模仿生物遗传，在运算时主要是利用生物的进化规律进行搜索，然后对系统的缺陷进行优化。实际运用中，通常采用遗传算法和专家系统相结合的方法来对设备进行优化。

此外，还可以采用模糊理论、神经网络的方法进行设备的优化升级。模糊理论主要是利用物理的方法进行设备的优化升级，神经网络主要是将计算机中间的算法进行升级，从而提高了运算速度。

第 13 章　《建设工程造价鉴定规范》解读

2018 年，住房城乡建设部第 1667 号公告发布了《建设工程造价鉴定规范》GB/T 51262—2017 简称《规范》并于 2018 年 3 月 1 日起实施。《建设工程造价鉴定规范》对当前工程造价鉴定工作的难点、疑点问题逐一梳理并形成了解决方案，其对于造价鉴定方法与程序的原则性、针对性、详细的规定也有利于造价鉴定回归专业技术服务的本质。

13.1　《建设工程造价鉴定规范》主要内容

本规范共分为 7 章和 16 个附录，重在法律法规与专业技术的有机结合，解决目前工程造价鉴定工作中的难点、疑点问题，更好地规范工程造价鉴定行为。主要技术内容包括：总则、术语、基本规定（鉴定机构和鉴定人、鉴定项目的委托、鉴定项目委托的接收、终止、鉴定组织、回避、鉴定准备、鉴定期限、出庭作证）、鉴定依据、鉴定、鉴定意见书、档案管理等。

本书主要介绍 7 章的内容。

13.1.1　总则

1. 编制目的

为规范建设工程造价鉴定行为，提高工程造价鉴定质量，根据《中华人民共和国民事诉讼法》《中华人民共和国仲裁法》等有关法律法规规定，以工程造价方面科学技术和专业知识为基础，结合工程造价鉴定实践经验制定本规范。

2. 适用范围和原则

本规范适用于工程造价咨询企业接受委托开展的工程造价鉴定活动。

工程造价鉴定应当遵循合法、独立、客观、公正的原则。

3. 法规约束

从事工程造价鉴定工作，除应执行本规范外，尚应符合国家现行有关法律、法规、规章及相关标准的规定。

13.1.2　术语

本规范总共包括 15 个工程造价鉴定活动涉及的术语，具体内容可以划分为三个方面：

1. 工程造价鉴定活动

（1）工程造价鉴定（construction cost appraisal）

工程造价鉴定是指鉴定机构接受人民法院或仲裁机构委托，在诉讼或仲裁案件中，鉴定人运用工程造价方面的科学技术和专业知识，对工程造价争议中涉及的专门性问题进行鉴别、判断并提供鉴定意见的活动。

（2）鉴定项目（appraisal project）

指对其工程造价进行鉴定的具体工程项目。

（3）鉴定事项（appraisal subject）

指鉴定项目工程造价争议中涉及的问题，通过当事人的举证无法达到高度盖然性证明标准，需要对其进行鉴别、判断并提供鉴定意见的争议项目。

2. 工程造价鉴定相关方

（1）委托人（truster）

指委托鉴定机构对鉴定项目进行工程造价鉴定的人民法院或仲裁机构。

（2）鉴定机构（appraisal corporation）

指接受委托从事工程造价鉴定的工程造价咨询企业。

（3）鉴定人（appraiser）

指受鉴定机构指派，负责鉴定项目工程造价鉴定的注册造价工程师。

（4）当事人（concerned parties）

指鉴定项目中的各方法人、自然人或其他组织。

（5）当事人代表（representative of concerned party）

指鉴定过程中，经当事人授权以当事人名义参与提交证据、现场勘验、就鉴定意见书反馈意见等鉴定活动的组织或专业人员。

3. 工程造价鉴定文件及技术术语

（1）工程合同（construction contract）

指鉴定项目当事人在合同订立及实际履行过程中形成的，经当事人约定的与工程项目有关的具有合同约束力的所有书面文件或协议。

（2）证据（evidence）

指当事人向委托人提交的，或委托人调查搜集的，存在于各种载体上的记录。包括：当事人的陈述、书证、物证、视听资料、电子数据、证人证言、鉴定意见以及勘验笔录。

（3）举证期限（prescribed time for evidence submission）

指委托人确定当事人应当提供证据的时限。

（4）现场勘验（site inspection）

指在委托人组织下，当事人、鉴定人以及需要时有第三方专业勘验人参加的，在现场凭借专业工具和技能，对鉴定项目进行查勘、测量等收集证据的活动。

（5）鉴定依据（appraisal reference）

指鉴定项目适用的法律、法规、规章、专业标准规范、计价依据；当事人提交经过质证并经委托人认定或当事人一致认可后用作鉴定的证据。

（6）计价依据（pricing reference）

指由国家和省、自治区、直辖市建设行政主管部门或行业建设管理部门编制发布的适用于各类工程建设项目的计价规范、工程量计算规范、工程定额、造价指数、市场价格信息等。

（7）鉴定意见（appraisal conclusion）

指鉴定人根据鉴定依据，运用科学技术和专业知识，经过鉴定程序就工程造价争议事项的专门性问题作出的鉴定结论，表现为鉴定机构对委托人出具的鉴定项目鉴定意见书及补充鉴定意见书。

13.1.3 主要内容

1. 基本规定

本规范的基本规定总共包括 42 条，具体内容可以划分为 8 个方面。

（1）对鉴定机构和鉴定人的要求

鉴定机构应在其专业能力范围内接受委托，开展工程造价鉴定活动。鉴定机构应对鉴定人的鉴定活动进行管理和监督，在鉴定意见书上加盖公章。当发现鉴定人有违反法律、法规和本规范规定行为的，鉴定机构应当责成鉴定人改正。

鉴定人在工程造价鉴定中，应严格遵守民事诉讼程序或仲裁规则以及职业道德、执业准则。鉴定人应在鉴定意见书上签名并加盖注册造价工程师执业专用章，对鉴定意见负责。

鉴定机构和鉴定人应履行保密义务，未经委托人同意，不得向其他人或者组织提供与鉴定事项有关的信息。法律、法规另有规定的除外。

（2）鉴定项目的委托

委托人委托鉴定机构从事工程造价鉴定业务，不受地域范围的限制。

委托人向鉴定机构出具鉴定委托书，应载明委托的鉴定机构名称、委托鉴定的目的、范围、事项和鉴定要求、委托人的名称等。

若委托人委托的事项属于重新鉴定的，应在委托书中注明。

（3）鉴定项目委托的接受和终止

1）接受委托

委托人向鉴定机构发出鉴定委托书。鉴定机构应在收到鉴定委托书之日起 7 个工作日内，决定是否接受委托并书面函复委托人，复函内容应包括：

① 同意接受委托的意思表示；

② 鉴定所需证据材料；

③ 鉴定工作负责人及其联系方式；

④ 鉴定费用及收取方式；

⑤ 鉴定机构认为应当写明的其他事项。

若鉴定机构接受鉴定委托，在对案件争议的事实初步了解后，应积极与委托人进行信息沟通。当对委托鉴定的范围、事项和鉴定要求有不同意见时，应向委托人释明，释明后按委托人的决定进行鉴定。

建设工程造价鉴定活动为有偿服务。根据鉴定项目和鉴定事项的服务内容、服务成本，鉴定机构与委托人协商确定鉴定费用。当委托人明确由申请鉴定当事人先行垫付的，应由委托人监督实施。

有下列情形之一的，鉴定机构应不接受委托：

① 委托事项超出本机构业务经营范围的；

② 鉴定要求不符合本行业执业规则或相关技术规范的；

③ 委托事项超出本机构专业能力和技术条件的；

④ 其他不符合法律、法规规定情形的。

不接受委托的，鉴定机构应于 7 日内通知委托人并说明理由，退还其提供的鉴定材料。

2）委托终止

鉴定过程中遇有下列情形之一的，鉴定机构可终止鉴定：

① 委托人提供的证据材料未达到鉴定的最低要求，导致鉴定无法进行的；

② 因不可抗力致使鉴定无法进行的；

③ 委托人撤销鉴定委托或要求终止鉴定的；

④ 委托人或申请鉴定当事人拒绝按约定支付鉴定费用的；

⑤ 约定的其他终止鉴定的情形。

终止鉴定的，鉴定机构应当通知委托人并说明理由，退还其提供的鉴定材料。

(4) 鉴定组织的设置

1) 机构设置

鉴定机构接受委托后，应成立鉴定项目部（组），指派本机构中满足鉴定项目专业要求、具有相关项目经验的鉴定人进行鉴定。其中，项目负责人必须是注册在该鉴定机构的注册造价工程师，并根据鉴定工作需要，安排非注册造价工程师的专业人员作为辅助人员，参与鉴定的辅助性工作。

鉴定机构应在接受委托，复函之日起 5 个工作日内，向委托人、当事人送达《鉴定人员组成通知书》，在通知书中载明鉴定人员的姓名、执业资格专业及注册证号、专业技术职称等信息。

具体格式如图 13-1 所示。

鉴定人员组成通知书

××价鉴函【20××】××号

____________________：

根据《建设工程造价鉴定规范》GB/T 51262—2017 的有关规定，现将贵方委托的______________(案号:×××)一案的鉴定人员组成名单通知如下：

鉴 定 人：_________，专业及注册证号：__________，职称:_______

鉴 定 人：_________，专业及注册证号：__________，职称:_______

鉴 定 人：_________，专业及注册证号：__________，职称:_______

辅助人员：_________，专业及资格证号：__________，职称:_______

辅助人员：_________，专业及资格证号：__________，职称:_______

1 本鉴定机构声明：

1) 没有担任过鉴定项目咨询人；

2) 与鉴定项目没有利害关系（除该项目的鉴定费用外）。

2 鉴定人声明：

1) 不是鉴定项目当事人、代理人的近亲属；

2) 与鉴定项目没有利害关系；

3) 与鉴定项目当事人、代理人没有其他利害关系。

如果当事人对本鉴定机构和以上鉴定人申请回避，请在收到本通知之日起 5 个工作日内书面向委托人或本鉴定机构提出，并说明理由。

3 本鉴定机构和鉴定人承诺：

遵守民事诉讼法、仲裁法及仲裁规则的规定，不偏袒任何一方当事人，按照委托书的要求，廉洁、高效、公平、公正地作出鉴定意见。

鉴定机构（公章）

年 月 日

图 13-1 鉴定人员组成通知书

2）鉴定组织管理

鉴定机构对同一鉴定事项，应指定两名及以上鉴定人共同进行鉴定。对争议标的较大或涉及工程专业较多的鉴定项目，应成立由三名及以上鉴定人组成的鉴定项目组。

鉴定机构应按照工程造价执业规定对鉴定工作实行审核制，建立科学、严密的管理制度，严格监控证据材料的接收、传递、鉴别、保存和处置，按照委托书确定的鉴定范围、事项、要求和期限，根据本机构质量管理体系、鉴定方案等督促鉴定人完成鉴定工作。

鉴定人应建立《鉴定工作流程信息表》，将鉴定过程中每一事项发生的时间、事由、形成等进行完整的记录，并进行唯一性、连续性标识。《鉴定工作流程信息表》具体格式见表 13-1。

鉴定工作流程信息表 **表 13-1**

案号：×××　　编号：

序号	时间	事项	记录种类	记录编号
	年　月　日			
	年　月　日			
	年　月　日			
	年　月　日			
	年　月　日			
	年　月　日			
	年　月　日			
	年　月　日			
	年　月　日			
	年　月　日			
	年　月　日			
	年　月　日			
	年　月　日			
	年　月　日			

鉴定中需向委托人说明或需要委托人了解、澄清、答复的各种问题和事项，鉴定机构应及时制作联系函送达委托人。

（5）鉴定工作的回避制度

1）回避声明制度

为了保证工程造价鉴定工作的客观公正性，鉴定机构应建立回避声明制度，并严格执行。如果鉴定机构曾经担任过鉴定项目咨询人的，或与鉴定项目有利害关系的，应当主动向委托人说明，自行回避，不得接受鉴定委托工作。

鉴定机构应在《鉴定人员组成通知书》中，向委托人提出回避声明和公正承诺。具体内容如下。

本鉴定机构声明：没有担任过鉴定项目的咨询人；与鉴定项目没有利害关系（除本鉴定项目的鉴定工作酬金外）。

鉴定人声明：不是鉴定项目当事人、代理人的近亲属；与鉴定项目没有利害关系；与鉴定项目当事人、代理人没有其他利害关系。

本鉴定机构和鉴定人承诺：遵守民事诉讼法（或仲裁法及仲裁规则）的规定，不偏袒任何一方当事人，按照委托书的要求，廉洁、高效、公平、公正地作出鉴定意见。

2）回避的具体情形

鉴定人及鉴定辅助人员有下列情形之一的，应当自行提出回避，未自行回避，经当事人申请，委托人同意，通知鉴定机构决定其回避的，必须回避：

① 是鉴定项目当事人、代理人近亲属的；

② 与鉴定项目有利害关系的；

③ 与鉴定项目当事人、代理人有其他利害关系，可能影响鉴定公正的。

鉴定人主动提出回避并且理由成立的，鉴定机构应予批准，并另行指派符合要求的鉴定人。

3）当事人申请回避

在鉴定过程中，鉴定人有下列情形之一的，当事人有权向委托人申请其回避，但应提供证据，由委托人决定其是否回避：

① 接受鉴定项目当事人、代理人吃请和礼物的；

② 索取、借用鉴定项目当事人、代理人款物的。

当事人向委托人申请鉴定人回避的，在收到《鉴定人员组成通知书》之日起5个工作日内以书面形式向委托人提出，并说明理由。若鉴定机构需要回避而未自行回避的，且当事人向委托人申请鉴定机构回避，由委托人决定其是否回避，鉴定机构应执行委托人的决定。

委托人应及时向鉴定机构作出鉴定人是否回避的决定，鉴定机构和鉴定人应执行委托人的决定。若鉴定机构不执行该决定，委托人可以撤销鉴定委托。

（6）鉴定准备

鉴定人应全面熟悉鉴定项目，认真研究送鉴证据，了解各方当事人争议的焦点和委托人的鉴定要求，根据鉴定项目的特点、鉴定事项、鉴定目的和要求制定鉴定方案。鉴定方案内容包括鉴定依据、应用标准、调查内容、鉴定方法、工作进度及需由当事人完成的配合工作等。鉴定方案应经鉴定机构批准后执行，鉴定过程中需调整鉴定方案的，应重新报批。

委托人未明确鉴定事项的，鉴定机构应提请委托人确定鉴定事项。

（7）鉴定期限

鉴定机构与委托人可根据鉴定项目争议标的涉及的工程造价金额、复杂程度等因素，合理确定鉴定期限。鉴定期限从鉴定人接收委托人移交证据材料之日起的次日起计算。在鉴定过程中，经委托人认可，等待当事人提交、补充或者重新提交证据、勘验现场等所需的时间，不计入鉴定期限。

通常，鉴定期限应在表13-2规定的期限内确定。

鉴定事项涉及复杂、疑难、特殊的技术问题需要较长时间的，鉴定机构与委托人协商后，可以延长鉴定期限。每次延长时间一般不得超过30个工作日，每个鉴定项目延长次数一般不得超过3次。

鉴定期限表 **表 13-2**

争议标的涉及工程造价	期限（工作日）
1000 万元以下（含 1000 万元）	40
1000 万元以上 3000 万元以下（含 3000 万元）	60
3000 万元以上 10000 万元以下（含 10000 万元）	80
10000 万元以上（不含 10000 万元）	100

鉴定期限表仅作为委托人与鉴定机构在委托合同中确定鉴定期限的参考，若鉴定机构与委托人对完成鉴定的期限另有约定的，从其约定。

（8）出庭作证

当涉及法律事项，鉴定人有出庭作证的义务。若鉴定人因法定事由不能出庭作证的，经委托人同意后，可以书面形式答复当事人的质询。未经委托人同意，鉴定人拒不出庭作证，导致鉴定意见不能作为认定事实的根据的，支付鉴定费用的当事人要求返还鉴定费用的，应当返还。

鉴定人出庭前应做好准备工作，熟悉和准确理解专业领域相应的法律、法规和标准、规范以及鉴定项目的合同约定等。鉴定人出庭作证时，应当携带鉴定人的身份证明，包括身份证、造价工程师注册证、专业技术职称证等，在委托人要求时出示。

鉴定人出庭作证时，应依法、客观、公正、有针对性地回答与鉴定事项有关的问题。鉴定人出庭作证时，对与鉴定事项无关的问题，可经委托人允许，不予回答。

2. 鉴定依据

工程造价鉴定依据是得出客观、真实、可信鉴定结论的基础，直接影响鉴定质量。通常，工程造价鉴定依据包括法律法规依据、规范标准和造价计算规则等。

本规范对其规定了 32 条具体工作和管理措施，内容可以划分为 7 个方面。

（1）鉴定人自行准备造价鉴定资料

鉴定人在进行工程造价鉴定工作前，应自行收集适用于鉴定项目的法律、法规、规章和规范性文件，并自行收集与鉴定项目同时期、同地区、相同或类似工程的技术经济指标以及各类生产要素价格。

对于一些特殊工程，若工程合同约定的标准规范不是国家或行业标准，则应由当事人提供。

（2）委托人移交造价鉴定资料

委托人移交的证据材料宜包含但不限于下列内容：

① 起诉状（仲裁申请书）、反诉状（仲裁反申请书）及答辩状、代理词；

② 证据及《送鉴证据材料目录》；

③ 质证记录、庭审记录等卷宗；

④ 鉴定机构认为需要的其他有关资料。

委托人向鉴定机构直接移交的证据，应注明质证及证据认定情况。未注明的，鉴定机构应提请委托人明确质证及证据认定情况。

鉴定机构接收证据材料后，应开具接收清单，并对证据进行认真分析，必要时可提请委托人向当事人转达要求补充证据的函件。若鉴定证据为复制件，鉴定机构收取时，应与证据原件核对无误。

（3）当事人提交的造价鉴定资料

鉴定工作中，委托人要求当事人直接向鉴定机构提交证据的，鉴定机构应提请委托人确定当事人的举证期限，并应及时向当事人发出函件，要求其在举证期限内提交证据。

鉴定机构收到当事人的证据材料后，应出具收据，写明证据名称、页数、份数、原件或者复印件以及签收日期，由经办人员签名或盖章。收到证据后，鉴定机构应及时将其移交委托人，并提请委托人组织质证并确认证据的证明力。

若委托人委托鉴定机构组织当事人交换证据的，鉴定人应将证据逐一登记，当事人签领。若一方当事人拒绝参加交换证据的，鉴定机构应及时报告委托人，由委托人决定证据的交换。

鉴定人应组织当事人对交换的证据进行确认，当事人对证据有无异议都应详细记载，形成书面记录，请当事人各方核实后签字，并将签字后的书面记录报送委托人。若一方当事人拒绝参加对证据的确认，应将此报告委托人，由委托人决定证据的使用。

当事人申请延长举证期限的，鉴定人应告知其在举证期限届满前向委托人提出申请，由委托人决定是否准许延期。

（4）证据的补充

鉴定过程中，鉴定人可根据鉴定需要提请委托人通知当事人补充证据。对委托人组织质证并认定的补充证据，鉴定人可直接作为鉴定依据；对委托人转交，但未经质证的证据，鉴定人应提请委托人组织质证并确认证据的证明力。

当事人逾期向鉴定人补充证据的，鉴定人应告知当事人向委托人申请，由委托人决定是否接受，鉴定人应按委托人的决定执行。

（5）鉴定事项调查

根据鉴定需要，鉴定人有权了解与鉴定事项有关的情况，并对所需要的证据进行复制；鉴定人可以询问当事人、证人，并制作询问笔录。

鉴定人对特别复杂、疑难、特殊技术等问题或对鉴定意见有重大分歧时，可以向本机构以外的相关专家进行咨询，但最终的鉴定意见应由鉴定人作出，鉴定机构出具。

（6）现场勘验

若当事人（一方或多方）要求鉴定人对鉴定项目标的物进行现场勘验的，鉴定人应告知当事人向委托人提交书面申请，经委托人同意后并组织现场勘验，鉴定人应当参加；若鉴定人认为根据鉴定工作需要进行现场勘验时，鉴定机构应提请委托人同意并由委托人组织现场勘验；若鉴定项目标的物因特殊要求，需要第三方专业机构进行现场勘验的，鉴定机构应说明理由，提请委托人、当事人委托第三方专业机构进行勘验，委托人同意并组织现场勘验，鉴定人应当参加。

鉴定机构按委托人要求通知当事人进行现场勘验的，应填写现场勘验通知书，通知各方当事人参加，并提请委托人组织。一方当事人拒绝参加现场勘验的，不影响现场勘验的进行。

鉴定机构应在勘验现场组织制作勘验笔录或勘验图表，记录勘验的时间、地点、勘验人、在场人、勘验经过、结果，由勘验人、在场人签名或者盖章，对于绘制的现场图表应注明绘制的时间、方位、测绘人姓名、身份等内容，必要时鉴定人应采取拍照或摄像取证的方式，留下影像资料。

若当事人代表参与了现场勘验，但对现场勘验图表或勘验笔录等不予签字，又不提出具体书面意见的，不影响鉴定人采用勘验结果进行鉴定。

（7）证据的采用

工程造价鉴定证据的采用对鉴定结果有直接影响。为此，鉴定机构应充分重视造价鉴定证据的效力。

通常，鉴定机构应提请委托人对以下事项予以明确，作为鉴定依据：

① 委托人已查明的与鉴定事项相关的事实；

② 委托人已认定的与鉴定事项相关的法律关系性质和行为效力；

③ 委托人对证据中影响鉴定结论重大问题的处理决定；

④ 其他应由委托人明确的事项。

经过当事人质证认可，委托人确认了证明力的证据，或在鉴定过程中，当事人经证据交换已认可无异议并报委托人记录在卷的证据，鉴定人应当作为鉴定依据。

若当事人对证据的真实性提出异议，或证据本身彼此矛盾，鉴定人应及时提请委托人认定，并按照委托人认定的证据作为鉴定依据。如委托人未及时认定，或认为需要鉴定人按照争议的证据出具多种鉴定意见的，鉴定人应在征求当事人对于有争议的证据的意见并书面记录后，将该部分有争议的证据分别鉴定并将鉴定意见单列，供委托人判断使用。

当事人对证据的异议，鉴定人认为可以通过现场勘验解决的，应提请委托人组织现场勘验。若当事人对证据的关联性提出异议，鉴定人应提请委托人决定。委托人认为是专业性问题并请鉴定人鉴别的，鉴定人应依据相关法律法规、工程造价专业技术知识，经过甄别后提出意见，供委托人判断使用。

同一事项当事人提供的证据相同，一方当事人对此提出异议但又未提出新证据的，或一方当事人提供的证据，另一方当事人提出异议但又未提出能否认该证据的相反证据的，在委托人未确认前，鉴定人可暂用此证据作为鉴定依据进行鉴定，并将鉴定意见单列，供委托人判断使用。同一事项的同一证据，当事人对其理解不同发生争议，鉴定人可按不同的理解分别作出鉴定意见并说明，供委托人判断使用。

若一方当事人不参加证据交换、证据确认的，鉴定人应提请委托人决定并按委托人的决定执行；委托人未及时决定的，鉴定人可暂按另一方当事人提交的证据进行鉴定并在鉴定意见书中说明这一情况，供委托人判断使用。

3. 鉴定

本规范对鉴定方法、步骤和鉴定依据的规定总共包括 61 条，具体内容可以划分为 13 个方面。

（1）项目划分与鉴定方法

1）项目划分

鉴定项目可以划分为分部分项工程、单位工程、单项工程的，鉴定人应分别进行鉴定后汇总。

单项工程，是指在一个建设工程项目中，具有独立的设计文件，竣工后能独立发挥生产能力或效益的工程项目，也有称作为工程项目。单项工程是建设工程项目的组成部分。一个建设工程项目可由一个或多个单项工程组成。

单位工程，是具有独立的设计文件，具备独立施工条件并能形成独立使用功能，但竣工后不能独立发挥生产能力或工程效益的工程，是构成单项工程的组成部分。与单项工程不同的是，单位工程竣工后不能独立发挥其生产能力或价值。

分部工程，是单位工程的组成部分，一般是按单位工程的结构形式、工程部位、构件性质、使用材料、设备种类等的不同而划分的工程项目。

分项工程，是指分部工程的细分，是构成分部工程的基本项目，又称工程子目或子目，它是通过较为简单的施工过程就可以生产出来并可用适当计量单位进行计算的建筑工程或安装工程。

2）鉴定方法

鉴定人应根据合同约定的计价原则和方法进行鉴定。如因证据所限，无法采用合同约定的计价原则和方法的，应按照与合同约定相近的原则，选择施工图预算或工程量清单计价方法或概算、估算的方法进行鉴定。

鉴定过程中，鉴定人可从专业的角度，促使当事人对一些争议事项达成妥协性意见，并告知委托人。鉴定人应将妥协性意见制作成书面文件由当事人各方签字（盖章）确认，并在鉴定意见书中予以说明。根据案情需要，鉴定人应当按照委托人的要求，根据当事人的争议事项列出鉴定意见，便于委托人判断使用。

鉴定过程中，当事人之间的争议通过鉴定逐步减少、有和解意向时，鉴定人应以专业的角度促使当事人和解，并将此及时报告委托人，便于争议的顺利解决。

（2）鉴定步骤

1）核对

鉴定人宜采取先自行收集鉴定依据，按法规、规范、合同要求，参考技术文件进行造价计算后，再与当事人核对等方式逐步完成鉴定。

鉴定机构应在核对工作前，向当事人发出函件，邀请当事人参加核对工作。鉴定过程中，鉴定人应对每一个鉴定工作程序的阶段性成果提请所有当事人提出书面意见或签字确认。鉴定人、当事人对鉴定范围、事项、要求等有疑问和分歧的，鉴定人应及时提请委托人处理，并将结果告知当事人。

当事人不参加核对工作的，或在鉴定核对过程中，当事人既不提出书面意见又不签字确认的，不影响鉴定工作的进行。

2）出具鉴定意见书

鉴定机构在出具正式鉴定意见书之前，应提请委托人向各方当事人发出鉴定意见书征求意见稿和征求意见函，其内容应明确当事人的答复期限及其不答复行为将承担的法律后果，即视为对鉴定意见书无意见。

鉴定机构收到当事人对鉴定意见书征求意见稿的复函后，鉴定人应根据复函中的异议及其相应证据，对征求意见稿逐一进行复核、修改完善，直到对未解决的异议都能答复时，鉴定机构再向委托人出具正式鉴定意见书。

3）异议处理

若当事人对鉴定意见书征求意见稿仅提出不认可的异议，未提出具体修改意见，无法复核的，鉴定机构应在正式鉴定意见书中加以说明，鉴定人应作好出庭作证的准备。

当事人逾期未对鉴定意见书征求意见稿提出修改意见，不影响正式鉴定意见书的出具，鉴定机构应对此在鉴定意见书中予以说明。

鉴定项目组实行合议制，在充分讨论的基础上用表决方式确定鉴定意见，合议会应作详细记录，鉴定意见按多数人的意见作出，少数人的意见也应如实记录。

（3）合同争议的鉴定

1）合同争议的定义

合同争议是指合同当事人对于自己与他人之间的权利行使、义务履行与利益分配有不同的观点、意见、请求的法律事实。

通常，合同争议发生于合同的订立、履行、变更、解除以及合同权利的行使过程之中，如果某一争议虽然与合同有关系，但不是发生于上述过程之中，就不构成合同争议；合同争议的主体双方须是合同法律关系的主体，此类主体既包括自然人，也包括法人和其他组织；合同争议的内容主要表现在争议主体对于导致合同法律关系产生、变更与消灭的法律事实以及法律关系的内容有着不同的观点与看法。

2）合同争议的鉴定

委托人认定鉴定项目合同有效的，鉴定人应根据合同约定进行鉴定；委托人认定鉴定项目合同无效的，鉴定人应按照委托人的决定进行鉴定。

鉴定项目合同对计价依据、计价方法约定不明的，鉴定人应厘清合同履行的事实，如是按合同履行的，应向委托人提出按其进行鉴定；如没有履行，鉴定人可向委托人提出“参照鉴定项目所在地同时期适用的计价依据、计价方法和签约时的市场价格信息进行鉴定”的建议，鉴定人应按照委托人的决定进行鉴定。

鉴定项目合同对计价依据、计价方法没有约定的，鉴定人可向委托人提出“参照鉴定项目所在地同时期适用的计价依据、计价方法和签约时的市场价格信息进行鉴定”的建议，鉴定人应按照委托人的决定进行鉴定。

鉴定项目合同对计价依据、计价方法约定条款前后矛盾的，鉴定人应提请委托人决定适用条款，委托人暂不明确的，鉴定人应按不同的约定条款分别作出鉴定意见，供委托人判断使用。

当事人分别提出不同的合同签约文本的，鉴定人应提请委托人决定适用的合同文本，委托人暂不明确的，鉴定人可按不同的合同文本分别作出鉴定意见，供委托人判断使用。

（4）证据欠缺的鉴定

若鉴定项目施工图（或竣工图）缺失，鉴定人应按以下规定进行鉴定：

① 建筑标的物存在的，鉴定人应提请委托人组织现场勘验计算工程量作出鉴定；

② 建筑标的物已经隐蔽的，鉴定人可根据工程性质、是否为其他工程的组成部分等作出专业分析进行鉴定；

③ 建筑标的物已经灭失，鉴定人应提请委托人对不利后果的承担主体作出认定，再根据委托人的决定进行鉴定。

在鉴定项目施工图或合同约定工程范围以外，承包人以完成了发包人通知的零星工程为由，要求结算价款，但未提供发包人的签证或书面认可文件，鉴定人应按以下规定作出专业分析进行鉴定：发包人认可或承包人提供的其他证据可以证明的，鉴定人应作出肯定性鉴定，供委托人判断使用；发包人不认可，但该工程可以进行现场勘验，鉴定人应提请委托人组织现场勘验，依据勘验结果进行鉴定。

（5）计量争议的鉴定

1）工程计量

工程计量，是指对各分部分项实体工程的工程量的计算和测量。

2）计量争议鉴定

当鉴定项目图纸完备，当事人就计量依据发生争议时，鉴定人应以现行国家相关工程计量规范规定的工程量计算规则计量；无国家标准的，按行业标准或地方标准计量。但当事人在合同中约定了计量规则的除外。

一方当事人对双方当事人已经签认的某一工程项目的计量结果有异议的，鉴定人应按以下规定进行鉴定：当事人一方仅提出异议未提供具体证据的，按原计量结果进行鉴定；当事人一方既提出异议又提出具体证据的，应对原计量结果进行复核，必要时可到现场复核，按复核后的计量结果进行鉴定。

当事人就总价合同计量发生争议的，总价合同对工程计量标准有约定的，按约定进行鉴定；没有约定的，仅就工程变更部分进行鉴定。

（6）计价争议的鉴定

1）工程量变化导致的计价争议

当事人因工程变更导致工程量数量变化，要求调整综合单价发生争议的；或对新增工程项目组价发生争议的，鉴定人应按以下规定进行鉴定：

① 合同中有约定的，应按合同约定进行鉴定；

② 合同中约定不明的，鉴定人应厘清合同履行情况，如是按合同履行的，应向委托人提出按其进行鉴定；如没有履行，可按现行国家标准计价规范的相关规定进行鉴定，供委托人判断使用；

③ 合同中没有约定的，应提请委托人决定并按其决定进行鉴定，委托人暂不决定的，可按现行国家标准计价规范的相关规定进行鉴定，供委托人判断使用。

2）物价波动导致的计价争议

当事人因物价波动，要求调整合同价款发生争议的，鉴定人应按以下规定进行鉴定：

① 合同中约定了计价风险范围和幅度的，按合同约定进行鉴定；合同中约定了物价波动可以调整，但没有约定风险范围和幅度的，应提请委托人决定，按现行国家标准计价规范的相关规定进行鉴定；但已经采用价格指数法进行了调整的除外。

② 合同中约定物价波动不予调整的，仍应对实行政府定价或政府指导价的材料按《中华人民共和国合同法》的相关规定进行鉴定。

3）人工费价格争议

当事人因人工费调整文件，要求调整人工费发生争议的，鉴定人应按以下规定进行鉴定：

① 如合同中约定不执行人工费调整的，鉴定人应提请委托人决定并按其决定进行鉴定；

② 合同中没有约定或约定不明的，鉴定人应提请委托人决定并按其决定进行鉴定，委托人要求鉴定人提出意见的，鉴定人应分析鉴别。如人工费的形成是以鉴定项目所在地工程造价管理部门发布的人工费为基础在合同中约定的，可按工程所在地人工费调整文件作出鉴定意见；如不是，则应作出否定性意见，供委托人判断使用。

4）材料费价格争议

当事人因材料价格发生争议的，鉴定人应提请委托人决定并按其决定进行鉴定。委托人未及时决定，可按以下规定进行鉴定，供委托人判断使用：

① 材料价格在采购前经发包人或其代表签批认可的，应按签批的材料价格进行鉴定；

② 材料采购前未报发包人或其代表认质认价的，应按合同约定的价格进行鉴定；

③ 发包人认为承包人采购的材料不符合质量要求，不予认价的，应按双方约定的价格进行鉴定，质量方面的争议应告知发包人另行申请质量鉴定。

5）工程质量导致的计价争议

发包人以工程质量不合格为由，拒绝办理工程结算而发生争议的，鉴定人应按以下规定进行鉴定：

① 已竣工验收合格或已竣工未验收但发包人已投入使用的工程，工程结算按合同约定进行鉴定；

② 已竣工未验收且发包人未投入使用的工程，以及停工、停建工程，鉴定人应对无争议、有争议的项目分别按合同约定进行鉴定。工程质量争议应告知发包人申请工程质量鉴定，待委托人分清当事人的质量责任后，分别按照工程造价鉴定意见判断采用。

（7）工期索赔争议的鉴定

工期，指建设项目从开工令中载明的开工日期起到完成承包合同规定的全部内容，达到竣工验收标准并提出竣工验收申请为止所经历的时间，以天数表示。工期，是建设项目重要的技术经济指标。由于影响工期的因素众多，业主和承包商常常在工期计算上发生争议。

1）开工时间

当事人对鉴定项目开工时间有争议的，鉴定人应提请委托人决定。委托人要求鉴定人提出意见的，鉴定人应按以下规定提出鉴定意见，供委托人判断使用：

① 合同中约定了开工时间，但发包人又批准了承包人的开工报告或发出了开工通知，应采用发包人批准的开工报告或发出的开工通知的时间；

② 合同中未约定开工时间，应采用发包人批准的开工时间；没有发包人批准的开工时间，可根据施工日志、验收记录等相关证据确定开工时间；

③ 合同中约定了开工时间，因承包人原因不能按时开工，发包人接到承包人延期开工申请且同意承包人要求的，开工时间相应顺延；发包人不同意延期要求或承包人未在约定时间内提出延期开工要求的，开工时间不予顺延；

④ 因非承包人原因不能按照合同中约定的开工时间开工，开工时间相应顺延；

⑤ 因不可抗力原因不能按时开工的，开工时间相应顺延；

⑥ 证据材料中，均无发包人或承包人提前或推迟开工时间的证据，采用合同约定的开工时间。

2）工期延续时间

当事人对鉴定项目工期延续时间有争议的，鉴定人应按以下规定进行鉴定：

① 合同中明确约定了工期的，以合同约定工期进行鉴定；

② 合同对工期约定不明或没有约定的，鉴定人应按工程所在地相关专业工程建设主管部门的规定或国家相关工程工期定额进行鉴定。

3）竣工时间

当事人对鉴定项目实际竣工时间有争议的，鉴定人应提请委托人决定。委托人要求鉴定人提出意见的，鉴定人应按以下规定提出鉴定意见，供委托人判断使用：

① 鉴定项目经竣工验收合格的，以竣工验收之日为竣工时间；

② 承包人已经提交竣工验收报告，发包人应在收到竣工验收报告之日起在合同约定的时间内完成竣工验收而未完成验收的，以承包人提交竣工验收报告之日为竣工时间；

③ 鉴定项目未经竣工验收，未经承包人同意而发包人擅自使用的，以占有鉴定项目之日为竣工时间。

4）暂停施工、顺延工期

当事人对鉴定项目暂停施工、顺延工期有争议的，鉴定人应按以下规定进行鉴定：

① 因发包人原因暂停施工的，相应顺延工期；

② 因承包人原因暂停施工的，工期不予顺延；

③ 工程竣工前，发包人与承包人对工程质量发生争议停工待鉴的，若工程质量鉴定合格，承包人并无过错的，鉴定期间为工期顺延时间。

5）设计变更

当事人对鉴定项目因设计变更顺延工期有争议的，鉴定人应参考施工进度计划，判别是否因增加了关键线路和关键工作的工程量，而引起工期变化，如增加了工期，应相应顺延工期；如未增加工期，工期不予顺延。

6）工期延误

当事人对鉴定项目因工期延误索赔有争议的，鉴定人应按上述规定先确定实际工期，再与合同工期对比，以此确定是否延误以及延误的具体时间。

对工期延误责任的归属，鉴定人可从专业鉴别、判断的角度提出建议，最终由委托人根据当事人的举证判断确定。

(8）费用索赔争议的鉴定

1）索赔定义

工程索赔，是指在合同履行过程中，对于并非自己的过错，而是应由对方承担责任的情况造成的实际损失向对方提出经济补偿和（或）时间补偿的要求。

当事人因提出索赔发生争议的，鉴定人应提请委托人就索赔事件的成因、损失等作出判断。委托人明确索赔成因、索赔损失、索赔时效均成立的，鉴定人应运用专业知识作出因果关系的判断，作出鉴定意见，供委托人判断使用。

2）单方索赔

若一方当事人提出索赔，对方当事人已经答复但未能达成一致，鉴定人可按以下规定进行鉴定：

① 对方当事人以不符合事实为由不同意索赔的，鉴定人应在厘清证据事实以及事件的因果关系的基础上，作出鉴定；

② 对方当事人以该索赔事项存在，但认为不存在赔偿的，或认为索赔过高的，鉴定人应根据相关证据和专业判断作出鉴定。

3）暂停施工

当事人对暂停施工索赔费用有争议的，鉴定人应按以下规定进行鉴定：

① 合同中对上述费用的承担有约定的，应按合同约定作出鉴定；

② 因发包人原因引起的暂停施工，费用由发包人承担，包括：对已完工程进行保护的费用、运至现场的材料和设备的保管费、施工机具租赁费、现场生产工人与管理人员工资、承包人为复工所需的准备费用等；

③ 因承包人原因引起的暂停施工，费用由承包人承担。

4）不利物质条件

因不利的物质条件或异常恶劣的气候条件的影响，承包人提出应增加费用和延误的工期的，鉴定人应按以下规定进行鉴定：

① 承包人及时通知发包人，发包人同意后及时发出指示同意的，采取合理措施而增加的费用和延误的工期由发包人承担；发承包双方就具体数额已经达成一致的，鉴定人应采纳这一数额鉴定；发承包双方未就具体数额达成一致，鉴定人通过专业鉴别、判断作出鉴定。

② 承包人及时通知发包人后，发包人未及时回复的，鉴定人可从专业角度进行鉴别、判断作出鉴定。

5）删减工程

因发包人原因，删减了合同中的某项工作或工程项目，承包人提出应由发包人给予合理的费用及预期利润，委托人认定该事实成立的，鉴定人进行鉴定时，其费用可按相关工程企业管理费的一定比例计算，预期利润可按相关工程项目报价中的利润的一定比例或工程所在地统计部门发布的建筑企业统计年报的利润率计算。

（9）工程签证争议的鉴定

工程签证，是按承发包合同约定，一般由承发包双方代表就施工过程中涉及合同价款之外的责任事件所作的签认证明。

当事人因工程签证费用而发生争议，鉴定人应按以下规定进行鉴定：

① 签证明确了人工、材料、机械台班数量及其价格的，按签证的数量和价格计算；

② 签证只有用工数量没有人工单价的，其人工单价按照工作技术要求，比照鉴定项目相应工程人工单价适当上浮计算；

③ 签证只有材料和机械台班用量没有价格的，其材料和台班价格按照鉴定项目相应工程材料和台班价格计算；

④ 签证只有总价款而无明细表述的，按总价款计算；

⑤ 签证中的零星工程数量与该工程应予实际完成的数量不一致时，应按实际完成的工程数量计算。

当事人因工程签证存在瑕疵而发生争议的，鉴定人应按以下规定进行鉴定：

① 签证发包人只签字证明收到，但未表示同意，承包人有证据证明该签证已经完成，鉴定人可作出鉴定意见并单列，供委托人判断使用；

② 签证既无数量，又无价格，只有工作事项的，由当事人双方协商，协商不成的，鉴定人可根据工程合同约定的原则、方法对该事项进行专业分析，作出推断性意见，供委托人判断使用。

承包人仅以发包人口头指令，完成了某项零星工作或工程，要求费用支付，而发包人又不认可，且无物证的，鉴定人应以法律证据缺失为由，作出否定性鉴定。

（10）合同解除争议的鉴定

合同解除，是指已成立生效的工程建设合同因发生法定的或当事人约定的情况，或经当事人协商一致，而使合同关系终止。

1）工程价款争议

工程合同解除后，当事人就价款结算发生争议，如送鉴的证据满足鉴定要求的，按送鉴的证据进行鉴定。

不能满足鉴定要求的，鉴定人应提请委托人组织现场勘验或核对，会同当事人采取以下措施进行鉴定：

① 清点已完工程部位、测量工程量；

② 清点施工现场人、材、机数量；

③ 核对签证、索赔所涉及的有关资料；

④ 将清点结果汇总造册，请当事人签认，当事人不签认的，及时报告委托人，但不影响鉴定工作的进行；

⑤ 分别计算价款。

2）已完工程量争议

当事人对已完工程数量不能达成一致意见，鉴定人现场核对也无法确认的，应提请委托人委托第三方专业机构进行现场勘验，鉴定人应按勘验结果进行鉴定。

3）发包人违约

委托人认定发包人违约导致合同解除的，发包人应支付的费用包括：

① 已完成永久工程的价款；

② 已付款的材料设备等物品的金额（付款后归发包人所有）；

③ 临时设施的摊销费用；

④ 签证、索赔以及其他应支付的费用；

⑤ 撤离现场及遣散人员的费用；

⑥ 发包人违约给承包人造成的实际损失（其违约责任的分担按委托人的决定执行）；

⑦ 其他应由发包人承担的费用。

4）承包人违约

委托人认定承包人违约导致合同解除的，应包括以下费用：

① 已完成永久工程的价款；

② 已付款的材料设备等物品的金额（付款后归发包人所有）；

③ 临时设施的摊销费用；

④ 签证、索赔以及其他应支付的费用；

⑤ 承包人违约给发包人造成的实际损失（其违约责任的分担按委托人的决定执行）；

⑥ 其他应由承包人承担的费用。

其中，前四项为承包商已完工程已获得或应获得的报酬，后两项为承包商违约应承担的经济责任。

5）不可抗力

不可抗力是指在工程建设过程中发生的、不能预见、不能避免并不能克服的客观情况。往往是自然原因酿成的，也可以是人为的、社会因素引起的。前者如地震、水灾、旱灾等，后者如战争、政府禁令、罢工等。

不可抗力所造成的是一种法律事实。当不可抗力事故发生后，可能会导致原有经济法律关系的变更、消灭，如必须变更或解除经济合同。当不可抗力事故发生后，遭遇事故一方应采取一切措施，使损失减少到最低限度。

在订立工程建设合同时，一般都订有不可抗力条款，其内容包括：不可抗力内容；遭到不可抗力事故的一方，向另一方提出事故报告和证明文件的期限和方式；遭遇不可抗力事故一方的责任范围。如因不可抗力使合同无法履行，则应解除合同。如不可抗力只是暂时阻碍合同履行，则一般采取延期履行合同的方式。凡发生不可抗力事故，当事方已尽力采取补救措施但仍未能避免损失的情况下，可不负赔偿责任。

若委托人认定因不可抗力导致合同解除的，鉴定人应按合同约定进行鉴定；合同没有约定或约定不明的，鉴定人应提请委托人认定不可抗力导致合同解除后适用的归责原则，可建议按现行国家标准计价规范的相关规定进行鉴定，由委托人判断，鉴定人按委托人的决定进行鉴定。

6）单价合同

单价合同解除后的争议，按以下规定进行鉴定，供委托人判断使用：

① 合同中有约定的，按合同约定进行鉴定。

② 委托人认定承包人违约导致合同解除的，单价项目按已完工程量乘以约定的单价计算。其中，总价措施项目按与单价项目的关联度比例计算，单价措施项目应考虑工程的形象进度计算。

③ 委托人认定发包人违约导致合同解除的，单价项目按已完工程量乘以约定的单价计算，其中剩余工程量超过15%的单价项目可适当增加企业管理费计算。总价措施项目已全部实施的，全额计算；未实施完的，按与单价项目的关联度比例计算。未完工程量与约定的单价计算后按工程所在地统计部门发布的建筑企业统计年报的利润率计算利润。

7）总价合同

总价合同解除后的争议，鉴定人可以按以下规定进行鉴定，供委托人判断使用：

① 合同中有约定的，按合同约定进行鉴定；

② 委托人认定承包人违约导致合同解除的，鉴定人可参照工程所在地同时期适用的计价依据计算出未完工程价款，再用合同约定的总价款减去未完工程价款计算；

③ 委托人认定发包人违约导致合同解除的，承包人请求按照工程所在地同时期适用的计价依据计算已完工程价款，鉴定人可采用这一方式鉴定，供委托人判断使用。

（11）鉴定意见

鉴定意见可同时包括确定性意见、推断性意见或供选择性意见。当鉴定项目或鉴定事项内容事实清楚，证据充分，应作出确定性意见；当鉴定项目或鉴定事项内容客观，事实较清楚，但证据不够充分，应作出推断性意见；当鉴定项目合同约定矛盾或鉴定事项中部分内容证据矛盾，委托人暂不明确要求鉴定人分别鉴定的，可分别按照不同的合同约定或证据，作出选择性意见，由委托人判断使用。

在鉴定过程中，对鉴定项目或鉴定项目中部分内容，当事人相互协商一致，达成的书面妥协性意见，应纳入确定性意见，并在鉴定意见中予以注明。

重新鉴定时，对当事人原已达成的书面妥协性意见，除当事人再次达成一致同意外，不得作为鉴定依据直接使用。

（12）补充鉴定

如果出现下列情形之一的，鉴定机构应进行补充鉴定：

① 委托人增加新的鉴定要求的；

② 委托人发现委托的鉴定事项有遗漏的；

③ 委托人就同一委托鉴定事项又提供或者补充了新的证据材料的；

④ 鉴定人通过出庭作证，或自行发现有缺陷的；

⑤ 其他需要补充鉴定的情形。

补充鉴定是原委托鉴定的组成部分。补充鉴定意见书中应注明与原委托鉴定事项相关联的鉴定事项；补充鉴定意见与原鉴定意见明显不一致的，应说明理由，并注明应采用的鉴定意见。

（13）重新鉴定

接受重新鉴定委托的鉴定机构，指派的鉴定人应具有相应专业的注册造价工程师执业资格。

进行重新鉴定时，鉴定人有下列情形之一的，必须回避：

① 是鉴定项目当事人、代理人近亲属的；

② 与鉴定项目有利害关系的；

③ 与鉴定项目当事人、代理人有其他利害关系，可能影响鉴定公正的；

④ 参加过同一鉴定事项的初次鉴定的；

⑤ 在同一鉴定事项的初次鉴定过程中作为专家提供过咨询意见的。

4. 鉴定意见书

规范中鉴定意见书部分，总共包括 12 条规定，具体内容可以划分为 4 个方面：

（1）一般规定

鉴定机构和鉴定人在完成委托的鉴定事项后，应向委托人出具鉴定意见书。

鉴定意见书的制作应标准、规范，语言表述应符合下列要求：

① 使用符合国家通用语言文字规范、通用专业术语规范和法律规范的用语，不得使用文言、方言和土语；

② 使用国家标准计量单位和符号；

③ 文字精练，用词准确，语句通顺，描述客观清晰。

鉴定意见书不得载有对案件性质和当事人责任进行认定的内容。如果多名鉴定人参加鉴定，且对鉴定意见有不同意见的，应当在鉴定意见书中予以注明。

（2）鉴定意见书格式

1）鉴定意见书的主要内容

鉴定意见书一般由封面、声明、基本情况、案情摘要、鉴定过程、鉴定意见、附注、附件目录、落款、附件等部分组成。

① 封面。应写明鉴定机构名称、鉴定意见书的编号、出具年月；其中，意见书的编号应包括鉴定机构缩略名、文书缩略语、年份及序号。具体格式如图 13-2 所示。

② 鉴定声明。通常，鉴定声明包括如下内容：

________________________工程

工程造价鉴定意见书

××价鉴（××××）×号

（鉴定机构名称、公章）

年　月　日

图 13-2　工程造价鉴定意见书封面

本鉴定意见书中依据证据材料陈述的事实是准确的，其中的分析说明、鉴定意见是我们独立、公正的专业分析；

工程造价及其相关经济问题存在固有的不确定性，本鉴定意见的依据是贵方委托书和送鉴证据材料，仅负责对委托鉴定范围及事项作出鉴定意见，未考虑与其他方面的关联；

本鉴定意见书的正文和附件是不可分割的统一组成部分，使用人不能就某项条款或某个附件单独使用，由此而作出的任何推论、理解、判断，本鉴定机构概不负责；

本鉴定机构及鉴定人与本鉴定项目不存在现行法律法规所要求的回避情形；

未经本鉴定机构同意，本鉴定意见书的全部或部分内容不得在任何公开刊物和新闻媒体上发表或转载，不得向与本鉴定项目无关的任何单位和个人提供，否则，本鉴定机构将追究相应的法律责任。

③ 基本情况。应写明委托人、委托日期、鉴定项目、鉴定事项、送鉴材料、送鉴日期、鉴定人、鉴定日期、鉴定地点。

④ 案情摘要。应写明委托鉴定事项涉及鉴定项目争议的简要情况。

⑤ 鉴定过程。应写明鉴定的实施过程和科学依据，包括鉴定程序、所用技术方法、标准和规范等，分析说明根据证据材料形成鉴定意见的分析、鉴别和判断过程。

⑥ 鉴定意见。鉴定意见内容应明确、具体、规范、具有针对性和可适用性。

⑦ 附注。对鉴定意见书中需要解释的内容，可以在附注中作出说明。

⑧ 附件目录。对鉴定意见书正文后面的附件，应按其在正文中出现的顺序，统一编号形成目录。

⑨ 落款。鉴定人应在鉴定意见书上签字并加盖执业专用章，日期上应加盖鉴定机构的印章。

⑩ 附件。包括鉴定委托书，与鉴定意见有关的现场勘验与测绘报告，调查笔录，相关的图片、照片，鉴定机构资质证书及鉴定人执业资格证书复印件。

下面是某建设项目工程造价鉴定书案例，其内容相对标准格式有所简化。

工程造价鉴定意见书

一、基本情况

委托人：××市人民法院（附件 1）

委托鉴定事项：对原告××公司及被告××公司建设工程合同纠纷一案中的××建设工程造价进行司法鉴定。

受理时间：××××年××月××日

鉴定材料：本次鉴定材料由××市人民法院提供，具体情况详见交接清单。

鉴定日期：××××年××月××日至××××年××月××日

二、案情摘要

原、被告双方在××建设工程施工过程中发生纠纷，原告要求被告返还工程款，被告反述要求原告支付工程款。

三、鉴定过程

本次鉴定严格按照司法鉴定工作规定的程序和方法进行，按鉴定委托要求，确定鉴定人员，制定鉴定工作计划，主要工作流程如下：

××××年××月××日，收到××市人民法院鉴定委托书和鉴定资料。

××××年××月××日，我们针对已收到鉴定资料，列出详细清单，并就需要补充的资料等，函告××市人民法院。

××××年××月××日、××月××日、××月××日及××月××日我们先后四次在××市人民法院接收原被告双方送来的补充资料。通过对这几次资料的核查，发现部分资料仍然不完整。原被告双方同意按现有资料进行鉴定。

××××年××月××日，同承办法官和原被告双方一同踏勘现场。

××××年××月××日，承办法官提交合同及协议质证笔录。

我们在收到上述资料后，对送检资料进行了详细的阅读与理解，充分了解项目情况后，在现有资料和条件基础上，经过仔细核对、分析、计算形成了《关于××建设工程工程造价鉴定意见书（初稿）》（以下简称《初稿》），并于××××年××月××日提交法院送原被告双方征求意见。

原被告双方针对《初稿》提出了不同的意见。××月××日及××月××日，我们两次组织原被告双方对《初稿》进行意见复核。××月××日，原被告双方在法院针对鉴定依据的争议进行协商，并对争议的处理方法达成一致，形成了《会议纪要》。××月××日，我们最后一次收到法院移交的××资料。结合原被告双方的意见及相关资料，最终形成本次鉴定意见。

四、鉴定依据

1. ××市人民法院鉴定委托书；

2. ××工程《建设工程施工合同》及《补充协议》；

3. 原被告双方提供的竣工图、设计变更通知、技术核定及签证计价单等；

4. ××市人民法院质证笔录；

5. 法院组织的现场踏勘记录；

6. 国家、省、市颁布的与工程造价司法鉴定有关的法律、法规、标准、规范及规定；

7. ××××年《××省建筑工程计价定额》及相关配套文件；

8. ××《工程造价信息》；

9. 其他相关资料。

五、鉴定原则

本次鉴定中，遵循客观、公正、独立的原则，坚持实事求是，严格按照国家的相关法律、法规执行，维护双方的合法权益。

六、鉴定方法

本鉴定依据原被告双方签订的《建设工程施工合同》约定。

1. 工程内容依据竣工图、设计变更通知、技术核定单、签证及现场踏勘记录确定；

2. 材料价格以双方签字认可的报价单为准，双方未认价或有争议的材料价格，以施工期间××《工程造价信息》发布的信息价确定；

3. 工程相关费用依据《××市人民法院质证笔录》，按照××省规定的取费标准执行。

七、鉴定中特殊情况说明

±0.00 以上填充墙按《××工程图纸会审纪要》第（25）条计算。

八、鉴定意见

根据现有送鉴资料，××建设工程造价为××元，大写：×××（详见附件）。

九、对鉴定意见的说明

1. 本次鉴定系根据委托鉴定相关资料进行，该资料的真实性、合法性和完整性由提供单位负责。本次鉴定提交后，如发现送鉴资料有误，导致了鉴定结果误差，应调整相关金额。

2. 本鉴定意见专为本次委托所作，非法律允许，不得作其他用途。

附件：

1.《××人民法院鉴定委托书》

2. ××建设工程造价鉴定书

3. 送鉴资料交接清单

4.《施工现场勘察记录》、现场照片

5. 会议纪要或记录

6. 设计变更通知

7. 现场签证单

8. 图纸会审纪要

9. 通知、报告、报价单等

10. 致原被告双方函件

2）补充鉴定意见书

补充鉴定意见书在鉴定意见书格式的基础上，应说明以下事项：

① 阐明补充鉴定理由和新的委托鉴定事由；

② 在补充资料摘要的基础上，注明原鉴定意见的基本内容；

③ 补充鉴定过程：在补充鉴定、勘验的基础上，注明原鉴定过程的基本内容；

④ 补充鉴定意见：在原鉴定意见的基础上，提出补充鉴定意见。

3）鉴定意见补正

应委托人、当事人的要求或者鉴定人自行发现有下列情形之一的，经鉴定机构负责人审核批准，应对鉴定意见书进行补正：

① 鉴定意见书的图像、表格、文字不清晰的；

② 鉴定意见书中的签名、盖章或者编号不符合制作要求的；

③ 鉴定意见书文字表达有瑕疵或者错别字，但不影响鉴定意见、不改变鉴定意见书的其他内容的。

对已发出鉴定意见书的补正，如以追加文件的形式实施，应包括如下声明："对××××字号（或其他标识）鉴定意见书的补正"。鉴定意见书补正应满足本规范的相关要求。

如以更换鉴定意见书的形式实施鉴定意见补正，应经委托人同意，在全部收回原有鉴定意见书的情况下更换。重新制作的鉴定意见书除补正内容外，其他内容应与原鉴定意见书一致。

鉴定机构和鉴定人发现所出具的鉴定意见存在错误的，应及时向委托人作出书面说明。

（3）鉴定意见书制作

鉴定意见书的制作应符合下列基本要求：

① 使用 A4 规格纸张打印制作；

② 在正文每页页眉的右上角或页脚的中间位置以小五号字注明正文共几页，本页是第几页；

③ 落款应当与正文同页，不得使用“此页无正文”字样；

④ 不得有涂改；

⑤ 应装订成册。

鉴定意见书应根据委托人及当事人的数量和鉴定机构的存档要求确定制作份数。

(4) 鉴定意见书送达

鉴定意见书制作完成后，鉴定机构应及时送达委托人。鉴定意见书送达时，应由委托人在《送达回证》上签收。

5. 档案管理

涉及造价鉴定档案管理的规定总共有 17 条，具体内容可以划分为 3 个方面。

(1) 基本要求

1) 档案格式

鉴定机构应建立完善的工程造价鉴定档案管理制度，档案文件应符合国家和有关部门发布的相关规定。归档的照片、光盘、录音带、录像带、数据光盘等，应当注明承办单位、制作人、制作时间、说明与其他相关的鉴定档案的参见号，并单独整理存放。

卷内材料的编号及案卷封面、目录和备考表的制作应符合以下要求：

① 卷内材料经过系统排列后，应当在有文字的材料正面的右下角、背面的左下角用阿拉伯数字编写页码；

② 案卷封面可打印或书写，书写应用蓝黑墨水或碳素墨水，字迹要工整、清晰、规范；

③ 卷内目录应按卷内材料排列顺序逐一载明，并标明起止页码；

④ 卷内备考表应载明与本案卷有关的影像、声像等资料的归档情况；案卷归档后经鉴定机构负责人同意入卷或撤出的材料情况，立卷人、机构负责人、档案管理人的姓名；立卷接收日期，以及其他需说明的事项。

2) 档案管理

案卷应当做到材料齐全完整、排列有序，标题简明确切，保管期限划分准确，装订不掉页不压字。需存档的施工图设计文件（或竣工图）按国家有关标准折叠后存放于档案盒内。

档案管理人对已接收的案卷，应按保管期限、年度顺序、鉴定类别进行排列编号并编制《案卷目录》、计算机数据库等检索工具。涉密案卷应当单独编号存放。

档案应按“防火、防盗、防潮、防高温、防鼠、防虫、防光、防污染”等条件进行安全保管。档案管理人应当定期对档案进行检查和清点，发现破损、变质、字迹褪色和被虫蛀、鼠咬的档案应当及时采取防治措施，并进行修补和复制，发现丢失的，应当立即报告，并负责查找。

出具鉴定意见书的鉴定档案，保存期为 8 年。

(2) 档案内容

下列材料应整理立卷并签字后归档：

① 鉴定委托书；

② 鉴定过程中形成的文件资料；

③ 鉴定意见书正本；

④ 鉴定意见工作底稿；

⑤ 送达回证；

⑥ 现场勘验报告、测绘图纸资料；

⑦ 需保存的送鉴资料；

⑧ 其他应归档的特种载体材料。

需退还委托人的送鉴材料，应复印或拍照存档。鉴定档案应纸质版与电子版双套归档。

（3）查阅或借调

鉴定机构应根据国家有关规定，建立鉴定档案的查阅和借调制度。

司法机关因工作需要查阅和借调鉴定档案的，应出示单位函件，并履行登记手续。借调鉴定档案的应在一个月内归还。其他国家机关依法需要查阅鉴定档案的，应出示单位函件、经办人工作证，经鉴定机构负责人批准，并履行登记手续。其他单位和个人一般不得查阅鉴定档案，因特殊情况需要查阅的，应出具单位函件，出示个人有效身份证明，经委托人批准，并履行登记手续。

鉴定人查阅或借调鉴定档案，应经鉴定机构负责人同意，履行登记手续。借调鉴定档案的应在 7 天内归还。借调鉴定档案到期未还的，档案管理人员应当催还。造成档案损毁或丢失的，依法追究相关人员责任。

经鉴定机构负责人同意，卷内材料可以摘抄或复制。复制的材料，由档案管理人核对后，注明“复印件与案卷材料一致”的字样，并加盖鉴定机构印章。

13.2　工程造价鉴定规范内容解读

13.2.1　目的解读

工程造价鉴定规范编制的目的主要在于，理顺工程造价鉴定与案件审理的关系。

根据我国《民事诉讼法》规定，对于查明案件事实的专门性问题可由当事人申请鉴定或由人民法院决定鉴定。由于建设工程施工合同纠纷案件往往存在标的额巨大、案情复杂及专业性强等特点，工程造价鉴定成为左右案件审理结果的重要因素。

在实践中，人民法院审理案件的专业性主要体现在查明事实、认定证据与法律适用方面，而对于建设工程造价如何认定、造价鉴定意见是否准确合理等问题缺乏统一明确的审查标准，广大当事人及法官对于造价鉴定的范围、方式与结果等尚不具备专业的识别能力，导致工程造价鉴定成为实质上影响重大却难以细致审查的一大难题。

工程造价鉴定规范内容体现了法律法规与专业技术的有机结合，以专业角度提出了工程造价鉴定的原则，即明确工程造价鉴定是运用工程造价方面的科学技术和专业知识对工程造价争议中涉及的专门性问题进行鉴别、判断并提供鉴定意见的活动。

面对案件审理与专业鉴定的边界，工程造价鉴定规范提出了鉴定意见可同时包括确定性意见、推断性意见或供选择性意见的处理方式，对于有争议的事实，鉴定机构仅提出造价专业的意见，甚至多种可供选择的意见，而非直接进行认定，从而确立了工程造价鉴定的范围，也将案件审理回归由司法机关裁决的本源，而非以鉴定意见代替司法机关进行事实认定。

13.2.2 方法解读

《规范》中的鉴定方法囊括了合同争议、证据欠缺、计量争议、计价争议、工程索赔、费用索赔、工程签证、合同解除等实践中广泛存在的疑难问题，下面以固定价合同解除鉴定为例进行说明。

根据《最高人民法院关于审理建设工程施工合同纠纷案件适用法律问题的解释》第22条规定，当事人约定按照固定价结算工程价款的将不予支持对工程造价进行鉴定。但该规定仅可解决工程已全部完工情形下工程价款的结算问题，而无法解决在工程尚未完工而合同已经解除情形下如何结算的问题，尤其是固定总价合同，如何确定已完工程的造价成为难题。

《规范》对此进行了创新性的规定，即在尊重当事人合同约定的基础上，根据合同解除的过错责任，采取不同的处理方式。发包人违约情形下，以同时期定额计算已完工程价款；承包人违约则以同时期定额计算未完工程价款，再以合同总价减去未完工程价款计算已完工程价款。《规范》充分考虑了合同约定价格往往低于基于工程定额及当地价格信息测算的工程价格这一因素，采取了由过错方承担合同解除不利后果的鉴定方法，使总价合同解除鉴定这一难题得以解决。

此外，《规范》对于非固定价合同解除争议的鉴定，也采用了根据合同解除原因，区分不同鉴定方法的原则。如发包人违约导致合同解除，即需承担承包人撤离现场及遣散人员的费用并赔偿承包人实际损失；承包人违约则无权主张撤离现场及遣散人员的费用，并需赔偿发包人实际损失。

13.2.3 重要内容解读

1. 鉴定机构不能越权判断工程资料的证明效力

在实践中，鉴定机构有时代替审判结构对工程资料的证明效力作出判断，这实际上是越权行为。《规范》对于该问题作出了非常明确的规定，对于资料或证据是否采纳必须经由委托人（法院或仲裁机构）的确认。由于特殊原因（如委托人未及时答复），可以暂时将此证据作为鉴定依据，但是鉴定意见单列，最后仍然由委托人作出最终判断。

鉴定机构违反该程序作出的鉴定结论，当事人可以申请补充鉴定，甚至要求重新鉴定。但是，重新鉴定要消耗较多的时间和社会资源。因此，对于鉴定人采纳鉴定资料或证据的程序，应有特别的关注。

2. 当事人应充分利用和参与证据的质证等环节，发表对证据材料的意见

作为鉴定依据的证据，必须经过证据的交换、证据的质证，由委托人对证据效力进行确认后，鉴定机关才能够将该证据作为鉴定依据。未经质证确认的材料，不得作为鉴定的依据。未经质证的鉴定意见，也不能作为裁判的证据使用。

但是，若当事人一方无理由拒绝对证据进行确认，委托人仍可以确定该证据是否可以使用。例如，在现场勘验程序中，若当事人一方拒绝参与，并不影响勘验的进行。若当事人参加了勘验，但拒绝签字又不提出书面说明，也不影响对勘验结果的采纳。

在鉴定人提出初步鉴定意见的核对工作中，也存在类似的处理方式。当事人收到鉴定

机构发出的《邀请当事人参加核对工作函》后，拒绝参加核对工作的，不影响鉴定工作的进行。

此外，在鉴定人出具正式鉴定意见书之前，当事人还有权在委托人指定的期限内对鉴定意见书发表异议并提供佐证。鉴定机构应对当事人提出的意见进行答复，或者对鉴定意见书进行修改，直至对未解决的异议均能答复时方可出具正式鉴定意见书。但是，如果当事人不在期限内发表意见则默认为当事人无意见；如果当事人拒绝发表意见，或单纯表示反对的，并不能阻止鉴定机构出具正式鉴定意见书。正式鉴定意见书中，应当对当事人的单纯反对或者迟延意见加以说明。

可见，无理由、无依据地不参与或拒绝参加工程造价鉴定程序，不但不能拖延程序，反而对己方意见的传达非常不利。

3. 申请鉴定人出庭作证

《规范》明确规定了鉴定人经委托人通知，出庭作证的义务。除因法定事由可以通过书面形式答复当事人的质询以外，鉴定人均应出庭作证。

《民事诉讼法》第七十八条规定："当事人对鉴定意见有异议或者人民法院认为鉴定人有必要出庭的，鉴定人应当出庭作证。经人民法院通知，鉴定人拒不出庭作证的，鉴定意见不得作为认定事实的根据；支付鉴定费用的当事人可以要求返还鉴定费用。"在《规范》中，为了保证鉴定人出庭，也明确：如果未经委托人同意，鉴定人拒不出庭的，支付鉴定费用的当事人可以要求返还鉴定费用。

但是，由于《民事诉讼法》和《规范》均未对鉴定人出庭作证的申请时间、前提条件、费用的承担、出庭鉴定人员的范围等进行明确的规定，鉴定人出庭制度仍待进一步完善。

13.2.4 意义解读

工程造价鉴定《规范》是建设工程施工合同草拟、签订、履行与争议解决的重要参照，其发布意义重大。主要表现在以下几个方面：

1. 加强建设工程施工纠纷与风险防控

在纠纷处理方面，《规范》中关于工程造价鉴定的程序、原则、方法等规定，可直接用于纠纷处理，从而规范建设工程施工合同纠纷案件审理。《规范》将此前工程造价鉴定的行业惯例及对疑难问题的处理方式以行业规范的方式加以明确，更有利于统一鉴定标准，并促进同类案件裁判标准的统一。

在风险防控方面，《规范》明确规定各类争议，如合同具有明确约定的应当按照约定处理。因此，在建设工程施工合同草拟与签订的过程中，可适当参照《规范》中有利于己方的内容。而在合同履行过程中发生设计变更、签证等情形的，也可比照《规范》的相关规定进行处理。

2. 有利于当事人有针对性地对鉴定结论发表意见

《规范》分别对合同争议的鉴定、证据欠缺的鉴定、计量争议的鉴定、计价争议的鉴定、工期索赔争议的鉴定、费用索赔争议的鉴定、工程签证争议的鉴定、合同解除争议的鉴定的程序、措施、计算方法等作出了非常详细的规定。这给当事人参与鉴定的整个过程提供了明确的指引，有利于当事人提供证据材料、提出疑问、表示异议、发表质证意见等。

可见，对于建设工程各方主体而言，《规范》是对我国建设工程相关法律问题的重要补充。《最高人民法院关于审理建设工程施工合同纠纷案件适用法律问题的解释》，解决了法律适用问题；而《规范》解决了事实认定问题，为公平、合理、快速地解决建设工程施工合同纠纷案件提供了制度保障。

13.2.5 案例解读

1. 案例背景

某置业公司（以下简称发包人）与某建筑公司（以下简称承包人）于 2004 年 7 月 10 日签订了建设工程施工合同，工程内容包括土建及安装工程，合同价款为 17738 万元，双方约定合同价款为暂定价款，工程量按实计算，合同约定了计价依据及计价方式。

质证资料表明因发包人拖欠工程款导致该工程项目于 2006 年 6 月停工。

发包人与承包人经重新谈判，于 2009 年 6 月 19 日又签订了该工程欠款及复工补充协议，约定了停工损失、工程复工后重新搭临时设施的计价方法、复工后工程量的计价方法等内容。

质证资料表明因发包人拖欠工程款，发包人与承包人于 2010 年 6 月解除合同。

某工程造价咨询机构接受人民法院委托，对已完工程结算造价进行鉴定。

2. 争议焦点

因本工程为特殊项目，截至鉴定时工程仍未完工，发包方和承包方存在主要争议如下：

（1）承包人施工的范围如何界定？

（2）已完工程结算造价是否包含甲供材，承包人是否应该提供相应工程税票？

（3）土建甲供材是否应该让利？

（4）拖欠工程进度款的利息如何计取？

（5）甲供材是否应该收取 1%保管费？

（6）本工程取费标准适用于几类工程取费？

（7）赶工措施费是否该计取？

（8）增加的 4 台塔吊租赁费用是否该计取？

（9）基础工程中干铺碎石垫层厚度有矛盾，计价时以何为准？

（10）二次结构植筋费用可否另行计价？

（11）高支模方案经专家论证通过，是否应该增加造价？

3. 问题分析

（1）承包人施工的范围需要承发包双方当事人书面确认。本工程涉及的工作界面较多，经协调沟通，委托方补充了双方当事人书面确认的工作界面资料 70 页，为做好本工程造价鉴定提供了基础资料。

（2）本工程钢材、混凝土为甲供材，发包人为减少税务费用支出，要求已完工程结算造价中扣除甲供材价款，并按扣除甲供材价款后的工程结算价开具工程发票。按现行计价规定，甲供材应计入工程造价并由承包人开具工程发票。

（3）按施工合同约定，本工程承包人按结算总造价（土建甲供材按定额预算价）让利 4%。承包人认为本工程情况特殊，合同签订时的让利承诺是基于本标段工程全部实施而作出的，而工程实际未全部施工，预期利润未达到，因此要求土建甲供材不让利。经查阅施工合同及相关规定，合同中关于本工程让利约定清楚，并无终止合同让利基数调整的约定。因此，应将土建甲供材纳入让利基数。

(4) 承包人要求发包人支付拖欠工程进度款的利息按照民间融资利息计算。根据《最高人民法院关于审理工程施工合同纠纷案件适用法律问题的解释》的规定，当事人对欠付工程价款利息计付标准有约定的，按照约定处理；若没有约定的，则按中国人民银行发布的同期同类贷款利率计息执行，从应付工程价款之日计付。因此，本工程拖欠工程款利息的计息时间应从应付款之日起至实际付款之日止，利率按该期中国人民银行发布的同期同类贷款利率执行。

(5) 承包人要求甲供材收取保管费，施工合同中明确约定保管费承包人按规定收取。按照合同有约定从合同，该工程发包人需支付甲供材保管费。

(6) 本工程项目特殊，发包人认为本工程应该按三类工程取费（按照定额规定本工程地上部分达到三类取费标准），承包人认为应该按一类工程取费（按照定额规定本工程地下部分达到一类取费标准）。经认真分析研究费用定额并咨询工程所在地造价管理部门，本工程按二类工程取费。经协商，此取费得到了双方当事人的认可。

(7) 发包人认为根据合同条款赶工措施费工期在工程竣工完成的前提下，提前30%以上方可计取赶工措施费2%。本项目自2004年开工以来至鉴定时，尚有部分工作没完成，承包人在未按合同约定的时间和完成工程内容的前提下，不应计取此费用。承包人认为依据合同约定，应该计算赶工措施费，并依据合同约定的费率计算已完工程赶工措施费为172.1721万元。但工程施工过程中是否存在赶工，是否应该计赶工措施费，不在鉴定人的鉴定范围，请法庭审理后确定。

(8) 塔吊租赁费用。本工程比较特殊，总建筑面积为90000m^2，其中地下室33000m^2，上部为14个独立四层框架结构组成（其中1号楼为电影院），工期比较紧张。为确保工程能按时交付使用，按现场场地布置塔吊投入为6台，比正常施工要增加4台塔吊。根据合同约定，另外增加的4台塔吊按市场租金计取租赁费用。按承包人提供的租赁合同租赁单价（此租赁费单价发包人未确认）计算，扣除按定额已经计取的垂直运输费，应增加塔吊租赁费214725元。但发包人对租赁费单价有异议。鉴于对有分歧的非技术方面的证据，必须由司法委托人作出是否有效的认定后，方能作为鉴定证据。鉴定人认为，对租赁费单价有效性应由法院定，鉴定人不能越权，此项争议交由法庭审理后确定。

(9) 基础工程中干铺碎石垫层厚度，承包人认为应按图纸会审记录上300mm厚计价，发包人认为应按监理审批的施工方案计价，两者差价为280950元。该处施工做法有矛盾，鉴定人应遵守从约原则、从新原则，即新的约定可以推翻原有约定，鉴定时以监理审批的施工方案计价。

(10) 承包人认为二次结构植筋费用应该另行计价（图纸会审中提到结构没有预留的要植筋）。二次结构钢筋是植筋还是预留是承包人采取的施工方案，不影响工程造价的计算。

(11) 1号楼为电影院，结构复杂，高支模方案经专家论证通过，鉴定时按定额计算超高费用，要求另行增加费用缺少计算依据。

4. 启示

通过对本案例的分析，鉴定人开展鉴定工作时应该注意：

鉴定资料方面，要区分其法律效力。鉴定资料可以分为两类，一类是证据：要经过法庭质证的，可以作为鉴定依据写进鉴定报告中；另一类是参考材料，是鉴定时作参考的，没有经过质证或双方有争议，鉴定时只能参考，不能作为依据写进鉴定报告中。当事人提供的所有材料都必须由法院转交给鉴定人，鉴定人不能直接接收当事人提供的材料。主要依据材料鉴定人拿不准时要及时与法官沟通。鉴定材料的有效性由法院定，鉴定人不能越权。鉴定要遵守从约原则、从新原则，遵守当事人意愿，鉴定时不能以与规范规定不符合来改变约定，新的约定可以推翻原有约定。

鉴定人员出庭问题。许多鉴定人员没出庭经验，可以采取旁听方式熟悉。出庭人员要熟悉庭审流程，只对报告内容负责，要围绕报告回答问题，答辩时不要受当事人情绪左右，要冷静，难以回答的问题可以庭后书面答复，不能答错。出庭人员要具备一定的法律知识、沟通能力、心理素质和应变能力，对专业知识要精通。

由于工程造价司法鉴定的困难和复杂程度，作为一名合格的造价鉴定人员不仅要有丰富的造价工作经验，还应具备其他多方面的知识，如法律、工程技术、财务会计等，同时要有较好的判断能力、协调能力、文字和语言表达能力。在鉴定过程中，要了解各方当事人的利益所在、平衡点所在及其最为关注的问题，充分运用心理学和各种谈判技巧，使当事各方以客观务实的态度正确对待分歧，争取当事人的积极配合，最大限度地消除当事人对鉴定结果的疑虑。

工程造价司法鉴定结果，与法院判案结果相关。因此，鉴定人必须清醒认识鉴定责任，一定要坚持客观公正的办事原则和职业道德，以精良的业务水平为法院和仲裁委正确解决建筑领域的经济案件提供良好服务。

第14章 注册建造师执业能力评估

14.1 资格准入体系分析

14.1.1 国家职业资格目录

准入制度起源于市场准入，如：为保证食品安全，符合确保食品安全的规定条件的生产者方可被允许进行生产经营活动。市场准入来源于经济学领域，指市场对产品、劳务和资本进入程度的许可。

根据市场准入的定义，市场准入制度的实质是政府的监管行为，在我国现行体制下，作为政府行政许可制度的一部分，作为市场经济的重要生产要素——人力资源，也需建立与之相适应的准入制度。政府通过建立法律法规来对资格主体即执业人员的资格条件及取得方式和程序进行明确的规定。

根据国务院推进简政放权、放管结合、优化服务改革部署，为进一步加强职业资格设置实施的监管和服务，人力资源社会保障部研究制定了《国家职业资格目录》。建造师作为准入类考试在目录清单之中。

建立《国家职业资格目录》是转变政府职能、深化行政审批制度和人才发展体制机制改革的重要内容，是推动大众创业、万众创新的重要举措。建立公开、科学、规范的职业资格目录，有利于明确政府管理的职业资格范围，解决职业资格过多过滥问题，降低就业创业门槛；有利于进一步清理违规考试、鉴定、培训、发证等活动，减轻人才负担，对于提高职业资格设置管理的科学化、规范化水平，持续激发市场主体创造活力，推进供给侧结构性改革具有重要意义。

国家按照规定的条件和程序将职业资格纳入《国家职业资格目录》，实行清单式管理，目录之外一律不得许可和认定职业资格，目录之内除准入类职业资格外一律不得与就业创业挂钩；目录接受社会监督，保持相对稳定，实行动态调整。设置准入类职业资格，其所涉职业（工种）必须关系公共利益或涉及国家安全、公共安全、人身健康、生命财产安全，且必须有法律法规或国务院决定作为依据；设置水平评价类职业资格，其所涉职业（工种）应具有较强的专业性和社会通用性，技术技能要求较高，行业管理和人才队伍建设确实需要。今后职业资格设置、取消及纳入、退出目录，须由人力资源和社会保障部会同国务院有关部门组织专家进行评估论证，新设职业资格应当遵守《国务院关于严格控制新设行政许可的通知》（国发〔2013〕39号）规定并广泛听取社会意见后，按程序报经国务院批准。人力资源和社会保障部门要加强监督管理，各地区、各部门未经批准不得在目录之外自行设置国家职业资格，严禁在目录之外开展职业资格许可和认定工作，坚决防止已取消的职业资格“死灰复燃”，对违法违规设置实施的职业资格事项，发现一起、严肃查处一起。行业协会、学会等社会组织和企事业单位依据市场需要自行开展能力水平评价活动，不得变相开展资格资质许可和认定，证书不得使用“中华人民共和国”“中国”“中华”“国家”“全国”“职业资格”或“人员资格”等字样和国徽标志。对资格资质持有人因不具备应有职业水平导致重大过失的，负责许可认定的单位也要承担相应责任。

推行国家职业资格目录管理是一项既重要又复杂的系统性工作，各地区、各部门务必高度重视，周密部署，精心组织，搞好衔接，确保职业资格目录顺利实施，相关工作平稳过渡。要不断巩固和拓展职业资格改革成效，为各类人才和用人单位提供优质服务，为促进经济社会持续健康发展作出更大贡献。

14.1.2 执业资格的准入管理

《建筑法》规定，从事建筑活动的专业技术人员，应当依法取得相应的执业资格证书，并在执业资格证书许可的范围内从事建筑活动。这是因为，建设工程的技术要求比较复杂，建设工程的质量和安全生产直接关系到人身安全及公共财产安全，责任极为重大。因此，对从事建设工程活动的专业技术人员，应当建立起必要的个人执业资格制度。只有依法取得相应执业资格证书的专业技术人员，方可在其执业资格证书许可的范围内从事建设工程活动。没有取得个人执业资格的人员，不能执行相应的建设工程业务。

2002年12月9日，人事部、建设部（即现在的人力资源和社会保障部、住房城乡建设部，下同）联合颁发了《建造师执业资格制度暂行规定》，标志着我国建造师制度的建立和建造师工作的正式启动。

14.1.3 建造师准入考核

1. 建造师考试

（1）建造师考试注意事项

1）一级建造师考试注意事项

报名时间。一级建造师考试报名工作由各地官方报名部门组织安排，具体时间参考当地官方网站发布的报名公告。

报名方式。一般采用网上和现场报名确认两种方式。

报考流程。登录省人事考试网（或中国人事考试网）便捷通道“网上报名”栏目，点击“专业技术人员资格考试网上报名”，即可进行报名。报名时需网上填写申请表，该部分主要包括：

① 选择考区。

② 选择考试。

③ 填报信息。

④ 上传照片。

⑤ 打印报名表。

⑥ 手工填写联系电话。

将该报名表打印盖章后，附带身份证、学历证明等资料在指定时间去指定地点进行资格审核工作，考前一般在网上直接打印准考证，部分地区去现场领取准考证。考生凭准考证在指定的时间、地点参加考试。

报考条件。凡遵守国家法律、法规，具备以下条件之一者，可以申请参加一级建造师执业资格考试：

① 取得工程类或工程经济类大学专科学历，工作满 6 年，其中从事建设工程项目施工管理工作满 4 年。

② 取得工程类或工程经济类大学本科学历，工作满 4 年，其中从事建设工程项目施工管理工作满 3 年。

③ 取得工程类或工程经济类双学士学位或研究生班毕业，工作满 3 年，其中从事建设工程项目施工管理工作满 2 年。

④ 取得工程类或工程经济类硕士学位，工作满 2 年，其中从事建设工程项目施工管理工作满 1 年。

⑤ 取得工程类或工程经济类博士学位，从事建设工程项目施工管理工作满 1 年。

符合上述报考条件，取得住房城乡建设部颁发的《建筑业企业一级项目经理资质证书》，并符合下列条件之一的人员，可免试《建设工程经济》和《建设工程项目管理》两个科目，只参加《建设工程法规及相关知识》和《专业工程管理与实务》两个科目的考试：

① 受聘担任工程或工程经济类高级专业技术职务。

② 具有工程类或工程经济类大学专科以上学历并从事建设项目施工管理工作满 20 年。

已取得一级建造师执业资格证书的人员，也可根据实际工作需要，选择《专业工程管理与实务》科目的相应专业，报名参加"一级建造师相应专业考试"，报考人员须提供资格证书等有关材料方能报考。考试合格后核发国家统一印制的相应专业合格证明。该证明作为注册时增加执业专业类别的依据。

专业类别。专业科目分为建筑工程（合并）、公路工程、铁路工程、民航机场工程、港口与航道工程、水利水电工程、市政公用工程、通信与广电工程、矿业工程、机电工程（合并）10 个专业类别。考生在报名时可根据实际工作需要选择其一。

2）二级建造师考试注意事项

报名方式。报名采取网上报名、现场确认、网上缴费的方式进行。

报名材料。申请参加二级建造师执业资格考试，须提供下列证明文件：《资格审核表》、本人身份证明（身份证、军官证、机动车驾驶证、护照）、学历证书（以上均为原件）。

报考条件。凡遵纪守法且具备工程类或工程经济类中等专业以上学历并从事建设工程项目施工管理工作满 2 年的人员，即可报名参加二级建造师执业资格考试。符合上述报名条件且具有工程（工程经济类）中级及以上专业技术职称或从事建设工程项目施工管理工作满 15 年的人员，同时符合下列条件的，可免试部分科目：已取得《中华人民共和国二级建造师执业资格证书》的人员，可根据实际工作需要，选择《专业工程管理与实务》科目的相应专业，报名参加考试。考试合格后核发相应专业合格证明。该证明作为注册时增加执业专业类别的依据。上述报名条件中有关学历或学位的要求是指经国家教育行政主管部门承认的正规学历或学位；从事建设工程项目施工管理工作年限的截止日期为考试年度年底。

免考条件。为体现项目经理向建造师过渡的精神，对取得建筑施工二级项目经理资质及以上证书，符合报名条件并满足下列条件之一可以考虑免考相应科目：

① 具有中级及以上技术职称，从事建设项目施工管理工作满 15 年，可免《建设工程施工管理》考试，免考部分科目的人员必须在一个考试年度内通过应考科目。

② 取得一级项目经理资质证书，并具有中级及以上技术职称；或取得一级项目经理资质证书，从事建设项目施工管理工作满 15 年，可免《建设工程施工管理》和《建设工程法规及相关知识》考试。

③ 已取得某一个专业二级建造师执业资格的人员，可根据工作实际需要，选择另一个《专业工程管理与实务》科目的考试。

成绩管理。考试成绩实行 2 年为一个周期的滚动管理办法，参加全部 4 个科目考试的人员必须在连续的两个考试年度内通过全部科目；免试部分科目的人员必须在一个考试年度内通过应试科目。在二级建造师考试中，要求 2 年内通过 3 门课程。A 种情况：2009 年考试通过了 2 门，在 2010 年考试通过剩下 1 门即可；B 种情况：2009 年考试通过 1 门，2010 年报考剩下的 2 门但考试只通过了 1 门，那么 2011 年就必须重新考除了 2010 年通过课程以外的另外 2 门。也就是说，在连续 2 个年度内通过考试要求的二建 3 门或一建 4 门课程即为通过执业资格考试。

（2）考试命题

1）一级建造师

一级建造师执业资格考试实行全国统一大纲、统一命题、统一组织的制度，考试材料为《全国一级建造师执业资格考试用书》。考试分综合考试和专业考试。综合考试包括《建设工程经济》《建设工程法规及相关知识》《建设工程项目管理》三个科目，这三个科目为各专业考生统考科目；专业考试为《专业工程管理与实务》一个科目。考试在每年的 9 月底开考，考试成绩一般在考试结束 2～3 个月后陆续公布，考生可以在各省的人事考试中心网站成绩查询栏目查询成绩。

2）二级建造师

二级建造师执业资格考试，实行全国统一大纲，各省、自治区、直辖市命题并组织考试的制度。同时，考生也可选择参加二级建造师执业资格全国统一考试，全国统一考试由国家统一组织命题和考试。

（3）考试时间

1）一级建造师执业资格考试每年举行一次，考试时间一般安排在 9 月中旬。

2）二级建造师考试，依据各省人事考试中心安排时间执行。

2. 建造师注册审批

通过考试或者考核认定的方式取得建造师执业资格证书，仅仅是具备了成为建造师的基本条件，建造师必须经过严格的注册程序才能取得建造师执业资格注册证书和执业印章。

住房城乡建设部是建造师注册的管理机构。取得一级建造师执业资格证书后，必须在一个拥有建筑业相关资质的企业注册，经过个人申报、企业核准、省级受理和初审、相关部委审核、住房城乡建设部审批等严格的注册程序，取得一级建造师执业资格注册证书和执业印章，才能以注册建造师名义执业，享有注册建造师的权利，履行注册建造师的义务，可以在全国范围内担任大中小型各类建设工程项目的项目经理，从事相关执业活动。

二级建造师的注册程序同一级建造师相类似，但是注册审批机关为省级的住房城乡建设行政主管部门，取得二级建造师执业资格注册证书和执业印章的，可以在本省范围内担任中小型建设工程项目的项目经理，从事相关执业活动。注册申请包括初始注册、延续注册、变更注册、增项注册、注销注册和重新注册。

取得建造师执业资格证书、且符合注册条件的人员，必须经过注册登记后，方可以建造师名义执业。住房城乡建设部或其授权机构为一级建造师执业资格的注册管理机构；各省、自治区、直辖市住房城乡建设行政主管部门制定本行政区域内二级建造师执业资格的注册办法，报住房城乡建设部或其授权机构备案。

准予注册的申请人员，分别获得《中华人民共和国一级建造师注册证书》《中华人民共和国二级建造师注册证书》。已经注册的建造师必须接受继续教育，更新知识，不断提高业务水平。建造师执业资格注册有效期一般为 3 年，期满前 3 个月，要办理再次注册手续。

14.2 执业能力评价方法与体系

14.2.1 注册建造师的执业能力构成与要求

建造师应通过理论学习和国内外工程建设实践历练，不断提高执业能力。应具备规定的知识体系包括建设工程技术、建设工程经济、建设工程项目管理、建设工程法律法规等方面。在执业期间，应持续参加继续教育，增强职业道德和诚信守法意识，掌握工程建设最新法律法规、标准规范，熟悉建设工程项目管理新方法、建设工程新技术，不断提高综合素质和执业能力。并应具备外国语、国际工程合同知识，了解国际贸易、国际法律及国际工程技术标准等。同时，建造师应具备组织管理能力、过程控制能力、资源配置能力、沟通协调能力、团队建设能力、危机应变能力、学习创新能力等。

建造师应具备的专业能力有以下几点：①熟悉工程力学、流体力学、岩土力学的基本理论，熟悉建筑结构、抗震理论和知识，熟悉工程结构 CAD 和其他软件应用技术，熟悉工程材料的基本性能和选用原则，熟悉工程检测和试验基本知识和方法，了解给水与排水、供热通风与空调、建筑电气等相关知识，了解土木工程机械、交通、环境的一般知识以及本专业的发展动态和相近学科的一般知识；②掌握土木工程施工的技术、过程、组织和管理知识；③掌握投资经济的理论和知识，掌握工程经济学、工程造价技术知识，掌握项目管理理论和知识；④熟悉工程项目建设的方针、政策和法规；⑤具有综合运用经济、管理、法规及技术知识进行建设工程施工项目管理的能力。

建造师应具备的其他能力具体要求如下：

1. 组织管理能力

（1）项目组织管理能力包括领导能力、决策能力、计划能力、执行能力等。

（2）掌握工程项目管理原理和规律，熟悉项目管理的工具和方法，基于事实和数据进行决策分析。

（3）针对工程特点和管理难点，系统策划，有效实施工程项目管理实施规划和项目计划。

（4）建立内部责任体系和权利结构模式，合理分工，以各种措施推动阶段目标实现。

（5）组织现场生产要素资源的投入和使用，优化配置、动态管理。

2. 过程控制能力

（1）项目过程控制能力包括项目目标控制、采购与投标控制、设计控制、施工控制、项目收尾控制能力等。工程项目过程控制工作应包括文件控制、合同控制、进度控制、质量控制、安全生产控制、成本控制、绿色施工控制、资源供应控制和分包行为控制等内容。

（2）根据工程项目管理实施规划或施工组织设计文件，制定工程项目过程控制计划和实施方案。

（3）熟悉关键控制环节和控制点、控制方式和手段，严格按照计划、实施、检查、处置和改进的程序进行，确保控制工作的有效性和可持续性。

3. 资源配置能力

（1）项目资源配置能力包括施工要素组合能力、综合评价能力、方案优化能力、动态分析能力等。

（2）建设工程项目资源范围包括劳动力、原材料、半成品及构配件、施工机械设备以及信息资料和资金等。

（3）熟悉建设工程定额，把握资源配置规律，科学编制资源配置计划。

（4）充分利用管理技术工具和信息化手段进行资源配置和管理，做到资源配置和管理的精细化、最优化。

（5）总结资源配置、使用和回收利用情况，有效改进资源配置。

4. 沟通协调能力

（1）项目沟通协调能力包括表达能力、倾听能力、人际交流能力、自我设计能力等。

（2）结合工程项目特点和项目管理组织的实际情况，准确掌握项目利益相关方的沟通需求，制定规范的沟通协调程序和沟通协调计划。

（3）综合掌握沟通环节的相关信息，建立有效的信息渠道、信息收集与传播机制，做到协调沟通的及时性和快捷性。

（4）在沟通协调过程中，严格遵守国家法律法规和行业公约，坚持诚信、公正、平等、互利的协调沟通原则，正确处理工程项目各相关方的矛盾、冲突，确保工程项目总体利益不受影响。

5. 团队建设能力

（1）项目团队建设能力包括团队角色认知能力、团队执行能力、团队激励能力等。

（2）按照项目寿命周期和项目管理实施规划，建立动态的团队构成机制，优化组合项目团队成员的专业、年龄、资历和工作能力。

（3）按照项目团队管理的原则和思路，做好项目关联团队的建设和管理工作。

（4）建立系统的团队激励和绩效评价制度，加强项目团队的核心价值观和社会责任教育，巩固团队优势，挖掘团队潜能。

6. 危机应变能力

项目危机应变能力包括危机敏感能力、危机响应能力、危机处置能力、危机防范能力等。

危机是由意外事件引起的危险和紧急的状态，它具有意外性、紧急性和危险性三大特征。工程项目危机是指危及工程项目正常进行并造成不利后果的一切行为或事件，这些行为或事件都有一个原始诱因，有来自项目内部经营和外部环境的，有来自科技、技术和经济方面的，也有来自人、组织和社会方面的，例如安全事故、质量事故、财务损失等。建筑企业危机的种类繁多，包括战略危机、安全危机、信誉危机、经营危机、质量危机、环境危机、财务危机、突发性危机等。具体有以下几点要求：

（1）应熟悉和理解工程建设过程中的各类危机事件，针对不同类型的危机事件应制定相应的管理预案。

（2）沉着应对危机事件，准确判断事件的性质、严重程度、损失程度以及发展趋势，坚持既定的处理程序，严格执行事故报告规定和危机管理制度。

（3）坚持以人为本处理危机事件，做好各项防范工作，最大程度降低损失。总结经验教训，杜绝类似事件发生。

7. 学习创新能力

（1）学习创新能力包括自主学习能力、研发创新能力、持续改进能力等。

（2）准确把握行业发展和政策趋向，不断学习新工艺、新技术、新材料和新的管理理念和方法。

（3）总结工程项目管理经验，汲取项目实施教训，既要学习先进经验，又要善于巩固和推广已有成果。

（4）在工程项目组织内部倡导建立学习型组织，营造学习创新氛围，激励创新成果，培育创新文化。

（5）在项目团队内部既要重视管理创新，也应重视技术创新，善于集成和整合创新成果，塑造企业创新品牌。

14.2.2 评价模型

1. 胜任力内涵

国内外学者对胜任力的定义大致可以分为三类：第一类是将胜任力认同为个体所具有的特质，即特质类；第二类是将胜任力认同为个体的行为表现，即行为类；第三类则认同将特质类和行为类综合起来，认为胜任力包括个体的特质和行为表现，可称之为综合类。

综合以上研究者对胜任力内涵的研究来看，胜任力具备以下特征：①胜任力与工作绩效密切相关，可预测员工的工作绩效；②胜任力与具体的职位和工作任务密切相关；③胜任力不是一成不变的，而是动态发展的，随着工作情境的变化而变化；④个体胜任力水平可以通过可观察、能测度的行为表现反映出来，是个体在具体情境下对自身知识、技能、态度、动机等的具体的运用。

2. 胜任力模型

目前，学术界广泛采用的胜任力定义是：胜任力是指能够将绩效优秀个体和绩效一般个体区分开来，能可靠地度量出来的特性、动机、自我概念、知识、态度、价值观、可识别的行为技能和个人特质

经典的胜任力模型有冰山模型（Iceberg Competency Model）和洋葱模型（The Onion Model），分别是 Spencer 和 Boyatzis 在早期提出来的。两位学者都是胜任力研究方面的先行者，两个模型对后来胜任力建模的研究有着很大的指导及借鉴意义。两个模型都属于通用个体胜任力模型，具有普适性和指导性。冰山模型将个体胜任力分为五类：动机、特质、自我认知、知识、技能。冰山模型形象地将个体胜任力模型比作一座冰山（图 14-1）。冰山上部代表可见的、易于观察发现的个体拥有的知识、技能胜任力因素，冰山下部代表不可见的、难以观察发现的个体拥有的动机、个人特质、自我认知。

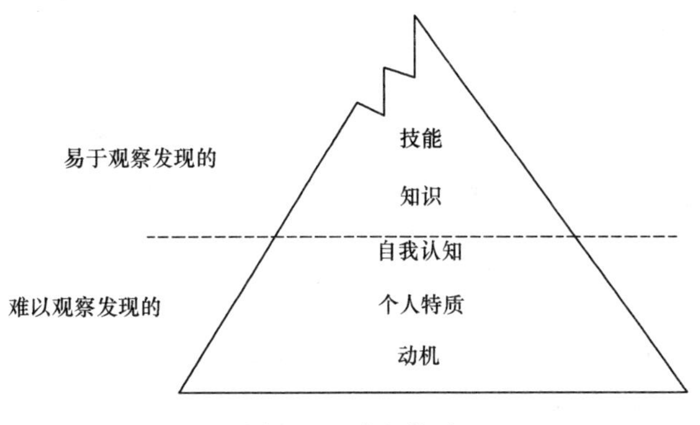

图 14-1　冰山模型

洋葱模型（图 14-2）在冰山模型所包含的胜任力因素的基础之上增加了态度和价值观两个因素，并进一步优化了模型结构。洋葱模型将动机和个人特质作为个体核心胜任力，既难以观察发现，又难以培养发展；知识和技能处于整个“洋葱”的外层，易于观察发现也易于培养发展；自我认知、态度和价值观则处于洋葱模型的中层。

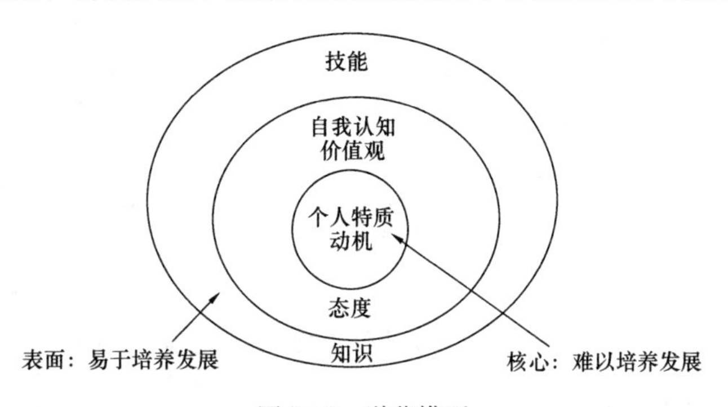

图 14-2　洋葱模型

3. 胜任力建模

(1) 胜任力模型的建模途径及步骤

胜任力模型的构建途径主要有两种：研究途径和实践途径。学术界一般采用研究途径，遵循系统、科学的程序与方法来搭建胜任力模型。

研究人员在确定研究目标、研究对象和范围之后，紧接着最重要的一步是初始胜任力数据的收集分析。常用的数据收集方法有：文献研究、文本分析、访谈、问卷调查、专家调查等，往往是几种方法综合运用，以提高数据的可靠度与可信度。随后，根据收集到的数据进行处理分析，提炼出初始胜任力因素，搭建初始胜任力模型。最后，对其进行检验调整完善，形成最终的胜任力模型。

胜任力模型的构建过程一般可按顺序及内容划分为三大部分：首先是需求分析与计划，然后是数据收集与分析，最后是模型检测与验证。各个部分包含的大概内容见图 14-3。

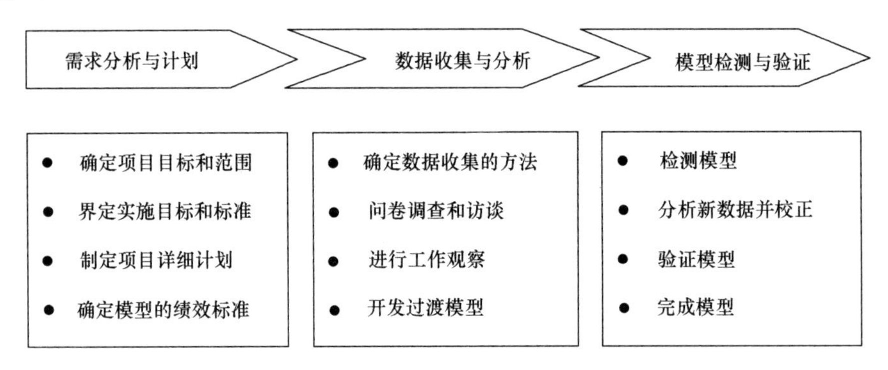

图 14-3　胜任力模型构建过程

具体模型的构建过程则因不同的建模目的、方法、数据收集等而有所差异，以用行为事件访谈法建模为例，建模过程如图 14-4 所示。

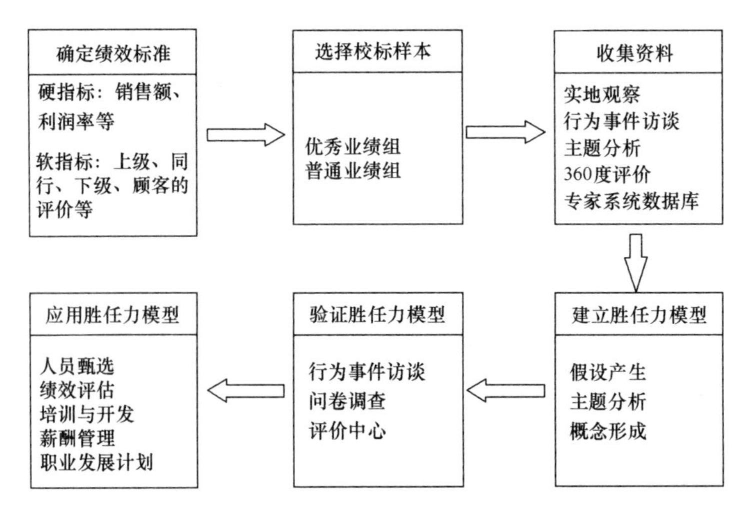

图 14-4　行为事件访谈法建模过程

（2）胜任力建模所需数据的收集

数据的收集是胜任力建模过程中最重要的一步，全面、准确、有效的数据对胜任力模型的有效运用起着基础性作用。若收集的数据有错误或不全面，则建立起来的胜任力模型也就失去了意义。随着胜任力研究与应用的发展，胜任力数据的收集方法也在随之发展，主要的收集方法有：关键事件技术（Critical Incident Technique，CIT）、行为事件访谈法（Behavioral Event Interview，BEI）、焦点团体访谈法、职务分析法、专家调查法、问卷调查法等。虽然方法众多，但从以往的研究来看，BEI 被运用得最多，其可信度及有效性也得到众多研究者的认可，不过 BEI 也有着不可避免的缺点，建模人员应根据自己的需要与实际情况综合考虑各个数据收集方法的优缺点来进行选择。各类数据收集方法的具体比较见表 14-1。

胜任力建模的数据收集方法比较　　表 14-1

建模方法	操作过程	优点	缺点
行为事件访谈法	对优秀绩效者和普通绩效者进行访谈，让其各自描述工作中成功与失败的三件事，从中提取胜任力	在绩效与胜任力之间建立了联系；有较高的可信度与有效性	操作烦琐，费时费力；误差难以掌控；无法大规模进行
关键事件技术	让访谈对象描述导致有效工作和无效工作的关键事件，提取胜任力	涵盖面广，能抓住非常规的关键行为	费时；没有事先区分优秀绩效者和普通绩效者
职位分析法	通过访谈、观察或职位分析问卷来描述工作，归纳出工作所需胜任力	比较系统化地了解并梳理有关的工作信息	操作烦琐，费时费力；不易跟上快速变化的形势
专家调查法	利用德尔菲法或头脑风暴法获取胜任力	集中专家智慧，在较短时间内获得较多信息	可获得的专家人数较少；专家的经验和知识的一致性得不到保证
问卷调查法	综合文献研究、访谈等方法编制调查问卷进行调查	快速便捷地收集到大量数据；有助于同时开发胜任力水平的测量工具	需要专业测量与统计知识及丰富的行业经验；费时

在以上所列的常用数据收集方法中，某些方法又可以进一步细分。比如行为事件访谈法又可以进一步分为一对一访谈和焦点团体访谈方法。一对一访谈的优势在于：采访者可以根据实际采访情况灵活地收集更多的细节信息，受访对象不必担心自己的谈话内容会对他人造成影响，受访对象也不会受他人言语的影响；劣势在于：需花费大量时间，成本高。焦点团体访谈的优势在于：能高效地收集更多人的信息，团体访谈有助于活跃气氛与思维，可能收集到有新意更全面的信息；劣势在于：访谈双方都需要经过培训才能有效进行，团体受访成员间容易相互产生影响从而影响访谈效率与效果，团体访谈不便于收集详细具体的信息，尤其是当信息涉及个人情况时，而且团体访谈还需要安排组织。

4. 胜任力模型的检验

初步建立起来的胜任力模型还不能马上运用，必须经过科学的检验和改进。常用的胜任力模型检验方法有：

（1）问卷调查法

在能确认绩效优秀者与绩效普通者的情况下，可以将初步建立的胜任力模型编制成胜任力评价问卷，采用 360°调查法，将问卷发放给被调查者的同事、上级领导和下级部属，让他们评价被调查者的胜任力，最后综合得出被调查者的胜任力情况，看是否与其绩效情况相符，如果相符则说明模型有效，如不相符则说明模型需改进。另一种情况是，请调查者对初步模型中各项胜任力因素的重要程度打分，并提出意见建议。问卷调查一般选取的样本规模较大，同时需要专业的数据统计分析知识。

（2）访谈法

一般采取行为事件访谈法（BEI），选取包含绩效优秀组和绩效普通组的访谈对象，通过对访谈内容的分析来确定提出的胜任力是否正确，是否与高绩效有很强的联系，是否能区分出优秀组和普通组。

（3）测验法

在已开发的胜任力模型基础上运用评价中心方法、公文筐测评等方法，或者直接运用建立好的胜任力模型进行人才选拔，然后对选拔出来的人进行跟踪，观察其工作中的表现与业绩是否与其被测胜任力相符，由此判断模型的优劣。

5. 胜任力建模中存在的问题

胜任力模型的构建方法有很多，如前述的行为事件访谈法（BEI）、关键事件技术（CIT）、问卷调查、专家调查等，但被采用最多、同时被研究人员认为最有效的是行为事件访谈法（BEI）。尽管 BEI 有着一整套系统而科学的流程，但仍存在许多问题：

（1）绩效的判定问题

影响员工绩效水平的因素很多，除了自身能力水平之外，有时候许多外界因素对其绩效的影响也是非常大的，这时候单纯用绩效来判断一个员工本身的好坏有失偏颇。

（2）行为事件访谈的实施问题

BEI 对访谈者的专业知识和经验、受访对象的选定、受访人员的数目、访谈时间以及访谈之后的内容分析都有着严格的要求，这就限定了 BEI 的推广应用，即使在国外，许多企业也需要依赖咨询公司才能完成该项工作，一些非专业性的组织或个人由于自身经验与知识的缺乏，在采用 BEI 方法时很难保证所建模型的有效性。

（3）胜任力因素的测量问题

即使构建起来的胜任力模型准确无误，但要准确地测量出个体的胜任力水平也是非常难。一个胜任力模型中包含许多胜任力因素，个体外显的知识、技能等胜任力因素较易识别与判断，但个体内隐的个性、习惯等胜任力因素则难以识别与判断。

（4）胜任力模型的检验问题

在实证研究中，研究人员常常采用探索性因素分析（Exploratory Factor Analysis，EFA）和验证性因素分析（Confirmatory Factor Analysis，CFA）的交叉证实法（Cross Validation），这只是对模型内部结构的检验。“增加外部变量，研究胜任素质模型与这些外部变量的关系，从而检验胜任素质模型本身的结构将是模型检验的一种趋势”。法则有效性（Nomological Validity）可以通过对模型的外部检验验证模型的内部结构，但这种方法在胜任力研究中还鲜见。企业若是想要对胜任力模型进行检验，可以采用“预测效度（Predictive Validity）”，即观察用胜任力模型甄选出来的人才，看其在未来的工作上是否拥有优秀的表现及绩效，这是最有力的验证方法，但也是最不实用、风险最大的方法。

14.2.3 评价过程体系

1. 胜任力因素提取

技术专业人士的一般胜任力模型中包含的胜任力因素有（依据重要程度的高低先后排序）：成就倾向、冲击与影响力、概念式思考、分析式思考、主动积极、自信心、人际EQ、关系秩序、讯息搜寻、团队与合作精神、专业知识、顾客服务导向。

一般管理胜任力模型包含的胜任力因素有（依据重要程度的高低先后排序）：冲击与影响力、成就倾向、团队与合作精神、分析式思考、主动积极、培育他人、自信心、果断、讯息搜寻、团队领导力、概念式思考、专业技术知识。

McClelland 自 1989 年起开始对 200 多项工作所涉及的胜任力进行研究，提炼出了 21 项通用的胜任力，构成了胜任力词典的基本内容。胜任力词典包括 6 个基本的胜任力族，每个族中又包含多项具体的胜任力，其具体内容见表 14-2。

胜任力词典 **表 14-2**

胜任力族	包含的胜任力因素
成就与行动族	成就导向、重视次序品质和精确、主动性、信息搜集
帮助与服务族	人际理解、客户服务导向
冲击和影响族	冲击与影响、组织认知、关系建立
管理族	培养他人、命令、团队合作、团队领导
认知族	分析式思考、概念式思考、专业知识
个人效能族	自我控制、自信心、弹性、组织承诺

通过对相关文献的阅读分析，共整理出五个具有参考借鉴意义的工程人员胜任力模型，见表 14-3。

工程人员胜任力模型 **表 14-3**

作者	模型中所包含的胜任力维度及因素
张进（2007）	管理技能：计划能力、组织能力、监控能力、冲突管理、时间管理、抗风险能力 人际关系：团队合作、团队领导、关系建立、人际理解、客户导向、沟通能力、组织知觉、组织文化 个人特质：牺牲精神、成就导向、自信、自我控制、适应性、主动性
王愔婧（2010）	管理控制能力：时间管理能力、组织文化、规则意识、客户意识、计划能力、自信、有效监控 环境—个体特征：问题解决能力、工作主动积极性、信息收集、环境适应性 人际关系协调力：影响力、灵活性、关系协调能力、人际理解力 团队合作意识：组织能力、风险管理、团队意识、冲突解决
蔡伦猛（2010）	理念：预防为主、主动管理 知识：安全生产法律与法规、安全管理专业知识、安全生产基本知识、安全文化 技能：技术问题分析能力、预见危险能力、组织能力 个人特质：工作执着、遵纪守法、身体素质、认真负责、团队合作精神、自制力、应变能力
高源源（2010）	认知族：相关专业技术知识 个人特质族：自信、适应性、成就导向性、协作性、组织意识、应变能力、创新能力、抗风险能力 冲击和影响族：影响他人能力 人际关系族：团队领导、关系建立、谈判能力 管理族：沟通能力、客户导向、组织能力、项目计划、监控能力、冲突管理能力、时间管理能力
傅为忠、陈方旻（2008）	人力资源管理特性：领导能力、组织能力、激励能力、人力资源开发能力、冲突管理能力 职业特性：项目运作管理能力、建筑施工方面专业知识、安全生产规范化管理意识、战略决策研究能力 企业家特性：企业文化融合力、创新力、市场营销能力、信用度 个人特性：人际敏感、复原力、环境适应能力、自信心

2. 建造师胜任力因素实证研究

（1）建造师胜任力理论框架的构建

通过对文献查阅分析获取25项胜任力因素，通过对建造师相关制度的理论分析获取8项胜任力因素，将这些因素进行整合，并参考整理出来的胜任力模型，最后确定33项胜任力因素初步构成建造师胜任力模型的理论框架。33项胜任力因素分别是：进度管理、质量管理、成本管理、风险管理、合同管理、健康安全环境管理、信息收集处理能力、资源整合、大局观、客户导向、熟悉组织的背景和文化、团队合作、关系建立、沟通能力、影响力、果断、抗压能力、学习能力、分析能力、成就导向性、责任心、应变能力、适应性、情绪控制力、身体素质、工程技术知识、法律法规标准规范、建设工程经济知识、实践经验、职业道德和诚信意识、外语、新理论新方法新技术新工艺、最新发展。

模型框架中的胜任力因素虽然已经得到确认，但初始模型主要是通过质性研究建立起来的，各项胜任力因素的准确性、重要程度，模型的信度、效度以及结构都还不清楚，可通过问卷调研的方式，运用统计学方法对建造师胜任力初始模型进行检验与校正，探究其内部结构及关系，并最终建立起正式的建造师胜任力模型。

(2) 问卷的编制与发放

将已经确认的33项胜任力因素用于编制《关于建造师胜任力研究的调查问卷》。为了使问卷填答者准确全面地理解每项胜任力因素的含义，将各项概括性的胜任力因素进行描述，比如“个人影响力”这项因素，在问卷中被描述为“能通过自己的为人处事及工作能力建立个人影响力，树立威望，从而得到他人的尊重与支持”，重在强调他人的认同与支持。如果不对其进行描述性解释，那么有些问卷填答者就可能理解为“个人知名度”或者“他人对自己的敬畏或顺从”。但描述性解释也不能太过具体详细，不能以具体事例代替概括性的描述，否则可能造成以下影响：①限制问卷填答者的理解，填答者可能会认为该项胜任力仅仅包括描述性解释中所述事项；②过多的阅读量会使填答者对问卷产生抵触情绪。

(3) 问卷分析

1) 重要度分析

重要度分析是判断问卷中33项胜任力因素的重要程度。由于问卷采用Likert5分量表，3分表示一般重要，因此得分在3分以上表示该项胜任力因素是重要的，应予以保留，若得分在3分以下则应予以剔除，运用SPSS计算出调查问卷第一部分33项胜任力因素的描述统计量（表14-4），“均值”一项表示该项胜任力因素打分的平均值。如表14-4中所示，33项胜任力因素的得分，32项均在3分以上，因此在重要度分析中，其中32项胜任力因素被保留，“外语”这一因素的均值是2.4833，小于3，所以需要删除。

描述统计量 **表14-4**

	N	极小值	极大值	均值	标准差
工程技术知识	112	1.00	5.00	4.3833	.90370
法律法规标准规范	112	1.00	5.00	4.1000	.91503
建设工程经济知识	112	1.00	5.00	3.9500	.87188
实践经验	112	1.00	5.00	4.3667	.88234
职业道德和诚信意识	112	1.00	5.00	4.1333	.99943
外语	112	1.00	5.00	2.4833	.92958

续表

	N	极小值	极大值	均值	标准差
新理论新方法新技术新工艺	112	1.00	5.00	3.9333	.86095
最新发展	112	1.00	5.00	3.5167	.98276
进度管理	112	2.00	5.00	4.1833	.81286
质量管理	112	2.00	5.00	4.3500	.84020
成本管理	112	2.00	5.00	4.4167	.78744
风险管理	112	1.00	5.00	4.2167	.92226
合同管理	112	2.00	5.00	4.1667	.84706
健康安全环境管理	112	2.00	5.00	4.0167	.89237
信息收集处理能力	112	2.00	5.00	3.8167	.98276
资源整合	112	2.00	5.00	3.9500	.96419
大局观	112	1.00	5.00	4.2333	.74485
客户导向	112	1.00	5.00	3.8667	1.03280
熟悉组织的背景和文化	112	1.00	5.00	3.7667	.83090
团队合作	112	1.00	5.00	4.2500	.93201
关系建立	112	1.00	5.00	4.2000	.83969
沟通能力	112	1.00	5.00	4.2333	.85105
影响力	112	1.00	5.00	4.1333	.92913
果断	112	1.00	5.00	4.1500	.86013
抗压能力	112	1.00	5.00	4.1667	.86684
学习能力	112	1.00	5.00	4.1667	.84706
分析能力	112	1.00	5.00	3.8667	.83294
成就导向性	112	1.00	5.00	3.9833	.81286
责任心	112	1.00	5.00	4.3667	.82270
应变能力	112	1.00	5.00	4.3167	.87317
适应性	112	1.00	5.00	4.0167	.92958
情绪控制力	112	1.00	5.00	3.9833	.94764
身体素质	112	1.00	5.00	3.9667	.88234
有效的 N（列表状态）	112				

2）效度分析

首先是因子分析的KMO和球形的Bartlett检验。KMO值越是接近1就越表示可做因子分析。凯瑟曾相信如果可以做这个分析，那么KMO值就在0.90以上；在0.80以上，适合进行因子分析；不能做这个分析的值是小于0.60的。检验结果如表14-5所示。

KMO 和 Bartlett 的检验 **表 14-5**

取样足够度的 Kaiser-Meyer-01kin 度量		.816
Bartlett 的球形度检验	近似卡方	1672.261
	df	496
	sig.	.000

3）探索性因子分析

在这个分析方式中，有几个最主要的步骤是：首先是提取公因子，其次是对因子轴进行旋转并对其命名。

运用 SPSS 对问卷第一部分的胜任力因素评分数据进行探索性因子分析，从变量的相关系数矩阵出发求得特征根及相应的特征向量，用主成分法提取特征根大于 1 的成分作为公因子，共提取出来 7 个公因子，累加贡献率为 75.437%，一般达到 60%以上就表示公因子是可靠的，50%以上也可接受，见表 14-6。给定显著性水平 $a=0.05$，则相应的 $P<a$，数据通过检验，可以做因子分析。

KMO 和 Bartlett 的检验 **表 14-6**

取样足够度的 Kaiser-Meyer-01kin 度量。		.829
Bartlett 的球形度检验	近似卡方	826.649
	df	190
	Sig.	.000

从变量的相关系数矩阵出发求得特征根及相应的特征向量，根据研究需要提取 4 个公因子，累积方差解释率为 68.556%。

用方差最大旋转法（varimax）进行旋转，得到成分矩阵（表 14-7）。从旋转成分矩阵表来看，各个变量的因子负荷量只集中在某一个公因子上，每个公因子都只与某几个变量关系紧密，因子负荷量的分布结构较合理，第一次因子分析提取了 7 个公因子，而这次提取了 4 个，这使得提取出来的公因子更具有现实意义。

旋转成分矩阵 **表 14-7**

	成分			
	1	2	3	4
抗压能力	.802			
身体素质	.769			
学习能力	.769			
影响力	.692			
职业道德和诚信意识	.658			
责任心	.514			
资源整合		.816		
信息收集处理能力		.754		
法律法规标准规范		.641		
工程技术知识		.536		

续表

	成分			
	1	2	3	4
新理论新方法新技术新工艺		.507		
合同管理			.804	
质量管理			.758	
风险管理			.576	
成本管理			.486	
进度管理			.637	
健康安全环境管理			.725	
团队合作				.778
关系建立				.733
大局观				.725

根据旋转成分矩阵表，“抗压能力”“身体素质”“学习能力”“影响力”“职业道德和诚信意识”“责任心”这6个变量在第一个公因子上有较大因子负荷量，说明这6个变量对第一个公因子的影响是最大的，这些胜任力因素跟个体的内在特质紧密相关，是比较固定的个体特征，不易被改变，不易被直接观察测量，难以培养发展，类似于经典胜任力模型中冰山模型的水下部分和洋葱模型中的中心部分，因此可将第一个公因子命名为“个人特质”维度；“资源整合”“信息收集处理能力”“法律法规工程建设标准规范”“工程技术知识”“新理论新方法新技术新工艺”这5个变量在第二个公因子上有较大因子负荷量，这5个胜任力因素体现了建造师知识技能，可命名为“知识技能”；“合同管理”“质量管理”“风险管理”“成本管理”“进度管理”“健康安全环境管理”，6个变量在第三个公因子上有较大因子负荷量，这些变量都是与项目管理相关的能力，可将第三个公因子命名为“项目管理能力”；“关系建立”和“团队合作”“大局观”在最后一个公因子上有较大因子负荷量，一个建造师要组建和管理好自己的团队，要有大局观，要建立团队的关系，因此可将第四个公因子命名为“团队力”。这四个公因子可理解为建造师整体胜任力所包含的四个维度。

最终，通过因子分析删除了12项胜任力因素，保留20项胜任力因素，并将其划分为四个维度：“个人特质”“知识技能”“项目管理能力”“团队力”，每个维度由多个因素构成。

(4) 建造师胜任力模型的建立

初步构建的建造师胜任力理论框架中包含33项胜任力因素，经过项目分析删除了“外语”这一胜任力因素；结构效度分析中使用探索性因子分析先后删除了“建设工程经济知识”“实践经验”等12项胜任力因素，保留了20项胜任力因素；通过因子分析结果中旋转后的因子负荷量分布，将20项因素划分为4大胜任力维度：“个人特质”“知识技能”“项目管理能力”“团队力”，各个维度分别包含若干个胜任力因素，由此建立起建造师的胜任力模型。见表14-8所列。

建造师胜任力模型 **表 14-8**

<table>
<tr><td rowspan="2">建造师胜任力</td><td>个人特质</td><td>抗压能力
身体素质
学习能力
影响力
职业道德和诚信意识
责任心</td><td rowspan="2">建造师胜任力</td><td>项目管理能力</td><td>合同管理
质量管理
风险管理
成本管理
进度管理
健康安全环境管理</td></tr>
<tr><td>知识技能</td><td>资源整合
信息收集处理能力
法律法规标准规范
工程技术知识
新理论新方法新技术新工艺</td><td>团队力</td><td>关系建立
大局观
团队合作</td></tr>
</table>

14.3 分级评价方法与体系

14.3.1 基于信用评价的注册建造师执业管理

1. 建造师信用体系的建设

建造师执业资格制度的建设是一个系统工程，涉及执业资格准入前和执业资格准入后的各个环节的设计和建设。虽然我国在借鉴国内外其他执业资格制度的经验基础上完成了资格考试、注册审批、继续教育的文件体系、组织体系和运行机制的设计，但建造师执业资格准入前的专业教育环节、职业实践环节和执业资格准入后的执业监管环节并没有实现完整的制度设计。

执业资格准入前的专业教育和职业实践环节与我国人才教育培养的体制机制密切相关，并非在短时间内出台某一规章或某一制度即可完成转变，需要付出巨大的制度变迁所产生的“沉淀成本”。

执业资格准入后的执业监管是对注册建造师执业活动最直接的管制行为，该环节是建造师执业资格制度管制实施阶段的最后一个环节，也是最重要环节。建造师执业资格制度在执业监管环节已经出台了《注册建造师执业管理办法》《注册建造师执业工程规模标准》《注册建造师施工管理签章文件（试行）》等文件，搭建了执业监管环节的基本构架。《注册建造师执业管理办法》构建了组织体系和运行机制，原则性规定较多，操作性不强，无法对执业活动在质量、安全、环境事故等重要方面进行有效的监管。而《注册建造师执业工程规模标准》和《注册建造师施工管理签章文件（试行）》都仅仅是目录性质的标准规范，对执业监管贡献有限。整体看，我国的建造师执业资格制度执业监管环节缺乏有效的运行机制和监督手段，即信用体系。

信用体系作为执业监管的一个子系统，可以通过政府适度的管制和建造师自律性的规范，在执业监管环节发挥至关重要的作用。

2. 建造师信用体系建设的条件分析

随着人类经济活动的发展，分别出现了实物经济时期、货币经济时期和信用经济时期。实物经济和货币经济时期，交易双方是以实现的劳动价值为交换依据的，权利的实现和义务的履行是同时的。信用经济时期，以信用普遍化为前提，以社会中的人们都会信守诺言和履行承诺为基础条件，形成一种利益置换的权利和义务在时空上相分离的交易形式。建造师信用体系的建立是基于信用经济交易行为的一种模式。

（1）建造师信用体系构成

建造师信用体系不是一个孤立的信用系统，它是整个建筑市场信用体系的子系统，并与建筑市场的其他信用主体间发生着联系。建造师信用体系发挥应有的作用必须以建筑市场中的交易主体都会信守诺言和履行承诺为基础条件。

建造师执业活动运行机制的特点决定了建造师信用构成与信用关系的特点。建造师执业活动运行机制主要包括政府主管部门的监管、业主的雇用或企业的聘用、第三方经济体的担保。政府主管部门的监管包括对建造师的注册情况、职业活动、继续教育情况和有关行为评价的信息。业主的雇用或企业的聘用与建造师形成的是一种契约关系，通过支付劳动报酬，获取建造师提供的执业活动服务。第三方经济体的担保与建造师形成的也是一种契约关系，通过建造师支付担保费用，获取第三方提供的建造师执业行为的经济保障支持。具体关系如图 14-5。

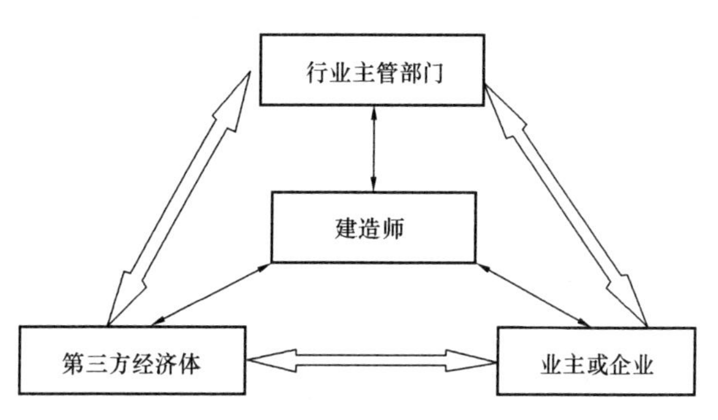

图 14-5　建造师执业运行机制

从图 14-5 可见，建造师的信用构成分为以建造师为主体发生的直接关系和各相关因素之间发生的间接关系。

建造师信用体系的直接关系之间的特点：

1）政府监管的适度原则。在建造师执业管理制度中，法律责任是一种负激励，而且是以外在的强制力所带来的惩罚性后果约束责任人履行其责任的。如果单纯加强这种负激励，会增加建造师的执业压力，削减建造师执业的正激励效果。政府监管应该采取适度的原则，将建造师执业行为的法律责任定位为非财产责任、个人责任与有限责任为主，财产责任、职务责任和无限责任为辅。对建造师违反行政法规、经济法和刑法等社会契约所产生的法定责任，依据相关法律法规承担相应行政责任和刑事责任；对建造师违反民事法律规范而衍生的民事责任，应该体现出民事责任的补偿性而非惩罚性。

2）业主或企业与建造师的法律责任承担关系。建造师执业活动受限多源于业主和企业的不合理干预，这在事实上造成了建造师执业活动法律责任的供给过剩，致使其超越了建造师责任能力，使法律责任界定不清晰，达不到应有的效果。有必要要求业主或企业为其不合理干预承担相应法律责任，弥补建造师的责任不足。现阶段，建造师执业活动受制于企业，因此法律责任的承担不能仅强调建造师个人责任，需要建立建造师与雇主（业主或企业）之间的法律责任合理分配模式。

3）第三方经济体对建造师的经济担保和制裁。第三方经济体可以在建造师由于个人原因给工程项目施工带来经济损失的时候，为其转移部分工作风险。第三方经济体在提供经济担保和部分经济赔偿的过程中，由于其自身利益存在被损害的风险，为降低经营风险，第三方经济体将自发地对建造师职业活动进行调查了解，并在为因建造师个人原因造成损失赔偿后，对建造师的执业活动能力、职业道德等进行重新评价，并通过经济手段进行非行政类的惩罚。

建造师信用体系的间接关系之间的特点：

1）行业主管部门的单一化。行业主管部门专注于注册审批、继续教育工作的实施以及建造师执业活动中产生的质量、安全和环境安全等问题。由于工作机制体制关系，在建造师注册信息和继续教育情况的掌握上具有较强的优势，但在对执行行为监管方面存在欠缺，使非重大的质量安全问题难以进入监管视野，执业活动监管盲区较多，主动作为的动力不足，手段有限。

2）业主和企业追求自我利益。业主或企业在选用建造师时，前期调查了解比较细致，在建造师执业活动中，更多关注的是建造师执业意志和指导思想的情况，从经营的角度管理较多，没有向政府和社会提供建造师执业活动信息的义务，有时甚至为了团体利益隐瞒建造师执业活动中的不良行为。因此，业主或企业是信用体系的使用者而非信用体系的建设者，只是利益相关体而已。

3）第三方经济体是市场的中坚力量。第三方经济体有着自身的经济利益和社会价值观。为获取市场的认同，它和建造师一样需要受到社会的认可，提供准确的信用信息是其自身经济利益的需要，也是其提供增值服务的一种手段。建造师执业活动依附于第三方经济体的支持，自觉地接受第三方经济体的监管，业主或企业为自身经济利益有主动向第三方经济体提供相关信息的动力，政府在对第三方经济体的市场行为监管的同时，享受到相关的信息资源。

建造师执业行为涉及的信用主体的行为和表现构成了整个建造师信用体系的信用秩序，在主体之间各种关系的建立、维持与发展的过程中，形成一定的市场秩序。借助外力或制度形成的秩序称为政府主导的计划秩序，而以竞争自愿方式实现的秩序称为市场主导的自发秩序。二者相互补充和协调，市场规则与制度的设计与创新，对于完善自发秩序不仅完全必要，而且合理可行。

信用秩序是指在信用关系发生过程中交易行为符合制度、规范的程度，是制度和交易规制的普遍化和规范化的表现形式。建造师信用秩序实际上是各种信用关系状态的综合，是市场交易过程中自发秩序和计划秩序协调与整合的结果。

因此，根据各相关主体在建造师执业活动中发挥作用不同和特点确立建造师信用体系秩序，即运行机制。这里根据对信用体系秩序的理解，先提出政府为实施主体的建造师信用体系和市场为实施主体的建造师信用体系两个概念，作为建造师信用体系建设的基本出发点。

（2）建造师信用体系建设的规划

建造师信用体系的建设与完善是一项系统工程，必须有制度上的创新，必须有目的、有计划、有步骤地推进。首先需要确定的是信用体系建设的目标和建设的原则，这是进行制度创新的根本落脚点。

制度目标的定位准确与否，直接影响其效率，目标错位将导致制度失效。根据我国建筑市场的具体情况，在目前阶段，建造师信用体系建设目标为：

1）政府维持市场公平竞争秩序，科学合理地制定有关政策；

2）强化市场自我监管功能，约束市场各方主体的行为，使失信者难以生存，守信者赢得竞争优势；

3）建立一个市场各方主体择优选择交易对象的平台，降低交易成本和风险；

4）增强自律意识，使企业和从业人员不断强化信用意识，自觉维护自身的信用形象；

5）建造师信用信息全社会共享，推动整个建筑市场信用体系的建立和发展。

根据制度效率分析理论，在信用制度安排和创新过程中，要注意制度变迁的类型和方式，要考虑制度的成本和收益，以提高制度建设的经济性和有效性。据此，提出建造师信用体系建设的基本原则：

1）统一规划。在行业主管部门的统一领导下，开展我国建造师信用体系建设工作，避免分散管理、重复建设。要进行全面、科学的规划，制定统一的建设方案，各相关行业主管部门和地方或其委托的行业协会步调一致，共同建设。

2）分步实施。由于制度变迁伴随着社会利益的重新分配，要求社会全体对每一项制度安排作出一致性协议几乎是不可能的，特别在条件不太成熟，采取强制性制度变迁模式的情况下，改革具有波及效应和风险性。因此，建造师信用体系的实施应选择信用建设开展较早、第三方经济体较为发达的省、市进行试点，以积累经验、总结教训，然后有计划、分步骤地全面展开。

3）政府先导，市场运作。建造师信用体系安排与创新宜采用“强制性制度变迁”与“诱致性制度变迁”相结合的模式，政府是信用制度的倡导者和推动者，建造师信用体系建设应坚持政府先导、市场运作的原则。

4）协调配套，功能齐全。由于制度安排和创新需要付出时间、努力及成本，选择一种制度意味着放弃与之相关的另一种制度，因此，除了要保证每一项制度创新的效率外，还要注意制度之间的配套协调问题，使得建造师信用体系成为一个功能齐全、协调配套的有机系统。

（3）建造师信用体系建设的主体和措施

建造师信用体系的建立实施应当遵循信用体系内各主体自身的社会属性特点和职能。只有尊重和顺应各方固有的社会属性和自然经济属性，才能充分发挥其在信用体系中的积极作用。任何违背其自身规律的制度设计都将损害到体系内各主体的利益。

建造师信用体系建设涉及的各主体的社会属性特点和职能如下：

1）各行业行政主管部门或其委托的行业协会

各行业主管部门代表社会公共利益，行使社会公权力对建造师执业资格制度进行设计和监管，重视行业准入资格的考核，掌握第一手的注册人员信息资源，负有向社会公开建造师注册信息、继续教育信息以及执业活动信息的义务，并对建造师执业活动中的违规行为进行处罚。

行业协会作为行业自律组织，代表组织成员利益，探讨研究行业内普遍关心的问题，代表组织成员向政府提出意见建议，自发地推动行业健康发展，维护组织自身的核心利益。在建造师执业资格制度中受政府行业主管部门委托，发挥自身优势，承担本行业内的建造师继续教育组织实施工作，有保证教育质量、提高教育水平、丰富教育形式和手段以及监督建造师继续教育情况等责任。

2）业主或企业

业主和企业是市场经济活动的主体之一，根据市场运行规律，通过经济手段，与建造师建立起一种契约关系，关注的是建造师提供的执业活动质量和执业活动成果的质量，依赖建造师信用体系的信息支持，是建造师执业活动的最直接利益关系者。掌握建造师执业活动的第一手信息，但没有主动向社会提供相关信息的义务。

3）第三方经济体

第三方经济体是市场经济的产物，其自身是市场的活跃经济体，为社会、业主、企业和建造师提供经济支撑和财产保障，与各方保持着密切的契约关系。其提供保障的评判标准是被保障对象的经济实力、运行管理能力、盈利预期和信用等级。从自身业务发展的需要出发，第三方经济体对建造师执业情况更具有主动掌握的愿望，并与其经济利益直接挂钩。

4）建造师

作为建造师执业资格制度的管制主体，为获得行业准入管制带来的垄断收益，自觉接受行业主管部门的监管，具有不断提高自身素质、提高执业能力水平和保持良好信用记录的主观意愿。

（4）政府为实施主体的信用体系和市场为实施主体的信用体系比较分析。

1）政府为实施主体的信用体系

政府为实施主体的信用体系是政府负责搭建信用体系平台，利用其行政资源和管理手段，将掌握的信息对外发布。信息来源于注册管理机关、继续教育培训机构和各级行业行政主管部门，社会无偿获取建造师信用信息。由于业主（或企业）和第三方经济体不受其行业行政影响力直接约束，因此，在政府为实施主体的信用体系建设措施中，忽略了两者对信用体系建设的价值和作用。如图 14-6 所示。

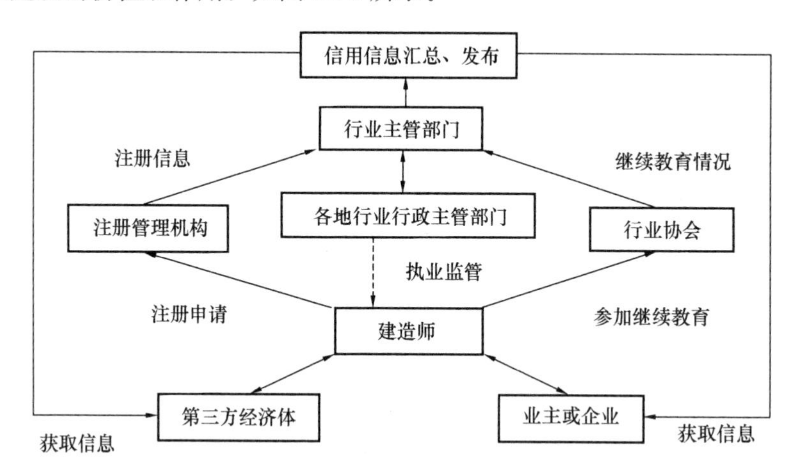

图 14-6　政府为实施主体的信用体系

政府通过行政手段监管建造师执业活动，形式比较单一，不能与业主（或企业）和第三方经济体形成互动，执业活动信息（除出现质量事故外）获取不完整，且很容易出现监管不到位的情况。

不能调动业主（或企业）和第三方经济体参与的积极性，两者仅仅成为信用信息的获取和使用者，“享受”着政府提供的便捷服务，属于利益相关体对公共利益的无偿占有。

政府为实施主体的建造师信用体系缺乏必要的监管，政府作为实施主体一旦发生工作人员的玩忽职守、徇私舞弊、假公济私等违规行为，导致信用体系信息失真，将大大降低政府公信力，信用体系将受到社会的质疑。执业活动的监管通过行政手段实施，运行成本很高。

2）市场为实施主体的信用体系

市场为实施主体的建造师信用体系中，信用信息平台的搭建主体是第三方经济体，政府对其可以实施有效的监管。与政府为实施主体的信用体系不同的是，政府搭建的是其行政手段获取的建造师、注册管理机构和行业协会主动提供的基础信息，准确、高效、成本低；第三方经济体从信息的获取者变成了信用信息的管理者，与其自身的经济利益和经济地位比较匹配，且积极性很高。市场为实施主体的建造师信用体系见图 14-7。

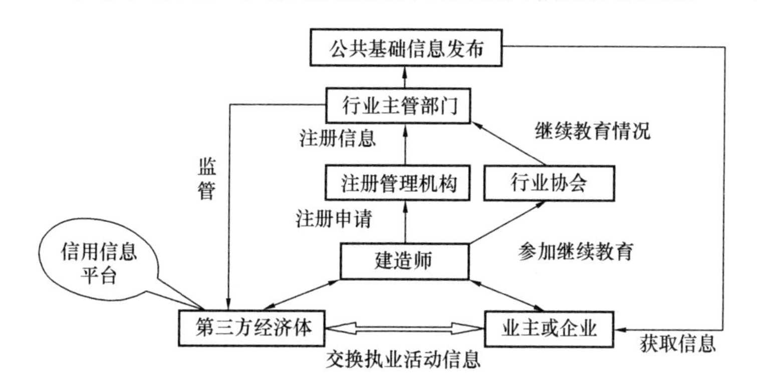

图 14-7 市场为实施主体的建造师信用体系

第三方经济体能够搭建建造师信用信息平台的条件有以下几点：

第三方经济体与建造师有经济利益关系，出于对自我利益的保护，第三方经济体有其内在的主动性进行建造师执业活动信息的收集。

第三方经济体与建造师发生契约关系的同时，建造师与业主（或企业）也存在着契约关系，三者是紧密联系的。当建造师与业主（或企业）的契约关系发生变化时，第三方经济体为建造师提供的相对应的经济支持契约同时发生变化，为第三方经济体及时掌握建造师的执业动向和执业活动情况提供了条件。

第三方经济体通过建造师与业主（或企业）建立了经济联系，彼此互为经济利益伙伴关系，有利于双方及时沟通交流建造师执业活动信息，并对其信用情况作出判断。

第三方经济体作为市场活动的参与者，自身的信用水平对其在市场的生存与发展至关重要，所以其有必要自觉维护信用信息平台的客观公正，通过其良好的自我约束，即市场的自律行为，来维护建造师信用信息平台。

14.3.2 行业组织自律模式

行业自律，可以从两个角度进行理解，从公法角度来说，是指经由政府部门授权批准，行业协会组织作为独立的监管主体对本行业相关人员进行管理；从私法角度来说，是指全体行业主体以公约形式制定行业规则，共同遵守，并接受自律组织的监督和管理。建设行业组织自律模式是指通过引进行业协会、学会等专业机构参与执业注册人员的监管工作。由建设行业协会、学会制定发布注册和执业服务标准，参与制定国家标准、行业规划和政策法规。建立行业组织自律规范和自律公约，规范人员执业行为，提升职业道德水平。具体可以尝试通过登记备案、信息公开、水平认证以及行业通报等方式展开。政府负责监督协会机构，协会监督企业会员，企业监督执业人员等，同时，相关信息将录入个人执业信息档案。

1. 建设行业自律管理模式分析

在发达国家，是否具备健全的行业组织自律机制是衡量一个地区市场是否健康、成熟的重要标志。所谓自律，就是社会行为主体自我约束，在执业行为过程中自觉遵守法律法规，克服投机主义行为倾向，促进行业健康发展。经过多年的发展，我国建筑业行业协会越来越完善，涉及的专业也越来越细，如中国建筑业协会、中国建筑设计协会、中国建造师协会、中国建设监理协会、中国建设工程造价管理协会、中国城市规划协会等。

一方面，行业协会成员主要是本行业的专业人员，他们对本行业的基本状况、运行模式、潜在规则等往往比政府更加了解，在对从业主体及人员管理中可以减少信息不对称的现象。由行业协会参与制定的自律规范，更具有专业性和时效性。高效率、低成本是行业自律的天然优势。另一方面，行业协会等自律组织紧靠市场，组织运行的费用主要来自企业会员，不用政府支出，市场主体具有主动降低成本提高效率的意识，同时在某些社会道德与伦理领域，由于法律原因，政府监管无法兼顾，行业组织却可以进行约束。因此，由专业组织进行管理，不但可以提高监管效率，也可以降低监管成本。

2. 行业自律管理模式的先进性分析

行业组织对接政府部分职能，在对本行业的自律管理上具有特殊优势。一是行业代表优势。行业协会非常了解本行业所在区域发展的基本情况，能准确地制定区域和行业规划，也能及时根据行业发展的实际情况对规则进行调整，避免行业过度发展从而引发恶性竞争。二是信息优势。行业协会成员主要来自于业内的专业人士，集中了本领域大量的专业信息，在企业运营管理、资质复核、信用评价等方面有着天然的信息优势。三是专业优势。行业协会能快速聚集本领域的专业技术人才，在专家论证等技术性论证环节具有专业的优势。四是基层沟通优势。行业协会对于政府来说是行业代言人，对于企业来说是政府代言人，在加强政府和企业沟通方面，具有很好的促进作用。

对于行业组织特别是协会在行政许可过程中的前置审批服务事项，协会对资质资格的核准与认证过程和所需材料更为了解，让协会组织参与到企业和执业人员的监督，既可以为政府减轻行政压力，让政府从传统的审批手续中解脱出来，又可以避免企业来回奔波，使其安心发展，提升专业竞争力，既减少了企业成本，又提高了企业经营效率。

3. 行业自律管理模式的可推广性初步分析

行业自律管理模式的提出基于对建设领域行政许可管理现状的分析，同时参考了行政主管部门、行业组织和企业各相关利益方的态度和思考。

行业自律管理模式以促进行业的健康发展为立足点，同时充分考虑了现有法律法规和文件的有关管理规定和要求，具有较强的科学性和一定区域范围内的普适性。

独立性是行业协会的灵魂。行业协会作为行业组织的代表，如果丧失了独立性，也就失去了存在的意义。而在我国大部分地区行业协会具有浓厚的官方烙印，权威性来自于政府的官方指定权力，而不是企业及会员的专业认可，协会的自主性很大一部分倾向于政府部门的态度，这对于建筑业行业自律建设产生了很大的阻力。

建设行业的自律管理可以以执业人员信用体系建设为基础，对执业人员信息进行登记备案，建立人员诚信信息库。通过信息公开，适时披露企业及执业人员以往的不良行为记录，制定自律公约，明确检查标准和奖惩机制，做到常规化自律管理。

总体而言，结合建筑业自身的协会设立现状和问题，我国应该大力推行行业自律，不断完善各个机构，保证行业自律成为主导建筑业健康发展的主要模式。

14.3.3 社会综合评价模式

社会综合评价模式是指由从事建设领域相关活动，或具备建设领域相关专业知识和能力的事业单位、行业协会或其他中介机构等更为广泛的非盈利机构或社会团队，以现有的建筑市场监督与诚信一体化平台数据库为基础对执业人员从专业知识、实践能力和职业道德等几个方面进行量化评分，同时进行信息公开，并根据其业务能力或在业界的认可度与信誉等，划分资信等级（如A级、2A级等），并对不同等级的人员进行差别化监管。

通过调研，大部分受访者建议可以通过对执业过程综合评价的方式对人员进行管理。通过对专业知识、实践能力和诚信道德几个方面的评比，既可以体现执业人员的专业能力水平，也能规范执业人员诚信行为，还能提升个人的社会价值。

1. 社会综合评价管理模式的理论分析

综合评价的主要内容是结合人员的专业能力和诚信记录进行综合评比。2005年8月12日，住房城乡建设部印发了《关于加快推进建筑市场信用体系建设工作的意见》（建市〔2005〕138号），提出要建立和完善建筑市场的信用体系，充分发挥政府主管部门、行业协会组织以及社会中介机构的专业性，积极探索多方参与的建设行业主体综合信用评价体系。

诚信信息认定方面。2011年6月7日，住房城乡建设部印发《全国建筑市场注册执业人员不良行为记录认定标准》（建办市〔2011〕38号），对注册执业人员的行为信息进行了认定与划分，并在全国范围内开展了建筑类执业人员不良行为信息的收集、整理工作。

2012年11月19日，北京市住房城乡建设委员会发布《北京市建筑施工总承包企业及注册建造师市场行为信用评价管理办法》（京建法〔2012〕26号），通过对北京市建筑施工总承包企业及注册建造师相关执业行为信息进行采集、记录，对其作出评价并实施差别化监管。其中，部分行为信息通过建筑市场监管信息系统自动记录与扣分，实现了评价系统自动评分与在线公布功能。2016年2月4日，福建省住房和城乡建设厅发布《福建省建设执业注册人员个人信用评价办法（试行）》（闽建〔2016〕2号），开始执业人员的综合评价工作，同时制定了具体评价内容、评价标准和评定依据，定期公布量化评分结果和行为记录，并根据评分结果对执业人员实行差别化监管。

2. 社会综合评价模式的先进性分析

综合评价的优势是可以结合目前全国建筑市场监督与诚信一体化平台及各省市对应已搭建的一体化信息平台、执法记录平台等信息平台，利用在线平台自动收集数据，自动打分，在线公布评价结果，形成自上而下的层层监管体系。

社会综合评价模式实行全公开制度，平台运行主要包括信息的采集、信息的查询、信息的公示、投诉与申诉、综合评价等几个方面，如图14-8所示。

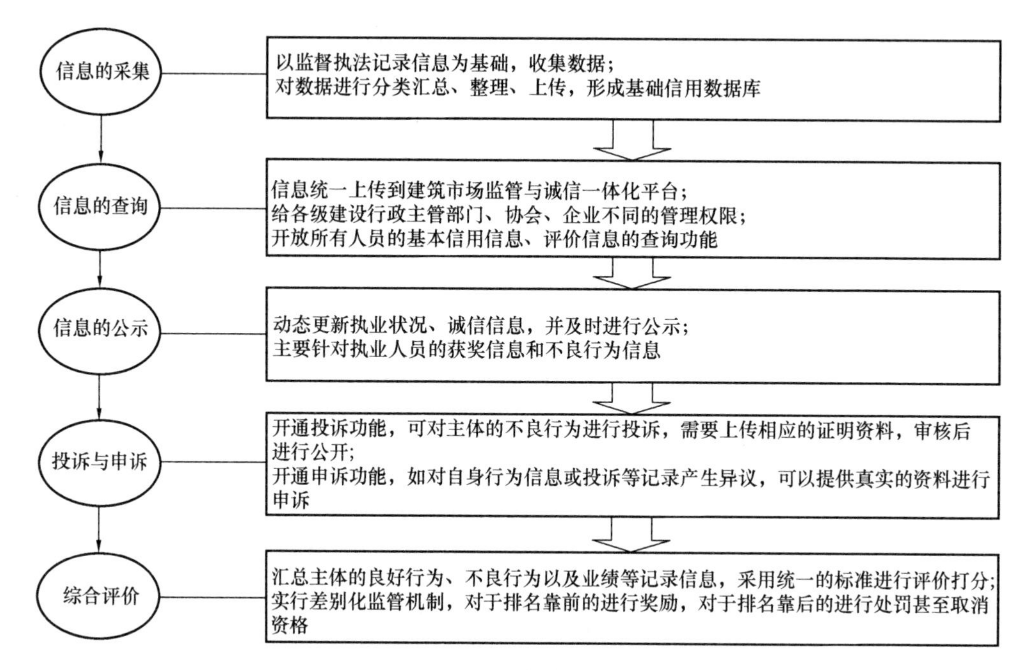

图 14-8　社会综合评价平台

3. 社会综合评价模式的可推广性初步分析

我国从 2005 年开始建筑市场信用体系构建工作，2008 年开始建设全国建设市场诚信一体化平台，2011 年开始展开执业人员不良行为记录收集工作，2012 年开始建筑企业的信用评价工作，2015 年完成国家级和各省级诚信一体化平台数据连通。实施社会综合评价的数据基础已基本具备。

目前，对执业人员进行评价的有北京市和福建省。北京市对于建造师信用评价工作开始于 2012 年，充分利用北京市建筑市场公开信息平台的优势，集中了北京建筑企业信息库、个人信息库、项目信息库、执法记录工作平台等各系统数据库的数据，在北京建筑市场信息监管平台上，通过计算机程序进行自动评分，每天公布评分结果，并结合评价结果对执业人员实行差别化监管，一定程度上保持了执业人员自我提升的主动性。

2016 年 9 月，福建省开始了对执业人员的综合评价体系建设，福建省住房和城乡建设厅制定了《福建省建设执业注册人员个人信用评价办法（试行）》，同时制定了具体评价内容、评价标准和评定依据。系统运行平台依托福建住房和城乡建设网，与工程项目建设监管信息系统、执业人员管理系统互相连通。建设执业注册人员个人信用评价系统动态更新个人信用信息，定期公布量化评分结果和良好或不良行为记录，并根据评分结果对执业人员实行差别化监管。

14.3.4　事前和事后监管模式

我国建设人员执业资格管理主要是政府监管为主，内容包括执业资格的认定、注册手续的审批、执业过程的监管、继续教育的学习以及最后的市场清出等。协会主要负责协助，很少能参与到实际管理中来。组织运行情况如图 14-9 所示。

根据相关文献归纳总结建立了简单的层次评价模型，并选取五个评价指标（专业性、法律基础、运行成本、运行效率、公开性），来对传统政府监管模式、行业组织自律模式

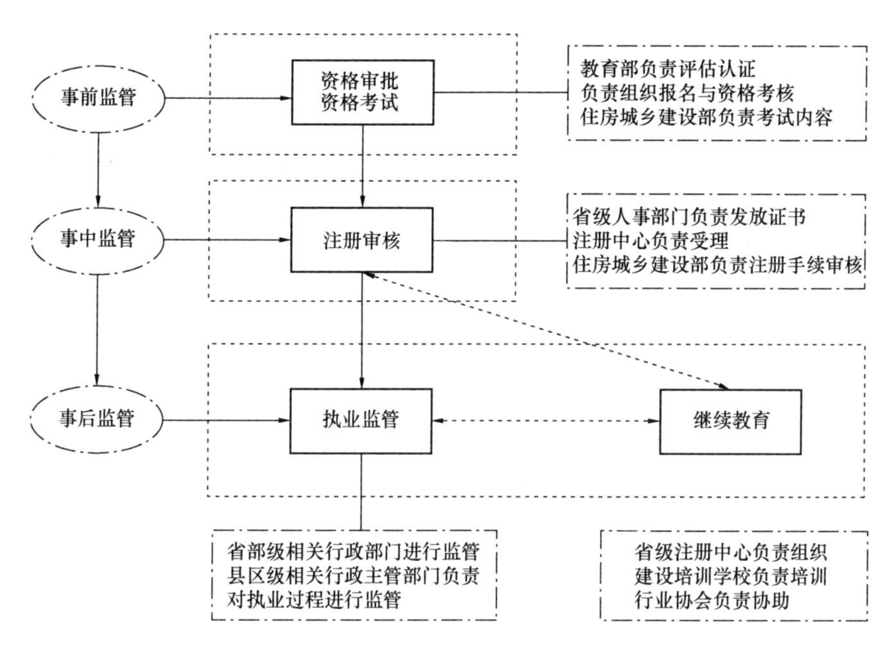

图 14-9　建设人员执业资格管理制度运行机制

及社会综合评价模式进行对比分析，如图 14-10、表 14-9。

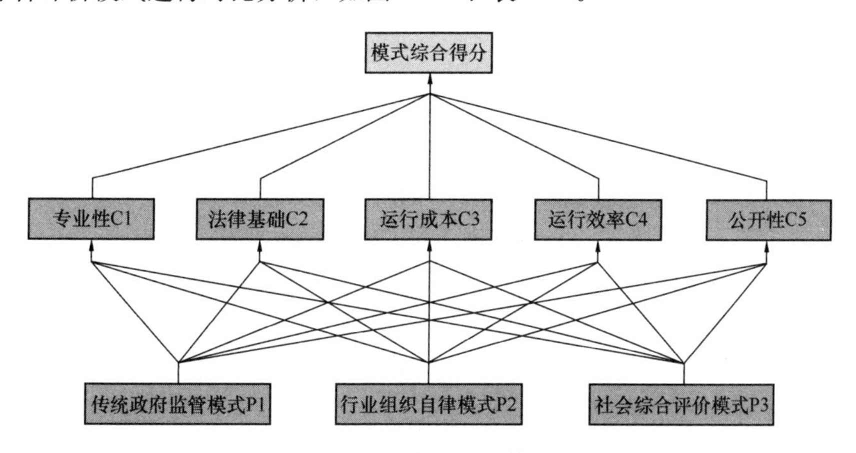

图 14-10　评价层次模型

评价指标　　　　**表 14-9**

专业性	能否提供足够的具有专业和管理能力的监管人员
法律基础	现有法律对监管模式的支持度
运行成本	管理模式需要支出的成本是否合适
运行效率	管理体系运行效率是否高效
公开性	监管模式的公开性

目前，对以上评价模型进行分析检验，同时综合专家对三种监管模式在不同评价指标因素中影响的评估，可以得出下列结论：①目前对建设行业注册人员事中事后执业过程缺乏有效的监管，而在对比几种监管模式后，引进行业组织对执业人员进行自律管理是最好

的方案，其次是在诚信体系建设的基础上，对人员的执业过程进行综合评价可以有效地规范他们的执业行为。②行业组织自律模式最大的优势在于专业性强、管理效率高、成本低；缺点是行业自律法律基础建设不到位，协会人员素质参差不齐，政府和协会关系过于“暧昧”，已丧失了部分的独立性。③传统政府监管模式最大的优势在于它的权威性、独立性和公众认可性。行政部门作为管理主体具有天生的法律优势，同时这也容易滋生一些权力腐败的现象，而且由于缺乏市场经济下“减支增效”的利益驱动，导致监管部门主动性不强，效率低下。另外，由于施工现场管理的专业性，政府部门管理起来也缺乏相应的专业人才。④社会综合评价模式以诚信体系建设为基础对注册人员执业过程进行综合评价，最大的优势是提升执业人员自我监管的自主性，通过相应的激励与约束机制相结合，让执业人员积极对自身的综合能力进行提升。

第 15 章　杰出注册建造师核心素质与专业能力提升

15.1　杰出注册建造师核心素质

15.1.1　当代建造师角色地位的认知

建造师是以专业技术为依托的高素质复合型人才，既要有理论知识基础，也要有丰富的实践经验和较强的组织能力。建造师在工程项目管理过程中会面对不同的公共关系，对建造师角色地位的正确认知是成为当代杰出建造师的基础。

对于建设单位和施工企业而言，建造师是施工企业与建设单位履行总承包合同的全权代理人，是工程项目管理的第一责任人。建造师应处理好与双方的关系，有效解决项目建设过程中遇到的各种问题，保证工程项目顺利进展，并承担相应的法律责任。

对于监理单位和政府各行管部门而言，建造师是被监督、被领导、被管理的对象，必须代表企业自觉接受监督检查和指导，严格遵守和执行国家及当地法律法规，维护企业的形象和信誉。对于监督部门提出的工程建设问题和要求，应积极抓紧配合解决。

对于分包单位和项目管理团队而言，建造师是工程项目的全权指挥、监督、协调、管理和领导者，有权将工程按部位或专业进行分解并发包给具备经营资质和良好信誉的分包单位，并对选择的分包单位进行监督和协调；有权调配并管理进入工程项目的人力、资金、物资、设备等生产要素；有权决定项目团队内部分配方案和分配形式等。

总之，建造师是处于复杂社会关系网的核心地位，起到举足轻重的作用。因此，要成为一个杰出的当代建造师，应该具有合理的知识结构、丰富的执业经历、突出的综合素质和管理能力、性格阳光且能包容不同文化和社会价值的观念，在施工管理上必须具有调动和整合人、财、物等多种资源的综合素质，以及更宽阔的眼界和能力，这样才能成为一名复合型、开放型、公共型的优秀人才。

15.1.2　当代杰出建造师的核心素质

作为当代的杰出建造师，应具备如下一些核心素质：

1. 良好的政治素质

政治素质是一个领导者必须具备的首要条件。有了良好的思想政治素质，做到德才兼备，才能在施工项目的实施过程中坚持正确的经营方向和管理理念，才能把党和国家的路线、方针、政策落到实际工作当中去，才能够熟练掌握和运用与施工管理业务相关的法律法规以及工程建设强制性标准。要善于从政治角度去思考、处理和解决问题，在整体上把握住大局和方向，在细节上精益求精。

2. 合理的知识结构

掌握熟练的专业技术知识是成为杰出建造师的必要条件。知识掌握是否扎实，是否全面，是否应用自如，决定着建造师的专业水准。建设行业知识结构是建造师从业的基础。

领悟设计师图纸中的意图、计算工程结构的专业内涵、选择何种施工技术、选用何种设备和建材等，都需要以丰富的建筑学知识为依托。作为项目的掌门人，建造师应掌握工程中主要施工技术、施工工艺的操作原理，有能力组织施工技术创新。尤其是在新技术、新材料、新工艺层出不穷的今天，建造师需要在知识结构上温故而知新，要不断总结项目管理实践经验，注重理论与实践的结合，注重新知识与技术的结合，这在缩短工期、提高工程质量和节约项目成本等方面具有较大的积极意义。在钻研建设领域知识与技术的同时，杰出的建造师应该不断开拓知识广度。要了解多学科、多专业的知识，努力形成T形的知识结构，以便在施工中轻松自如地应对和解决各方面出现的问题，领导和组织各方面的工作，协调和化解各方面的矛盾，顺利完成项目施工任务。

3. 卓越的领导能力

组织领导才能是成为一个优秀建造师的重要条件。建造师掌握应用现代科学管理方法和手段，应注重工作计划的周密性，知人善任，取其所长、避其所短，善于授权，分权负责，充分调动全员积极性、创造性，善于抓住并解决主要矛盾，更好地激发团队员工的积极性和创造性，齐心协力完成施工项目的建设。

领导能力具体体现在以下几个方面：①爱岗敬业的责任感。责任感是对自己所负使命的忠诚和信守。建设工程项目管理的好坏与建造师的责任心有直接关系。因此，建造师应以身作则、任劳任怨、忠于职守，对项目负责、对企业负责、对社会负责。建造师只有拥有爱岗敬业的责任感，才能使优秀的管理理念得以贯彻执行，才会取得团队威信，树立权威。②果断的决策能力。建造师在项目的实施中是主要决策者，要做到思维敏捷，思路清晰，处事果断，善于抓住时机，当机立断，坚决果断地处理将要发生和正在发生的问题，避免矛盾或更大矛盾的产生。这就要求建造师决策时既要多方听取意见、科学稳妥决策，又要及时果断、敢于承担风险。及时决断、灵活应变就可以抓住战机；优柔寡断、瞻前顾后就会错失良机；而主观臆断、盲目拍板则会酿成失误。③灵活的应变能力。任何事物都是发展变化的，工程项目在建设过程中常充满着不确定因素，会面临这样那样的变化与变更，这就要求建造师要学会“以变应变”，尤其面对突发事件要沉着冷静。同时，建造师也应具有敏锐的洞察能力，见微知著，在平时管理中做好各种预案，制定详细周密的施工计划，确保变化对项目的影响最小。④良好的沟通表达能力。工程项目的顺利进行需要多方面配合支持，建造师要善于沟通处理好各方面的关系，协调组织好各方面的工作，通过合理恰当的表达手段，学会从善如流，从而实现有效组合各种资源等预期效果。

4. 丰富的执业经验

执业经验是成为合格建造师的基本保障。施工实践经验越丰富，才能保证建造师在整个工程实施中技术操作越娴熟，管理实施越自如。丰富的实际工程经验还能帮助建造师成功预见到工程建设过程中可能出现的问题和潜在的风险，并能利用类似项目成功的经验加以解决和避免。这种经历将直接影响到整个工程的经济效应和社会效应，以及建造师本身的专业口碑，更重要的是可以通过长年积累的经历经验创造个人品牌和价值。

5. 健康的身体心理素质

建造师这个特殊的群体，身体和精神上都承受着压力和考验。因此，要求建造师具备健康的身体素质和心理素质。①健康的身体素质。建造师在繁忙工作的同时，也不能忽略体育运动与锻炼，养成良好的生活习惯，做到会工作、会生活、会调整。②健康的心理素质。建造师会承受较重的工作压力，心理上也应经得起高强度的社会考验。提高抗压能力：施工难度与进度、工程变更与调整、风险的评估和管理以及环境的复杂性多变性，都使建造师要承受多重压力。拥有坚强的性格和毅力，拥有在逆境中奋进的勇气和帮助项目渡过难关的胆识，会帮助建造师在项目管理中坚持原则，获得项目成员的信任，成为团队的精神领袖。保持冷静的头脑：在面对项目实施过程中随时出现的冲突和矛盾时，拥有冷静清晰的头脑，会帮助建造师主动思考进而找到解决问题的最妥善方案。拥有宽容的胸怀：在当代建设工程项目管理中，建造师应当以宽容的心态理解和尊重业主、团队成员等各方面的相关诉求，从而在工程中积聚能量，使项目实现效益最大化。保持开朗的心态：拥有开朗阳光、积极向上的心态，会帮助建造师最大程度地发挥自己的专业价值，实现项目与管理的和谐统一。

6. 包容的文化价值观

由于业主、客户和企业等建造师的合作对象在类型和地域等方面存在一定的差异，因此，面对不可避免的企业文化和价值观差异，建造师应当拥有包容的文化修养，融合不同的文化理念和社会价值，从而使建设工程项目顺利运转，提升项目管理的水平，保证项目运行的质量和效益。

15.2 杰出注册建造师专业能力持续提升

搞好工程项目管理，关键在于充分发挥建造师在项目建设过程中的重要作用。建造师专业能力的应用体现在以下几个环节：

第一，总承包合同的履约。建造师在工程项目管理中是合同管理专家，保证合同履约。施工总承包合同是项目管理的依据，建造师要组织项目团队研读合同条款，评估和化解合同潜在风险，在过程管理中通过细化管理争取更大的利润空间，既要对业主负责，认真履行合同，又要确保维护企业利益。

第二，工程进度的掌控。缩短项目建设周期是降低施工成本的重要途径，因此，保证工程进度是建造师工作的重要目标。建造师应亲自统筹安排施工进度，保证施工配合及材料供应，要定期分析检查进度计划执行情况，从总体上把握和控制工期，在保证施工质量的前提下，确保工程进度。

第三，工程质量的保证。工程质量是企业的生命和品牌。建造师应对项目总体质量目标进行分解，详细列出各分部、分项工程的质量目标，切实做好图纸会审工作，了解设计意图和工程特点，掌握工程关键部位的质量要求，落实好工程项目的预检和检查验收工作。要加强项目施工质量管理，保证工程的严肃性、科学性、完善性。

第四，安全生产的监督。建造师是安全生产第一责任人。建造师应牢固树立“以人为本，安全第一”的思想理念。要提高安全教育质量，使安全教育规范化和制度化，要加强安全监督检查，做到及时整改，消除安全隐患。要建立安全生产管理体系，健全安全生产责任制，把安全生产落到实处。

第五，项目成本的控制。工程项目管理的目标是控制成本，实现效益最大化。建造师要树立全员成本控制意识，确保成本目标实现。项目前期成本控制要从源头签订总承包合同开始。建造师应认真研究参与合同签订，既要考虑合同价格，又要考虑业主资信度和合同条款严谨性，避免前期失误而造成资金和成本损失。项目实施阶段的成本控制主要体现在优化施工方案和施工管理方面。要加强资金管理，提高资金筹措和使用效率。建造师应对可能发生的风险做好预判，具备应急处理能力，避免事态严重从而影响整个项目的成本。项目后期阶段，建造师应精心安排组织完成收尾工程，要抓紧做好最后的竣工验收、结算和交接工作。

随着建筑行业市场竞争的日趋激烈，为提高我国工程建设管理水平，全面推进科学先进的工程项目管理势在必行。新时期的建设工程项目管理需要各方面的共同努力，其中作为市场主体的企业尤其责无旁贷。由于建造师是建筑企业的重要专业管理人才，对保证工程质量和投资效益负有特殊的责任和使命。因此，持续提升建造师的综合素质和行业能力，对打造高端建筑产品起到至关重要的作用。杰出注册建造师专业能力的持续提升要重视以下几个方面：

1. 理念创新促进管理

首先，建造师要具有敏锐思维，善于观察市场，时刻站在市场最前沿，以创新观念大胆接受新生事物，并指导实践管理。其次，要精细管理，把大项目细化分支为小目标，做到分工合理、责任明确、措施得当、执行有力、监控到位。再次，要量化管理，把各项工作定量，以准确有效的数字代替粗放、笼统式管理，时刻做到心中有数。此外，还需要进行信息化管理，利用网络建立完善、快捷的项目管理体制，以提高时效性，快速作出正确的决策。

2. 在实践中增加才干

建造师被任命为项目经理后，就是工程项目的最高领导，其协调、指挥能力直接决定了工程达标与否和优劣程度。因此，项目经理必须在实践管理中不断提高自身能力：要会思考，在千头万绪的工序和千变万化的施工现场，时刻保持思绪条理、头脑清醒、思路开阔、对策正确，在尊重事实的前提下敢于创新；要善决策，综合各种信息，在可行性、系统性、比较性等方面统筹把握，勇于果断决策；要懂协调，将人力、技术、设备、材料、人际关系等资源相融合，支配于最佳状态，掌握在可控范围之中。

3. 在学习中提高水平

合格的建造师和优秀的项目经理，应该是不断进取、永不满足、作风务实、刻苦学习型的建设型人才，不断学习政治理论、专业科技知识、法律知识。

从建设工程管理的深度和广度来看，新形势下的建造师队伍更需要复合型、开放型、公共型人才。建造师不仅要做到懂管理、善经营、精技术，还必须具有调动和整合人财物等多种资源的综合素质，有协调和沟通各方关系的业务能力，特别是在决策应变等方面要有更广阔的视野和更深刻的见解。建造师在项目实践过程当中应不断丰富自己的职业内涵、不断提高自身的综合能力、不断提升自我的核心素质。

参 考 文 献

[1] 百度百科. 国家职业资格. https://baike.baidu.com/item/国家职业资格/6026271. 2018-08-09.

[2] 董军. 土木工程行业执业资格考试概论[M]. 北京：中国建筑工业出版社，2010.

[3] 安强. 工程建设领域执业资格制度和注册建筑师执业制度的研究[D]. 天津：天津大学，2008.

[4] 中国人大网. 全国人民代表大会常务委员会关于授权国务院在广东省暂时调整部分法律规定的行政审批的决定[DB/OL]. http：//www. npc. gov. cn. 2012-12-29.

[5] 黄国伟. 国内外建设执业资格注册管理制度的比较研究[D]. 广州：广东工业大学，2016.

[6] 百度文库. 住建部"四库一平台"政策是什么. https://wenku.baidu.com/view/8a444af44b35eefdc9d33362.html? from=search. 2016-05-25.

[7] 广东省住房和城乡建设部官网，全国人大委员会官网. http：//www. npc. gov. cn/huiyi/cwh/1130/2012-12-29/content _ 1749753. htm.

[8] 360doc个人图书馆. 强化执业人员主体责任促进建设工程质量提高. 建设部执业资格注册中心. http：//www. 360doc. com/content/14/1124/18/13141673 _ 427733929. shtml.

[9] 百度百科. 建筑业企业资质. https：//baike. baidu. com/item2018-07-04.

[10] 百度百科. 注册建造师[DB/OL]. https：//baike. baidu. com/item/. 2004.

[11] 中华人民共和国建设部，中华人民共和国人事部. 建造师执业资格制度暂行规定[Z]，建设部，人事部，Editor. 2002.

[12] 陈生辉. 基于信用评价的注册建造师执业管理研究[D]. 西安：西安建筑科技大学，2012.

[13] 中华人民共和国建设部. 关于印发〈建造师执业资格考试命题有关问题会议纪要〉的通知[R]. 建设部，Editor. 2006.

[14] 中华人民共和国建设部，中华人民共和国人事部. 建造师执业资格考试实施办法[Z]. 建设部，人事部，Editor.

[15] 中华人民共和国建设部. 注册建造师管理规定[Z]. 建设部，Editor. 2006.

[16] 中华人民共和国建设部. 一级建造师注册实施办法[Z]. 建设部，Editor. 2007.

[17] 百度文库. 注册建造师制度是我国工程建设领域的一项重要改革 [DB/OL]. https：//wenku. baidu. com/view/59676b5efd0a79563d1e728f. html? from=search. 2002-12-05.

[18] 百度文库. 回顾建造师改革政策展望建造师未来发展形势[DB/OL]. https：//wenku. baidu. com. 2015-12-11.

[19] 百度文库. 一级、二级建造师面临的改革[DB/OL]. https：//wenku. baidu. com. 2017-08-01.

[20] 中国注册建造师. 改革后二级建造师将迎来怎样的发展趋势[DB/OL]. 2018-04-26.

[21] 百度文库. 分析一级建造师的发展趋势和前景[DB/OL]. https：//wenku. baidu. com. 2016-10-06.

[22] 中国建筑科学研究院. 建筑工程施工质量验收统一标准 GB 50300—2013 [M]. 北京：中国建筑工业出版社，2014.

[23] 中华人民共和国建设部. 建筑工程施工质量验收统一标准 GB 50300—2001[M]. 北京：中国建筑工业出版社，2001.

[24] 罗震.《建筑工程施工质量验收统一标准》解读[J]. 安徽建筑，2014，21(5)：52-54.

[25] 钱进. 对《建筑工程施工质量验收统一标准》中部分条文的探讨[J]. 工程建设标准化，2014(9)：71-72.
[26] 陶里，邸小坛.《建筑工程施工质量验收统一标准》修订要点简介[J]. 工程质量，2014，32(6)：1-7.
[27] 广东省建设执业资格注册中心. 二级建造师继续教育必修课教材[M]. 北京：中国环境出版社，2013.
[28] 全国一级注册建造师继续教育必修课教材编委会. 全国一级注册建造师继续教育必修课教材. 综合科目[M]. 北京：中国建筑工业出版社，2012.
[29] 郑先俊. 建筑工程施工质量验收统一标准 GB 50300—2013 修订内容解读与分析[J]. 商品与质量・建筑与发展，2014.
[30] 张燕芳. 建筑工程施工质量管理的研究与实践[D]. 广州：华南理工大学，2013.
[31] Sohail S Chaudhry，Nabil A Tamimi，John Betton. The management and control of quality in a process industry[J]. International Journal of Quality & Reliability Management，2008，14(6)：575-581.
[32] Evans J R，Lindsay W M. The management and control of quality[C]. Edition，South-Western College Publishing. West Pub. Co. 1996.
[33] Project Management Institute. 项目管理知识体系指南[M]. 北京：电子工业出版社，2013.
[34] 广东省建设执业资格注册中心. 二级建造师继续教育必修课教材[M]. 北京：中国环境出版社，2015.
[35] 中华人民共和国住房和城乡建设部. 中国建筑业统计年鉴 [EB/OL]. http：//www. mohurd. gov. cn/index. html.
[36] 张仕廉，董勇，潘承仕. 建筑安全管理[M]. 北京：中国建筑工业出版社，2005.
[37] 方东平，黄新宇，黄志伟. 建筑安全管理研究的现状与展望[J]. 安全与环境学报，2001，1(2)：25-32.
[38] 袁海林. 建筑安全的管理和控制研究 [D]. 西安：西安建筑科技大学，2007.
[39] 王颖，胡双启，池致超等. 建筑安全事故成因分析及预警管理的研究[J]. 中国安全生产科学技术，2011，07(7)：112-115.
[40] Tam C M，Zeng S X，Deng Z M. Identifying elements of poor construction safety management in China[J]. Safety Science，2004，42(7)：569-586.
[41] Zhou W，Whyte J，Sacks R. Construction safety and digital design：A review[J]. Automation in Construction，2012，22(2)：102-111.
[42] Li C H，Li H M，Yun X H. Construction safety management performance evaluation based on fuzzy analytic hierarchy process[J]. Journal of Xian University of Architecture & Technology，2009，41(2)：207-212.
[43] Li R Y M，Sun W P. Construction Safety[J]. Safety Science，2013，46(4).
[44] Behm M. Linking construction fatalities to the design for construction safety concept[J]. Safety Science，2005，43(8)：589-611.
[45] 中华人民共和国国家安全生产监督管理总局. 赴美国建筑安全管理培训总结报告[R]. 2014 .
[46] 中华人民共和国国家安全生产监督管理总局. 中德两国职业安全健康事故风险预防实践对比研究. [R]. 2016.
[47] 吴俊荣. 国内外建筑业安全生产政府管制对比研究[J]. 建筑安全，2018，33(04)：28-31.
[48] 中华人民共和国住房和城乡建设部. 建筑施工安全检查标准：JGJ 59—2011[S]. 北京：中国建筑工业出版社. 2012.
[49] 中华人民共和国住房和城乡建设部. 住房城乡建设部办公厅关于进一步加强危险性较大的分部分

项工程安全管理的通知[EB/OL]. 2017. http://www. mohurd. gov. cn/wjfb/201705/t20170526_232008. html.
[50] 中华人民共和国住房和城乡建设部. 危险性较大的分部分项工程安全管理办法[EB/OL]. 2009. http://www. mohurd. gov. cn/wjfb/200906/t20090602_190664. html
[51] 中华人民共和国住房和城乡建设部. 危险性较大的分部分项工程安全管理规定[EB/OL].. 2017 . http://www. mohurd. gov. cn/fgjs/jsbgz/201803/t20180320_235437. html.
[52] 刘茹. 水环境治理工程施工现场危险源辨识及安全评价研究[D]. 深圳：深圳大学，2018.
[53] 冯源. 建筑工程项目评标方法分析[J]. 技术与市场，2016，23(04)：218-220.
[54] 喻凌. 建设工程招标的评标方法[J]. 中国招标，2012(11)：17-18.
[55] 晏朝旭. 建设工程招投标评标方法改进研究[J]. 中国高新区，2017(03)：120.
[56] 马杰. 建设工程项目几种评标方法利弊分析[J]. 黑龙江科技信息，2009(22)：207.
[57] 李素一，潘雯雯. 招投标管理中的要点与关键内容分析[J]. 河南科技，2014(21)：190-191.
[58] 廉践维. 招标文件的编制要点[J]. 中国招标，2016(20)：25-27.
[59] 李俊恒，郝巍旭. 招标文件的编制要点[J]. 中国招标，2009(41)：22-24.
[60] 胡勤，姚金星. 建设工程招投标与合同管理，北京：中国建材工业出版社，2015.
[61] 李映秋. 我国《招标投标法》发挥的重要作用和完善建议[J]. 国际市场，2010(5).
[62] 中华人民共和国国务院. 中华人民共和国招标投标法实施条例[Z]. 2012.
[63] 李炼军. 论我国招标投标法律义务性规范的特点、不足与修正[J]. 招标采购管理，2017(10).
[64] 韦华.《招标投标法实施条例》解读之我见[J]. 当代经济，2012(7).
[65] 冯彬. 工程项目投融资. 北京：中国电力出版社，2009.
[66] 郑立群. 工程项目投资与融资. 上海：复旦大学出版社，2007.
[67] 涂胜. 建设项目投资研究[D]. 武汉：武汉理工大学，2002.
[68] 陈宪. 项目决策与分析评价. 北京：机械工业出版社，2008.
[69] 刘乐群. 浅谈优化企业资本金结构. 冶金经济与管理，1995(4)：37-38.
[70] 梅明华，李金泽. 项目融资法律风险防范. 北京：中信出版社，2004.
[71] 陈鄂. 大型建设工程项目总承包研究[D]. 北京：北京交通大学，2007.
[72] 刘海峰. 工程总承包模式应用研究[D]. 上海：同济大学，2008.
[73] 严伟鸿. 国家大剧院联合体施工总承包管理模式研究[D]. 北京：华北电力大学，2008.
[74] 胥善林. 基于总承包模式的工程项目管理研究[D]. 重庆：重庆大学，2004.
[75] 李雪淋，王卓甫. 工程项目管理总承包(PMC)模式的经济学思考[J]. 工业技术经济，2007(26)：132-133.
[76] 王学科. 项目管理的 PMC 模式及其应用分析[D]. 天津：天津大学，2007.
[77] 曾戈君. 国际工程项目管理模式及其应用研究[D]. 西安：西北工业大学，2004.
[78] 张晓峰. 项目管理总承包的探讨[J]. JSXX，2008. 24-25.
[79] 董福金. 外资工程项目管理总承包的实践与探索[J]. 建筑施工，1987(03).
[80] 付建华. PMC 管理模式研究[D]. 武汉：武汉理工大学，2004.
[81] 陈树林. 我国建筑工程总承包项目管理中的问题及对策研究[D]. 重庆：重庆大学，2008.
[82] 杨家和. 建设项目总承包经营模式研究[D]. 武汉：武汉理工大学，2007.
[83] 肖述鹏. 关于项目管理在建筑工程总承包中运用[D]. 贵阳：贵州大学，2006.
[84] 余建. 国内外建设工程项目管理模式比较研究[D]. 重庆：西南大学，2010.
[85] 宋俊涛. 工程项目 PMC 管理模式探讨[D]. 北京：对外经济贸易大学，2007.
[86] 尹贻林，阎孝砚. 政府投资项目代建制理论与实务[M]. 天津：天津大学出版社，2006.
[87] 范道津，杜亚灵，严玲等. 政府投资项目企业型代建制实务[M]. 天津：天津大学出版社，2010.

[88] 建设工程项目代建一本通编委会. 建设工程项目代建一本通[M]. 武汉：华中科技大学出版社，2008.
[89] 竺志斌. 浙江电力招标项目代建制管理模式探讨[D]. 杭州：浙江工业大学，2008.
[90] 邵琳. 广州亚运建设项目代建制管理方式研究[D]. 广州：华南理工大学，2010.
[91] 雷晓凌，陶犁，罗振华. 代建单位的选择与项目管理成熟度的探讨[J]. 思想战线，2011，37：44-45.
[92] 牛丽云，刘玲璞，赵君彦. 代建制实时操作分析[J]. 重庆交通学院学报(社会科学版)，2006，6(3)：122-124.
[93] 牛铮铮. 代建制项目管理模式下代建人的选择[J]. 建筑设计管理，2006(5)：17-18.
[94] 赵洪钱. 对项目代建制的认识[J]. 中国工程咨询，2011(2)：72-73.
[95] 肖艳. 政府投资项目代建制之第二讲代建制的典型模式[J]. 中国工程咨询，2010(5)：58-59.
[96] 牛萌，凤俊敏. 政府投资项目代建制取费模式研究[J]. 当代经济，2011(18)：46-47.
[97] 莫秀梅，李日光. 政府投资项目实行"代建制"浅探[J]. 广西城镇建设，2008(2)：81-82.
[98] 刘永红，王劲基. 于CAS视角公共工程代建项目管理后评价指标体系研究[J]. 工程管理学报，2012，26(4)：50-55.
[99] 成守亮. 项目代建取费与行业发展[J]. 山西建筑，2009，35(3)：211-212.
[100] 石振武，刘保健. 我国政府投资项目代建制模式研究[J]. 技术经济，2007，26(6)：45-48.
[101] 陈一民. 浅议政府投资项目建设的前期管理[J]. 城市建设理论研究(电子版)，2011(16).
[102] 林华. 浅谈政府代建项目前期管理[J]. 城市建设理论研究(电子版)，2011(16).
[103] 唐卫锋. 浅谈建筑中的代建项目工程合同管理实施[J]. 大科技·科技天地，2011(3)：279.
[104] 林文炳. 国家投资项目代建制取费标准的探讨[J]. 福建建材，2012(5)：113-115.
[105] 沈倍义. 工程项目建设前期管理实践及体会[J]. 中国医院建筑与装备，2006，7(6)：30-32.
[106] 刘烈波. 代建制项目的质量与进度控制[C]. "代建制"与工程项目管理论坛论文集，2007：228-229.
[107] 许云兴. 深圳市政府投资项目代建制模式研究——以深圳市建筑工务署的管理为例[D]. 广州：中山大学，2009.
[108] 许宇晓. 垫资承包工程的风险及对策 [J]. 中国电力企业管理，2008(12)：78-79.
[109] 吴宏. 垫资施工分类与研究 [J]. 建筑经济，2009，1(315)：46-48.
[110] 李波. 工程垫资问题分析 [J]. 建筑经济，2008，12(增刊)：51-52.
[111] 李国强. 浅析PPP融资模式及退出机制——基于公共基础设施建设领域的研究[J]. 经营管理者，2017(24).
[112] 王雨. 经营性公共基础设施PPP融资项目风险管理的霍尔三维模式研究[J]. 特区经济，2016(05).
[113] 吴周杰. 基于PPP模式的公共基础设施项目风险探讨[J]. 建材与装饰，2016(01).
[114] 何 涛，赵国杰. 基于随机合作博弈模型的PPP项目风险分担[J]. 系统工程，2011(4)：88-92.
[115] 李丽红，朱百峰，刘亚臣等. PPP模式整体框架下风险分担机制研究[J]. 建筑经济，2014(9)：11-14.
[116] Hwang B G，Zhao X，Gay M J S. Public private partnership projects in Singapore：Factors，critical risks and preferred risk allocation from the perspective of contractors[J]. International Journal of Project Management，2013，31(3)：424-433.
[117] 巴 希，乌云娜，胡新亮等. 基于粗糙集理论的PPP项目风险分担研究[J]. 技术经济与管理研究，2013(5)：10-14.
[118] 张悦. PPP模式在农村基础设施中应用的法律探究[J]. 中国商论，2017(6)：55-62.

[119] 王倩. 环保项目风险 PPP 模式分担机制探讨[J]. 廊坊师范学院学报(自然科学版), 2017(3): 43-51.

[120] 胡川, 林婵娟, 车怡然. 湖北省推广运用 PPP 模式遇到的难点及对策[J]. 中国集体经济, 2016(10): 25-33.

[121] 李辉. 物联网发展与应用研究[M]. 北京: 北京理工大学出版社, 2017,

[122] 李梅. 物联网科技导论[M]. 北京: 北京邮电大学出版社, 2015.

[123] 曹望成, 马宝英, 徐洪国. 物联网技术应用研究[M]. 北京: 新华出版社, 2015.

[124] 苏万益, 物联网概论 [M]. 郑州: 郑州大学出版社, 2014.

[125] 梁德厚, 张爱华, 徐亮. 物联网概论与应用教程[M]. 北京: 北京邮电大学出版社, 2014.

[126] 陈勇. 物联网技术概论及产业应用[M]. 南京: 东南大学出版社, 2013.

[127] 凌影. "互联网+"背景下的建筑工程管理探索[J]. 华东科技(学术版), 2017(6): 64.

[128] 陈列. 基于 GPS 定位技术的高层建筑施工探讨[J]. 四川水泥, 2018(3).

[129] 张家昌, 马从权, 刘文山. BIM 和 RFID 技术在装配式建筑全寿命周期管理中的应用探讨[J]. 辽宁工业大学学报(社会科学版), 2015(2): 39-41.

[130] 吕继辉, 黄桐, 官晓涛. RFID 技术在复杂构筑物建设项目中的应用[J]. 建筑施工, 2017, 39(2): 246-247.

[131] 石林林. 基于 RFID 的建筑施工人员实时监管方法研究[J]. 建材与装饰, 2017(41).

[132] 张玉媛, 余琴, 杜梦迪. 基于物联网技术的装配式建筑施工现场安全管理研究[J]. 建筑安全, 2018(4).

[133] 刘辉光. 基于物联网建设的建筑企业安全生产管理研究[D]. 杭州: 浙江工业大学, 2014.

[134] 杨佶. 建筑行业物联网技术初探[J]. 甘肃科技纵横, 2013, 42(7): 16-17.

[135] 张嘉庆. 浅析中国智能建筑中智能家居的现状及未来[J]. 中国战略新兴产业, 2018(4).

[136] 李念勇. 物联网在建筑施工管理上的应用与前景[J]. 建筑, 2017(8).

[137] 佘玉梅, 段鹏. 人工智能及其应用 [M]. 上海: 上海交通大学出版社, 2007.

[138] Stuart J, Peter N. 人工智能——一种现代的方法[M]. 殷建平, 译. 北京: 清华大学出版社, 2007.

[139] 鞠松, 杨晓东. 国内外人工智能技术在建筑行业的研究与应用现状[J]. 价值工程, 2018(4): 225-228.

[140] 张刘锋. 人工智能技术在智慧工地管理系统中的应用[J]. 中国公共安全, 2018(1).

[141] 任东海. 人工智能技术在智能建筑中的应用[J]. 内蒙古科技与经济, 2016(22): 88-89.

[142] 韩靓. 智能制造时代下机器人在建筑行业的应用[J]. 建筑经济, 2018(3).

[143] 张春龙, 柳卫青, 王天科. 建筑电气工程的智能化技术应用分析[J]. 低碳世界, 2017(29): 184-185.

[144] 傅永泉. 建筑电气工程的智能化技术应用探究[J]. 房地产导刊, 2016(7).

[145] 中华人民共和国住房和城乡建设部. 建设工程造价鉴定规范 GB/T 51262—2017. 北京: 中国建筑工业出版社, 2018.

[146] 百度文库. 人力资源社会保障部关于公布国家执业资格目录的通知[DB/OL]. wenku. baidu. com. 2017-10-08.

[147] 建设工程教育. 2017 二级建造师法规: 建设工程专业人员执业资格的准入管理[DB/OL]. http: //www. jianshe99. com/jianzao2/ziliao/ya1610134938. shtml. 2016-10-13.

[148] 李强. 我国建造师执业资格制度的研究[D]. 西安: 西安建筑科技大学, 2009.

[149] 百度百科. 建造师. [DB/OL]. https: //baike. baidu. com/item/

[150] 杨波. 我国建筑业执业资格胜任能力评价研究[D]. 西安: 西安建筑科技大学, 2013.

[151] 百度文库. 建造师职业资格标准[DB/OL]. https://wenku. baidu. com. 20141105.
[152] 百度文库. 建造师职称评定(助理、中级、高级)[DB/OL]. https://wenku. baidu. com. 20160227.
[153] 曾亚莉. 基于胜任力的注册建造师继续教育动态课程体系研究[D]. 深圳：深圳大学，2015.
[154] 陈生辉. 基于信用评价的注册建造师执业管理研究[D]. 西安：西安建筑科技大学，2012.
[155] 蔡庸亨. 建设执业注册人员事中事后监管模式研究——以广东省为例[D]. 深圳：深圳大学，2017.
[156] 刘青. 建设工程项目的合同管理研究[D]. 北京交通大学，2012.
[157] 杨宁飞. 浅谈建设工程合同管理问题[J]. 建筑经济，2012.
[158] 周婉. 建筑施工企业的风险管理及防范措施[J]. 西安航空技术高等专科学校学报，2012.
[159] 王洪泉，曹树勇. 工程合同管理问题与对策探究[J]. 低碳地产，2016(9).
[160] 符昱. 水利水电建设工程合同管理探析[J]. 江西建材，2016，01：144-145.
[161] 刘晓旭. 浅析如何在工程合同订立阶段防范合同风险[J]. 江西建材，2016，01：252.
[162] 罗丹. 浅谈公路工程合同管理存在的问题与对策[J]. 四川水泥，2016，01：264.
[163] 王伟丽. 公路工程施工存在的合同问题及改进建议[J]. 信息化建设，2016，01：133.
[164] 刘鑫. 浅谈高速公路工程合同管理中的计量支付工作[J]. 经营管理者，2016，01：321.
[165] 朱中华. 住建部2017版《建设工程施工合同(示范文本)》修改内容对照与解读[EB/OL]. http://blog. sina. com. cn/s/blog_8193711c0102wxse. html2017-10-31.
[166] 2017版《建设工程施工合同(示范文本)》解读与适用[EB/OL]. https://wenku. baidu. com/view/057f6fd09a89680203d8ce2f0066f5335b81674c. html2018-4-14.
[167] 郭霞，孙睿霞. 建设工程施工分包合同管理研究[J]. 工程经济，2017(7)：22-25
[168] 潘树平. 建筑工程分包合同管理问题及对策浅析[J]. 建筑设计管理，2009(8)：25-26.
[169] 张先杰. 关于建筑施工项目分包合同管理的几个问题[J]. 商业经济，2010(4)：51-52.
[170] 吕玉惠，俞启元，张尚. 基于价值网战略的建筑施工企业分包风险管理体系研究[J]. 建筑经济，2015(9)：92-94.
[171] 张立新，范卿泽，郭秀荣. 工程施工中分包商的合同管理研究[J]. 重庆建筑大学学报，2003(4)：86-90.
[172] 黄勇，周青，李凯. 施工企业外部劳务队伍组织化管理研究[J]. 建筑经济，2015(7)：13-15.
[173] 林卫丹. 浅谈建筑施工企业强化劳务管理的有效方法[J]. 行政事业资产与财务，2013(02).
[174] 周国祥. 甘肃七建集团劳务管理优化策略研究[D]. 兰州：兰州大学，2013.
[175] 王纲. 浅谈劳务分包合同管理存在的问题及对策[J]. 科技创新导报，2011(34)
[176] 朱宏亮. 工程合同管理[M]. 中国建筑工业出版社. 北京，2011. 40-42.
[177] 丁会仁. 合同管理[M]. 中国法制出版社. 北京，2012. 422-423.
[178] 余斌. 合同陷阱[M]. 中国法制出版社. 北京，2014.
[179] 刘晓旭. 浅析如何在工程合同订立阶段防范合同风险[J]. 江西建材建设 2018(1).
[180] 俞宗卫. 建设工程法规及相关知识实用指南[M]. 北京：中国建材工业出版社，2006.
[181] 何伯洲. 建设工程合同实务指南[M]. 北京：知识产权出版社，2002.
[182] 刘永杰. 浅谈我国合同管理中存在的问题与对策[J]. 山西建筑，2008，34(2)：217-218.
[183] 张挪亚. 建设工程合同履行中常见的纠纷及其防范[J]. 山西建筑，2010(7)
[184] 杨晓鹏. 对建筑工程合同管理中索赔与反索赔的认识[J]. 科技创新与应用，2013，12(09)：123-124.
[185] 孙华峰. 浅析建筑工程合同管理中应注意的几个问题[J]. 现代经济信息，2013，11(07)：112-116.

［186］ 孙文安，刘丽萍，成保才．国际工程合同管理中工期索赔的分析与探讨[J]．山西水利科技，2013，10(04)：101-106.
［187］ 罗玉玲．如何搞好建筑工程合同管理与索赔[J]．工程建设标准化，2014(8).
［188］ 田捷．建筑工程项目合同管理索赔与反索赔[J]．科技与企业，2014(8).
［189］ 巩妍．建筑工程合同管理与索赔[J]．建材发展导向，2016(6).
［190］ 吴慧娟．建筑工程项目管理：建筑工业出版社，2014.
［191］ 袁华之．建设工程索赔与反索赔[M]．法律出版社，2016.
［192］ 加强建造师的素质和能力建设，打造高端建筑产品[EB/OL]．http：//www. civilcn. com/jianzhu/jzlw/jcll/1320475430156453. html. 2011-11-5.
［193］ 黄耀．当代建造师的综合素质、能力和知识结构研究[J]．管理观察 2015(7).